Atmel 中国大学计划教材

嵌入式系统应用开发教程

——基于 SAM4S

马洪连　主编

高新岩　朱明　于成　马艳华　王亚维　编著

U0245548

北京航空航天大学出版社

内 容 简 介

本书从实用角度出发,主要介绍 Atmel 32 位 SAM4S16C 微控制器及基于 SAM4S－EK 系统平台的应用开发。SAM4S16C 微控制器及 SAM4S－EK 应用平台由 Atmel 公司推出,具有高效信号处理功能,以及低功耗、低成本和易于使用的优点,是可满足专门面向电动机控制、汽车、电源管理、工业自动化及物联网等方面要求的灵活解决方案。

书中首先对 SAM4S16C 微控制器体系结构、工作原理、设计方法和相关的开发环境作了系统的介绍;接着介绍了 Atmel 公司最新推广的 SAM4S16C－EK 嵌入式系统应用开发平台的结构组成和功能;然后介绍了基于该系统开发平台操作系统的移植和应用;最后介绍了基于 SAM4S 微控制器系统的设计与应用开发实例。

本书结构合理、实例丰富,具有很强的实践性和实用性,可供高等学校计算机应用、电子信息工程、自动化、机电一体化等相关专业作为教材或参考书使用,也适合从事嵌入式系统开发的工程设计人员和广大嵌入式系统设计与开发的爱好者使用。

图书在版编目(CIP)数据

嵌入式系统应用开发教程 :基于 SAM4S / 马洪连主编.－－北京 :北京航空航天大学出版社,2015.1
ISBN 978－7－5124－1653－6

Ⅰ.①嵌… Ⅱ.①马… Ⅲ.①微处理器－系统开发－教材 Ⅳ.①TP332

中国版本图书馆 CIP 数据核字(2014)第 281688 号

嵌入式系统应用开发教程
——基于 SAM4S
马洪连　主编
高新岩　朱明　于成　马艳华　王亚维　编著
责任编辑　杨　昕

*

北京航空航天大学出版社出版发行

北京市海淀区学院路 37 号(邮编 100191)　http://www.buaapress.com.cn
发行部电话:(010)82317024　传真:(010)82328026
读者信箱:emsbook@gmail.com　邮购电话:(010)82316936
北京楠海印刷厂印装　各地书店经销

*

开本:710×1 000　1/16　印张:28.25　字数:602 千字
2015 年 1 月第 1 版　2015 年 1 月第 1 次印刷　印数:3 000 册
ISBN 978－7－5124－1653－6　定价:59.00 元

前　言

随着嵌入式系统应用的普及,对嵌入式系统设计的技术人才的需求越来越大,与此同时也迫切需要有一些针对性更强的、适用于不同层次人员使用的教材和参考书。本书主要面向从事 32 位微控制器系统开发和系统应用设计的技术人员。

本书是应 Atmel 公司的邀请,编写基于该公司全球最新推广的 SAM4S - EK 嵌入式系统应用平台的相应理论教学与实践操作的参考教材。Atmel 公司的产品在国内影响较大,该平台已经在国内大学计划中得到了广泛的使用。

本书从实用的角度出发,主要介绍 Atmel 32 位 SAM4S16C 微控制器及基于 SAM4S - EK 系统平台的应用开发等内容。SAM4S16C 微控制器和 SAM4S - EK 平台是由 Atmel 公司推出的,具有高效信号处理功能,以及低功耗、低成本和易于使用的优点,是可满足专门面向电动机控制、汽车、电源管理、工业自动化及物联网等方面要求的灵活解决方案。

全书共分为 7 章:第 1 章主要介绍 Cortex - M4 处理器核的基本知识;第 2 章介绍 SAM4S - EK 应用平台的调试与开发;第 3 章介绍 SAM4S 系列微控制器结构组成与部件功能;第 4 章介绍 SAM4S - EK 系统平台的结构组成;第 5 章介绍 SAM4S - EK 开发平台接口及应用;第 6 章介绍嵌入式实时操作系统及操作系统的移植;第 7 章介绍 SAM4S 微处理器的综合设计与应用实例,帮助读者了解如何进行基于 SAM4S 微控制器系统的设计与应用开发。

本书主要介绍嵌入式微控制器的开发与应用技术,并配合 Atmel 公司的开发应用平台,力图满足高等院校、中小企业、嵌入式爱好者等多方群体的需求。书中作者既有教学经验丰富的教授,又有常年进行开发的技术人员;内容上既有严密的理论知识论述,又包含实用的嵌入式开发经验和成果总结,因此是一本不可多得的实用教程和手边工具参考书。

在本书的编写过程中得到了多方面的支持和帮助。首先得到了 Atmel 公司的大力支持,Atmel 公司为作者提供了 SAM4S - EK 开发平台和相关资料,Atmel 公司中国区 ARM MCU/eMPU 产品线总监庞长富博士就本书的内容、章节安排提出了非常有价值的建议。大连悠龙软件科技有限公司在技术上也给作者提供了大量无私的帮助。另外,作者还要感谢北京航空航天大学出版社的编辑,是他们的大力支持才使本书能尽快地出版并发行。该书在编写过程中参考和引用了大量文献、资料和书刊,在此对参考文献中所有的作者深表谢意。互联网也是本书的一个参考来源,由于网上许多资料无法找到出处,所以如有内容涉及相关人士的知识产权,请给予谅解并及时与我们联系。

由于本书作者经验与水平的限制,书中如出现疏漏或不适宜的内容,希望读者给予批评指正,在此表示感谢。

作者的电子邮件地址:mhl@dlut.edu.cn。

编　者

2014 年 8 月

目　录

第 1 章

Cortex – M4 处理器核简介

1.1 概　述

　　Atmel 公司拥有多种基于 ARM 核的 32 位处理器,以满足用户的不同需求。同时也一直致力于基于 ARM 处理器的微控制器(MCU)产品开发,最近 Atmel 公司公布了第五代基于 Cortex – M4 的快闪微控制器。到 2012 年为止,Atmel 公司的 SAM3 和 SAM4 系列产品使 Cortex – M 系列产品组合的数目增加至 4 倍,ARM 系列的微控制器达到 200 多种。其中,包括高达 2 MB 的片上快闪存储器、192 KB SRAM 和包含高速 USB 在内的多种外设器件。2011 年发布的 Cortex – M4 系列的数款器件中还增加带有浮点运算单元(FPU),从而使 Atmel 公司基于 ARM 处理器产品的范围扩大到数字信号控制器市场。

　　Cortex – M4 是基于高性能的 32 位处理器核进行设计的,本身具有功耗低,门数少,中断延迟短,调试成本低等优点,为开发人员提供了极大的便利。Cortex – M4 包括快速中断处理性能,通过提高断点和跟踪能力来增强系统调试功能,高效的处理器内核、系统和内存,超低功耗的睡眠模式和集成的内存保护单元的安全平台。Cortex – M4结构框图,如图 1 – 1 所示。

　　在 Cortex – M4 处理器核中,采用了具有三级流水线的哈佛结构,因此非常适合要求苛刻的嵌入式应用。该处理器高效的指令集和优化的设计提高了电源效率,并提供了各种单周期、SIMD 乘法、乘法与累加功能、饱和算法和专用的硬件除法等功能。

　　为促进低成本敏感型设备的设计,Cortex – M4 处理器核采用紧耦合系统部件以减小处理器尺寸,改善中断处理和系统调试能力,同时实现了代码高度密集以降低程序存储器的要求。

　　Cortex – M4 的指令集提供 32 位架构,具有 8 位和 16 位的高代码密度形式,还支持 Thumb/Thumb – 2 指令集,其中所采用的 Thumb – 2 指令集具有更高的指令效率和更强的性能。Thumb – 2 指令集结合了 16 位指令的代码密度和 32 位指令的性能,其底层关键特性使得 C 代码的执行变得更加自然。

　　Cortex – M4 系列处理器核采用了 CoreSight 调试跟踪体系结构,支持 8 个断点和 4 个数据观察点。在支持传统的 JTAG 基础上,还支持更好的低成本串行线调试

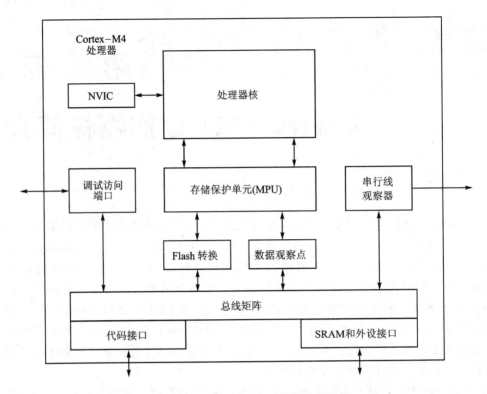

图 1-1　Cortex-M4 处理器核结构框图

接口(Single Wire,简称 SW)。处理器核内部的数据观测与跟踪单元(Data Watch-point and Trace,简称 DWT)、测量跟踪宏单元(Instrumentation Trace Macrocell,简称 ITM)和可选的嵌入式跟踪宏单元(Embedded Trace Macrocell,简称 ETM)能获取处理器的指令跟踪流,提供低成本的实时跟踪能力。

Cortex-M4 处理器核与 ARM7、ARM9 处理器存在以下显著不同之处:

① 采用 ARMv7-M 体系结构;

② 不支持 ARM 指令集,仅支持 Thumb/Thumb-2 指令集;

③ 没有 Cache,也没有 MMU;

④ 具有 SW 跟踪调试接口;

⑤ 中断控制器内建于 Cortex-M4 之中;

⑥ 向量表内容为地址,而非指令;

⑦ 中断时自动保存和恢复状态,不支持协处理器。

在 Cortex-M4F 系列中,还提供了浮点运算单元 FPU。采用 32 位指令单精度 (C 语言的 float)数据处理操作,硬件支持转换、加法、减法、乘法以及可选的累加、除法和平方根,同时硬件支持非格式化方式和所有的 IEEE 舍入模式。内部具有 32 个专用的 32 位单精度寄存器,可寻址用作 16 位双字寄存器。

1.2 Cortex－M4 总体组织结构

Cortex－M4 处理器内部基本结构主要包括 Cortex－M4 核、嵌套矢量中断控制器 NVIC、总线阵列 Bus Matrix、Flash 转换及断点单元 FPB、数据观测和跟踪单元 DWT、测量跟踪宏单元 ITM、存储器保护单元 MPU、嵌入式跟踪宏单元 ETM、跟踪接口单元 TPIU、存储器表 ROM Table、串行线调试接口 SW/SWJ－DP 等模块,其中 MPU 和 ETM 单元是可选单元。本节将分别对其主要模块进行介绍,以帮助读者了解 Cortex－M4 的基本结构。Cortex－M4 内部结构如图 1－2 所示。

以上这些单元可以分为内外两个层次,其中 ETM、TPIU、ROM Table、SW/SWJ－DP 和 WIC 单元属于外层。因为这几个单元或可选或可灵活配置实现,也就是在处理器具体实现时,TPIU、ROM Table、SW/SWJ－DP 和 WIC 可能与图 1－2 所示的不同。

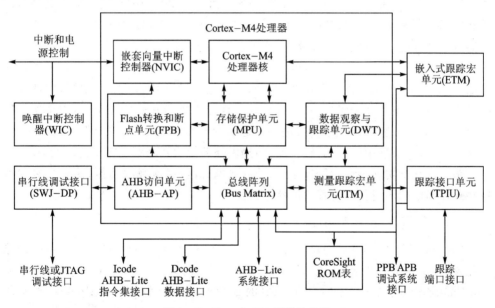

图 1－2　Cortex－M4 系统结构图

1. 处理器内核

Cortex－M4 是采用 ARM v7－M 体系结构来实现的,使用 Thumb/Thumb－2 指令集。结构上采用哈佛结构、三级流水线,可在单周期内完成 32 位乘法和采用硬件除法。具有 Thumb(正常指令状态)、Debug(调试状态)两种操作状态和 Handler(异常处理)、Thread(普通应用)两种操作模式,能够快速进入和退出中断服务程序,支持 ARM v6 类型的 BE8/LE(大端/小端数据存放形式)和 ARM v6 非对齐访问方式。

Cortex－M4 核内部寄存器包括有 13 个通用 32 位寄存器、链接寄存器 LR、程序计数器 PC、程序状态寄存器 xPSR 和 2 个堆栈指针寄存器。由于采用了哈佛操作模式，Cortex－M4 核可同时存取指令和数据，其存储器访问接口由存取单元（Load Store Unit，简称 LSU）和 1 个 3 字的预取单元（Prefetch Unit，简称 PFU）组成。其中，LSU 用于分离来自 ALU 的存取操作；PFU 用于预取指令，每次取一个字，可以是 2 条 Thumb 指令、1 条字对齐的 Thumb－2 指令、1 条 Thumb 指令加半条半字对齐的 Thumb－2 指令、2 个半条半字对齐的 Thumb－2 指令。PFU 的预取地址必须是字对齐的，如果 1 条 Thumb－2 指令是半字对齐的，预取这条指令需要 2 次预取操作。不过由于 PFU 具有 3 个字的缓存，可以确保预取第 1 条半字对齐的 Thumb－2 指令只需要 1 个延迟周期。

2. 嵌套矢量中断控制器 NVIC

在 Cortex－M4 处理器核中紧密集成了可配置的 NVIC，提供业界领先的中断性能。NVIC 内部包括 1 个不可屏蔽中断（NMI）和高达 256 个中断优先级。处理器内核和 NVIC 紧密集成，可快速执行中断服务程序（ISR），大幅降低中断延迟。通过寄存器的硬件堆叠，并暂停多负载能力，实现多存储操作。

NVIC 是 Cortex－M4 处理器核能实现快速异常处理的关键，具有可配置的外部中断 1～240 个；可配置优先级位 3～8 个；支持电平触发和脉冲触发中断；中断优先级可动态重置；支持优先权分组，可以用来实现抢占中断和非抢占中断，支持尾链技术（详见第 3.8.1 节）和中断延迟；进入和退出中断无需指令；可自动保存/恢复处理器状态；可选的唤醒中断控制器（WIC）和提供外部低功耗睡眠模式支持。

为了优化低功耗设计，NVIC 集成了睡眠模式，包括深睡眠功能，使整个装置可以在迅速断电的同时仍保留程序的状态。

3. 总线阵列 Bus Matrix

Cortex－M4 处理器核的总线阵列（Bus Matrix）将处理器核、调试接口与外部总线相连接，也就是把基于 32 位 AMBA AHB－Lite 的 ICode Bus、DCode Bus 和 System Bus 连接到基于 32 位 AMBA APB 的专用外设总线（Private Peripheral Bus，简称 PPB）上。同时总线矩阵还提供非对齐数据访问方式和位段（Bit Banding）技术，使得处理器核对片上外围设备的访问速度有了很大提高。

4. Flash 转换及断点单元 FPB

Cortex－M4 处理器核的 Flash 转换是指当 CPU 访问的某条指令匹配一个特定的 Flash 地址时，将该地址重映射到 SRAM 中指定的位置，从而取指后返回的是另外的值。此外，匹配的地址还能用来触发断点事件。

FPB 有 8 个比较器，用来产生从代码空间到系统空间转换访问（patches accesses）的硬件断点，用于调试。其中 6 个可独立配置的指令比较器，用于转换从代码空间到系统空间的指令预取,或执行硬件断点。另外,2 个常量比较器用于转换从代码空间到系统空间的常量访问。

5. 数据观测与跟踪单元 DWT

Cortex - M4 处理器核的 DWT 以及后面介绍的 ETM、ITM、TPIU、SW/SW - DP 单元都属于 ARM CoreSight 跟踪调试体系结构的模块,可以灵活配置使用。其中,DWT 可以设置数据观测点,参与实现调试功能。

DWT 有 4 个比较器,可配置为硬件断点、ETM 触发器、PC 采样事件触发器或数据地址采样触发器。另外,DWT 有计数器或数据匹配事件触发器用于性能剖析。DWT 还可配置用于在设定的时间间隔发出 PC 采样信息,还可发出中断事件信息。

6. 测量跟踪宏单元 ITM

Cortex - M4 处理器核的 ITM 是一个应用驱动跟踪源,支持应用事件跟踪和 printf 类型的调试。它支持如下跟踪信息源:

① 软件跟踪。软件可直接写 ITM 单元内部的激励寄存器,使之向外发送相关信息包。

② 硬件跟踪。DWT 产生信息包,由 ITM 向外发送。

③ 时间戳。ITM 可产生与所发送信息包相关的时间戳包,并向外发送。

④ 全局系统时间戳。ITM 可以产生一个全系统的 48 位计数值用作时间戳,并向外发送。

7. 串行线调试接口 SW / SWJ - DP

Cortex - M4 处理器的调试接口 SW/SWJ - DP 可以提供对处理器内所有寄存器和存储器的访问。该调试接口通过处理器内部的 AHB - AP (Advanced High - performance Bus Access Port)来实现调试访问。对于此调试接口而言,外部调试口有两种可能的实现方法。

一种是串行 JTAG 调试接口 SWJ - DP(Serial Wire JTAG Debug Port) , SWJ - DP 是 JTAG - DP 和 SW - DP(Serial Wire Debug Port)的结合;另一种是 SW - DP 调试口,该调试口通过 2 个引脚(clock、data)实现与处理器内部 AHB - AP 的接口。

8. 嵌入式跟踪宏单元 ETM

Cortex - M4 处理器核的 ETM 单元是一个仅支持指令跟踪的低成本高速跟踪宏单元,对于 Cortex - M4 而言是可选的。通过 ETM 发出的数据,可以重构程序执行过程。不过 ETM 的数据量非常大,对于外部硬件跟踪设备和工具软件的要求都比较高。

9. 跟踪接口单元 TPIU

Cortex - M4 处理器核的 TPIU 单元是 ITM 单元、ETM 单元与片外跟踪分析器之间传递跟踪数据的桥梁。该 TPIU 单元兼容 CoreSight 调试体系结构,如果还需要添加额外功能,可用 CoreSight TPIU 替代。TPIU 可配置为仅支持 ITM 调试跟踪,由于 ITM 数据量不大,因此可采用低成本的串行跟踪形式。也可配置为支持 ITM 和 ETM 的跟踪调试,这时需使用高带宽的跟踪接口及设备。

10. 存储器保护单元 MPU

MPU 是 Cortex - M4 处理器核中一个可选的模块,通过定义和检查存储区域的属性来实现存储保护,以改善嵌入式系统的可靠性实现安全操作。带有此单元的 Cortex - M4 处理器核,支持标准 ARM v7 保护存储系统结构模型。MPU 可以提供以下支持:

① 存储保护,包含 8 个存储区域和 1 个可选的后台区域。

② 保护区域重叠。

③ 访问允许控制。

④ 向系统传递存储器属性。

通过以上支持,MPU 可以实现存储管理优先规则、分离存储过程和实现存储访问规则。

1.3 Cortex - M4 寄存器组织

由于 Cortex - M4 处理器核采用 ARM v7 - M 架构,与之前的 ARM v4、ARM v5、ARM v6 等体系结构有较大的不同。本节将主要介绍 Cortex - M4 处理器核的寄存器组织。

1. 通用寄存器

Cortex - M4 处理器核内部具有 16 个通用寄存器。其中 r0～r12 没有特定的功能,绝大多数指令都可以使用。它们被分为两组,其中寄存器 r0～r7 为低寄存器,可被所有指令访问;寄存器 r8～r12 为高寄存器,可以被所有的 32 位指令访问,但不能被 16 位指令访问。另外 r13、r14 和 r15 寄存器分别有以下特定功能。

寄存器 r13 被用于栈指针(SP),由于 SP 忽略了位[1:0],因此它自动对齐为 1 个字,即 4 字节。该寄存器是分组的,分别为 Main Stack Pointer(MSP)和 Process Static Pointer(PSP)。Handler 模式一般使用 MSP,在 Thread 模式下可以配置选择使用 MSP 或 PSP:

➢ 0 = Main Static Pointer;

➢ 1 = Process Static Pointer。

寄存器 r14 是子程序链接寄存器(LR),当执行带链接的跳转指令 BL 或带链接及状态切换的跳转指令 BLX 时,LR 寄存器将保存 PC 作为返回地址,LR 也用于异常返回。其他时候,可以把 r14 寄存器当作通用寄存器来使用。

寄存器 r15 为程序计数器,其位[0]总为 0,因为指令是按字或半字对齐。

2. 状态寄存器

在系统层,处理器状态可分为应用(Application)、中断(Interrupt)和执行(Execution)三种类型,与之对应有 3 个程序状态寄存器,即 APSR、IPSR 和 EPSR。这 3 个寄存器实际上是合成一个的,可以使用 MRS 和 MSR 指令来访问。在进入异常时,处理器会把该寄存器的信息入栈。

(1) APSR 寄存器

Cortex - M4 处理器核的 APSR 寄存器包含程序的条件标志,如图 1 - 3 所示。该寄存器中各位的含义见表 1 - 1。

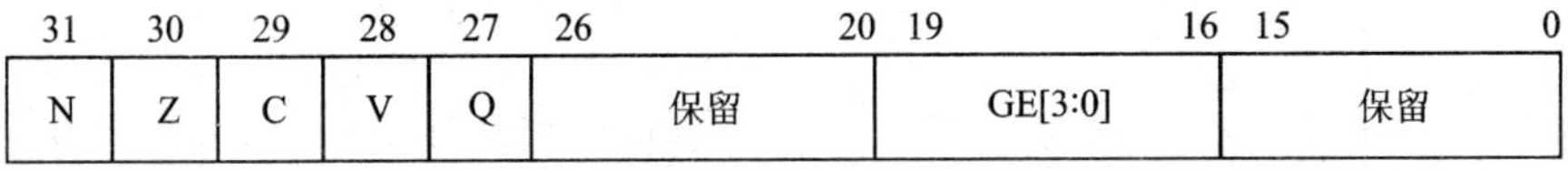

31	30	29	28	27	26	20	19	16	15	0
N	Z	C	V	Q	保留		GE[3:0]		保留	

图 1 - 3   APSR 寄存器的条件标志位

表 1 - 1   APSR 寄存器各位域定义

位区域	名　称	说　明
[31]	N	负数或小于标志: 1=负数或小于;0=正数或大于
[30]	Z	零标志: 1=结果为零;0=结果非零
[29]	C	进位/借位标志: 1=进位或借位;0=无进位或借位
[28]	V	溢出标志: 1=溢出;0=无溢出
[27]	Q	粘性饱和标志
[26:20]	—	保留
[19:16]	GE[3:0]	每个字节对应的大于或等于标志
[15:0]	—	保留

(2) IPSR 寄存器

Cortex - M4 处理器核的 IPSR 寄存器包含当前正在执行的中断服务子程序(ISR)号,如图 1 - 4 所示。该寄存器中各位的含义见表 1 - 2。

31	9	8	0
保留		ISR_NUMBER	

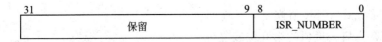

图 1 - 4   IPSR 寄存器的条件标志位

表 1 - 2　IPSR 寄存器各位域定义

位区域	名　称	说　明
[31:9]	—	保留
[8:0]	ISR 号	可被抢占异常号: 最低等级=0; NMI=2; SVCall=11; INTISR[0]=16; INTISR[1]=17; $\vdots$ INTISR[15]=31; $\vdots$ INTISR[239]=255

(3) EPSR 寄存器

EPSR 寄存器中包含了 Thumb 状态位,执行状态位通常表示两种状态。一种是 IT(If - Then)指令,另一种是 ICI(Interruptible - Continuable Instruction)域。其中, ICI 域通常是指一个多加载或者多存储指令。

通常不能通过 MSR 指令进行直接读/写 EPSR 中的值,直接读取只能得到 0,直接写操作将被禁止。

1) 中断/可继续指令 ICI

当一个中断在 LDM、STM、PUSH、POP、VLDM、VSTM、VPUSH 或 VPOP 指令执行过程中发生时,处理器将停止加载多个或临时存储多个指令操作,在多种业务 EPSR 位[15:12]中存储下一个寄存器操作数。中断服务结束后,处理器返回到寄存器所指向的位[15:12],继续执行多个加载或存储指令。当 EPSR 保持 ICI 执行状态时,位[26:25]和[11:10]为零。

2) If - Then 指令 IT

表明 IT 指令的执行状态位,在 If - Then 模块中最多包含 4 条跟在 IT 指令后的指令。块中的每条指令都是有条件的,这些指令的条件有可能都一样。

3) Thumb 状态位 T

Cortex - M4 处理器核仅支持在 Thumb 状态下执行各种指令,通过以下的指令可以清除 T 位为 0:

➤ 指令 BLX、BX 和 POP{PC};

➤ 从堆栈式 xPSR 值恢复异常返回;

➤ 异常入口矢量值的第 0 位或复位。

尝试执行指令时,T 位为 0 导致出错或锁定。EPSR 寄存器的条件标志位如图 1 - 5 所示,其各位分配及含义见表 1 - 3。

31	27 26	25	24	23	16 15	10 9	0
保留	ICI/IT		T	保留	ICI/IT	保留	

图 1 - 5　EPSR 寄存器的条件标志位

EPSR 寄存器不能被直接访问,只有在执行指令 LDM 或 STM 指令的过程中有中断到来和执行 If - Then 指令这两种事件时才可以修改它。

表 1 - 3　EPSR 寄存器各位域定义

位区域	名　称	说　明
[31:27]	—	保留
[26:25].[15:10]	ICI	中断可继续(Interruptible - Continuable)指令位段。若在 LDM 或 STM 操作的过程中有中断发生时,则批量操作暂停。EPSR 使用位[15:12]来保存被中断的批量操作中的下一个寄存器号。当中断执行完之后,处理器返回到位[15:12]中所指向的寄存器,并恢复批量操作
[26:25].[15:10]	IT	If - Then 位段。这些是 If - Then 指令的执行状态位,包含 If - Then 块中的指令数以及执行所需要的条件
[24]	T	当写 PC 的位[0]是 0 时,可使用交互指令清除 T 位。在异常返回弹出堆栈时,如果对应位为 0,则 T 位也将被清除。当 T 位被清除时执行指令会产生 INVSTATE 异常
[23:16]	—	保留
[9:0]	—	保留

请注意以下情况将会导致 LDM 或 STM 更新基址寄存器:
➤ 当指令指定基址寄存器回写时,基址寄存器会更新为新地址;
➤ 异常中断会恢复最初的基址;
➤ 当基址寄存器在 LDM 指令的寄存器列表中,但不是最后一个时,基址寄存器会更新为装载后的值。

当有 LDM/STM 错误或者 LDM/STM 在 IT 块内这两个条件之一将会使 LDM/STM 重新执行,而不是继续执行。如果 LDM 指令完成了基址装载,则从装载的基地址继续执行。

3. 中断屏蔽寄存器组

Cortex - M4 处理器核的 PRIMASK、FAULTMASK 和 BASEPRI 这 3 个寄存器用于设置中断屏蔽,仅在特权方式下可以被访问。其中:
PRIMASK 寄存器仅 1 位,当它置 1 时,将屏蔽所有可屏蔽的异常。其默认值为 0,即未屏蔽任何中断。

FAULTMASK 寄存器仅 1 位,当它置 1 时,只有 NMI 能响应。所有其他异常,包括中断和 Fault 均被屏蔽,其缺省值为 0,即未屏蔽任何异常。

BASEPRI 寄存器最多有 9 位(由表达优先级的位数决定),用于定义被屏蔽优先级的阈值。当它被设成某个值后,所有优先级号大于或等于此值的中断都将被屏蔽(优先级号越大,优先级越低)。但若被置 1,则不屏蔽任何中断,其默认值为 0。

除了可以通过使用 MRS 和 MSR 指令访问这 3 个寄存器来设置中断屏蔽之外,还可以使用专用的 CPS 指令来进行设置。

4. 控制寄存器

Cortex - M4 处理器核的控制寄存器 CONTROL 不仅用于定义特权级别,还用于选择当前使用哪个堆栈指针。寄存器各位作用分配如图 1-6 所示。该寄存器各位域定义如表 1-4 所列。

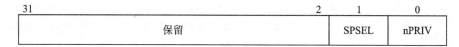

31			2	1	0
保留				SPSEL	nPRIV

图 1 - 6 CONTROL 寄存器内的位分配

表 1 - 4 CONTROL 寄存器各位域定义

位区域	说　明
[31:2]	保留
[1]	堆栈指针选择。 0:选择主堆栈指针 MSP(复位后缺省值); 1:选择进程堆栈指针 PSP。 由于在 Handler 模式下,只允许使用 MSP,此时不能设置该位为 1
[0]	线程(Thread)模式的级别选择。 0:特权级的线程模式; 1:用户级的线程模式。 在 Handler 模式下,永远都是特权级

xPSR 寄存器、中断屏蔽寄存器和控制寄存器都是通过 MRS 和 MSR 指令来操作的。

1.4　Cortex - M4 工作模式及中断异常处理

1.4.1　工作模式

Cortex - M4 有 Thread 和 Handler 两种工作模式,分别适用于普通应用程序代码或者异常处理代码形式。在重启时,处理器将进入 Thread 模式。在 Thread 模式下,代码以特权级别和用户(非特权)方式运行。另外,从异常返回时也可以进入 Handler 模式,Handler 模式下的代码将以特权级别方式运行。

Cortex - M4 有 Thumb 和 Debug 两种操作状态。其中,Thumb 状态是正常执行 16 位和 32 位半对齐的 Thumb 和 Thumb - 2 指令时所处的状态;Debug(调试)状态是在调试时应用的状态。

1.4.2 中断与异常处理

1. 异常类型与优先级

由于 Cortex - M4 处理器核将复位、不可屏蔽中断、故障(Fault)、外部中断统称为异常,因此异常具有多种类型。下面将分别进行介绍。

(1) 复位异常

复位包括上电复位和热复位两种形式。当发生复位时,处理器停止运行。当复位值无效后,处理器将从向量表中复位入口的地址重新开始执行,该过程执行的是特权级别下的线程模式。

(2) 非屏蔽中断异常

非屏蔽中断(NMI)可以通过一个外设或由软件触发发出信号。这是最高优先级的异常,比其他复位都高。NMI 启用并拥有 -2 级的一个固定优先级,NMI 不能被屏蔽或通过任何其他异常阻止激活,也不能被除此复位之外的任何异常抢占。

(3) 硬故障异常

硬故障的发生是由于异常处理期间有错误的异常,或者因为异常不能被任何异常机制管理。硬故障拥有 -1 级固定的优先级,这意味着具有比可配置优先级的任何异常更高的优先级。

(4) 内存管理故障

内存管理故障的发生是由于内存保护相关的故障异常引起的,MPU 或固定存储器保护限制决定了该故障指令和数据存储器事务。该故障即使在 MPU 被禁用的情况下,也可以取消指令对 Execute Never(XN)存储区域的操作。

(5) 总线故障

总线故障的发生是因为一个指令或数据存储器事务的存储器相关的故障异常,这可能是检测到一个总线上的存储器系统错误。

(6) 应用故障

应用故障是因为涉及到指令执行的故障发生了异常,包括有未定义指令、一个非法的未对齐访问、无效状态的指令执行和异常返回错误。

(7) SVCall 异常

系统调用异常是由 SVC 指令触发了异常。在 OS 环境下,应用程序可以使用 SVC 指令来访问 OS 内核函数和器件驱动。

(8) PendSV 异常

PendSV 异常是可挂起的系统调用。在 OS 环境下,用于上下文切换。即可自动延迟上下文的请求,直到其他的中断服务请求都处理完成才执行。

(9) SysTick 异常

SysTick 异常是当系统定时器达到零时产生,软件也可以生成一个 SysTick 异常。在 OS 环境下,处理器可以使用该异常作为系统时标(异常标志)。

(10) 中断(IRQ)异常

一个中断是由外围信号或者通过软件请求生成异常,所有中断都是异步执行指令。在系统中,外设使用中断与处理器进行通信。

故障可分为同步和异步两种形式。同步故障是指当指令产生错误时就同时向指令报告错误,而异步故障则无法保证同时报告错误。例如,执行 STR 指令出现的故障,即异步故障。ARM v7 - M 体系结构支持同步和异步故障,一般的故障都是同步的。ARM v7 - M 结构还支持不精确总线异步故障,每个异常都有唯一的编号,编号 1~15 为系统异常,大于或等于 16 的则全是外部中断。注意这里没有编号为 0 的异常,不同异常类型的属性如表 1-5 所列。

表 1-5 不同异常类型的属性

异常序号	中断号	异常类型	优先级	向量地址	激活状态
1	—	复位	—3(最高)	0x00000004	异步
2	—14	NMI	—2	0x00000008	异步
3	—13	硬故障	—1	0x0000000C	—
4	—12	内存管理故障	可配置的	0x00000010	同步
5	—11	总线故障	可配置的	0x00000014	精确时同步, 不精确时异步
6	—10	应用故障	可配置的	0x00000018	同步
7~10	—	—	—	保留	—
11	—5	SVCall	可配置的	0x0000002C	同步
12~13	—	—	—	保留	—
14	—2	PendSV	可配置的	0x00000038	异步
15	—1	SysTick	可配置的	0x0000003C	异步
≥16	≥0	中断	可配置的	≥0x00000040	异步

在处理器处理异常情况时,优先级决定了处理器何时以及如何进行异常处理,Cortex - M4 处理软件设置中断优先级以及对其进行分组。

Cortex - M4 中有 3 个系统异常,即复位、NMI 及硬故障。它们的优先级是固定的,优先级号是负数,高于所有其他异常。而其他异常的优先级则是可编程的,但不能编程为负数。

NVIC 支持通过软件设置优先级。通过写中断优先级寄存器的 PRI_N 字段可以设置优先级，范围为 0～255。硬件优先级随着中断号的增加而降低，优先级 0 为最高优先级，255 为最低优先级。通过软件设置的优先级权限高于硬件优先级，也就是软件设置可以修改优先级。例如，如果设置 IRQ[0]的优先级为 1，IRQ[31]的优先级为 0，则 IRQ[31]的优先级比 IRQ[0]的高。

当多个中断具有相同的优先级时，拥有最小中断号的挂起中断优先执行。例如，IRQ[0]和 IRQ[1]的优先级都为 1，则 IRQ[0]所代表的中断最先执行。

为了能更好地对大量的中断进行优先级管理和控制，NVIC 支持优先级分组。通过设定应用中断和复位控制寄存器中的 PRIGROUP 字段，可以将 PRI_N 字段分成抢占优先级和次要优先级两部分字段，如表 1-6 所列。抢占优先级可认为是优先级分组，当多个挂起的异常具有相同的抢占优先级时，次要优先级字段就起作用。优先级分组和次要优先级字段共同作用确定异常的优先级。当两个挂起的异常具有完全相同的优先级时，硬件位置编号低的异常优先被激活。

表 1-6　优先级分组(中断优先级字段 PRI_N[7:0])

PRIGROUP[2:0]	分隔点位置	抢占优先级	次要优先级字段	抢占优先级数量	次要优先级数量
B000	bxxxxxxx.y	[7:1]	[0]	128	2
B001	bxxxxxx.yy	[7:2]	[1:0]	64	4
B010	bxxxxx.yyy	[7:3]	[2:0]	32	8
B011	bxxxx.yyyy	[7:4]	[3:0]	16	16
B100	bxxx.yyyyy	[7:5]	[4:0]	8	32
B101	bxx.yyyyyy	[7:6]	[5:0]	4	64
B110	bx.yyyyyyy	[7]	[6:0]	2	128
B111	b.yyyyyyyy	无	[7:0]	0	256

表 1-6 说明了使用 8 位来表示优先级的配置，Cortex - M4 处理器核规定用 3 位来表示优先级，也就是最多为 8 级。对于用少于 8 位的位域来表示优先级配置情况，寄存器中多余的低位通常为 0。例如用 4 位表示优先级，则通过 PRI_N[7:4]设置优先级，而 PRI_N[3:0]为 B0000。一个中断只能在其抢占优先级高于另一个中断的抢占优先级时，才能发生抢占。

2. 异常向量表与程序执行

异常处理程序的入口地址组成向量表，每个入口地址用 4 个字节，向量表位于 0 地址处，各类异常向量在向量表中的位置如表 1-7 所列。在向量表的 0 地址必须放置 main 栈的栈顶地址，也就是 MSP 的初值；而复位、NMI 和硬故障的优先级是固定的，在向量表的位置 0 处，必须包含以下 4 个值，即 main 栈顶地址 MSP、复位程序的入口地址、非屏蔽中断(NMI)ISR 的入口地址和硬故障 ISR 的入口地址。

表 1-7 异常向量表

异常号	中断号	位　移	向　量
255	239	0x03FC	IRQ239
⋮	⋮	0x004C	⋮
18	2	0x0048	IRQ2
17	1	0x0044	IRQ1
16	0	0x0040	IRQ0
15	−1	0x003C	SysTick
14	−2	0x0038	PendSV
13			保留
12			为 Debug 保留
11	−5	0x002C	SVCall
10			
9			保留
8			
7			
6	−10	0x0018	应用故障
5	−11	0x0014	总线故障
4	−12	0x0010	内存管理故障
3	−13	0x000C	硬故障
2	−14	0x0008	NMI
1		0x0004	复位
		0x0000	初始 SP 值

　　当中断允许时,不管向量表放在何处,向量总是指向可屏蔽异常的处理。下面,介绍一个完整的向量表例子。

```
unsigned int stack_base[STACK_SIZE];
void ResetISR(void);
void NmiISR()void ;
...
ISR_VECTOR_TABLE vector_table_at_0
{
Stack_base + sizeof(stack_base),
ResetISR,
NmiISR,
FaultISR,
0,//用于内存保护单元
```

```
0,//用于总线故障
0,//用于应用故障
0,0,0,0,//保留
SVCallISR,
0,//用于调试监视器
0,//保留
0,//用于可挂起服务请求
0,//用于 SysTick
//以下向量用于外部中断
Timer1ISR,
GpioInISR,
GpioOutISR,
I2CIsr
...
};
```

Cortex - M4 处理器核复位时,NVIC 同时复位并控制内核从复位状态中释放出来。复位的过程是可完全预知的,如表 1 - 8 所列。Cortex - M4 的复位过程与 ARM7、ARM9 有些区别,后者通常是从 0 地址开始执行第一条指令,而且总是一条跳转指令。

表 1 - 8 复位过程

动 作	描 述
NVIC 复位,控制内核	NVIC 清除其大部分寄存器,处理器处于 Thread 模式,以特权访问方式执行代码,使用 main 堆栈
NVIC 从复位状态中释放内核	NVIC 从复位状态中释放内核
内核配置堆栈	内核从向量表开始处读取初始 SP、SP_main
内核设置 PC 和 LR	内核从向量表偏移中读取初始 PC,LR 设置为 0xFFFFFFFF
运行复位程序	禁止 NVIC 中断,并允许 NMI 和硬故障

正常情况下,系统复位之后按表 1 - 9 所列步骤启动。一个 C/C++程序在运行时先完成最初的三步,然后调用 main()函数。

表 1 - 9 系统复位之后的启动步骤

动 作	描 述
初始化变量	所有任何全局/静态变量必须被设置,这包括初始化 BSS 变量为 0,将非 constant 变量从 ROM 复制到 RAM 中
设置栈	如果使用一个以上的栈,其他的栈的分组 SP 必须被初始化;当前 SP 可以被从 process 改变成 main

续表 1 - 9

动 作	描 述
初始化运行时	可选择地调用 C/C++运行时初始化代码,以允许堆栈的使用、浮点或其他功能;通常是由 C/C++库中的_main 函数实现
初始化所有外设	在中断允许之前设置外设,初始化每个将要在应用程序中使用的外设
转换 ISR 向量表	可选择地将向量表从代码段(@0)转到 SRAM 中的某个地方,这仅在优化性能或允许动态转换时进行
设置可配置故障	设置可配置故障,设置其优先级
设置中断	设置中断的优先级和屏蔽
允许中断	允许 NVIC 进行中断处理,但在设置中断允许的过程中不能发生中断。如果超过 32 个中断,将会使用不止一个的中断允许设置寄存器。可以通过 CPS 或 MSP 指令使用 PRIMASK 寄存器,来屏蔽中断直到准备好
改变特权访问方式	如果需要,在 Thread 模式下可将特权访问方式改为用户访问方式,这通常必须用 SVCall 处理程序进行处理
循环	如果允许 Sleep - on - exit,在第一个中断或异常被处理后,不需要返回;如果 Sleep - on - exit 被选为允许或禁止,则这个循环可以实现清除和执行任务;如果没有使用 Sleep - on - exit,循环将不受限制,当有必要时可使用 WFI(Sleep - now)

复位服务子程序用来启动应用程序和允许中断。在中断处理完成后,有 3 种方式可调用复位服务子程序:① 纯粹 Sleep - on - exit 的复位服务子程序(复位程序不进行主循环);② 带有通过 WFI(Wait For Interrupt)选择睡眠模式的复位服务子程序;③ 选定的 Sleep - on - exit 可被要求的 ISR 唤醒,从而进入复位子程序。

3. 故障处理

异常种类中有一些异常成为故障,其中有如下 4 种事件能产生故障分别为① 取指令或从向量表加载向量时总线出错,总线故障;② 数据访问时总线出错,总线故障;③ 内部检查错误,用法故障,如未定义指令或试图用 BX 指令改变状态,在 NVIC 中的故障状态寄存器将指出故障的原因;④ 超越访问级别或访问未管理区将导致 MPU 故障。

当处理器发生故障后,进入 Abort 模式,故障处理可分为固定优先级的硬故障和优先权可设定的 Local 故障两类。

每个故障都有一个故障状态寄存器,用于对该故障的状态进行标志。Cortex - M4 处理器核共有 5 个故障状态寄存器(Fault Status Register,简称 FSR)如下:

① 3 个可配置的故障状态寄存器(Mem Manage SR - MMSR、Bus Fault SR - BFSR、Us age Fault UFSR),与 3 个可配置的故障处理器相对应。

② 1 个硬故障状态寄存器(Hard Fault SR - HFSR)。

③ 1 个调试故障状态寄存器(Debug Monitor or Halt SR - DFSR)。

根据故障种类不同,其分别设置以上 5 个状态寄存器中某个对应位。

Cortex - M4 处理器核有总线故障地址寄存器(BFAR)和内存故障地址寄存器(MFAR)两个错误地址寄存器(FAR)。当地址在故障地址寄存器中有效时,在相应的错误状态寄存器中会有相应的标志进行指示。BFAR 和 MFAR 实际上是相同的物理寄存器,因此 BFARVALID 位和 MFARVALID 位是互斥的。

在软件开发过程中,可以根据各种故障状态寄存器的值来判定程序的错误,并将其改正。尤其是对运行 RTOS 的系统而言,找到导致故障的原因并采取适当的措施,则更为重要。通常应对故障的方法有 3 种:

(1) 恢　复

在某些场合下,有可能解决产生故障的原因。

(2) 中止相关任务

如果系统运行了 RTOS,则相关的任务可以被终结或者重新开始。

(3) 复　位

通过设置 NVIC 中"应用程序中断及复位控制寄存器"中的 VECTRESET 位,将仅复位处理器内核而不复位其他片上设施。

一旦发生故障,各个故障状态寄存器都将保持其状态,直到手工清除。故障服务程序处理了相应的故障之后必须清除这些状态,否则如果下次又有新故障发生时,服务程序在检查故障源时又将看到之前已经处理的故障状态标志,无法判断哪个故障是新发生的。这些故障寄存器均采用写清除机制,即写 1 时清除。

1.5　数据类型和存储格式

Cortex - M4 处理器核支持的数据类型有 32 位字、16 位半字和 8 位字节。Cortex - M4 处理器既可以使用大端格式也可以使用小端格式访问存储器,与其他 ARM 处理器一样,小端格式是其默认存储器格式。其中大、小端格式的具体数据存储方式如下:

Cortex - M4 处理器有一个可配置引脚 BIGEND,可以用来选择大端格式或者小端格式。系统复位时将检测该可配置引脚,在复位之后就不能再次更改数据存储的大小端格式。对系统控制区域(SCS)的访问通常是小端格式,专用外设总线(PPB,Private Peripheral Bus)区域必须为小端格式,与 BIGEND 引脚的设置无关。

鉴于以上原因,建议不轻易使用大端格式。对于某些网络应用中需要使用大端格式的情况,可以使用 REV 指令进行转换,该指令可以进行字内的字节顺序反转,实现大端、小端格式的转换。

1.6 存储保护单元编程模型

1.6.1 MPU 概述

要使用 MPU 必须根据需要对其编程,否则就等于没有 MPU。对于 MPU 的编程操作就是通过访问其相关寄存器来实现,本小节将分别介绍这些相关的寄存器。MPU 寄存器的映射关系,如表 1-10 所列。

表 1-10 存储器保护单元(MPU)寄存器的映射关系

地 址	寄 存 器	名 称	读/写方式	复位值
0xE000ED90	MPU 类型寄存器	MPU_TYPE	只读	0x00000800
0xE000ED94	MPU 控制寄存器	MPU_CTRL	读/写	0x00000000
0xE000ED98	MPU 区号寄存器	MPU_RNR	读/写	0x00000000
0xE000ED9C	MPU 区基地址寄存器	MPU_RBAR	读/写	0x00000000
0xE000EDA0	MPU 区属性及大小寄存器	MPU_RASR	读/写	0x00000000
0xE000EDA4	RBAR 的别名	MPU_RBAR_A1	读/写	0x00000000
0xE000EDA8	RASR 的别名	MPU_RASR_A1	读/写	0x00000000
0xE000EDAC	RBAR 的别名	MPU_RBAR_A2	读/写	0x00000000
0xE000EDB0	RASR 的别名	MPU_RASR_A2	读/写	0x00000000
0xE000EDB4	RBAR 的别名	MPU_RBAR_A3	读/写	0x00000000
0xE000EDB8	RASR 的别名	MPU_RASR_A3	读/写	0x00000000

1. MPU 类型寄存器

MPU 类型寄存器采取只读方式,内部位分布如图 1-7 所示。MPU 类型寄存器位域定义如表 1-11 所列。

31	24	23	16	15	8	7	1	0
保留		IREGION		DREGION		保留		SEPARATE

图 1-7 MPU 类型寄存器

表 1-11 MPU 类型寄存器位域定义

位 域	描 述
[31:24]	保留
[23:16]	IREGION:因为 Cortex-M4 只使用统一的 MPU,所以总是为 0X00
[15:8]	DREGION:支持的 MPU 区数,若 Cortex-M4 使用,则固定为 8,否则为 0
[7:1]	保留
[0]	SEPARATE:因为 Cortex-M4 只使用统一的 MPU,所以总为 0

2. MPU 控制寄存器

该寄存器用于控制 MPU,包括允许或禁止 MPU、允许或禁止默认的存储器映射(背景)、NMI 和 FAULTMASK 处理服务中允许或禁止 MPU 等。MPU 控制寄存器内部分配情况如图 1-8 所示,控制寄存器位域定义如表 1-12 所列。

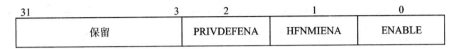

31	3	2	1	0
保留		PRIVDEFENA	HFNMIENA	ENABLE

图 1-8 MPU 控制寄存器

使用 MPU 时,必须至少使用一个保护区,除非 MPU 控制寄存器中的 PRIVDE-FENA 位置位。如果 PRIVDEFENA 位被置位但没有使用保护区,那么只能运行特权级代码。另外使用 MPU 时,只有系统区和向量表装载总是可访问的,其他部分必须根据保护区设置以及 PRIVDEFENA 是否设置来决定其是否可访问。

表 1-12 MPU 控制寄存器位域定义

位 域	描 述
[31:3]	保留
[2]	PRIVDEFENA:是否为特权级打开默认存储器映射,即背景区。 1:特权级下允许使用背景区; 0:不允许使用背景区,任何访问错误以及保护区之外的访问都将引起 Fault
[1]	HFNMIENA。 1:在 NMI 和硬 Fault 的异常服务中不强行禁止 MPU; 0:在 NMI 和硬 Fault 的异常服务中强行禁止 MPU
[0]	ENABLE。 1:允许 MPU; 0:禁止 MPU

通常情况下,MPU 在异常优先级为-1 或-2 时不能被使用,除非 MPU 控制寄存器中的 HFNMIENA 被置位。

MPU 控制寄存器能够启用存储器保护单元 MPU,启用时默认为存储器映射背景区。允许使用主控板时,在硬故障、不可屏蔽中断(NMI)以及 FAULTMASK 升级后的处理。

3. MPU 区号寄存器

MPU 区号寄存器用于设置将要被配置的保护区号,在设置之后再使用"MPU 区基址寄存器"和"MPU 区属性及大小寄存器",对该保护区的特性进行配置。MPU 区号寄存器内部设置情况如图 1-9 所示,MPU 区号寄存器位域定义如表 1-13 所列。

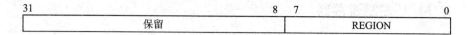

31		8	7		0
保留			REGION		

图 1-9 MPU 区号寄存器内部分配

表 1-13 MPU 区号寄存器位域定义

位 域	描 述
[31:8]	保留
[7:0]	REGION:选择下一个要配置的 REGION。因为只支持 8 个 REGION,所以事实上只有[2:0]有意义

4. MPU 区基址寄存器

MPU 区基址寄存器用于设置保护区的基址。该寄存器除了包含保护区基地址之外,还带有保护区号,如果 VALID 位被置位,区号将代替 MPU 区号寄存器中的区号作为当前的区号。MPU 区基址寄存器内部分配如图 1-10 所示,MPU 区基址寄存器位域定义如表 1-14 所列。

保护区的基址必须按照 MPU 区属性及大小寄存器中所设置的保护区大小对齐,如 1 个 64 KB 大小的保护区必须按 64 KB 对齐。

31	N	$N-1$	5	4	3	0
ADDR		保留		VALID	REGION	

图 1-10 MPU 区基址寄存器内部分配

如果该区域的大小是 32 B 时,ADDR 域是位[31:5],并且没有保留字段。该 MPU_RBAR 定义为 MPU 区的基地址,由 MPU_RNR 选择,并且可更新 MPU_RNR 的值。写 MPU_RBAR 的 VALID 位设置为 1,改变当前区编号并更新 MPU_RNR。

表 1-14 MPU 区基址寄存器位域定义

位 域	描 述
[31:N]	ADDR:保护区基址,N 的值取决于保护区的大小,因为基址是按照保护区大小来对齐的,而保护区的大小由 MPU 区属性及大小寄存器的 SIZE 域指定
[$N-1$:5]	保留
[4]	VALID:MPU 区有效位。 1:位[3:0](REGION)的内容作为当前 MPU 区号; 0:MPU 区号寄存器所设定的当前区号保持不变。 读取 VALID 的结果总是 0
[3:0]	REGION:MPU 区号,如果 VALID 为 1,则使用 REGION 所指定的区号,读取 REGION 的结果为当前的 MPU 区号

5. MPU 区属性及大小寄存器

MPU 区属性及大小寄存器用于控制 MPU 保护区的属性、访问权限及大小。寄存器由 2 个 16 位寄存器组成,可以单独访问,也可以使用字操作同时访问。MPU 基址寄存器内部分配如图 1－11 所示。

31 29	28	27	26 24	23 22	21 19	18	17	16	15 8	7	6 5	1	0
保留	XN	—	AP	保留	TEX	S	C	B	SRD		保留	SIZE	ENABLE

图 1－11   MPU 基址寄存器

MPU_RASR 定义了 MPU_RNR 指定的 MPU 区的区域大小和内存属性,如表 1－15 所列。

表 1－15   MPU 基址寄存器位域定义

位　域	描　　述
[31:29]	保留
[28]	XN:指令访问禁止位。 1:禁止取指;0:允许取指
[27]	保留
[26:24]	AP:数据访问权限设置,设置如下。 {表格}
[23:22]	保留
[21:19]	TEX:类型扩展域
[18]	S:可共享位。 1:可共享;0:不可共享
[17]	C:可高速缓存的位。 1:可高速缓存;0:不可高速缓存

[26:24] 行内嵌套表格:

值	特权级访问	用户级访问
000	不可访问	不可访问
001	读/写	不可访问
010	读/写	只读
011	读/写	读/写
100	保留	保留
101	只读	不可访问
110	只读	只读
111	只读	只读

位 域	描 述
[16]	B:可缓冲的位。 1:可缓冲;0:不可缓冲
[15:8]	SRD:子区控制域。 每个保护区域被分为 8 个同等大小的子区,每份是一个子区,所有子区的属性与父区相同。每个子区都可以独立地允许或禁止,也就是可以部分地使用一个保护区。需要注意,子区要小于 256 字节。 SRD 中 8 个位,每个位控制一个子区是否可用,0 表示禁止,1 表示可用。如果某个子区被禁止,且其对应的地址范围又没有落在其他区中,则对该子区的访问将引发 Fault
[7:6]	保留
[5:1]	SIZE:设置保护区大小,详见表 1 - 16
[0]	ENABLE:区域使能位。 1:允许;0:禁止

表 1 - 16　SIZE 位域的定义

值	保护区大小	值	保护区大小
00000	保留	10000	128 KB
00001	保留	10001	256 KB
00010	保留	10010	512 KB
00011	保留	10011	1 MB
00100	32 B	10100	2 MB
00101	64 B	10101	4 MB
00110	128 B	10110	8 MB
00111	256 B	10111	16 MB
01000	512 B	11000	32 MB
01001	1 KB	11001	64 MB
01010	2 KB	11010	128 MB
01011	4 KB	11011	256 MB
01100	8 KB	11100	512 MB
01101	16 KB	11101	1 GB
01110	32 KB	11110	2 GB
01111	64 KB	11111	4 GB

1.6.2　MPU 设置与使用

　　如果已设置 MPU 控制寄存器允许使用 MPU,那么设置一个 MPU 保护区需要分别设置 MPU 基址寄存器和 MPU 属性及大小寄存器。MPU 设置流程如图 1-12 所示。

　　如果希望能够快速设置多个 MPU 保护区,可以使用别名寄存器来进行快速设置。下面,介绍利用 STR 指令一次初始化 4 个保护区的例子。

　　R1:指针,指向某个进程控制块的 4 个保护区设置内容,每个保护区 2 个寄存器,共 8 个字。

```
MOV R0,#NVIC_BASE
ADD R0,#MPU_REG-CTRL
LDM R1,[R2-R9];加载4个保护区的设
                ;置信息
STM R0,[R2-R9];完成对4个保护区的
设置
```

　　注意:　不可以使用这些别名来读取保护区寄存器中的内容,因为读取必须先写区号。

　　在 C/C＋＋程序中可以使用 memcpy()函数来完成上述的功能,但必须对编译器具有不使用字传输进行确认,也就是必须是两个 long * 指针之间的复制,而不是 char * 。

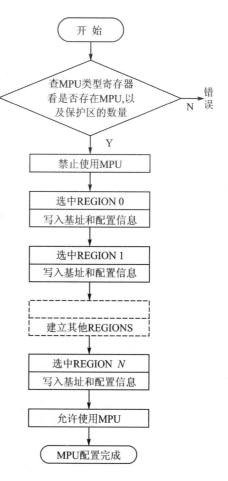

图 1-12　MPU 配置流程图

1.6.3　MPU 访问权限特性

1. MPU 保护区权限设置

　　访问权限位(TEX,C,B,S,AP 和 XN 等位域)控制访问相应的存储区域。如果在没有相应权限的情况下对某个存储区域进行读/写访问,那么 MPU 将会产生一个访问权限故障。位域 TEX、C、B、和 S 编码,如表 1-17 所列。

表 1 - 17　位域 TEX、C、B 和 S 编码

TEX	C	B	S	存储器类型	保护区共享性	其他属性
	0	0	X	严格有序	可共享	—
		1	X	设备	可共享	
B000	1	0	0	普通	不共享	外部和内部之间是写通（Write - Through）关系，没有写分配（Allocate）
			1	普通	可共享	
		1	0	普通	不共享	外部和内部之间是写回（Write - Back）关系，没有写分配（Allocate）
			1	普通	可共享	
B001	0	0	0	普通	不共享	—
			1	普通	可共享	
		1	X	保留	保留	
	1	0	X	实现定义的属性	实现定义的属性	外部和内部之间是写回（Write - Back）关系，带有写和读分配（Allocate）
		1	0	普通	不共享	
			1	普通	可共享	
B010	0	0	X	设备	不共享	不共享设备
		1	X	保留	保留	—
	1	X	X	保留	保留	
B1BB	A	A	0	普通	不共享	—
			1	普通	可共享	

注:表中的 X 表示 MPU 区域将忽略该位的值。

2. MPU 区域权限的修改

想要修改某个 MPU 区域权限,必须修改相应的寄存器,包括 MPU_RNR、MPU_RBAR 和 MPU_RASR。这些寄存器可以分别单独编程修改,也可以通过多字的方式来编程修改。下面,将分别讲解这两种修改方式。

(1) 单独编程修改

单独修改一个区域权限的简单例子如下:

; R1 = 区域号

; R2 = 大小/使能

; R3 = 权限

```
        ;R4 = 地址
        LDR R0，= MPU_RNR ;0xE000ED98,MPU 区域号寄存器
        STR R1，[R0，♯0x0];区域号
        STR R4，[R0，♯0x4];区域基地址
        STRH R2，[R0，♯0x8];区域大小/使能
        STRH R3，[R0，♯0xA];区域权限
```

必须保证在 MPU 启动之前实现这段代码功能。如果有存储数据传输,例如缓存写操作,可能影响 MPU 设置的修改。在 MPU 启动之后,如果存在存储数据传输,必须重新设置。

(2) 使用多字写来修改 MPU 区域权限设置

用户可以直接使用多字写的方式来编程设置,但具体的设置需要规划多字的划分问题,参见下面的例子进行设置。

```
        ;R1 = 区域号
        ;R2 = 地址
        ;R3 = 一个区域的大小和权限
        LDR R0，= MPU_RNR ;0xE000ED98,MPU 区域号寄存器
        STR R1，[R0，♯0x0];区域号
        STR R2，[R0，♯0x4];区域基地址
        STR R3，[R0，♯0x8];区域权限、大小和使能设置
```

1.7 浮点运算单元

本节将介绍 Cortex - M4F 设备的可选浮点单元(FPU)。FPU 实现了 FPv4 - SP 浮点扩展,完全支持单精度加、减、乘、除、累加和平方根运算,还提供了定点、浮点数据格式和浮点常量指令之间的转换。FPU 提供了浮点运算功能,符合 ANSI/IEEE 标准 754 - 2008,IEEE 标准二进制浮点运算,称为 IEEE 754 标准。FPU 包含 32 个单精度扩展寄存器,用户也可以访问 16 位双字寄存器加载、存储和移动操作。在表 1 - 18 中,显示了 Cortex - M4F FPU 浮点系统的寄存器组。

表 1 - 18 浮点系统寄存器组

地　　址	名　　称	类　型	复　　位
0xE000ED88	CPACR	RW	0x00000000
0xE000EF34	FPCCR	RW	0xc0000000
0xE000EF38	FPCAR	RW	—
—	FPSCR	RW	—
0xE000EF3C	FPDSCR	RW	0x00000000

1. 协处理器访问控制寄存器

协处理器访问控制寄存器(CPACR)指定协处理器的访问权限,该寄存器内部分配情况如图 1-13 所示,各位功能说明如表 1-19 所列。

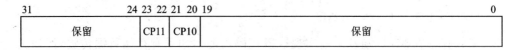

图 1-13 CPACR 寄存器内部分配

表 1-19 CPACR 位功能说明

位	名 称	功 能
[31:24]	—	保留,不可读,写忽略
[2n+1:2n] (n=10,11)	CPn	访问权限协处理器 n。每个字段可能的值是: ➤ 0B00=拒绝访问,任何企图访问产生 NOCP 故障; ➤ 0B01=特权只访问,一个非特权访问产生 NOCP 故障; ➤ 0B10=保留,任何访问的结果是不可预知的; ➤ 0B11=完全访问
[19:0]	—	保留,不可读,写忽略

2. 浮点上下文控制寄存器

浮点上下文控制寄存器(FPCCR)设置或返回 FPU 控制数据。FPCCR 寄存器内部分配情况如图 1-14 所示,各位功能说明如表 1-20 所列。

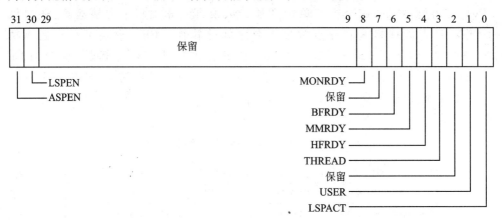

图 1-14 FPCCR 寄存器内部分配

表 1 - 20　FPCCR 寄存器位功能说明

位	名　称	功　能
[31]	ASPEN	使控制寄存器(位 2)在执行浮点指令的设置。这导致在浮点计算中,异常进入和退出时能够自动地保存和恢复硬件状态。 0:禁用控制寄存器(位 2)执行浮点指令的设置; 1:使能控制寄存器(位 2)执行浮点指令的设置
[30]	LSPEN	0:禁用自动惰性状态保存浮点上下文; 1:启用自动惰性状态保存浮点上下文
[29:9]	—	保留
[8]	MONRDY	0:当浮点栈帧分配时,DebugMonitor 被禁用或者优先不允许设置 MON_PEND; 1:当浮点栈帧分配时,DebugMonitor 启用或者优先级设置允许的 MON_PEND
[7]	—	保留
[6]	BFRDY	0:当浮点栈帧分配时,BusFault 被禁用或者优先级不允许设置 BusFault 异常进入挂起状态; 1:当浮点栈帧分配时,BusFault 启用或者优先级允许设置 BusFault 异常进入挂起状态
[5]	MMRDY	0:当浮点栈帧分配时,MemManage 被禁用或者优先级不允许设置 MemManage 异常进入挂起状态; 1:当浮点栈帧分配时,MemManage 启用或者优先级允许设置 MemManage 进入挂起状态
[4]	HFRDY	0:当浮点栈帧分配时,优先不允许设置成硬故障进入挂起状态; 1:当浮点栈帧分配时,优先允许设置成硬故障进入挂起状态
[3]	THREAD	0:当浮点栈帧分配时,模式不为线程模式; 1:当浮点栈帧分配时,模式为线程模式
[2]	—	保留
[1]	USER	0:当浮点栈帧分配时,特权级别; 1:当浮点栈帧分配时,用户级别
[0]	LSPACT	0:懒惰状态保存不活跃; 1:懒惰的状态保存活跃,浮点栈帧已经被分配,但保存状态被推迟

3. 浮点上下文地址寄存器

浮点上下文地址寄存器(FPCAR)保存了不常用的浮点寄存器空间地址,该浮点寄存器空间通常用作异常堆栈帧的分配,FPCAR 寄存器内部分配如图 1 - 15 所示,该位功能说明如表 1-21 所列。

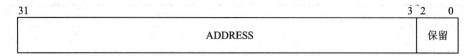

图 1-15　FPCAR 寄存器内部分配

表 1-21　FPCAR 位功能说明

位	名 称	功 能
[31:3]	ADDRESS	在未分配浮点寄存器空间的位置分配一个异常堆栈帧
[2:0]	—	保留,不可读,写忽略

4. 浮点状态控制寄存器

浮点状态控制寄存器(FPSCR)提供了浮点系统的所有必要的用户级别的控制。FPSCR 寄存器内容分配如图 1-16 所示,位功能说明如表 1-22 所列。

图 1-16　FPSCR 寄存器内部分配

表 1-22　FPSCR 寄存器位功能说明

位	名 称	功能及说明	
[31]	N	负数条件代码标志	条件代码标志,浮点比较操作更新这些标志
[30]	Z	0 条件代码标志	
[29]	C	进位条件代码标志	
[29]	V	溢出条件代码标志	
[27]	—	保留	
[26]	AHP	半精度控制位,0:IEEE 半精度格式;1:替代半精度格式	
[25]	DN	缺省非数字模式控制位: 0:NaN 的操作数通过传播到浮点运算的输出; 1:任何涉及一个或多个 NaN 的操作返回缺省模式	
[24]	FZ	刷新到零模式控制位: 0:Flush-to-zero 模式禁用,浮点系统的行为完全符 IEEE 754 标准; 1:Flush-to-zero 模式启用	

位	名 称	功能及说明	
[23:22]	RMode	舍入模式控制领域。该字段的编码方式是： 0b00 舍入到最接近(RN)模式； 0b01 向正无穷大(RP)模式； 0b10 向负无穷大(RM)模式； 0b11 向零舍入(RZ)模式。 指定的舍入模式用于几乎所有的浮点指令	
[21:8]	—	保留	
[7]	IDC	非标准输入累积异常位,见位[4:0]	
[6:5]	—	保留	
[4]	IXC	不精确累积异常位	累积异常位的浮点异常,见位[7]。这些位被设置为1,表明相应的异常以来发生0最后被写入
[3]	UFC	未溢出累积异常位	
[2]	OFC	溢出累积异常位	
[1]	DZC	被零除累积异常位	
[0]	IOC	无效的操作累积异常位	

5. 浮点默认状态控制寄存器

浮点默认状态控制寄存器 FPDSCR 保存浮点状态控制数据的默认值,FPDSCR 寄存器内部分配情况如图 1 - 17 所示,位功能说明如表 1 - 23 所列。

图 1 - 17 FPDSCR 寄存器内部分配

表 1 - 23 FPDSCR 寄存器位功能说明

位	名 称	功 能
[31:27]	—	保留
[26]	AHP	FPSCR. AHP 默认值为 0
[25]	DN	FPSCR. DN 默认值为 0
[24]	FZ	FPSCR. FZ 默认值为 0
[23:22]	RMode	FPSCR. RMode 默认值为 0
[21:0]	—	保留

1.8 Cortex‑M4 指令集

1.8.1 Thumb 指令集

Cortex‑M4 处理器核实现了 ARM v7‑M Thumb 指令集,支持所有的 Thumb 指令集,包括 16 位 Thumb 和基本 32 位 Thumb‑2 指令集。本节仅以列表的形式对 Cortex‑M4 处理器所支持的指令集作简要介绍,其指令集如表 1‑24 所列。

在汇编语法中,<Op2>域可能在某些时候被以下选项替换:

➤ 一个简单寄存器,例如 Rm;

➤ 一个数值偏移寄存器,例如 Rm, LSL ♯4;

➤ 一个寄存器值偏移寄存器,例如 Rm, LSL Rs;

➤ 一个立即数,例如 ♯0xE000E000。

操作数被替换是由操作本身来决定的。

表 1‑24　Cortex‑M4 处理器指令集

指　令	操作数	描　述	标志位
ADC, ADCS	{Rd,} Rn, Op2	进位加法	N,Z,C,V
ADD, ADDS	{Rd,} Rn, Op2	加法	N,Z,C,V
ADD, ADDW	{Rd,} Rn, ♯imm12	加法(范围宽)	N,Z,C,V
ADR	Rd ,label	加载 PC 中的地址	—
AND, ANDS	{Rd,} Rn, Op2	逻辑与	N,Z,C
ASR, ASRS	Rd, Rm, <Rs|♯n>	算术右移	N,Z,C
B	label	跳转	—
BFC	Rd, ♯lsb, ♯width	位域清零	—
BFI	Rd, Rn, ♯lsb, ♯width	位域插入	—
BIC, BICS	{Rd,} Rn, Op2	位清零	N,Z,C
BKPT	♯imm	断点	—
BL	label	带链接的跳转	—
BLX	Rm	带链接和交换的跳转	—
BX	Rm	跳转并交换	—
CBNZ	Rn, label	若非零则跳转	—
CBZ	Rn, label	若为零则跳转	—
CLREX	—	清除处理器对某个单元的独占权	—
CLZ	Rd, Rm	计数前导零数目	—
CMN	Rn, Op2	与负数比较	N,Z,C,V

指 令	操 作 数	描 述	标志位
CMP	Rn, Op2	比较	N,Z,C,V
CPSID	i	改变处理器状态,禁用中断	—
CPSIE	i	改变处理器状态,启用中断	—
DMB	—	数据内存屏障	—
DSB	—	数据同步屏障	—
EOR, EORS	{Rd,} Rn, Op2	异或	N,Z,C
ISB	—	指令同步障碍	—
IT	—	条件判断	—
LDM	Rn{!}, reglist	加载多个寄存器,操作后递增地址	—
LDMDB, LDMEA	Rn{!}, reglist	加载多个寄存器,操作前递减地址	—
LDMFD, LDMIA	Rn{!}, reglist	加载多个寄存器,操作后递增地址	—
LDR	Rt, [Rn, ♯offset]	整字寄存器加载	—
LDRB, LDRBT	Rt, [Rn, ♯offset]	字节寄存器加载	—
LDRD	Rt, Rt2, [Rn, ♯offset]	双字节寄存器加载	—
LDREX	Rt, [Rn, ♯offset]	独占式加载寄存器	—
LDREXB	Rt, [Rn]	独占式字节加载寄存器	—
LDREXH	Rt, [Rn]	独占式半字加载寄存器	—
LDRH, LDRHT]	Rt, [Rn, ♯offset]	半字加载寄存器	—
LDRSB, DRSBT	Rt, [Rn, ♯offset]	有符号字节加载寄存器	—
LDRSH, LDRSHT	Rt, [Rn, ♯offset]	有符号半字加载寄存器	—
LDRT	Rt, [Rn, ♯offset]	有符号字加载寄存器	—
LSL, LSLS	Rd, Rm, <Rs∣♯n>	逻辑左移	N,Z,C
LSR, LSRS	Rd, Rm, <Rs∣♯n>	逻辑右移	N,Z,C
MLA	Rd, Rn, Rm, Ra	乘积并相加,32 位的结果	—
MOV, MOVS	Rd, Op2	传送	N,Z,C
MOVT	Rd, ♯imm16	将 16 位立即数传送至寄存器高 16 位	—
MOVW, MOV	Rd, ♯imm16	传送 16 位常量	N,Z,C
MRS	Rd, spec_reg	将特殊寄存器值传送至通用寄存器	—
MSR	spec_reg, Rm	将通用寄存器值传送至专用寄存器	N,Z,C,V
MUL, MULS	{Rd,} Rn, Rm	乘积,32 位的结果	N,Z
MVN, MVNS	Rd, Op2	取反传送	N,Z,C
NOP	—	无操作	—
ORN, ORNS	{Rd,} Rn, Op2	逻辑或非	N,Z,C

指　令	操作数	描　述	标志位
ORR，ORRS	{Rd，} Rn，Op2	逻辑或	N，Z，C
PKHTB，PKHBT	{Rd，} Rn，Rm，Op2	组合两个寄存器的半字,打包成字	—
POP	reglist	从栈中弹出寄存器	—
PUSH	reglist	寄存器压栈	—
QADD	{Rd，} Rn，Rm	有符号 32 位饱和加法	Q
QADD16	{Rd，} Rn，Rm	有符号 16 位饱和加法	—
QADD8	{Rd，} Rn，Rm	有符号 8 位饱和加法	—
QASX	{Rd，} Rn，Rm	半字交换,并行饱和高 16 位 加法、低 16 位减法	—
QDADD	{Rd，} Rn，Rm	有符号加倍饱和加法	Q
QDSUB	{Rd，} Rn，Rm	有符号加倍饱和减法	Q
QSAX	{Rd，} Rn，Rm	半字交换,并行饱和高 16 位 减法、低 16 位加法	—
QSUB	{Rd，} Rn，Rm	有符号 32 位饱和减法	Q
QSUB16	{Rd，} Rn，Rm	有符号 16 位饱和减法	—
QSUB8	{Rd，} Rn，Rm	有符号 8 位饱和减法	—
RBIT	Rd，Rn	反转字中的位	—
REV	Rd，Rn	反转字中的字节	—
REV16	Rd，Rn	反转两个半字中的字节	—
REVSH	Rd，Rn	反转低半字中的字节,高半字符合扩展	—
ROR，RORS	Rd，Rm，<Rs|♯n>	向右循环移位	N，Z，C
RRX，RRXS	Rd，Rm	带扩展向右循环移位	N，Z，C
RSB，RSBS	{Rd，} Rn，Op2	反向减法	N，Z，C，V
SADD16	{Rd，} Rn，Rm	并行有符号 16 位加法	GE
SADD8	{Rd，} Rn，Rm	并行有符号 8 位加法	GE
SASX	{Rd，} Rn，Rm	并行有符号加法	GE
SBC，SBCS	{Rd，} Rn，Op2	带进位减法	N，Z，C，V
SBFX	Rd，Rn，♯lsb，♯width	有符号位域提取	—
SDIV	{Rd，} Rn，Rm	有符号除法	—
SEL	{Rd，} Rn，Rm	选择字节	—
SEV	—	发送事件信号	—
SHADD16	{Rd，} Rn，Rm	并行有符号 16 位均分加法	—
SHADD8	{Rd，} Rn，Rm	并行有符号 8 位均分加法	—

指　令	操作数	描　　　述	标志位
SHASX	{Rd,} Rn, Rm	半字交换,并行均分算法, 有符号高半字相加、低半字相减	—
SHSAX	{Rd,} Rn, Rm	半字交换,并行均分算法, 有符号高半字相减、低半字相加	—
SHSUB16	{Rd,} Rn, Rm	并行有符号 16 位均分减法	—
SHSUB8	{Rd,} Rn, Rm	并行有符号 8 位均分减法	—
SMLABB, SMLABT, SMLATB, SMLATT	Rd, Rn, Rm, Ra	有符号 16 位乘法并 累加至 32 位结果中	Q
SMLAD, SMLADX	Rd, Rn, Rm, Ra	有符号 32 位乘法累加	Q
SMLAL	RdLo, RdHi, Rn, Rm	有符号乘法并累加 (32×32＋64),64 位结果	—
SMLALBB, SMLALBT, SMLALTB, SMLALTT	RdLo, RdHi, Rn, Rm	有符号乘法并累加, 采用 16 位操作数和 64 位累加器	—
SMLALD, SMLALDX	RdLo, RdHi, Rn, Rm	有符号 32 位乘法累加(长整型)	—
SMLAWB, SMLAWT	Rd, Rn, Rm, Ra	有符号乘法累加,32 位乘以 16 位	Q
SMLSD	Rd, Rn, Rm, Ra	有符号 32 位乘减	Q
SMLSLD	RdLo, RdHi, Rn, Rm	有符号 32 位乘减(长整型)	—
SMMLA	Rd, Rn, Rm, Ra	有符号高字乘法累加	—
SMMLS, SMMLR	Rd, Rn, Rm, Ra	有符号高字乘减	—
SMMUL, SMMULR	{Rd,} Rn, Rm	有符号高字乘法	—
SMUAD	{Rd,} Rn, Rm	有符号双乘法,并将乘积相加	Q
SMULBB, SMULBT SMULTB, SMULTT	{Rd,} Rn, Rm	有符号 16 位相乘, 并保存至 32 位结果中	—
SMULL	RdLo, RdHi, Rn, Rm	有符号乘法(32×32),64 位的结果	—
SMULWB, SMULWT	{Rd,} Rn, Rm	有符号乘法,32 位乘以 16 位	—
SMUSD, SMUSDX	{Rd,} Rn, Rm	两次有符号乘法,乘积相减	—
SSAT	Rd, ♯n, Rm {,shift ♯s}	有符号饱和字(移位)	Q
SSAT16	Rd, ♯n, Rm	有符号饱和两个半字	Q

续表 1-24

指　令	操作数	描　述	标志位
SSAX	{Rd,} Rn, Rm	并行有符号算法	GE
SSUB16	{Rd,} Rn, Rm	并行有符号 16 位减法	—
SSUB8	{Rd,} Rn, Rm	并行有符号 8 位减法	—
STM	Rn{!}, reglist	存储多个寄存器,操作后递增地址	—
STMDB, STMEA	Rn{!}, reglist	存储多个寄存器,操作前递减地址	—
STMFD, STMIA	Rn{!}, reglist	存储多个寄存器,操作后递增地址	—
STR	Rt, [Rn, #offset]	以字方式存储寄存器	—
STRB, STRBT	Rt, [Rn, #offset]	以字节方式存储寄存器	—
STRD	Rt, Rt2, [Rn, #offset]	以双字方式存储寄存器	—
STREX	Rd, Rt, [Rn, #offset]	独占方式存储寄存器	—
STREXB	Rd, Rt, [Rn]	独占并以字节方式存储寄存器	—
STREXH	Rd, Rt, [Rn]	独占并以双字方式存储寄存器	—
STRH, STRHT	Rt, [Rn, #offset]	以半字方式存储寄存器	—
STRT	Rt, [Rn, #offset]	以字方式存储寄存器	—
SUB, SUBS	{Rd,} Rn, Op2	减	N,Z,C,V
SUB, SUBW	{Rd,} Rn, #imm12	减(范围宽)	N,Z,C,V
SVC	#imm	请求特权操作	—
SXTAB	{Rd,} Rn, Rm,{,ROR #}	有符号字节到字扩展,加法	—
SXTAB16	{Rd,} Rn, Rm,{,ROR #}	有符号两个字节到半字扩展,加法	—
SXTAH	{Rd,} Rn, Rm,{,ROR #}	有符号半字到字扩展,加法	—
SXTB16	{Rd,} Rm {,ROR #n}	有符号两个字节到半字扩展	—
SXTB	{Rd,} Rm {,ROR #n}	有符号字节到字扩展	—
SXTH	{Rd,} Rm {,ROR #n}	有符号半字到字扩展	—
TBB	[Rn, Rm]	表跳转字节	—
TBH	[Rn, Rm, LSL #1]	表跳转半字	—
TEQ	Rn, Op2	相等测试	N,Z,C
TST	Rn, Op2	测试	N,Z,C
UADD16	{Rd,} Rn, Rm	并行无符号 16 位加法	GE
UADD8	{Rd,} Rn, Rm	并行无符号 8 位加法	GE
USAX	{Rd,} Rn, Rm	并行无符号算法	GE
UHADD16	{Rd,} Rn, Rm	并行无符号 16 位均分加法	—
UHADD8	{Rd,} Rn, Rm	并行无符号 8 位均分加法	—
UHASX	{Rd,} Rn, Rm	半字交换,并行均分算法,无符号高半字相加、低半字相减	—

指　令	操作数	描　述	标志位
UHSAX	{Rd,} Rn, Rm	半字交换，并行均分算法， 无符号高半字相减、低半字相加	—
UHSUB16	{Rd,} Rn, Rm	并行无符号 16 位均分减法	—
UHSUB8	{Rd,} Rn, Rm	并行无符号 8 位均分减法	—
UBFX	Rd, Rn, #lsb, #width	无符号位域提取	—
UDIV	{Rd,} Rn, Rm	无符号除法	—
UMAAL	RdLo, RdHi, Rn, Rm	无符号长乘法，两次累加 (32×32 ＋ 32 ＋ 32)，64 位的结果	—
UMLAL	RdLo, RdHi, Rn, Rm	长整型无符号乘法积累 (32×32 ＋ 64)，64 位的结果	—
UMULL	RdLo, RdHi, Rn, Rm	无符号乘法(32×32)，64 位的结果	—
UQADD16	{Rd,} Rn, Rm	无符号饱和 16 位加法	—
UQADD8	{Rd,} Rn, Rm	无符号饱和 8 位加法	—
UQASX	{Rd,} Rn, Rm	半字交换，无符号并行饱和算法	—
UQSAX	{Rd,} Rn, Rm	半字交换，无符号并行饱和算法	—
UQSUB16	{Rd,} Rn, Rm	无符号饱和 16 位减法	—
UQSUB8	{Rd,} Rn, Rm	无符号饱和 8 位减法	—
USAD8	{Rd,} Rn, Rm	差值的绝对值无符号求和	—
USADA8	{Rd,} Rn, Rm, Ra	差值的绝对值无符号求和再积累	—
USAT	Rd, #n, Rm {,shift #s}	无符号饱和字(移位)	Q
USAT16	Rd, #n, Rm	无符号饱和两个半字	Q
UASX	{Rd,} Rn, Rm	半字交换，无符号并行算法	GE
USUB16	{Rd,} Rn, Rm	无符号 16 位减法	GE
USUB8	{Rd,} Rn, Rm	无符号 8 位减法	GE
UXTAB	{Rd,} Rn, Rm,{,ROR #}	无符号字节到字扩展，加法	—
UXTAB16	{Rd,} Rn, Rm,{,ROR #}	无符号两个字节到半字扩展，加法	—
UXTAH	{Rd,} Rn, Rm,{,ROR #}	无符号半字到字扩展，加法	—
UXTB	{Rd,} Rm {,ROR #n}	无符号字节到字扩展	—
UXTB16	{Rd,} Rm {,ROR #n}	无符号两个字节到半字扩展	—
UXTH	{Rd,} Rm {,ROR #n}	无符号半字到字扩展	—
WFE	—	等候事件	—
WFI	—	等待中断	—

1.8.2 CMSIS 扩展指令集

ARM Cortex 微控制器软件接口标准（Cortex Microcontroller Software Interface Standard，简称 CMSIS）是 Cortex－M 处理器系列与供应商无关的硬件抽象层。使用 CMSIS 可以为处理器和外设提供一致且简单的软件接口，从而简化软件的重用，缩短微控制器新开发人员的学习过程。

ISO/IEC（国际标准化组织和国际电工委员会制定的标准）标准 C 代码不能直接访问一些 Cortex－M4 指令。因此本节描述了固有的功能，可以生成这些指令，由 CMSIS 和 C 编译器来提供。如果 C 编译器不支持适当的内在功能，用户可能需要使用内联汇编器访问某些指令。CMSIS 提供了以下内在函数来生成指令，ISO/IEC－C 代码不能直接访问。CMSIS 函数生成的 Cortex－M4 指令，如表 1－25 所列。

表 1－25   CMSIS 函数生成的 Cortex－M4 指令

指　令	CMSIS 功能
CPSIE I	void __enable_irq(void)
CPSID I	void __disable_irq(void)
CPSIE F	void __enable_fault_irq(void)
CPSID F	void __disable_fault_irq(void)
ISB	void __ISB(void)
DSB	void __DSB(void)
DMB	void __DMB(void)
REV	uint32_t __REV(uint32_t int value)
REV16	uint32_t __REV16(uint32_t int value)
REVSH	uint32_t __REVSH(uint32_t int value)
RBIT	uint32_t __RBIT(uint32_t int value)
SEV	void __SEV(void)
WFE	void __WFE(void)
WFI	void __WFI(void)

CMSIS 还提供了一些用于访问使用 MRS 和 MSR 指令的特殊寄存器功能，如表 1－26 所列。

表 1 - 26　CMSIS 内在函数访问特殊寄存器

特殊寄存器	访问方式	CMSIS 功能
PRIMASK	读	uint32_t __get_PRIMASK（void）
	写	void __set_PRIMASK（uint32_t value）
FAULTMASK	读	uint32_t __get_FAULTMASK（void）
	写	void __set_FAULTMASK（uint32_t value）
BASEPRI	读	uint32_t __get_BASEPRI（void）
	写	void __set_BASEPRI（uint32_t value）
CONTROL	读	uint32_t __get_CONTROL（void）
	写	void __set_CONTROL（uint32_t value）
MSP	读	uint32_t __get_MSP（void）
	写	void __set_MSP（uint32_t TopOfMainStack）
PSP	读	uint32_t __get_PSP（void）
	写	void __set_PSP（uint32_t TopOfProcStack）

第 **2** 章

调试系统与开发工具

2.1 Cortex‑M4 调试系统结构

在嵌入式系统的调试过程中,常用的调试手段一般有设置断点、观察寄存器、查看内存的值和监视变量等方式。采用上述方式时通常要使用仿真头和 JTAG 接口,可以方便地完成对被开发系统的调试功能。这些跟踪调试方式基本是属于侵入式调试方法,也就是说这种调试方式对系统程序的运行进行了干涉,以至于会影响程序的全速运行。对于微处理器内核进行连续全速运行的跟踪方法,通常只能采用在程序中加入 Printf 语句来实现。

Cortex‑M4 处理器核采用了 CoreSight 调试体系结构,这种结构使其在系统的调试能力上得到了很大的增强。CoreSight 调试体系结构提供了非侵入式的调试方法,能够在程序全速运行的情况下实现对指令、数据、存储单元的跟踪,还可以实现对程序性能方面的剖析。另外,CoreSight 调试体系结构还提供了可由用户定制的应用驱动跟踪源,对于调试和优化大型、多任务应用程序非常有用。

Cortex‑M4 处理器核提供两种调试主机接口,其一是过去常见的 JTAG 接口,另一种是 SW(Serial Wire)调试接口。其中,SW 接口只需要采用两条信号线就可进行调试,这是 Cortex‑M4 处理器设计的一种低成本调试接口,它将 CoreSight 结构中的 DAP(Debug Access Port)转换为串行信号提供给仿真器。

本节将对 CoreSight 调试体系结构和 Cortex‑M4 调试接口进行介绍,以便让读者能更好地使用编程软件进行跟踪调试。

2.1.1 CoreSight 调试体系结构

2004 年 ARM 公司推出了 CoreSight 调试体系结构,以实现更为强大的调试能力。CoreSight 体系结构支持多核系统的调试,能对全系统进行高带宽的实时跟踪以及对系统总线的跟踪与监视。CoreSight 体系结构非常灵活,其各个部件可以根据处理器厂商的需要进行组合。图 2‑1 是一个典型的 CoreSight 调试结构,其组成部分主要分为以下 4 类。

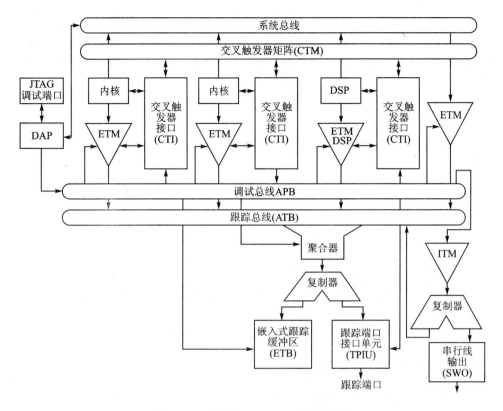

图 2-1 典型的 CoreSight 系统结构图

(1) 控制访问部件

控制访问部件用于配置和控制跟踪数据流的产生、获取跟踪数据流,但不产生也不处理跟踪数据流。典型的控制访问部件有 DAP,DAP 可以实时访问 AMBA 总线上的系统内存、外设寄存器,以及所有调试配置寄存器,而无需挂起系统。另外,还有 ECT(Embedded Cross Trigger),包含 CTI(Cross Trigger Interface)和 CTM(CrossTrigger Matrix),ECT 为 ETM(Embedded Trace Macrocell)提供一个接口,其作用是将一个处理器的调试事件传递到另一个处理器。

(2) 源部件

源部件用于产生向 ATB(AMBA Trace Bus)发送的跟踪数据,典型的源部件有 3 种。其一是 HTM(AHB-Trace Macrocell),用于获取 AHB 总线跟踪信息,包括总线的层次、存储结构、时序、数据流和控制流等;其二是 ETM(Embedded Trace Macrocell),用于获取处理器核的跟踪信息;其三是 ITM(Instrumentation Trace Macrocell),是一个由软件驱动跟踪源,其输出的跟踪信息可以由软件设置,包括 Printf 类型的调试信息、操作系统及应用程序的事件信息等。

(3) 连接部件

连接部件用于实现跟踪数据的连接、触发和传输,典型的连接部件有 3 种。其一是 ATB 1:1 bridge,具有 2 个 ATB 接口,主要用于传递跟踪源发出的控制信号;其二是 Replicator,其作用是可以让来自同一跟踪源的数据同时写到 2 个不同的汇集点去;其三是 Trace Funnel,主要是用于将多个跟踪数据流组合起来,在 ATB 总线上传输。

(4) 汇集点

汇集点是芯片上跟踪数据的终点,典型的汇集点有 3 种。其一是 TPIU(Trace Port Interface Unit),TPIU 将片内各种跟踪源获取的信息按照 TPIU 帧的格式进行组装,然后通过 Trace Port 传送到片外;其二是 ETB(Embedded Trace Buffer),ETB 是一个 32 位的 RAM,主要是作为片内跟踪信息缓冲区;其三是 SWO(Serial Wire Output),SWO 类似 TPIU,仅输出 ITM 单元的跟踪信息,只需要一个引脚来实现。

使用带有 CoreSight 调试体系结构的微处理器,工程师就可以实现实时调试。当应用程序在微处理器上全速运行时,可以透明地观察并记录处理器中的各种事件。例如,包括内存单元读/写、中断异常的发生与处理、操作系统任务之间的触发关系与运行过程等操作。这一新的调试体系结构将嵌入式系统调试从黑盒测试变为了白盒测试,使得工程师能够很好地完成和应付更复杂系统的设计与调试。

2.1.2　Cortex - M4 调试结构

Cortex - M4 处理器核支持 CoreSight 调试体系结构,其内部调试体系结构如图 2 - 2 所示。

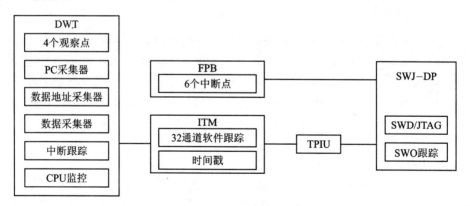

图 2 - 2　Cortex - M4 的调试系统结构图

Cortex - M4 处理器核内嵌用于调试的功能单元,分别是 SWJ - DP(串行线/JTAG 调试端口)、FPB(Flash 片断点)、DWT(数据观察和跟踪)、ITM(指令跟踪微单元)和 TPIU(跟踪端口接口单元)。下面,将对 Cortex - M4 处理器内嵌的调试工具单元分别进行介绍。

1. 串行线/JTAG 调试端口（SWJ - DP）

Cortex - M4 内嵌了一个 SWJ - DP 调试端口，该端口是标准的 CoreSight 调试端口。它整合了一个串行线调试端口和一个 JTAG 调试端口，其中串行线调试端口是 2～3 个引脚，JTAG 调试端口是 5 个引脚。SWJ - DP 引脚说明如表 2 - 1 所列。

默认情况下，JTAG 调试端口被激活。如果主调试器想要转换为串行线调试端口，那么必须在 TMS/SWDIO 和 TCK/SWCLK 上提供一个专用的 JTAG 序列，其中 TCK/SWCLK 中禁止了 JTAG - DP 并允许使用 SW - DP 调试端口。

一旦串行线调试端口被激活后，TDO/TRACESWO 就能被用作跟踪调试，异步 TRACE 输出（TRACESWO）被复用到 TDO 上。因此异步跟踪调试只能同 SW - DP 使用，不能同 JTAG - DP 使用。

表 2 - 1   SWJ - DP 引脚列表

引脚名称	JTAG 端口	串行线调试端口
TMS/SWDIO	TMS	SWDIO
TCK/SWCLK	TCK	SWCLK
TDI	TDI	—
TDO/TRACESWO	TDO	TRACESWO（可选：跟踪调试）

当 JTAGSEL 为低电平时，选择的是 SW - DP 或者 JTAG - DP 模式，这样可以直接在 SWJ - DP 和 JTAG 边界扫描操作之间切换。一旦 JTAGSEL 改变，则必须复位芯片。

调试端口选择机制是通过发送特殊的 SWDIOTMS 序号来完成的，默认情况下，复位后 JTAG - DP 被选作调试端口。

从 JTAG - DP 切换到 SW - DP，需要完成如下步骤。

① 在超过 50 个 SWCLKTCK 周期中不断发送 SWDIOTMS = 1 的信息。

② 当 SWDIOTMS = 0111100111100111（MSB 前为 0x79E7）时发送 16 位序列。

③ 在超过 50 个 SWCLKTCK 周期中不断发送 SWDIOTMS = 1 的信息。

从 SW - DP 切换到 JTAG - DP，需要完成如下步骤。

① 在超过 50 个 SWCLKTCK 周期中不断发送 SWDIOTMS = 1 的信息。

② 当 SWDIOTMS = 0011110011100111（MSB 前为 0x3CE7）时发送 16 位序列。

③ 在超过 50 个 SWCLKTCK 周期中不断发送 SWDIOTMS= 1 的信息。

2. Flash 片断点调试端口（FPB）

Flash 片断点调试端口具有可以实现硬件断点和实现代码、数据从代码空间到系统空间的片复制功能。

在 Flash 片断点调试 FPB 单元中,其内部主要由文本比较器、指令比较器和二选一比较器组成。其中两个文本比较器,被用于匹配从代码空间加载的文本和被重映射到系统相应区域中的文本;6 个指令比较器,被用于匹配从代码空间取得的指令和被重映射到系统相应区域中的指令;内部的二选一比较器可被配置生成一个对处理器核的断点指令。

3. 数据观察和跟踪调试端口(DWT)

数据观察和跟踪调试端口内部包含多个比较器和计数器,内部的这些比较器被配置为如下 3 个功能。

其一是在设置的时间间隔内 PC 主机采集数据包;其二是比较器产生发往 PC 主机或者数据观察口的数据包;其三是禁止处理器核的观察事件。

在数据观察和跟踪调试端口中,利用这些计数器来实现对时钟周期、交叉的指令、读取存储单元(LSU)操作、睡眠周期、CPI(除了第一个周期外的所有周期)、中断开销的计数功能。

4. 指令跟踪微单元(ITM)

ITM 是一个应用驱动跟踪源,主要支持 printf 格式的调试。可以用来跟踪操作系统和应用事件,会发出诊断系统的信息。ITM 发出的信息是由 3 个具有不同优先级的源生成的,这 3 个源分别是:

① 软件跟踪:软件能够直接对 ITM 刺激寄存器进行写操作,这主要是通过"printf"功能完成的。

② 硬件跟踪:ITM 将由 DWT 生成的数据包发出去。

③ 时间标记:发送的时间标记同数据包相关,ITM 包含了一个 21 位计数器,主要用来生成时间标记。

(1) 配置 ITM

下面采用实例形式描述在异步跟踪模式下,跟踪数据是如何输出的。

首先,将 TPIU 配置为异步跟踪模式,通过向所访问寄存器(地址:0xE0000FB0)写入"0xC5ACCE55"来允许对 ITM 的写访问;然后,向跟踪控制寄存器中写入 0x00010015,其过程中允许 ITM,允许异步数据包传输,允许 SWO 行为将 ATB ID 固定为 1;接着,向跟踪使能寄存器中写入 0x1,其中允许 Stimulus 端口 0,向跟踪特权寄存器写入 0x1,其中 Stimulus 端口 0 只能在特权模式下被访问;最后,向 Stimulus 端口 0 寄存器写入。

TPIU 可以被看作是片上跟踪数据和指令跟踪微控制器之间的一个桥梁,TPIU 规定了格式,并异步地将跟踪数据片下传输给处理器内核。

(2) 异步模式

TPIU 被配置在异步模式下起作用,跟踪数据通过单个的 TRACESWO 引脚输出,TRACESWO 信号同 JTAG 调试端口中的 TDO 信号复用同一引脚。因此异步模式只有在串行线调试模式被选择时可用,而 TDO 信号可被用于 JTAG 调试模式中。

对于引脚输出的编码方式有曼彻斯特编码流(这是复位值)和基于 NRZ 的 UART 字节结构。

(3) 如何配置 TPIU

这个实例只在异步跟踪模式中被考虑。首先,将调试异常和监测寄存器(0xE000EDFC)中的 TRCENA 位置为 1,以允许跟踪和调试模块可以使用;再向选择引脚保护寄存器中写入 0x2,选择串行线输出 NRZ;然后,向格式和流控制寄存器中写入 0x100,最后设置 Async 时钟预分频寄存器中的时钟预分频值,用来对异步输出频率进行分频。

5. 跟踪端口接口单元(TPIU)

Cortex - M4 的 TPIU 是一个可选的组件。通常被用作 ETM 和 ITM 之间的片上数据跟踪,其中每个数据流都有一个独立的 ID。TPIU 单元通常按要求封装 ID,数据流最后会被 TPA(Trace Port Analyzer)捕获到。

Cortex - M4 处理器核的 TPIU 是专门为低功耗调试设计的,是 CoreSight TPIU 的一种独特版本。在应用实现中需要用到 CoreSight TPIU 的其他特性,可以用 CoreSight 其他版本组件代替 Cortex - M4 的 TPIU。在本小节中,TPIU 将特指 Cortex - M4 的 TPIU 组件。

TPIU 有两种配置方式,其一配置为支持 ITM 调试跟踪;其二配置为支持 ITM 和 ETM 两者调试跟踪。如果应用实现中不需要支持跟踪,那么就可以禁用 TPIU 单元了。TPIU 的功能框图如图 2 - 3 所示。

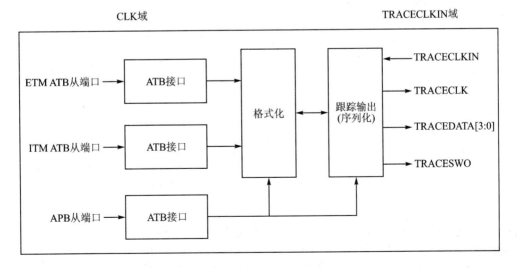

图 2 - 3　TPIU 功能框图

2.2 SAM‑ICE 开发调试器

SAM‑ICE 是一种应用到 Atmel 公司 AT91 ARM 核心板的 JTAG 仿真器,通过 USB 接口连接运行于 Microsoft Windows 2000、XP 和 Windows 7 系统的计算机上。SAM‑ICE 有 1 个嵌入 20 引脚的 JTAG 连接器,该连接器同 ARM 定义的标准 20 引脚连接一致。

2.2.1 JTAG 边界扫描调试端口

IEEE 1149.1 JTAG 边界扫描方式允许不依赖设备包装技术的引脚电平访问。当 JTAGSEL 为高电平时,将 TST 信号置为低可以允许 IEEE 1149.1 JTAG 边界扫描。在整个扫描操作过程中,TST 信号必须一直保持该状态,SAMPLE、EXTEST 和 BYPASS 功能可以被实现。在 SWD/JTAG 调试模式中,ARM 处理器将对应于一个非 JTAG 片上 ID,该 ID 表示处理器,这一点不是 IEEE 1149.1 JTAG 中的内容。

在 JTAG 边界扫描和 SWJ 调试端口操作之间不能采用直接转换方式,当 JTAGSEL 被改变时必须重启芯片。边界扫描寄存器(BSR)包含了一些位,这些位同一些激活引脚和控制信号相关。

每个 SAM4S 微控制器输入/输出引脚对应着一个 BSR 中的 3 位寄存器。OUTPUT 位包含能够强制输出的数据,INPUT 位拥有观测应用到引脚上的数据,CONTROL 位选择引脚的方向。

2.2.2 SAM‑ICE 调试器简介

SAM‑ICE 支持任意一种 Atmel AT91 系列的核心板,能够无缝集成到 IAR 开发环境中。本身无供电要求,主要通过 USB 接口来供电驱动。最大的 JTAG 仿真速度可以达到 12 MHz,并能够自动识别出所需要的仿真速度。所有 JTAG 引脚信号可以被监控,支持并联设备,完全兼容即插即用的设备。

SAM‑ICE 开发调试器采用标准的 20 引脚 JTAG 连接器,目标电压范围可以为 1.2~3.3 V。调试器可以通过 USB 接口连接,也可以通过 20 针电缆连接,具有查看存储器内容的功能。其内部包含 SAM‑ICE TCP/IP 服务器,能够使用 SAM‑ICE 连入 TCP/IP 网络。同时 RDI 服务器可用,能够使用 SAM‑ICE 连入 RDI 兼容的软件。另外,本身还支持自适应的时钟。

为了能够使用 SAM‑ICE,主机系统中必须安装 Windows2000、XP 或者 Windows 7 系统,并且要求能够识别出 SAM‑ICE 设备的 USB。另外,还需要一个 AT91 目标系统,系统上需要有 ARM 公司定义的 20 引脚的 JTAG 连接器。

SAM‑ICE 连接器是一个 20 路绝缘位移连接器(IDC),该连接器同 IDC 插座集成在一个电缆中,形成一个 2.54 mm 的箱式接头。对 SAM - ICE JTAG 各引脚的说明如表 2 - 2 所列。

表 2 - 2 SAM - ICE JTAG 各引脚的说明

引 脚	信 号	类 型	描 述
1	VTref	输入	目标参考电压
2	Vsupply	NC	在 SAM - ICE 中未连接,为其他设备兼容预留,连接到 VDD 或者在目标系统悬空
3	nTRST	输出	JTAG 复位引脚,复位信号从 SAM - ICE 中输出到目标 JTAG 端口。典型连接是连接到目标 CPU 的 nTRST 信号引脚上
4	GND	—	公共组
5	TDI	输出	目标 CPU 的 JTAG 数据输入,建议目标板上该引脚被上拉,典型连接是连接到目标 CPU 的 TDI 引脚上
6	GND	—	公共组
7	TMS	输出	目标 CPU 的 JTAG 模式设置输入,该引脚被上拉,典型连接是连接到 CPU 的 TMS 引脚上
8	GND	—	公共组
9	TCK	输出	目标 CPU 的 JTAG 时钟信号,建议目标板上该引脚被上拉,典型连接是连接到目标 CPU 的 TCK 引脚上
10	GND	—	公共组
11	RTCK	NC	输入返回目标的测试时钟信号,一些目标系统必须将 JTAG 输入同内部时钟同步,为了满足这个要求,返回并保持的 TCK 能够异步控制 TCK 频率
12	GND	—	公共组
13	TDO	输入	目标 CPU 的 JTAG 数据输出,典型连接是连接到目标 CPU 的 TDO 引脚上
14	GND	—	公共组
15	RESET	I/O	目标 CPU 复位信号
16	GND	—	公共组
17	—	NC	该引脚未连接到 SAM - ICE 上
18	GND	—	公共组
19	—	NC	该引脚未连接到 SAM - ICE 上
20	GND	—	公共组

2.2.3 微控制器的调试

SAM - ICE 能够对多个微控制器进行调试。这种情况下，多块 ARM 微控制器芯片被连接到同一个 JTAG 连接器中，具体连接图如图 2 - 4 所示。

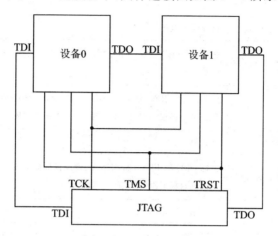

图 2 - 4 多核心板的连接

在使用 SAM - ICE 之前，应该首先完成以下环境设置工作。

1. 安装软件和文件包

SAM - ICE 使用同 J - LINK ARM 设备相同的软件，建议使用最新的软件发行版本来运行 SAM - ICE 设备。

可以从 http://www.segger.com/jlinksoftware.html 下载相关的软件和文件包。下载完成之后，解压并运行 Setup_JLinkARM_V＜版本号＞.zip 文件，接下来的步骤只要选择默认情况即可。

2. 检查正确的驱动安装

要检查驱动是否正确安装，只需要断开 SAM - ICE 的 USB 端口再连接上。在这个过程中，SAM - ICE 上的 LED 闪烁，完成这个过程后，LED 将保持常亮。

开始提供的示例应用 JLink.exe。这个应用需要 SAM - ICE 固件的建立日期、序列号、目标电压（如果没有连接到目标系统时，目标电压为 0.000 V）和速度选择，如图 2 - 5 所示。

此外必须确保驱动是否已经安装在主机上，这可以通过 Windows 设备管理器来检查。如果驱动已经安装成功并且 SAM - ICE 也连接到计算机上了，设备管理器中将列出 J - Link 驱动，如图 2 - 6 所示。

3. 连接到目标系统

连接到目标系统的操作如下：

（1）上电顺序

SAM－ICE 必须在将它同目标设备连接之前上电。首先，通过 USB 线将SAM－ICE 同主机系统连接；然后，通过 JTAG 线将 SAM－ICE 同目标设备连接；在连接完成之后，将目标设备电源开启。

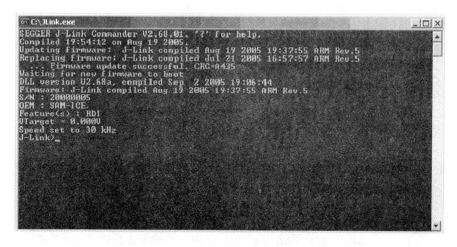

图 2-5　示例应用 JLink. exe

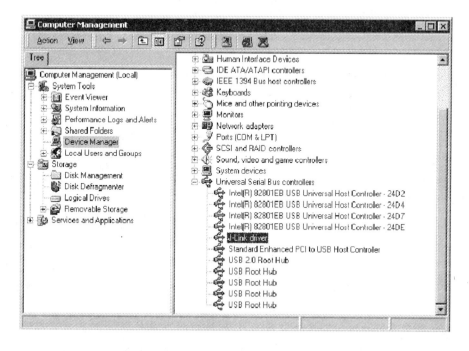

图 2-6　成功安装的 SAM－ICE 驱动

(2) 检查目标设备连接

如果 USB 驱动已经在正常工作，SAM－ICE 也连接到主机系统上了，这时要连接 SAM－ICE 到目标设备上。然后再启动 JLink.exe，它应该显示同之前一样的信息。

此外，它将报告发现一个 JTAG 目标和目标核心 ID，如图 2－7 所示。

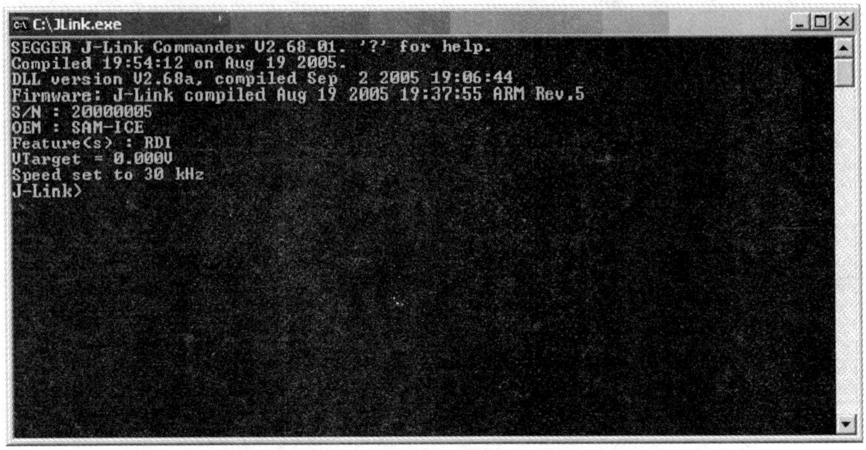

图 2－7　连接目标设备时的信息

2.3　常用的微控制器开发软件

嵌入式系统中的微控制器(简称 MCU)正在经历着从 8/16 位到 32 位的转移，虽然在产量上 8/16 位还是主流，但是新的设计多采用 32 位。32 位 MCU 越来越多地采用 ARM Cortex－M 处理器核，这样就要求具有更大的内置存储空间，集成更多的外设和丰富的互联功能。目前，MCU 的开发无论是在开发成本上，还是在开发难度上都在逐步从硬件转移到软件。如何降低软件的开发成本以及克服软件开发中的问题，是目前开发流程中相当重要的部分，这些因素使得使开发工具和采用的操作系统变得更加重要。

目前，在 MCU 开发中仍然广泛使用传统的集成开发环境 IDE，比如 IAR 公司的 Embedded Workbench 和 Keil 公司的 ARM MDK。

这些开发工具强调的是全面的 MCU 支持和易用性，也就是说它们不受到厂家和品种的限制(无论是 8 位还是 32 位)。从目前来看，他们还是市场主流，得到有实力的设备制造商和 MCU 芯片公司的青睐。

为了满足更广泛和多层次开发者的需求，缓解研发成本的压力，追求新品的采用和缩短上市的时间，MCU 芯片公司自己的开发工具将占有更大的市场份额。比如飞思卡尔的 CodeWarrior，Atmel 公司的 Atmel Studio 6 和 Microchip 公司 MPLAB，这些工具除了价格低廉(甚至免费)，对于他们自己的 MCU 全系列支持最快也是重要的特点。换言之,用户使用这些工具基本感觉不到他们是在使用 8 位 MCU,还是 32 位 MCU。

近年来随着 GUN 的发展,基于开源软件的开发工具在 MCU 开发中逐渐流行。比如 Menror 嵌入式部门的 Sourcey G++和瑞典 Atollic 的 TrueStudio,前者,主要针对 32 位高端 MCU 和 MPU(嵌入式微处理器,比如 PPC 和 OMAP),当然也支持 ARM Cortex - M3/M4;后者,主要支持 AVR 架构的代码优化。目前,国内的 CooCox 工具也支持开源编译工具。

软件的质量和安全方面需求的因素日益增长,MCU 软件设计和测试工作也越来越多。例如,基于 UML 设计、静态代码分析和动态覆盖测试等。开发工具把 MCU 开发、设计和测试工具集成起来,这也是一种趋势。比如,IAR 的 VisualState 和 Atolic。前者是一个基于状态机和 UML 的设计工具,支持嵌入式 MCU 代码生成和执行;后者是集成部分测试功能的 MCU 开发工具。许多 MCU 开发工具也通过支持 MISRAC 规范检查,在一定程度上达到了汽车电子工业软件安全标准要求,比如 EWARM。

32 位 MCU 在实时处理、互联、存储和图像功能的提升都离不开 RTOS、TCP/IP、USB、CAN 和 GUI 等组件,MCU 芯片公司通常自己提供功能丰富的软件库和组件或者支持第三方产品。比如 μC/OS - II、EmbOS 或者开源的 RTOS、FreeRTOS 和 RTthread 等。还有,MCU 工具公司也集成了 RTOS 模块,比如 Keil MDK RTX、CooCox 的 CoOS。另外一个方面,嵌入式 MCU 开发工具正在越来越紧密地与 RTOS 的组件库结合,工具支持 RTOS aware(识别)和调试已经成为标配。RTOS 和组件对于以 ARM Cortex M3 为代表的主流 MCU 优化,可以大大提高实时操作系统 RTOS 的效率。比如 μC/OS - II 使用了 Count Leading Zeros (CLZ) 指令,极大地提高了调度算法的效率。

ARM 公司于 2007 年推出的嵌入式开发工具 MDK(Microcontroller Development Kit)是用来开发基于 ARM 微控制器的嵌入式应用程序的开发工具,MDK - ARM 软件为基于 Cortex - M、Cortex - R4、ARM7 和 ARM9 微处理器设备提供了一个完整的开发环境。MDK - ARM 专为微控制器应用而设计,不仅易学易用,而且功能很强,能够满足大多数苛刻的嵌入式应用。MDK - ARM 有 4 个可用版本,分别是 MDK - Lite、MDK - Basic、MDK - Standard 和 MDK - Professional。所有版本均提供一个完善的 C/C++开发环境,其中 MDK - Professional 还包含大量的中间库。它集 ARM 公司的 RealView 编译工具 RVCT 4 和 Keil 公司的 IDE 环境 μVision 两者的优势于一体,适合不同层次的开发者使用。例如,专业的应用程序开发工程师和嵌入式软件开发的入门者。

ARM 公司的 RealView 编译工具集是面向 ARM 技术的编译器,能够提供最佳性能的编译工具。编译器能生成优化的 32 位 ARM 指令集、16 位的 Thumb 指令集及最新的 Thumb - 2 指令集,完全支持 ISO 标准 C 和 C++,其生成的代码具有高密度、小容量、高性能的特点。

Keil 公司的 μVision IDE 是一个窗口化的软件开发平台,为广大微控制器及嵌入式系统开发者所熟悉。它集成了功能强大的源代码编辑器、丰富的设备数据库、高速 CPU 及片上外设模拟器、高级 GDI 接口、Flash 编程器、完善的开发工具手册、设备数据手册和用户向导等。

ARM 公司于 2008 年 11 月 12 日发布了 ARM Cortex 微控制器软件接口标准 CMSIS (Cortex Microcontroller Software Interface Standard)。CMSIS 是独立于供应商的 Cortex-M4 处理器系列硬件抽象层,为芯片厂商和中间件供应商提供简单的处理器软件接口,简化了软件复用的工作,降低了 Cortex-M4 上操作系统的移植难度,并缩短了新入门的微控制器开发者的学习时间。

MDK-ARM 软件为基于 Cortex-M、Cortex-R4、ARM7、ARM9 微处理器设备提供了一个完整的开发环境。MDK-ARM 专为微控制器应用而设计,不仅易学易用,而且功能强大,能够满足大多数苛刻的嵌入式应用。

2.4　Atmel Studio 专用开发环境

2.4.1　Atmel Studio 简介

Atmel AVR Studio 集成开发环境(IDE)包括了 AVR Assembler 编译器、AVR Studio 调试功能、AVR Prog 串行、并行下载功能和 JTAG ICE 仿真等功能。集汇编语言编译、软件仿真、芯片程序下载、芯片硬件仿真等一系列基础功能,与任一款高级语言编译器配合使用即可完成高级语言的产品开发调试。

2.4.2　Atmel Studio 的安装

对于 Atmel Studio 可以使用 ASF 向导做迁移,因为它方便用户添加和删除驱动程序以及相关服务,而不是重新编码。这里将简单地介绍 Atmel Studio 的安装和新建工程的步骤。

具体的步骤请按照图 2-8～图 2-13 所示进行。

单击 Install 按钮后就进入该公司软件用户许可界面,确认后进入安装内容选项界面,如图 2-9 所示。

选择全部内容后单击 Install 按钮,如图 2-10 所示。

单击 Finish 按钮,显示 Atmel USB 安装向导界面,如图 2-11 所示。单击 Next 按钮,进入路径选择界面,如图 2-12 所示。

单击 Next 按钮,显示安装程序完成界面,如图 2-13 所示。

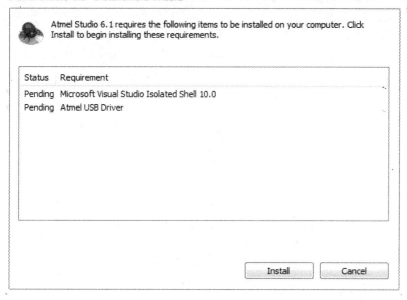

图 2 - 8　启动 Atmel Studio 的安装程序

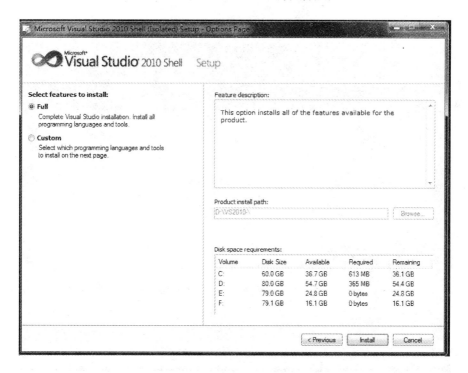

图 2 - 9　选择全部安装,并选择安装路径

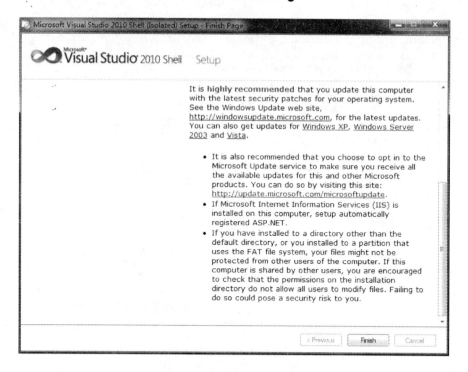

图 2-10　单击 Finish 按钮

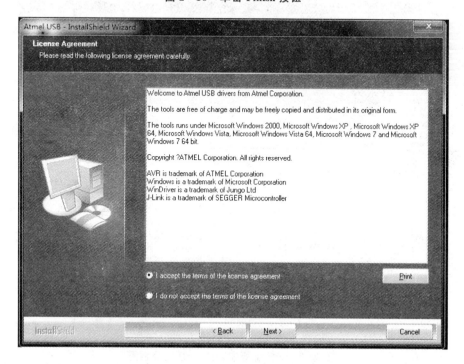

图 2-11　同意接受许可协议

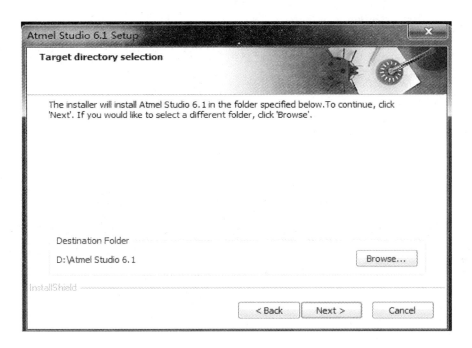

图 2 - 12　选择安装路径

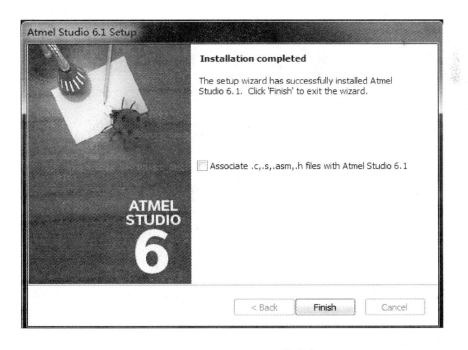

图 2 - 13　Atmel Studio 安装完成

2.4.3 新工程的建立

打开 Atmel Studio,按照"文件"→"新建"→"工程"的路径建立自己的工程,在弹出框中选择 Atmel - Boards 选项,这时会弹出一系列 Atmel 公司自己的实验板,包括以前发布的和现在发布的。

找到本书所使用的开发平台,即 SAM4S - EK 板(ATSAM4S16C),输入工程名称,单击"确定"按钮,这时一个新的工程即创建成功。创建成功的工程如图 2 - 14 所示。

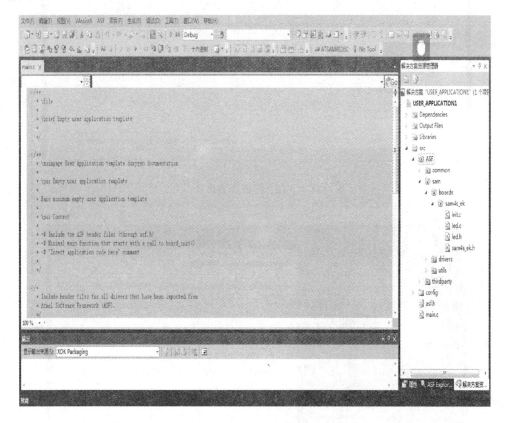

图 2 - 14   建立成功的工程

可以看到建立好的工程包含 main. c、asf. h 文件和 src、config 文件夹,其中 main. c 文件为用户编写程序文件,可以在这里实现自己的功能程序。asf. h 文件为设备包含头文件,这里包含了开发平台上所有外设、系统控制器的配置头文件。在 src 文件夹中,包含了开发板上所有的设置、定义及底层读/写函数。在 config 文件夹中,包含了开发板的定义及时钟的定义。

2.5 其他常用的开发工具和开发环境简介

1. Keil RealView MDK 开发工具简介

Keil 公司是 ARM 公司的一个子公司,该公司开发了微控制器开发工具 Keil RealView MDK(Microcontroller Development Kit)。其 MDK 的设备数据库中有很多厂商的芯片,是专为微控制器开发的工具。为满足基于 MCU 进行嵌入式软件开发的工程师需求而设计,支持 ARM7,ARM9,Cortex 等 ARM 微控制器核。

μVision 是 Keil 公司开发的一个集成开发环境(IDE),μVision IDE 是一个窗口化的软件开发平台。其内部集成了源代码编辑器、设备数据库、高速 CPU 及片上外设模拟器、高级 GDI 接口、Flash 编程器、完善的开发工具手册、设备数据手册和用户向导等。由于 μVision IDE 只提供一个环境,让开发者易于操作,并不提供具体的编译和下载功能。μVisionu 通用于 KEIL 的开发工具中,例如 Keil RealView MDK。

目前,Keil 公司推出了 μVision2、μVision3、μVision4 和 μVision5 几个版本,各个版本所支持的 MCU 各不相同,高版本包含低版本所支持的 MCU 类型。其中,只有 μVision4 以上的版本支持 Cortex-M4 微处理器核的开发板。

2. IAR EWARM 开发环境简介

IAR Embedded Workbench for ARM(简称 IAR EWARM)是一个针对 ARM 微处理器的集成开发环境,包含项目管理器、编辑器、C/C++编译器和 ARM 汇编器、连接器 XLINK 和支持 RTOS 的调试工具 C-SPY。在 EWARM 环境下,可以使用 C/C++和汇编语言方便地开发嵌入式应用程序。比较其他的 ARM 开发环境,IAR EWARM 具有入门容易、使用方便和代码紧凑等特点。

前面已介绍了几种不同开发工具的安装以及对 SAM4S 开发板的开发工作,由于本书篇幅所限,综合应用程序案例及源代码可以使用 Atmel Studio6 来开发下载 Atmel 官网提供的应用代码。

有关这方面的具体应用可以从 http://www.atmel.com/zh/cn/tools/SAM4S-EK.aspx 网站上下载 SAM4S-EK 开发平台的 Demo 程序,该程序包含 2 个压缩包,分别是 sam4s_ek_demo_1.1_binary 和 sam4s_ek_demo_1.1_source。其中前者包含了 Demo 程序可以直接使用的 bin 文件,后者包含了 Demo 程序的源文件,其中包含了开发平台上众多设备的配置信息,这其中包括了触摸屏和 USB 等内容。

第3章

SAM4S 系列微控制器

Atmel 公司自 2009 年推出基于 Cortex－M3 的 SAM3 系列处理器之后,在 2011 年又推出基于 Cortex－M4 的 SAM4 系列处理器。其中,在发布的 Cortex－M4 系列的数款器件中还带有浮点运算单元(FPU),从而使 Atmel 公司基于 ARM 处理器产品的范围扩大到数字信号控制器市场。

3.1 SAM4S 微控制器概述

目前,SAM4 系列微控制器有 SAM4L、SAM4E、SAM4N 和 SAM4S 四类产品。这些微控制器从功耗到性能,都有各自的特点,基本上可满足大多数客户的需求,方便了用户来挑选合适的产品。下面将分别介绍这些产品。

SAM4L 系列微控制器在基于 Cortex－M4 的微控制器中建立了低功耗新标准。该系列产品通过嵌入 Atmel picoPower 技术,提高了信号处理能力、易用性以及高速通信外设功能,是工业、医疗和消费品应用领域各种功耗敏感设计的理想之选。

SAM4E 系列微控制器是基于带浮点运算单元(FPU)的 Cortex－M4 RISC 处理器核设计的,该系列提供了一套丰富的高级连接外设。其中,包括支持 IEEE 1588 的 10/100 Mbps 以太网 MAC 和双 CAN 总线。SAM4E 微控制器具有单精度 FPU、高级模拟功能以及全套定时和控制功能,是工业自动化和建筑控制应用的理想产品之选。

SAM4N 系列微控制器是基于 Cortex－M4 处理器核的闪存微控制器产品组合的首个产品。这类微控制器具有 100 MHz 的操作频率、高达 1 MB 的闪存、多个串行通信外设和模拟功能。这些特性的融合再加上低功耗的优势,使得 SAM4N 系列成为了工业自动化、消费和家用电器以及电表市场中各种应用的理想之选。SAM4N 系列提供了与 SAM4S、SAM3S、SAM3N 和 SAM7S 器件的引脚兼容性,因此能够轻松实现产品组合内的迁移。

SAM4S 系列微控制器进一步扩展了基于 ARM Cortex－M4 处理器核的产品组合,使得该类微控制器具有更强的性能和功效、更高的存储器密度以及用于实现连接、系统控制和模拟接口的丰富外设。Atmel 公司提供了大量关于这类处理器的问题解决方案,减轻了开发难度。

　　本书将以 SAM4S‐EK 应用开发平台为对象,介绍 SAM4S 系列微控制器的开发与应用技术。图 3‐1 展示了 SAM4S 控制器内部结构图。

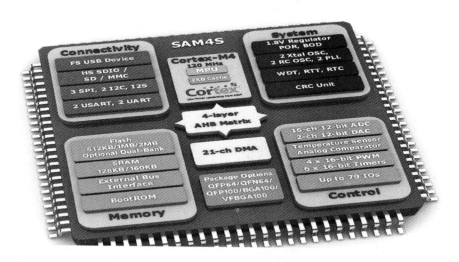

图 3‐1　SAM4S 控制器内部结构图

　　SAM4S 系列微控制器最高工作频率达到 120 MHz、内部 Flash 最高达到 1 MB、内部 SRAM 最高达到 128 KB。片上外设包括如下部件:带内嵌发送器的高速 USB,用于 SDIO/SD/MMC/SDHC 的高速 HSMCI,支持 SRAM、LCD 模块,NOR 闪存和 NAND 闪存的外部总线接口,2 个 12 位通道的 DAC,支持 10 位或者 12 位的 ADC 多达 16 个输入口线,1 个可用于模拟比较的 ACC 比较器,1 个可控制 4 个通道的 PWM 定时器,1 个 SPI 接口,1 个可用于音频及电信中的 SSC 接口,6 个通用 16 位定时/计数器,1 个可用于部件之间连接的 TWI 接口,2 个 UART 接口,2 个 USART 接口,1 个可以处理多种类型的外部存储器和并行设备的静态存储控制器 SMC,1 个可用于两个地址之间的循环冗余校验计算单元 CRCCU。

　　SAM4S 微控制器集成了 Atmel 公司的闪存读取加速器和可选缓存存储器,从而进一步增强了系统性能。微控制器内具有多层总线阵列、多通道直接存储器(DMA)以及分布式存储器,用于支持高速率数据通信。该系列微控制器的工作电压范围为 1.62~3.6 V,同时有 100 引脚和 64 引脚的 LQFP/VFBGA/QFN 等几种封装格式。SAM4S 设备适用于 USB 应用、PC 外部设备和高性能桥设备,例如 USB 到 SDIO、USB 到 SPI、USB 到外部总线接口等。

　　SAM4S 系列中不同微控制器在内存大小、封装以及特性方面存在一定的差异,表 3‐1 列出了 Atmel 公司发布的几种不同 SAM4S 微控制器的具体配置,公司还有其他类型请详见该公司的相关资料说明。

表 3 - 1 SAM4SD32/D16/A16/16 系列微控制器型号及配置

设备名称	SAM4S D32C	SAM4S D32B	SAM4S D16C	SAM4S D16B	SAM4S A16C	SAM4S A16B	SAM4S 16C	SAM4S 16B
Flash/KB	2×1 024	2×1 024	2×512	1 024	1 024	1 024	1 024	1 024
SRAM/KB	160	160	160	160	160	160	128	128
HCACHE /KB	2	2	2	2	2	—	—	
封装	LQFP 100 TFBGA 100 VFBGA 100	LQFP 64 QFN 64	LQFP 100 TFBGA 100 VFBGA 100	LQFP 64 QFN 64	LQFP 100 TFBGA 100 VFBGA 100	LQFP 64 QFN 64	LQFP 100 TFBGA 100 VFBGA 100	LQFP 64 QFN 64 WLCSP 64
PIO 数目	79	47	79	47	79	47	79	47
外部总线接口	8 位数据 4 个片选 24 位地址	—	8 位数据 4 个片选 24 位地址	—	8 位数据 4 个片选 24 位地址	—	8 位数据 4 个片选 24 位地址	
12 位 ADC/线	16	11	16	11	16	11	16	11
12 位 DAC/线	2	2	2	2	2	2	2	2
定时/计数器通道	6	3	6	3	6	3	6	3
PDC 通道	22	22	22	22	22	22	22	22
USART /UART	2/2	2/2	2/2	2/2	2/2	2/2	2/2	2/2
HSMCI	1 个端口 4 位	1 个端口 4 位	1 个端口 4 位	1 个端口 4 位	1 个端口 4 位	1 个端口 4 位	1 个端口 4 位	1 个端口 4 位

3.2 SAM4S16C 微控制器内部总体结构

不同的 SAM4S 系列微控制器的配置有所不同,在 Atmel 公司生产的 SAM4S - EK 开发应用平台上 SAM4S16C 微控制器的引脚如图 3 - 2 所示。对于其他类型的 SAM4S 微控制器的外部引脚定义以及其排列,可以参考 Atmel 公司发布的有关 SAM4S 系列微控制器的相关数据手册。

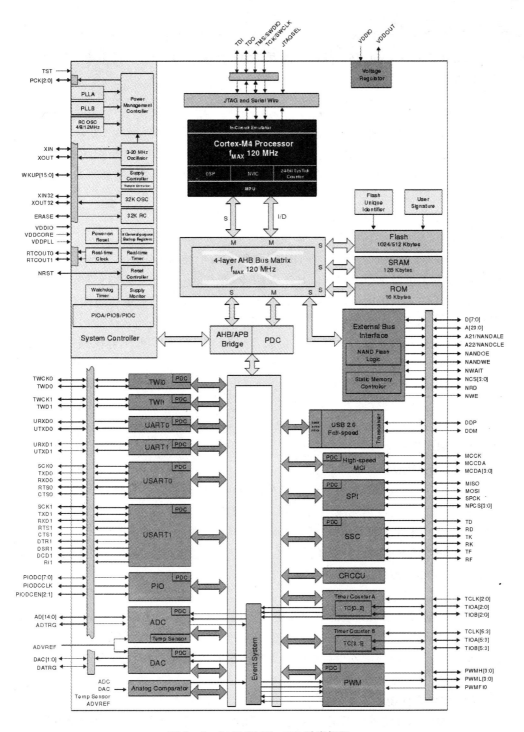

图 3 - 2　SAM4S16C - 100 引脚框图

3.2.1 概 述

本节主要对 SAM4S16C 微控制器内部的系统控制器、片上外设主要功能部件进行总体介绍。

1. 系统控制器

系统控制器是系统关键外设的集合,包括电源、复位、时钟、定时、中断、看门狗等所有重要模块的控制,如图 3-3 所示。图中 FSTT0~FSTT15 是快速启动源,由WKUP0~WKUP15 引脚产生,但不是物理引脚。另外,系统控制器用户接口还内嵌了配置总线矩阵的寄存器。

(1) 复位、低电压和供电监测器

SAM4S 内置了 3 种用于芯片监视、警告和复位的功能特性,具体如下:

① VDDIO 上的上电复位。VDDIO 引脚上有上电复位单元,总是处于工作状态,在启动和关电时都监测电压。如果 VDDIO 低于电压阈值,芯片将复位。

② VDDCORE 上的低电压监测。VDDCORE 引脚上有低电压监测单元,默认处于工作状态,可通过软件设置供电控制器(SUPC_MR)关闭。在低功耗模式(如等待、睡眠模式)下,建议禁止该单元功能。如果 VDDCORE 低于电压阈值,微控制器将发出复位信号。

③ VDDIO 上的供电监测。VDDIO 引脚上有供电监测单元,默认情况下处于非工作状态。可以通过软件设置使阈值为 1.6~3.4 V 的 16 个等级之一。该单元由供电控制器(SUPC)控制,可工作于采样模式下,允许用一个最高可达 2 048 的因子去除供电监测功耗。

(2) 供电控制器

供电控制器(SUPC)负责控制系统核的供电电压和管理备份低功耗模式。在备份低功耗模式下,电流消耗减小到几 mA,仅保留用以保持备份的电源。同时,有多种唤醒源用于退出这种模式:包括 WKUP 引脚上的事件,或者时钟报警。SUPC 可通过选择低功耗 RC 振荡器或者低功耗晶体振荡器来产生慢时钟,有关供电控制器内部结构、工作原理等内容详见本章 3.3 节。

(3) 复位控制器

复位控制器可以重置电池电源并记录上次复位源,在没有任何外部信号的条件下可以记录系统中的所有复位(无论是上电复位、唤醒复位、软件复位、用户复位还是看门狗复位)。复位控制器也可以独立或同步驱动外部复位和处理器复位。复位控制器内部结构、工作原理等内容详见本章 3.4 节。

(4) 时钟发生器

时钟发生器由以下部件组成:1 个低功耗频率为 32 768 Hz 的慢时钟振荡器(可以被旁路);1 个低功耗 RC 振荡器时钟;1 个频率为 3~20 MHz 的晶体振荡器或陶

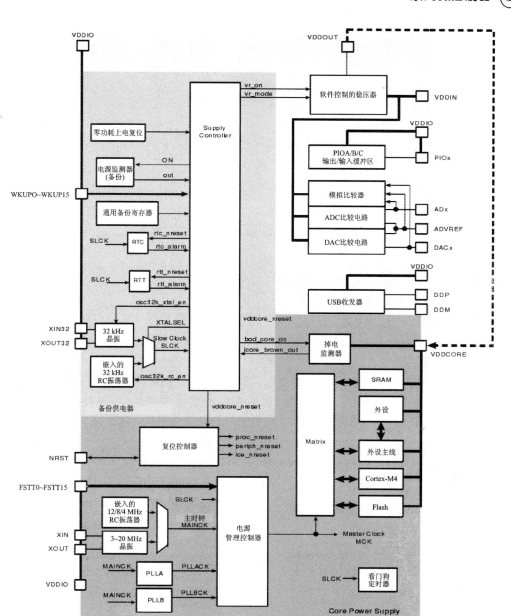

图 3 - 3   SAM4S 系统控制器框图

瓷谐振器为基础的振荡器(可以被旁路);1 个出厂已编程的快速 RC 振荡器,有 3 种
输出频率可供选择 4 MHz、8 MHz 和 12 MHz(在默认情况下为 4 MHz);2 个频率为
80~240 MHz 的可编程 PLL(输入频率为 3~32 MHz,可向控制器和外设提供 MCK
时钟)。

　　另外,时钟发生器还能够提供如下时钟:SLCK(慢时钟,即系统内唯一的常设时

钟)、MAINCLK(主时钟振荡器选择单元的输出时钟:晶体振荡器或陶瓷谐振器为基础的振荡器或 4/8/12 MHz 快速 RC 振荡器),还有 PLLACK(分频器的输出时钟,其中 PLL(PLLA)的频率可编程为 80～240 MHz),以及 PLLBCK(分频器的输出时钟,其中 PLL(PLLB)的频率可编程为 80～240 MHz)。

(5) 功耗管理控制器

功耗管理控制器给系统提供所有的时钟信号。具体如下:

MCK 主控时钟可编程为几百 Hz 到设备的最高运行频率,用于始终运行的模块,如增强内嵌 Flash 控制器。

处理器时钟(HCLK),当处理器进入睡眠模式时必须关闭。此外还有自由运行处理器时钟(FCLK);Cortex - M4 系统(SysTick)外部时钟;USB 设备高速时钟(UDPCK),由 UDP 操作使用;外设时钟,典型的有 MCK,这些时钟提供给内嵌外设(USART、SSC、SPI、TWI、TC、HSMCI 等),可单独控制。为了减少在产品中所使用时钟的名称,在产品数据手册中将外设时钟命名为 MCK。

可编程输出时钟可以从时钟发生器提供的时钟信号中选择其时钟源,结果输出到 PCKx 引脚上。功耗管理控制器还提供主晶体振荡器的时钟故障检测器的时钟操作,以及一个主时钟的频率计数器和一个能快速调节主 RC 振荡器频率的时钟操作。

(6) 系统节拍定时器

控制器内部有一个 24 位的系统定时器(SysTick)。该定时器可以从重载的值递减到零,在下一个时钟沿从 SYST_RVR 寄存器中重载定时器值,然后再重新递减计数。

当处理器停止用作调试时,计数器将停止计数。SysTick 计数器使用处理器时钟,当该时钟信号由于低功耗模式停止时,SysTick 计数器也将停止计数。软件中使用字对齐的方式访问 SysTick 寄存器。SysTick 计数器在复位后将重载,并且当前值保持不变,初始化过程是首先编程改变重载值,清空当前值,最后对控制和状态寄存器编程读/写。

(7) 实时时钟 RTC

实时时钟具有低功耗、全异步设计、200 年的日历、可编程的周期中断、可调整的 32.768 2 kHz 晶振时钟源(SAM4 中新增的)、闹钟和更新并行、可控制闹钟和更新时间/日历数据输入、对 GPIO 引脚在低功耗模式的波形输出能力(SAM4 中新增的)等功能和特性。有关实时定时器内部结构、工作原理等内容详见本章 3.5 节。

(8) 实时定时器 RTT

实时定时器基于一个 32 位的计数器,用来记录可编程的 16 位预分频器翻转事件次数,其预分频器可以从 32 kHz 的慢时钟源中记录流逝的时间(秒数)。它可以产生周期性的中断或者根据一个编程设置的值触发定时报警。

实时定时器具有 32 位空闲运行备份计数器,集成了一个 16 位的运行在慢时钟上的可编程的预分频器,另外其报警寄存器可以产生一个系统唤醒信号。有关实时定时器内部结构、工作原理等内容,详见本章 3.6 节。

(9) 看门狗定时器 WDT

看门狗定时器 WDT 可以用来防止由于软件陷入死锁而导致的系统死锁。它有一个 12 位递减计数器,使得看门狗周期可以达到 16 s(慢速时钟,32.768 kHz);可以产生通用的复位,或仅仅是处理器复位。此外,当处理器处于调试模式或空闲模式时看门狗可以被禁止。

看门狗定时器具有 16 位密码保护的一次性编程计数器;窗口定时器,防止处理器在看门狗访问时进入死锁等特性。有关看门狗定时器内部结构、工作原理等内容详见本章 3.7 节。

(10) 嵌套向量中断控制器 NVIC

嵌套向量中断控制器 NVIC 支持 1~35 个可屏蔽外部中断。每个中断有 16 个可编程的优先级,一个高电平对应于一个低电平,因此电平 0 是最高的中断优先级。同时,中断信号由电平检测到,中断优先级可动态地重新排列,优先级值可分组到组优先级和子优先级域,支持尾链技术(详见 3.8.1 小节),一个外部非屏蔽的中断(NMI)。

控制器将自动地将其状态放入期望的入口并从期望的出口弹出,这可以提供低延迟的异常处理。有关嵌套向量中断控制器内部结构、工作原理等内容,详见本章 3.8 节。

另外,系统控制器内嵌了 8 个通用备份寄存器。

2. 片上外设

SAM4S 系列控制器的片上外设较多,这里将着重介绍部分常用外设的特性。

(1) 静态存储控制器 SMC

在静态存储控制器 SMC 中,每个片选具有 16 MB 的地址空间、8 位的数据总线,支持字、半字和字节传输。还具有写字节或字节选择线,每个片选的读信号可编程设置脉冲和持续时间,每个片选的写信号可编程设置脉冲和持续时间,每个片选中可编程设置数据浮动时间。其适用于 LCD 模块,具有外部等待请求。SMC 能够自动切换到慢时钟模式,在异步读取页模式支持页的大小从 4~32 MB。NAND 闪存额外的逻辑支持带有复用的数据/地址总线 NAND 闪存。硬件将片选配置为 1~4,在每个片选的基础上可编程时序。有关 SMC 的内部结构、工作原理等内容详见本书 4.5 节。

(2) 通用异步收发器 UART

两引脚的 UART 具有独立的接收器和发送器,它们共有一个可编程的波特率发生器。UART 可以产生 Even、Odd、Mark 或 Space 奇偶校验,奇偶、成帧和溢出错误检测,支持自动回显、本地回环及远程回环通道模式。UART 支持 2 个 PDC 通道,分别连接到接收器和发送器。有关 UART 的内部结构、工作原理等内容详见本书 4.7 节。

(3) 通用同步异步收发器 USART

通用同步异步收发器 USART 可以采用 5～9 位的全双工同步或异步串行通信，内部波特率发生器可编程设置。具体支持异步模式下 1、1.5 或 2 个停止位，或同步模式下 1 或 2 个停止位，可产生奇偶校验、检测奇偶校验错误、成帧错误检测、溢出错误检测。可设置 MSB(最高位)或 LSB(最低位)先传送、break 产生和检测可选、8 或 16 倍的过采样接收器频率、硬件握手 RTS‐CTS、接收器超时和发送器时间保护，可选多点模式地址产生和检测，可选曼彻斯特编码等功能。

USART1(DCD‐DSR‐DTR‐RI)完全的调制解调器线路支持带驱动控制信号的 RS‐485 接口，用于智能卡接口的 ISO 7816，用作 NACK 处理的 T=0 或 T=1 协议，有重复和循环限制的错误计数器。

SPI 模式可以采用主或从工作模式，串行时钟相位和极性可编程，SPI 串行时钟(SCK)频率达 MCK/4。还有，IrDA 调制解调的通信速率可达 115.2 kbps。在 Test 模式下可以远程回环、本地回环、自动回显。有关 USART 的内部结构、工作原理等内容详见本书 4.8 节。

(4) 脉宽调解控制器 PWM

脉宽调解控制器 PWM 有 4 个通道，每个通道有一个 16 位计数器。共同的时钟发生器提供 13 个不同的时钟：1 个模 n 计数器，提供了 11 个时钟；2 个独立的线性分频器，作用于模 n 计数器的输出，支持高频率的异步时钟模式。

另外，独立的可编程通道具有独立的允许/禁止命令、独立的时钟选择、独立的周期和占空比设置、带有双缓存器和选择输出波形的极性可编程等功能。每个通道可编程选择中心对齐或左对齐方式，有独立的强制输出，带有 12 位的死区时间发生器，提供独立的互补输出。

当同步通道模式下同步通道共享同一个计数器，在几个周期(数量可编程设置)之后，更新同步通道寄存器的模式。当连接到一个 PDC(外设 DMA 控制器)通道时，在不需要处理器的干预下提供缓冲传输，更新同步通道的占空比。2 个独立的事件线，在一个周期里 ADC 上最多可以发送 4 个触发脉冲。一个可编程的故障输入，提供了对输出的异步保护。有关 PWM 的内部结构、工作原理等内容，详见本书 5.1 节。

(5) 模/数转换器 ADC

模/数转换控制器内部具有多达 16 个(12 位或者 10 位分辨率)通道的 ADC，采样频率达到 1 MHz/s。每个通道上具有可编程转换序列转换器，内部含有集成温度传感器，带有自动校准模式。能够单端/差分转换，其编程增益可以设置为 1、2、4。有关 ADC 的内部结构、工作原理等内容详见本书 5.2 节。

(6) 数/模转换控制器 DAC

该控制器内部具有 2 个 12 位通道的 DAC，在单通道模式下可达 2M 次采样转换速率，具有灵活的转换范围，每个通道可以有多个触发源，2 个采样/保持输出，还有内置的偏移和增益校准，可以作为模拟比较器或者 ADC 的输入。DAC 还具有 2

个 PDC 通道和可设置的节电模式,有关 DAC 的内部结构、工作原理等内容详见本书 5.3 节。

(7) 模拟比较控制器 ACC

模拟比较控制器内部有一个模拟比较器,具有高速选项和低功耗选项即 170 μA/xx ns 有效电流消耗/传播延迟,还有 20 μA/xx ns 有效电流消耗/传播延迟。

负输入选择有 DAC 输出、温度传感器、ADVREF、ADC 通道的 AD0～AD3。正输入选择为所有的模拟输入端,输出选择为内部信号、外部引脚、选择变频器、窗口功能。中断发生可以设置为上升沿或下降沿。

(8) 串行外设接口 SPI

串行外设接口支持与多种串行外部设备通信,如 4 个带外部解码器的片选线最多允许与 15 个外设进行通信。支持串行存储设备,如 DataFlash 与 3 线 EEPROM;支持串行外设,如 ADC、DAC、LCD 控制器、CAN 控制器和传感器。另外,还支持外部协处理器。

主/从串行外设总线接口方式中每个片选对应的数据长度都可编程设置为 8～16 位。每个片选的相位和极性都可编程,每个片选连续传输之间的延迟以及时钟和数据信号之间的延迟都可编程设置,可编程设置连续传输之间的延迟时间,故障检测模式可选。

连接 PDC 通道优化数据传输时,一个通道用于接收器,一个通道用于发射器。SPI 支持缓存,有关 SPI 的内部结构、工作原理等内容详见本书 5.4 节。

(9) 双总线接口 TWI

双总线接口 TWI 可以采用主模式、多主模式及从模式操作,TWI 与 Atmel 的双线接口、串行存储器以及 I^2C 兼容设备相兼容,其中从地址可以为 1、2 或 3 字节,可以连续读/写操作。TWI 比特率最高可达 400 kbp/s;从模式下支持广播呼叫(General Call);在主模式下连接到 PDC 通道,可优化数据传输;一个通道用于接收器,一个通道用于发射器;支持缓存。有关 TWI 的内部结构、工作原理等内容,详见本书 5.5 节。

(10) 串行同步控制器 SSC

串行同步控制器 SSC 提供用于音频和电信产品应用(带 CODEC 的主模式或从模式、I^2S、TDM 总线、读卡器等)的串行同步通信线路。SSC 内部包含一个独立的接收器和发送器,以及一个共同的时钟分频器。SSC 还提供可配置的帧同步和数据长度;接收器和发送器可编程为自动启动或在帧同步信号线上检测到不同事件时启动;接收器和发送器均包含一个数据信号、一个时钟信号和一个帧同步信号。有关 SSC 的内部结构、工作原理等内容,详见本书 5.6 节。

(11) 高速 USB 设备端口 HSUDP

USB 设备端口 HSUDP 与 USB V2.0 高速兼容,12 Mbps。内嵌 USB V2.0 高速传送器以及用于 USB 端点的 2 688 个字节的双端口 RAM。有 8 个 USB 端点,即端点 0(64 个字节)、端点 1 和 2 (512 个字节,ping - pong)、端点 3(64 个字节)、端点 4 和 5(512 个字节,ping - pong)、端点 6 和 7(64 个字节,ping - pong),ping - pong 模式为同步和批量端点。该端口具有挂起/恢复逻辑单元和在 DDP 上集成上拉功能,当 DDM 和 DDP 禁用时实现下拉电阻。有关 HSUDP 的内部结构、工作原理等内容,详见本书 5.7 节。

(12) 高速多媒体卡接口 HSMCI

高速多媒体卡接口可以有 4 位或者 1 位接口,并与多媒体卡 4.3 规范兼容,与 SD 和 SDHC 存储卡 2.0 规范兼容,与 SDIO V1.1 规范兼容,与 CE - ATA1.1 规范兼容。读/写卡时钟频率达 MCK/2,支持引导操作模式、高速模式和内嵌功耗管理,在其不使用时可减慢时钟频率。MCI 有一个卡槽,可支持一个多媒体卡总线(可接多达 30 个卡)或一个 SD 存储卡或一个 SDIO 卡。支持流、块及多块数据的读/写,有关 HSMCI 的内部结构、工作原理等内容,详见本书 5.8 节。

(13) 循环冗余校验计算单元 CRCCU

循环冗余校验计算单元具有 32 位的循环冗余校验自动计算,以及在两个内存地址之间进行 CRC 计算功能。

3.2.2 存储器组织与地址映射

1. 存储器组织

Cortex - M4 的存储器系统采用统一编址方式,程序存储器、数据存储器、寄存器以及输入/输出端口都被组织在同一个 4 GB 的线性地址空间内,以小端方式存放。其中,SRAM 和外设区域包括了位段区域。同时,处理器为核外设寄存器保留了专用外设总线 PPB(Private Peripheral Bus)区域。Flash 的起始地址为 0x00000000,片内 SRAM 的起始地址为 0x20000000。Cortex - M4 处理器核的存储映射如图 3 - 4 所示。

2. 存储器的地址映射

SAM4S 微控制器的存储系统组织、片上存储系统、片上外围设备的地址映射,如图 3 - 5 所示。

3. 片上存储系统

片上存储系统包含有内部 SRAM、ROM 和内嵌 Flash 三部分存储器。在 SAM4S16 控制器中,内嵌了 128 KB 高速 SRAM。SRAM 可访问的 Cortex - M4 系统总线地址从 0x20000000 开始,SRAM 在位段区映射的地址范围为 0x22000000~0x23FFFFFF。

SAM4S16 微控制器嵌入了一个内部的 ROM,包含了 SAM - BA 启动程序、IAP 和 FFPI 程序。任何时候,ROM 都被映射从地址 0x00800000 开始。

SAM4S16 微控制器内嵌 1 024 KB 的 Flash,内部 Flash 的映射开始地址是

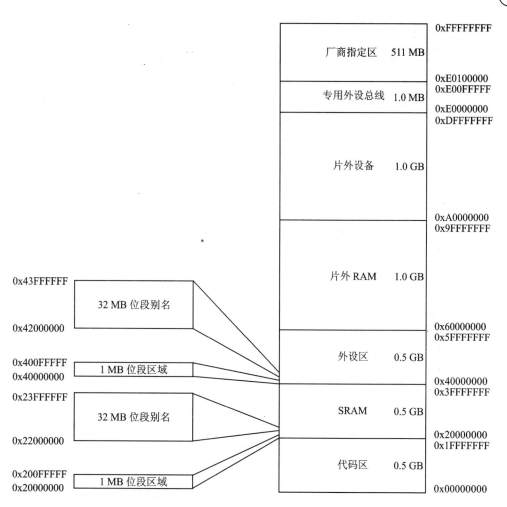

图 3 - 4 Cortex - M4 处理器核的存储映射

0x00400000。增强内嵌 Flash 控制器(EEFC)管理系统主控设备的访问操作,允许读 Flash 和向写缓冲器中写数据,还包含一个用户接口,将存储器控制器映射到先进的外围总线 APB 上。增强内嵌 Flash 控制器确保 Flash 模块接口的使用,增强内嵌 Flash 控制器还有一套命令来实现 Flash 的编程、擦除、锁定和解锁。其中的一个命令可返回一个包含系统 Flash 组织结构的内嵌 Flash 描述符,使软件变得更通用。

快速 Flash 编程接口允许使用多工、全握手并行接口对内部 Flash 进行编程,该接口允许使用符合市场标准的工业编程器进行批量编程。支持读取、页编程、页擦除、全擦除、锁定、解锁和保护指令。

4. 片外存储系统

SAM4S 系列微控制器有一个外部总线接口,为多种外部存储器和任何并行外

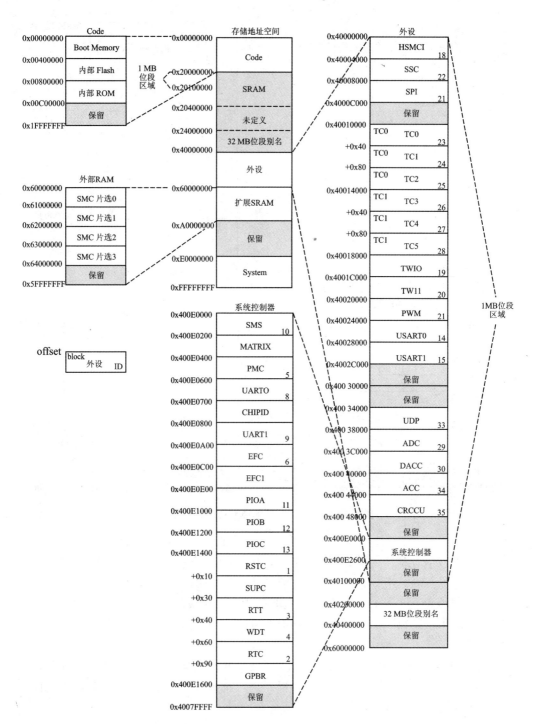

图 3-5　SAM4S 处理器的存储映射

设提供了一个接口。每个片选为 16 MB 的地址空间,8 位的数据总线,支持字、半字、字节传输。可以在每个片选中可编程设置、脉冲和持续读取信号,每个片选中可编程设置、脉冲和持续写入信号,每个片选中可编程数据浮动时间,具有外部等待请求,自动切换到慢时钟模式;在异步读取页模式时支持页的大小 4～32 MB;NAND 闪存额外的逻辑支持带有复用的数据/地址总线的 NAND 闪存,硬件将片选配置为 1～4;在每个片选的基础上可编程时序。

5. 位　段

Cortex - M4 存储空间中包括了两个位段区域,分别为 SRAM 区域的最低 1 MB 空间和外设存储区域的最低 1 MB 空间。这两个位段区域分别与两个 32 MB 的位段别名区域相对应,位段中的每一位映射到位段别名区域中的一个字。通过对别名区域中的某个字的读/写操作,可以实现对位段区域中的某个位的读/写操作。其中,访问映射如表 3 - 2 和表 3 - 3 所列。

表 3 - 2　SRAM 存储位段区域

地址范围	存储区域	指令和数据访问
0x20000000～0x200FFFFF	SRAM 位段区域	直接访问相应存储地址,该区域也可以通过别名访问
0x22000000～0x23FFFFFF	SRAM 位段别名	数据访问将会被重定向到位段区域上,写操作按读取—更改—写入步骤完成,指令访问不用重定向

表 3 - 3　外设存储器位段区域

地址范围	存储区域	指令和数据访问
0x40000000～0x400FFFFF	外设位段区域	直接访问相应存储地址,该区域也可以通过别名访问
0x42000000～0x43FFFFFF	外设位段别名	数据访问将会被重定向到位段区域上,写操作按读取—更改—写入步骤完成,指令访问被禁止

位段与位段别名之间的映射关系如图 3 - 6 所示。

在下面的映射公式中,给出了位段别名区域中的每个字是如何同位段区域中的每个位相对应的:

bit_word_offset = (byte_offset × 32) + (bit_number × 4)
bit_word_addr = bit_band_base + bit_word_offset

其中,bit_word_offset 是位段存储区域的目标地址;bit_word_addr 是别名区域中字的地址,它映射到位段区域的目标;bit_band_base 是别名区域的起始地址;byte_offset 是包含目标位的字节在位段中的序号;bit_number 是目标位所在位置(0～7)。

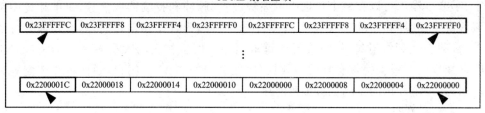

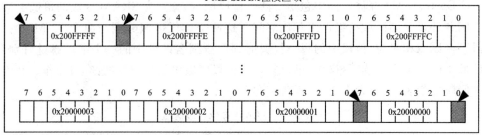

图 3-6   位段区域与别名区域的映射关系

例如,SRAM 位段区域中地址为 0x200FFFFF 的字节的位 7,被映射到别名区域中的地址为 0x23FFFFFC ＝0x22000000 ＋(0xFFFFF×32) ＋(7×4)。

对别名区域中的某个字进行写操作时,该字的第 0 位将影响位段区域中对应的位。例如对某个字写 0xFF 或者 0x01,则对应的位将被置为 1,写 0xFE 或者 0x00,则对应的位将被置为 0。而对别名区域中的某个字进行读操作时,若位段区域中对应的位为 0,则读取的结果位 0x00;若为 1,则读取的结果为 0x01。

位段别名区域并没有实际的物理存储器与之对应,只是位段区的别名而已。增加别名系统是为了更方便、快捷地对存储器地址进行读/写操作。

3.2.3   启动机制

SAM4S 控制器系统通常是从 0x0H 地址处开始启动的。为了确保最大的启动可能性,可以通过 GPNVM(通用非易失存储器)改变存储器布局,使得处理器系统可以从不同的地方启动。

GPNVM 中的一个位被用来设置是从 ROM(默认)还是从 Flash 启动,可以通过 EEFC0 用户接口中的"Clear CPNVM Bit"和"Set GPNVM Bit"指令来分别清除或设置 GPNVM 位。

将 GPNVM 的第 1 位置 1 则选择从 Flash 启动,将该位清 0 则选择从 ROM 启动。ERASE 信号有效就会清除 GPNVM 的第 1 位,也就会选择从默认的 ROM 区启动。

将 GPNVM 的第 2 位置 1 则选择 bank1,将该位清 0 则选择 bank0。ERASE 信

号有效就会清除 GPNVM 的第 2 位,也就会选择默认的 bank 0。

3.3 供电控制器 SUPC

3.3.1 SAM4S 微控制器电源供给

SAM4S 系列产品有以下几类电源供给引脚:

① VDDCORE 引脚。为内核、嵌入存储器和外设供电,电压范围 1.08~1.32 V。

② VDDIO 引脚。为外设 I/O 引脚(输入/输出缓存)、USB 传输器、备份部分、32 kHz 的晶振以及振荡器供电,电压范围 1.62~3.6 V。

③ VDDIN 引脚。电压调节器输入引脚,ADC、DAC 和模拟转换器电源供电,电压范围 1.62~3.6 V。

④ VDDPLL 引脚。给 PLLA、PLLB、快速 RC 和 3~20 MHz 晶振供电,电压范围 1.08~1.32 V。

SAM4S 系列微控制器内嵌了一个受供电控制器(SUPC)管理的电压调节器,这个内部调节器用来给 SAM4S 系列微控制器的内核供电。微控制器可以工作在正常模式下,电压调节器消耗的静态电流低于 $500~\mu A$,但是输出电流达到 80 mA。可根据所需要的负载电流,内部自适应调整电压调节器的静态电流。在等待模式下静态电流仅仅 $5~\mu A$。控制器还可以工作在关机模式下,电压调节器消耗的电流还不到 $1~\mu A$,其输出在内部接地。默认的输出电压(VDDOUT)是 1.20 V,到达正常模式的启动时间小于 $300~\mu s$。SAM4S 系列微控制器的 3 种低功耗模式,描述如下。

1. 备份模式

备份模式的目的是尽可能地让控制器的功耗降到最低,同时可以周期性唤醒以执行任务而不需要快速重启。此模式下典型的电流值为 $1~\mu A$(VDDIO=1.8 V)。电源控制器、零功耗上电复位、RTT、RTC、备份寄存器和 32 kHz 振荡器(由电源控制器软件选择是 RC 或者是晶体振荡器)运行,电源调节器和处理器内核电源关闭。

备份模式是基于 Cortex - M4 深度睡眠模式的。这种模式下,电压调节器被禁止。SAM4S 微控制器可以通过 WUP0~WUP15 引脚、电源监视器(SM)警报、RTT 警报,或者 RTC 警报从该模式中唤醒。

通过设置电源控制器控制寄存器(SUPC_CR)的 VROFF 位,或者通过设置 Cortex - M4 系统控制寄存器的 SLEEPDEEP 位,让系统进入备份模式。进入备份模式的方法有两种,一种是将 Cortex - M4 中的 SLEEPDEEP 位设为 1,另一种是将 SUPC_CR 的 VROFF 位设为 1。当发生下面的事件时,系统将从备份模式中退出:WKUPEN0~WKUPEN15 引脚(电平、可配置防抖动)、电源监视器报警、RTC 或

RTT 报警。

2. 等待模式

等待模式的目的是让设备处于有电状态下功耗达到最低,等待模式可以实现 10 μs 以内的快速启动。如果内部电压调节器正在使用,那么等待模式下的典型电流为 32 μA。

在等待模式下,内核、外设和存储器的时钟均停止运行。但是内核、外设和存储器的电源供给仍然保持,因此可以从此模式中快速启动。通过设置 WAITMODE 位(在 PMC 时钟生成器主振荡器寄存器中)同时将 LPM 置为 1(PMC_FSMR 中的低功耗模式位),或者通过将 FLPM=00 或 01(PMC_FSMR 中的低功耗模式位)进入等待模式。

通过处理外部事件或者内部事件可以唤醒 Cortex - M4 核。通过配置外部引脚 WUP0～WUP15 可以快速启动,RTC 或 RTT 警报和 USB 唤醒事件可以用来唤醒 CPU。

进入等待模式的步骤如下:

① 选择 4/8/12 MHz 快速 RC 振荡器作为主时钟。

② 设置 PMC_FSMR 的 LPM 位。

③ 设置 PMC_FSMR 的 FLPM 位。

④ 设置 Flash 等待状态为 0。

⑤ 设置 CKGR_MOR 的 WAITMODE 位。

⑥ 等待 PMC_SR 的 MCKRDY 置 1。

在写 MOSCRCEN 位和有效进入等待模式之间需要内部主时钟重新同步时钟周期,根据用户应用程序的需要,可建议先清除 MOSCRCEN 位,这是为了确保内核不执行非期望的指令。

根据 Flash 低功耗模式(FLPM)的值,Flash 将进入 FLPM[00](待机模式)、FLPM[01](深度节能掉电模式)和 FLPM[10](空闲模式)这 3 种不同的模式。随着 Flash 模式的选择,在等待模式下的功耗将降低。在深度节能掉电模式和待机模式下的 Flash 恢复时间,将小于上电延迟时间。

3. 休眠模式

休眠模式的目的是优化设备功耗和响应时间之比。该模式中,处理器时钟停止运行,外设时钟可以被允许,该模式下的功耗由应用决定。

可以通过等待中断(WFI)指令,或者将 PMC_FSMR 中的 LPM 位置为 0 来进入休眠模式。如果 Cortex - M4 的 WFI 指令可以被使用,微控制器可以通过一个中断从休眠模式唤醒。

3.3.2 SUPC 结构组成

供电控制器(SUPC,Supply Controller)控制系统核的供电电压,管理备份低功耗模式,其功能框图如图 3-7 所示。在备份低功耗模式下,电流消耗减小到几 mA,仅保留用以保持备份的电源,但有多种唤醒源可以用于退出这种模式,包括 WKUP 引脚上的事件,或者时钟报警。SUPC 可通过选择低功耗 RC 振荡器或者低功耗晶体振荡器来产生慢时钟,用户接口寄存器映射如表 3-4 所列,系统控制器寄存器如表 3-5 所列。

表 3-4　SUPC 寄存器映射

偏　移	寄存器	名　称	访问方式	复位值
0x00	供电控制器控制寄存器	SUPC_CR	只写	N/A
0x04	供电控制器、供电监视器模式寄存器	SUPC_SMMR	读/写	0x00000000
0x08	供电控制器模式寄存器	SUPC_MR	读/写	0x00005A00
0x0C	供电控制器唤醒模式寄存器	SUPC_WUMR	读/写	0x00000000
0x10	供电控制器唤醒输入寄存器	SUPC_WUIR	读/写	0x00000000
0x14	供电控制器状态寄存器	SUPC_SR	只/读	0x00000000
0x18	保留	—	—	—

表 3-5　系统控制器寄存器

偏　移	系统控制器外设	名　称
0x00～0x0c	复位控制器	RSTC
0x10～0x2C	供电控制器	SUPC
0x30～0x3C	实时定时器	RTT
0x50～0x5C	看门狗定时器	WDT
0x60～0x7C	实时时钟	RTC
0x90～0xDC	通用备份寄存器	GPBR

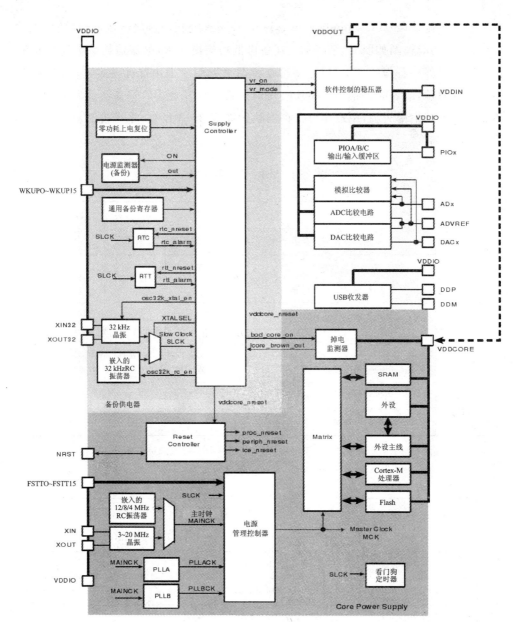

FSTT0~FSTT15是快速启动源，由WKUP0~WKUP15引脚生成，不是物理引脚。

图 3 - 7　供电控制器方框图

3.3.3 工作原理

1. 供电控制器概述

供电控制器可分为两个电源供电区域。其一是 VDDIO 电源供电,包括 SUPC、复位控制器的一部分、慢时钟切换、通用备份寄存器、电源监视器、实时定时器 RTT 和实时时钟 RTC;其二是处理器核电源供电,包括复位控制器的另一部分、低电压检测器、处理器核、SRAM 存储器、Flash 存储器和外设。

供电控制器(SUPC)控制核心电源电压的供电。当备份电压上升(系统启动时)或者当进入备份低功耗模式时,SUPC 将起作用。SUPC 集成了一个慢时钟生成器,该时钟生成器基于一个 32 kHz 的晶体振荡器和一个内嵌的 32 kHz 的 RC 振荡器。默认是由 RC 振荡器提供慢时钟,但是可以通过软件编程允许晶体振荡器工作,并选择其为慢时钟源。SUPC 和 VDDIO 电源有一个基于零功耗上电复位单元的复位电路,一旦 VDDIO 电压有效,零功耗上电复位允许备份正常启动。

在系统启动时,一旦 VDDIO 电压有效,内嵌的 32 kHz RC 振荡器稳定。SUPC 将先启用内部稳压器以启动内核,等待内核电压 VDDCORE 有效,然后发出内核 vddcore_nreset 信号。一旦系统启动,用户可对供电监测器或者低电压检测器进行编程设置。如果供电监测器发现 VDDIO 上的电压过低,SUPC 将维持内核的 vddcore_nreset 复位信号,直到 VDDIO 有效。如果低电压检测器发现内核电压 VDDCORE 过低,SUPC 也需维持内核的 vddcore_nreset 复位信号直到 VDDCORE 有效。

当进入备份低功耗模式,SUPC 依次执行发出内核电源"vddcore_nreset"复位信号,禁用稳压器,仅提供 VDDIO 电源。这种模式下,电流消耗减小到几 mA,仅保留用于备份的电源。退出备份低功耗模式也有多种唤醒源,包括 WKUP 引脚上的事件或者闹钟唤醒,SUPC 采用与系统启动相同的操作退出这种模式。

2. 慢时钟生成器

SUPC 中内嵌一个由 VDDIO 电源供电的慢时钟发生器。一旦 VDDIO 电源提供电源,晶体振荡器和内置 RC 振荡器均被上电。但只有内置 RC 振荡器启用,这允许慢时钟发生器在很短的时间(约 100 μs)内有效。

用户可以选择晶体振荡器作为慢时钟发生器的源,因为它提供更精确的频率。具体可通过将 SUPC 控制寄存器(SUPC_CR)的 XTALSEL 位置 1 来进行设置,它将依次执行下列事件:

首先将 PIO 引脚 XIN32 和 XOUT32 复用,由振荡器驱动,然后启动晶体振荡器,计数一段慢 RC 振荡器时钟周期后,使得晶体振荡器能够启动为止,随后切换到由晶体振荡器输出,最后禁用 RC 振荡器以节能。当切换序列完成,SUPC 状态寄存器的 OSCSEL 位置位。

注意:仅通过切断 VDDIO 电源供电才能返回到使用 RC 振荡器。如果用户不需要晶体振荡器,XIN32 和 XOUT32 引脚可以不用连接。

用户也可以通过设置晶体振荡器工作于旁路模式,这样不需要连接一个石英晶体,在这种情况下,用户必须给 XIN32 引脚提供一个外部时钟信号。使用旁路模式,须将 SUPC 的模式寄存器的 OSCBYPASS 位设为 1。

3. 稳压器控制/备份低功耗模式

SUPC 可以用来控制内嵌的 1.8 V 稳压器。稳压器根据所需负载电流,自动调整其静态电流。

程序员可以关闭稳压器,然后通过将 SUPC 控制寄存器的 VROFF 位置 1 使设备处于备份状态。还可以通过使用 Cortex - M 处理器的 WFE 指令将 deep mode 位置 1 实现进入备份状态,通过执行 Cortex - M 处理器指令 WFI(等待中断)或者 WFE(等待事件)进入备份模式。设置 Cortex - M 处理器系统控制寄存器的 SLEEPONEXIT 位,可以选择备份模式的进入机制,有如下两种选项。

① 立即睡眠(Sleep - now):如果 SLEEPONEXIT 位被清零,执行 WFI 或者 WFE 指令之一,则设备进入备份模式。

② 退出后睡眠(Sleep - on - exit):如果 SLEEPONEXIT 被置位,执行 WFI 指令后,一旦退出最低优先级的中断服务程序,则立刻进入备份模式。

这将在最后写指令的同步时间之后使 vddcore_nreset 信号有效,最多两个慢时钟周期。一旦 vddcore_nreset 信号有效,在内核电源关闭之前的一个慢时钟周期之内,处理器核和外设将停止工作。

当用户不想使用内部的稳压器而想使用外部电源来给 VDDCORE 供电,可以关闭稳压器,要注意这时同备份模式不同。在应用中,禁止稳压器可以降低功耗电流,这是由于稳压器的输入(VDDIN)是同 ADC 和 DAC 分享的,这种设置是通过 SUPC_MR 中的 ONREG 位来完成的。

4. 供电监视器

SUPC 内嵌一个供电监视器,位于 VDDIO 电源区,用于监视 VDDIO 电源。如果主电源低于某一电平,供电监视器能够阻止处理器进入一个不可预知的状态。供电监视器的阈值是可编程的,范围为 1.6~3.4 V,阈值通过 SUPC 供电监视器模式寄存器(SUPC_SMMR)的 SMTH 域编程来设置。

通过对 SUPC_SMMR 寄存器的 SMSMPL 域编程,用户可以选择,在每 32、256 或 2 048 个慢时钟周期有一个慢时钟周期内供电监视器是有效的。如果用户没有必要连续监视 VDDIO 电压,可增大允许供电监视器的分频值,典型的供电监视器参数为 32、256、2 048。

供电监视器检测事件能够产生一个对内核电源的复位或者对内核电源的唤醒。若 SUPC_SMMR 寄存器的 SMRSTEN 位为 1 时,当发生供电监视器检测事件时将产生内核复位。如果 SUPC 唤醒模式寄存器(SUPC_WUMR)的 SMEN 位置 1,当电源监视器检测事件发生时将产生对内核电源的唤醒。

SUPC 为电源监视器在供电控制状态寄存器中提供了两个状态位,用于检查上一次的唤醒是否由于电源监视器所致。如果连续测量,SMOS 位提供实时信息,该位在每个测量周期或者慢时钟周期更新。SMS 位提供保存的信息,并且显示从上次读 SUPC_SR 以来电源监视检测事件是否发生过。

如果 SUPC 电源监视模式寄存器(SUPC_SMMR)的 SMIEN 位为 1,则置位 SMS 位会产生一个中断。供电监视器状态位与相关中断,如图 3-8 所示。

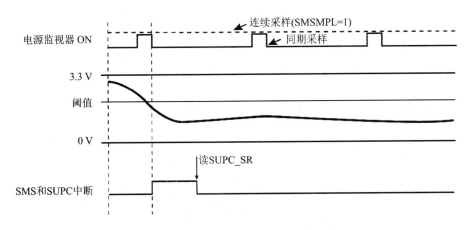

图 3-8 供电监视器状态位与相关中断

5. 电源供电复位

一旦电源电压 VDDIO 上升,则 RC 振荡器上电,只要 VDDIO 没有达到目标电压则零功耗上电复位单元维持输出为低。在这段时间内,SUPC 完全复位。当电源电压 VDDIO 有效且零功耗上电复位信号释放,则开始计数 5 个慢时钟周期,这段时间用于 32 kHz RC 振荡器稳定。这个时间后,稳压器被允许。内核电压上升,且当内核电压 VDDCORE 有效时低电压检测器提供 bodcore_in 信号。在 bodcore_in 信号有效至少一个慢时钟周期后,释放给复位控制器的 vddcore_nreset 信号。VDDIO 电源电压的上升时序,如图 3-9 所示。

6. 内核复位

SUPC 管理提供给复位控制器的 vddcore_nreset 信号。正常情况下,在关闭内核电源之前 vddcore_nreset 信号有效,一旦内核电源正常则释放 vddcore_nreset 信号。通过编程还可以设置电源监视器检测事件和低电压检测事件两个源来激活 vddcore_nreset。下面将分别介绍。

通过对 SUPC 电源监视模式寄存器(SUPC_SMMR)的 SMRSTEN 位置位,可以允许供电监视器产生系统复位。若 SMRSTEN 位置位,如果供电监视器检测事件

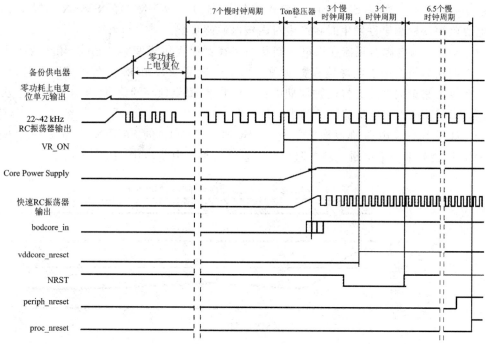

注：当"proc_nreset"上升沿时，处理器核以 4 MHz 从 Flash 读取指令。

图 3 - 9　VDDIO 电源电压的上升时序

发生,则 vddcore_nreset 信号立即激活,且持续有效至少一个慢时钟周期。

　　低电压检测器提供 bodcore_in 信号给 SUPC,以指示稳压器运作是否正常。稳压器允许时,如果 bodcore_in 丢失超过 1 个慢时钟周期,SUPC 将发出 vddcore_nreset 信号。可以通过对 SUPC 模式寄存器(SUPC_MR)的 BODRSTEN (低电压检测器复位使能) 位写 1,来允许此功能。

　　如果 BODRSTEN 位置位时稳压器丢失(稳压器输出电压太低),将发出 vddcore_nreset 信号,并至少维持一个慢时钟周期。如果 bodcore_in 信号重新有效则信号释放,将 SUPC 状态寄存器(SUPC_SR)的 BODRSTS 位置位,用户能够知道上次的复位源。vddcore_nreset 复位保持有效直到 bodcore_in 信号重新有效。

7. 唤醒源

　　唤醒事件允许设备退出备份模式。当检测到一个唤醒事件时,SUPC 自动执行重新使能内核电源的操作。唤醒源内部结构原理图如图 3 - 10 所示。

(1) 唤醒输入

　　唤醒输入 WKUP0～WKUP15,都能通过编程设置产生一个对内核供电单元的唤醒源。每一个输入可以通过对唤醒输入寄存器(SUPC_WUIR)中相应的位 WKUPEN0～WKUPEN15 写 1 来允许。唤醒电平可以通过设置 SUPC_WUIR 寄存器

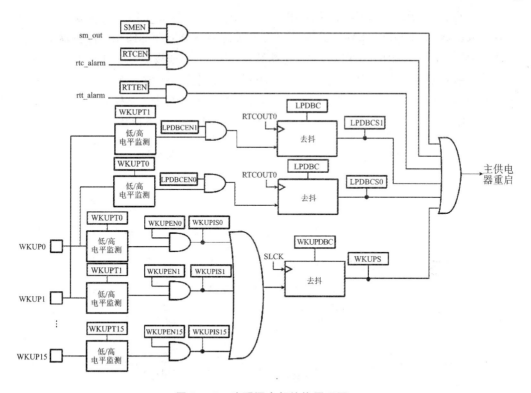

图 3 - 10   唤醒源内部结构原理图

中相应的极性位 WKUPPL0～WKUPPL15 来选择。

由此产生的所有信号经过线或（Wired - ORed）去触发一个去抖计数器,去抖计数器可以通过对供电控制器唤醒模式寄存器（SUPC_WUMR）的 WKUPDBC 域编程来设置。其中 WKUPDBC 域用于选择去抖周期,可以为 3,32,512,4 096,32 768 个慢时钟周期。这相当于 $100~\mu s$,$1~ms$,$16~ms$,$128~ms$,$1~s$（典型的慢时钟频率是 $32~kHz$）。设置 WKUPDBC 为 0x0,则选择立即唤醒。即根据其有效极性,WKUP 引脚必须有效并且持续至少需要一个慢时钟周期来唤醒内核电源供电。

如果一个被允许的 WKUP 引脚发出有效信号的持续时间超过选择的去抖周期,则启动对内核电源的唤醒,且信号 WKUP0～WKUP15 的状态被锁存在供电控制器状态寄存器（SUPC_SR）中,这就允许用户识别唤醒源。不过如果一个新的唤醒条件发生,最初的信息将丢失,没有新的唤醒被检测到是因为最初的唤醒条件已经丢失。

（2）低功耗去抖输入

在所有的模式（包括备份模式）中可以生成一个波形（RTCOUT0 和 RTCOUT1）,该波形用于在不唤醒处理器的情况下控制外部传感器或者篡改功能。

两个独立的去抖器内嵌在 WKUP0 和 WKUP1 输入上。WKUP0 或者 WKUP1 通过 RTCOUT0 来完成去抖操作,然后可以用来执行对内核电源供电的唤醒。这可以通过设置 SUPC_WUMR 寄存器中的 LPDBC0 位或者 LPDBC1 位完成。在这种操作模式下，WKUP0 和 WKUP1 必须没有被配置用作 WKUPDBC 计数器的去抖源（SUPC_WUIR 中的 WKUPEN0 或者 WKUPEN1 必须被清 0），如图 3-11 所示。

这种操作模式需要 RTC 输出（RTCOUT0）被配置为生成一个占空比可编程的脉冲（例如：RTC_MR 中的 OUT0=0x7），这是为了产生两个去抖采样点。采样点在 RTCOUT0 波形的上升沿，图 3-12 展示了两个采样器开关被使用的应用。

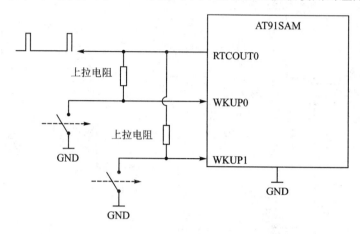

图 3-11　低功耗去抖器(闭合开关,上拉电阻)

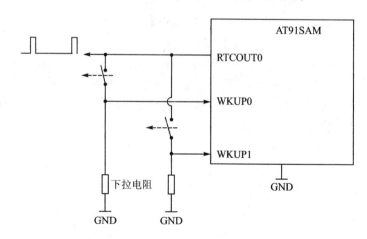

图 3-12　低功耗去抖器(断开开关,下拉电阻)

两个去抖器的参数可以被调节和分享（除了唤醒输入极性）。用来唤醒内核的连续相同的样本数量可以为 2～8 个不等，可以在 SUPC_WUMR 中的 LPDBC 域中配置，两个样本之间的周期时间可以通过 RTC_MR 寄存器中的 TPERIOD 域来配置。

电源参数可以通过修改 RTC_MR 中 THIGH 域来调节。输入的唤醒极性需要通过 SUPC_WUMR 中的 WKUPT0 和 WKUPT1 域来独立配置。为了决定用哪个引脚唤醒事件来触发内核唤醒，或哪个去抖器触发一个采集事件，一个状态标志同低功耗去抖器关联,这 2 个标志可以在 SUPC_SR 中读取到。一个去抖事件可以立即对 GPBR 清零,这需要 SUPC_MR 中的 LPDBCCLR 位被置 1。

(3) 时钟报警

RTC 和 RTT 报警能产生一个对内核电源的唤醒,可以通过对电源唤醒模式寄存器(SUPC_WUMR) 的 RTCEN 和 RTTEN 位写 1 来允许。

注意:SUPC 的用户接口没有提供 RTT 和 RTC 任何可用的状态信息。

(4) 供电监视器检测

供电监视器能产生一个对内核电源的唤醒,具体内容详见本小节的"供电监视器"部分。

3.3.4 应用程序设计

1. 设计要求

测试电源管理模块 SUPC 驱动功能,通过配置相关电源寄存器,在程序中实现时钟切换到慢时钟源晶体振荡器的输出,并在串口打印出相关信息。

2. 硬件设计

AT91SAM4S - EK 开发平台已经将所需的外设全部包含进来了,所以本应用程序无需任何额外的电路。

3. 软件设计

根据任务要求,可以将程序分为以下 4 个步骤:

① 初始化开发板时钟;

② 初始化开发板上所有外设接口配置;

③ 初始化 UART 串口;

④ 编写时钟切换函数,用来处理时钟的转换。

本应用程序包含了基本的 SAM4S 开发代码,其主代码 main.c 如下:

```
# include <stdint.h>
# include <stdbool.h>
# include <board.h>
# include <sysclk.h>
# include <supc.h>
# include <string.h>
# include <unit_test/suite.h>
# include <stdio_serial.h>
# include <conf_test.h>
# include <conf_board.h>
```

```
# if defined(__GNUC__)
void ( * ptr_get)(void volatile * , int * );
int ( * ptr_put)(void volatile * , int);
volatile void * volatile stdio_base;
# endif


# define SLOW_CLK_TIMEOUT 0xFFFFFFFF

/ * Systick 计数器 * /
static volatile uint32_t gs_ul_ms_ticks = 0U;

/ *
 * 系统中断
 * /
void SysTick_Handler(void)
{
    gs_ul_ms_ticks ++ ;
}


/ *
 * 延时
 * /
static void delay_ms(uint32_t ul_dly_ticks)
{
    uint32_t ul_cur_ticks;

    ul_cur_ticks = gs_ul_ms_ticks;
    while ((gs_ul_ms_ticks - ul_cur_ticks) < ul_dly_ticks) {
    }
}


/ *
 * 测试:切换到慢时钟源
 * /
static void run_supc_test(const struct test_case * test)
{
    uint32_t status = 0;
    uint32_t timeout = 0;

    / * 测试:切换到慢时钟源晶体振荡器的输出  * /
    supc_switch_sclk_to_32kxtal(SUPC, 0);
```

```
        do {
            status = supc_get_status(SUPC);
            if (status & SUPC_SR_OSCSEL_CRYST) break;
        } while (timeout++ < SLOW_CLK_TIMEOUT);
        printf("PASS: 0x%08x\r\n", status);
        //若测试成功,则向串口输出测试成功信息
        test_assert_true(test, (status & SUPC_SR_OSCSEL_CRYST) == SUPC_SR_OSCSEL_CRYST,
"Test: switching slow clock source failed!");
    }


    int main(void)
    {
        const usart_serial_options_t usart_serial_options = {
            .baudrate    = CONF_TEST_BAUDRATE,
            .paritytype = CONF_TEST_PARITY
        };

        sysclk_init();
        board_init();

        sysclk_enable_peripheral_clock(CONSOLE_UART_ID);
        stdio_serial_init(CONF_TEST_USART, &usart_serial_options);

        /* 设置 SysTick 定时器 1 ms 中断 */
        if (SysTick_Config(sysclk_get_cpu_hz() / 1000)) {
            /* 捕获错误 */
            while (1) {
            }
        }

#if defined(__GNUC__)
        setbuf(stdout, NULL);
#endif

        /* 测试实例 */
        DEFINE_TEST_CASE(supc_test, NULL, run_supc_test, NULL,
            "SUPC slow clock source switching");
        /* 测试实例地址 */
        DEFINE_TEST_ARRAY(supc_tests) = {
            &supc_test,
        };
```

```
DEFINE_TEST_SUITE(supc_suite, supc_tests, "SAM SUPC driver test suite");

/* 运行测试 */
test_suite_run(&supc_suite);

while (1) {
}
}
```

4. 运行结果

使用 Atmel Studio6 运行工程,生成相应的可下载源码文件。再使用 SAM4S-EK平台附带的串口线,将开发平台上的串口接口(UART)同 PC 机上的串口连接在一起。

然后,在主机上运行 Windows 自带的超级终端串口通信程序(波特率 115 200、1 位停止位、无校验位、无硬件流控制),或者使用其他串口通信程序,设置相同即可。接着使用 SAM-BA 工具,通过 USB 接口连接到 SAM4S-EK 开发平台上,将刚刚生成的源码下载到目标系统中。

最后,运行程序或者复位开发平台,例程正常运行后,超级终端将显示如图3-13所示信息。

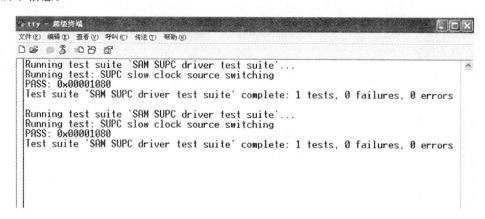

图 3 - 13 超级终端显示的信息(1)

3.4 复位控制器 RSTC

SAM4S 微控制器的复位是由内部复位控制器(RSTC,Reset Controller)管理的。系统可能由于某种异常导致复位上电,这时系统控制器内嵌的 8 个通用备份寄存器开始工作。通过这些寄存器中保存的程序运行数据,可以恢复到之前系统的状态,这为系统在复杂电磁环境下工作提供安全保障。

3.4.1 RSTC 结构组成

复位控制器(RSTC)重置电池电源并记录上次复位源,在没有任何外部的条件下可以记录系统中的所有复位(无论是上电复位、唤醒复位、软件复位、用户复位还是看门狗复位)。复位控制器也可以独立或同步地驱动外部复位和处理器核复位,其功能框图如图 3-14 所示,用户接口寄存器映射如表 3-6 所列。

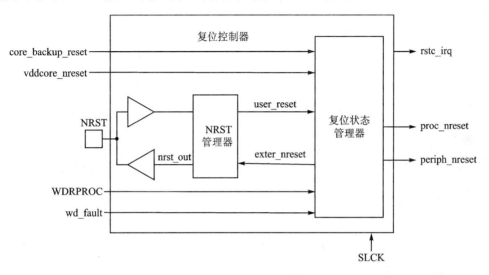

图 3-14 RSTC 功能框图

表 3-6 复位控制器(RSTC)用户接口

偏 移	寄存器	名 称	访问方式	复位值
0x00	控制寄存器	RSTC_CR	只写	—
0x04	状态寄存器	RSTC_SR	只读	0x00000000
0x08	模式寄存器	RSTC_MR	读/写	0x00000001

3.4.2 工作原理

1. 概 述

复位控制器由一个 NRST 管理器和一个复位状态管理器组成,运行在慢时钟下,可以产生以下 3 种复位信号:

① proc_nreset:处理器复位线,同时也是看门狗定时器。

② periph_nreset:影响所有芯片上外设。

③ nrsr_out:驱动 NRST 引脚。

无论是外部事件还是软件作用,这些复位信号均由复位控制器发出。复位状态管理器控制复位信号的发生。当需要 NRST 引脚信号时,提供一个 NRST 管理器的信号。

　　NRST 管理器在一个长度可编程的时间里形成 NRST 引脚上的有效信号,以此方式控制外部设备的复位,复位控制器的模式寄存器(RSTC_MR)可以配置复位控制器。复位控制器由 VDDIO 供电,因此只要 VDDIO 有效,复位控制器的配置就可以保存住而不用再配置。

2. NRST 管理器

　　NRST 管理器采样 NRST 输入引脚,并当复位状态管理器要求时,使此引脚为低电平。NRST 管理器内部结构如图 3-15 所示。

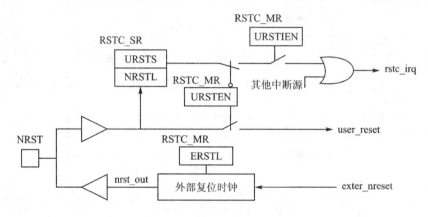

图 3-15　NRST 管理器内部机构

(1) NRST 信号或中断

　　NRST 管理器以慢时钟的速率采样 NRST 引脚。当该引脚被检测到为低电平时,一个用户复位被报告给复位状态管理器。当 NRST 信号有效时,NRST 管理器可以被编程为不触发复位,将 RSTC_MR 中的 URSTEN 位清 0 就可以禁止用户位的触发。NRST 引脚的电平可以在任何时候通过读取 RSTC_SR 中的 NRSTL 位(NRST 电平)来获取,只要 NRST 引脚有效,RSTC_SR 中的 URSTS 位就会置位。此位仅在 RSTC_SR 被读时清零,复位控制器还可以被编程为产生一个中断而不是产生一个复位。这样做 RSTC_SR 中的 URSTIEN 位必须被写为 1。

(2) NRST 外部复位控制

　　复位状态管理器通过发出 ext_nreset 信号来令 NRST 引脚有效。当这种情况发生时,在一段通过 RSTC_SR 中的 ERSTL 域所设置的时间内,nrst_out 信号被 NRST 管理器驱动为低。此有效持续时间被称为 EXTERNAL_RESET_LENGTH,持续了 $2^{(ERSTL+1)}$ 个慢时钟周期,大约在 $60~\mu s \sim 2~s$ 之间。

　　注意:ERSTL 设置为 0 表示 NRST 脉冲持续了 2 个周期的时间。使复位控制器能设置 NRST 引脚电平,能保证 NRST 引脚被驱动为低电平,使得各种连接在系统复位信号上的外设都有足够的复位时间。

ERSTL 域在 RSTC_MR 寄存器中,是备份的,对于需要一个比慢时钟振荡器长的启动时间的设备,使用此域可以形成系统上电复位。

3. 低电压管理器

低电压管理器内嵌在供电控制器中,详细说明请参考 3.3 节供电控制器 SUPC 部分。

4. 复位状态

复位状态管理器处理不同的复位源并产生内部复位信号。它报告在状态寄存器(RSTC_SR)中的 RSTTYP 域中的复位状态。在处理器复位释放时,将执行 RSTTYP 域的更新。

(1) 通用复位

当检测到上电复位或要求异步主设备复位(NRST 引脚)或供电控制器检测到电压过低或电压调节器丢失时,会发生通用复位。当产生通用复位信号时供电控制器发出 vddcore_nrset 信号。所有的复位信号都会被释放,并且 RSTC_SR 中的 RSTTYP 域中报告一个通用复位。因为 RSTC_MR 被复位,而 ERSTL 的默认值为 0x0,在 backup_nreset 后 NRST 线信号会上升 2 个周期。通用复位状态时序如图 3-16 所示。

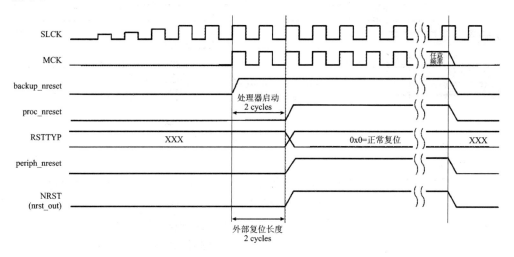

图 3-16 通用复位状态时序

(2) 备份复位

备份复位发生在处理器从备份模式返回时。当备份复位发生时,供电控制器中 core_backup_reset 信号有效。RSTC_SR 中的 RSTTYP 域将更新,报告发生了一个备份复位。

(3) 用户复位

当 NRST 引脚上检测到一个低电平,且 RSTC_MR 中的 URSTEN 位是 1

时,就会进入用户复位。NRST 输入信号和 SLCK 重新同步,以确保正确的系统行为。

只要在 NRST 上检测到一个低电平,就会进入到用户复位。此时,处理器复位信号和外设复位信号均有效。在经历了 3 个周期的处理器启动时间和 2 个周期的重新同步时间之后,当 NRST 上升时离开用户复位状态。

当控制器信号被释放时,状态寄存器(RSTC_SR)中的 RSTTYP 域将装入 0x4,表示发生过一个用户复位。当在对 ERSTL 域进行编程时,NRST 管理器保证 NRST 线对 EXTERNAL_RESET_LENGTH 慢时钟周期有效。如果由于外部驱动时,NRST 在 EXTERNAL_RESET_LENGTH 后仍为低,内部复位信号将保持有效直到 NRST 确实发生了上升。用户复位状态时序,如图 3-17 所示。

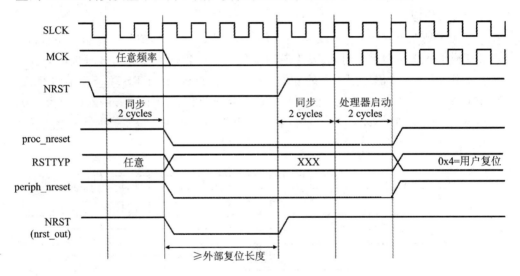

图 3-17 用户复位状态时序

(4) 软件复位

复位控制器提供一些命令用于开发出不同的复位信号。通过将控制寄存器(RSTC_CR)中的相应位置 1 来执行这些命令,例如:

① PROCRST:将 PROCRST 置 1,可复位处理器和看门狗定时器。

② PERRST:将 PERRST 位置 1,可复位所有的嵌入式外设,包括存储器系统,还包括重映射命令,外设复位通常在调试中使用。

③ EXTRST:将 EXTRST 位置 1,可以把 NRST 引脚拉低,拉低的持续时间由模式寄存器(RSTC_MR)中的 ERSTL 域定义。

当这些位中只要有一个被软件置位,就会进入软件复位状态。所有这些命令可以独立或同时执行,软件复位将持续 3 个慢时钟周期。一旦命令写入寄存器,内部复位信号就立即有效,这可以通过主控时钟(MCK)进行检测。当离开软件复位后,内部复位信号将被释放,即与 SLCK 同步。

如果 EXTRST 置位,nrst_out 信号是否有效还要看 ERSTL 域的配置情况。在 NRST 上的下降沿,并不会导致一个用户复位。当且仅当 PROCRST 位置位时,复位控制器才会在状态寄存器(RSTC_SR)的 RSTTYP 域中报告软件状态。然而,其他复位不会报告到 RSTTYP 中。

一旦一个软件复位操作被检测到,状态寄存器(RSTC_SR)中的 SRCMP 位(软件复位命令正在进行)就会置位。当离开软件复位时,SRCMP 就被清零。在 SRC-MP 置位期间,任何其他软件复位都不能被执行,并且向 RSTC_CR 中写任何值都是无效的。软件复位状态时序如图 3-18 所示。

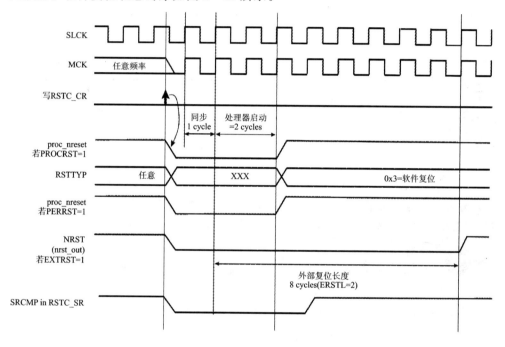

图 3-18 软件复位状态

(5) 看门狗复位

当发生看门狗故障时,就会进入看门狗复位,此状态持续 3 个慢时钟周期。当发生看门狗复位时,WDT_MR 中的 WDRPROC 位将决定哪个复位信号有效。如果 WDRPROC=0,则处理器核复位和外设复位有效。NRST 线也有效,不过是否产生复位取决于 ERSTL 域的配置情况,但 NRST 上的低电平并不导致一个用户复位状态。如果 WDRPROC=1,仅处理器复位有效。

看门狗定时器被 proc_nreset 信号复位。因为如果 WDRSTEN 被置位,看门狗故障总会引发一个处理器复位,所以通常看门狗定时器在看门狗复位之后被复位。复位后,默认状况下看门狗被允许,并且看门狗定时器周期被设置为最大。当 WDT_MR 中的 WDRSTEN 位被清零时,看门狗故障对复位控制器无影响。看门狗复位状态时序如图 3-19 所示。

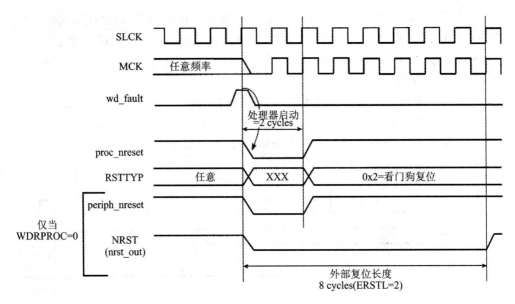

图 3－19　看门狗复位状态时序

5. 复位状态优先级

复位状态管理器管理以下不同的复位源的优先级,下面按降序排列优先级:通用复位、备份复位、看门狗复位、软复位、用户复位。

有如下 3 种特殊情况:

① 当发生用户复位时,看门狗事件不可能发生,因为看门狗定时器正被 proc_nreset 信号复位。软件复位不可能发生,因为处理器复位信号。

② 当发生软件复位时,看门狗事件比当前状态优先级高,NRST 无效。

③ 当发生看门狗复位时,处理器复位被激活,因此不可能产生软件复位也不可能进入用户复位。

6. 复位控制器状态寄存器

复位控制器状态寄存器(RSTC_SR)提供了以下 4 个状态域。

① RSTTYP 域:此域显示最后发生复位的类型。

② SRCMP 域:此域表示正在执行一个软件复位命令,在当前命令处理完之前不能执行其他的软件复位命令。此位在当前软件复位结束时,自动清零。

③ NRSTL 域:状态寄存器的 NRSTL 位显示在每个 MCK 的上升沿采样到的 NRST 引脚的电平。

④URSTS 位:NRST 引脚上一个从高到低的跳变,将会对 RSTC_SR 寄存器的 URSTS 位置位。在主时钟(MCK)的上升沿同样也检测到这个跳变。如果用户复位被禁止(URSTEN＝0)并且通过 RSTC_MR 寄存器中的 URSTIEN 位允许中断,则

URSTS 位将触发一个中断。读状态寄存器 RSTC_SR,将复位 URSTS 位并清除中断。复位控制器状态和中断如图 3 - 20 所示。

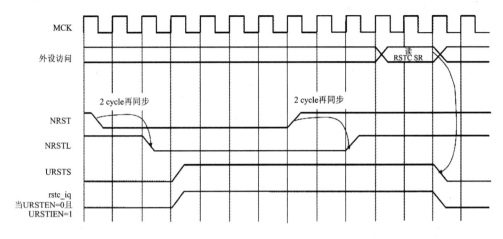

图 3 - 20　复位控制器状态和中断

3.4.3　应用程序设计

1. 设计要求

测试包括看门狗复位和软件复位的功能。当发生复位时,判断复位类型并保存到 GPBR 寄存器里,然后读取寄存器里的测试结果是否正确,并在串口上显示。

2. 硬件设计

AT91SAM4S - EK 开发平台已经将所需的外设全部包含进来了,所以本应用程序无需任何额外的电路。

3. 软件设计

根据任务要求,可以将程序分为以下 5 个步骤:

① 初始化开发平台时钟。
② 初始化开发平台上所有外设接口配置。
③ 初始化 UART 串口。
④ 编写测试函数,用来处理不同类型的复位测试。
⑤ 编写读取 GPBR 寄存器中的信息,获取复位信息。
本应用程序包含了基本的 SAM4S 开发代码,其主代码 main. c 如下:

```c
# include <stdint.h>
# include <stdbool.h>
# include <board.h>
# include <sysclk.h>
```

```
# include <wdt.h>
# include <gpbr.h>
# include <rstc.h>
# include <string.h>
# include <unit_test/suite.h>
# include <stdio_serial.h>
# include <conf_test.h>
# include <conf_board.h>

# if defined(__GNUC__)
void (*ptr_get)(void volatile *, int *);
int (*ptr_put)(void volatile *, int);
volatile void * volatile stdio_base;
# endif

/* 复位芯片 */
# define GENERAL_RESET            (0x00 << RSTC_SR_RSTTYP_Pos)
# define BACKUP_RESET             (0x01 << RSTC_SR_RSTTYP_Pos)
# define WDT_RESET                (0x02 << RSTC_SR_RSTTYP_Pos)
# define SOFTWARE_RESET           (0x03 << RSTC_SR_RSTTYP_Pos)
# define USER_RESET               (0x04 << RSTC_SR_RSTTYP_Pos)
/* GPBR 寄存器用于保存测试结果 */
# define RSTC_GPBR_FLAG           GPBR0
# define RSTC_GPBR_STEP           GPBR1
# define RSTC_GPBR_RES1           GPBR2
# define RSTC_GPBR_RES2           GPBR3

/* RSTC 开始的标 */
# define RSTC_UT_START_FLAG       0x1337BEEF

/* 测试步骤 */
# define RSTC_UT_STEP1            1
# define RSTC_UT_STEP2            2
# define RSTC_UT_STEP3            3

/* 测试不同复位类型下的 RSTC */
static void run_rstc_test(void)
{
    uint32_t dw_reset_type;

    if (gpbr_read(RSTC_GPBR_FLAG) ! = RSTC_UT_START_FLAG) {
        gpbr_write(RSTC_GPBR_FLAG, RSTC_UT_START_FLAG);
```

```
        gpbr_write(RSTC_GPBR_STEP, RSTC_UT_STEP1);
    }

    /* 得到复位类型 */
    dw_reset_type = rstc_get_reset_cause(RSTC);

    /* 读取当前步骤 */
    switch (gpbr_read(RSTC_GPBR_STEP)) {
    case RSTC_UT_STEP1:
        /* 软件复位测试 */
        wdt_disable(WDT);
        gpbr_write(RSTC_GPBR_STEP, RSTC_UT_STEP2);
        rstc_start_software_reset(RSTC);
        while (1) {

        }

    case RSTC_UT_STEP2:
        /* 保存复位类型到 RES1 */
        gpbr_write(RSTC_GPBR_RES1, dw_reset_type);

        /* 看门狗测试 */
        gpbr_write(RSTC_GPBR_STEP, RSTC_UT_STEP3);
        wdt_init(WDT, WDT_MR_WDRSTEN, 0, 0);
        while (1) {
        }

    case RSTC_UT_STEP3:
        /* 保存复位类型到 RES2 */
        gpbr_write(RSTC_GPBR_RES2, dw_reset_type);
        wdt_disable(WDT);
        break;

    default:
        wdt_disable(WDT);
        puts("\r\nrun_rstc_test: corrupted data, unknown step! \r\n");
        while (1) {
        }
    }
}


/* 读取 GPBR 寄存器里的测试结果 */
```

```
static void check_rstc_test(const struct test_case * test)
{
    test_assert_true(test, gpbr_read(RSTC_GPBR_RES1) == SOFTWARE_RESET,
            "Test: unexpected reset type, expected SOFTWARE_RESET!");

    test_assert_true(test, gpbr_read(RSTC_GPBR_RES2) == WDT_RESET,
            "Test: unexpected reset type, expected WDT_RESET!");
}


int main(void)
{
    const usart_serial_options_t usart_serial_options = {
        .baudrate = CONF_TEST_BAUDRATE,
        .paritytype = CONF_TEST_PARITY
    };

    sysclk_init();
    board_init();

    sysclk_enable_peripheral_clock(CONSOLE_UART_ID);
    stdio_serial_init(CONF_TEST_USART, &usart_serial_options);

#if defined(__GNUC__)
    setbuf(stdout, NULL);
#endif

    /* 进行测试,将结果存储在 RSTC_GPBR_RESX */
    run_rstc_test();

    /* 定义所有的测试实例 */
    DEFINE_TEST_CASE(rstc_test, NULL, check_rstc_test, NULL,
            "Reset Controller, check reset type");

    /* 把测试实例地址放入数组里 */
    DEFINE_TEST_ARRAY(rstc_tests) = {
    &rstc_test,};

    /* 定义测试套件 */
    DEFINE_TEST_SUITE(rstc_suite, rstc_tests, "SAM RSTC driver test suite");

    /* 运行测试 */
    test_suite_run(&rstc_suite);
```

```
/* 清测试标志位 */
gpbr_write(RSTC_GPBR_FLAG, 0);

/* 关看门狗 */
wdt_disable(WDT);

while(1) {

}
}
```

4. 运行结果

使用 Atmel Studio6 运行工程,生成相应的可下载源码文件。再使用 SAM4S-EK 平台附带的串口线,将开发平台上的串口接口(UART)同 PC 机上的串口连接在一起。

然后,在主机上运行 Windows 自带的超级终端串口通信程序(波特率 115 200、1 位停止位、无校验位、无硬件流控制),或者使用其他串口通信程序,设置相同即可。接着使用 SAM-BA 工具,通过 USB 接口连接到 SAM4S-EK 开发平台上,将刚刚生成的源码下载到目标系统中。

最后,运行程序或者复位开发平台,例程正常运行后,超级终端将显示如图3-21 所示的信息。

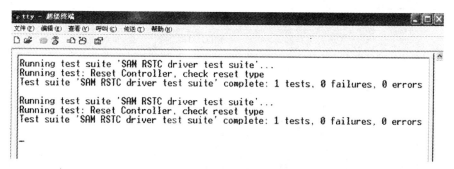

图 3-21 超级终端显示的信息(2)

3.5 实时时钟 RTC

3.5.1 RTC 结构组成

SAM4S 微控制器上的实时时钟(RTC,Real Time Clock)是专为低功耗要求而设计的,其方框图如图 3-22 所示,用户接口寄存器如表 3-7 所列,基地址为 0x400E1460。

RTC 包含一个带报警功能的完整日期时钟和一个 200 年的日历,能产生可编程周期中断。报警与日历寄存器均可通过 32 位数据总线访问,时间与日历值编码为 BCD 格式。时间格式可为 24 h 模式或有 AM/PM 指示的 12 h 模式,可通过 32 位数据总线上的一个并行捕获来更新时间和日历域及配置报警域。为避免寄存器加载一个与当前月/年/世纪格式或与 BCD 格式不兼容的数据,需要进行入口控制。时钟分频器校准电路能够补偿晶体振荡器频率不准确,RTC 输出能够被编程设置生成数个方波,包括从 32.768 kHz 衍生的预分频时钟。

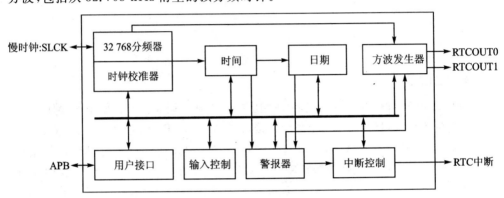

图 3-22 RTC 结构方框图

表 3-7 RTC 用户接口寄存器映射

偏　　移	寄存器	名　　称	访问方式	复位值
0x00	控制寄存器	RTC_CR	读/写	0x0
0x04	模式寄存器	RTC_MR	读/写	0x0
0x08	时间寄存器	RTC_TIMR	读/写	0x0
0x0C	日历寄存器	RTC_CALR	读/写	0x01A11020
0x10	时间报警寄存器	RTC_TIMALR	读/写	0x0
0x14	日历报警寄存器	RTC_CALALR	读/写	0x01010000
0x18	状态寄存器	RTC_SR	只读	0x0
0x1C	状态清空指令寄存器	RTC_SCCR	只写	—
0x20	中断允许寄存器	RTC_IER	只写	—
0x24	中断禁止寄存器	RTC_IDR	只写	—
0x28	中断屏蔽寄存器	RTC_IMR	只读	0x0
0x2C	有效入口寄存器	RTC_VER	只读	0x0
0x30～0xC4	保留寄存器	—	—	—
0xC8～0xF8	保留寄存器	—	—	—
0xfc	保留寄存器	—	—	—

3.5.2　工作原理

RTC 提供一个 BCD 编码的时钟,包括世纪(19/20)、年(含闰年)、月、日期、日、时、分和秒。有效年的范围为 1900～2099。RTC 参考时钟为慢时钟(SLCK),可由内部或外部的 32.768kHz 晶振驱动。在微控制器低功耗模式下(空闲模式),对振荡器运行和功耗均有严格要求。晶振的选择需要考虑当前功耗,以及由于温度漂移产生的精度影响。

在普通模式下,RTC 以秒更新内部的秒计数器,以分更新内部分计数器,其他类推。考虑到芯片复位,为确定从 RTC 寄存器所读取的值有效且稳定,必须对这些寄存器读取两次。若两次值相同,则该值有效。因此最少需要访问两次,最多需要访问三次。

RTC 的报警设置有 5 个可编程域,即月、日期、时、分、秒。为了进行相关报警的需要,各个域均可被允许或禁用。若所有域都被允许,在给定的月、日期、时、分、秒将产生报警标志(相应标志位有效,且允许产生中断)。若仅有"秒"域允许,则每分钟均产生一个报警。根据允许这些域的组合,用户可以用的有效报警时间范围可从"分"到"365/366 天"。

在访问世纪、年、月、日期、日、时、分、秒及报警时,用户接口数据需要确认。按 BCD 格式检查非法数据,如非法数据作为月数据、年数据或世纪数据来配置。

若某个时间域中有错误,数据不会被载入寄存器/计数器。并且在寄存器中置位相应标志位,用户不能复位该标志。只有设置一个有效时间值后该标志位才会复位,这可避免对硬件的任何副作用。对于报警的处理步骤,与之类似。错误检查如下:

① 世纪,检查是否在 19～20 间;

② 年,BCD 入口检查;

③ 日期,检查是否在 01～31 之间;

④ 月,检查是否在 01～12 之间,检查日期是否合法;

⑤ 星期,检查是否在 1～7 之间;

⑥ 时,BCD 检查:24 小时模式,检查是否在 00～23 之间,以及检查 AM/PM 标志是否未置位;12 小时模式,检查是否在 01～12 之间;

⑦ 分,检查 BCD 及是否在 00～59 之间;

⑧ 秒,检查 BCD 及是否在 00～59 之间。

若通过 RTC_MODE 寄存器选择 12 小时模式,可对 12 小时值编程。另外,RTC_TIME 中返回值为对应的 24 小时值。入口控制将检查 AM/PM 指示器值(RTC_TIME 寄存器的第 22 位),以便确定检查范围。

为了提高 RTC 的可靠性和安全性,内部空闲运行计数器上的固定检测可以报告非 BCD 或者不合法的日期/时间值。如果一个错误值被检测到,可以通过状态寄存器的 TDERR 位来获取。这个标志位可以通过编程 RTC 状态清空控制寄存器

（RTC_SCCR）的 TDERRCLR 来完成。

如果在清空 TDERR 标志之前错误源被清空，那么 TDERR 错误标志将会重新设置。同一个错误源可以通过重编程 RTC_CALR，或者 RTC_TIMR 寄存器中相应的值来清空。

RTC 内部空闲运行计数器可以自动清空 TDERR 的错误源，这是由于该计数器可以反转（每 10 s 反转 RTC_TIMR 寄存器中的 SECONDS[3:0]位域）。在这种情况下，TDERR 将保持高电平直到对 RTC_SCCR 寄存器中的 TDERRCLR 位清空命令有效。

要修改时间/日历域中的任何地方，都必须先设置控制寄存器中的相应位以停止 RTC。更新时间域（时、分、秒）需要设置 UPDTIM 位，更新日历域（世纪、年、月、日期、日）则需要设置 UPDCAL 位。然后，用户需等待轮询或等待状态寄存器中的 ACKUPD 位中断（若其被允许），一旦该位为 1，就必须写 RTC_SCCR 中的相应位来清除该标志。此时，用户可写相应的时间寄存器和日历寄存器。更新一结束，用户就必须复位控制寄存器中的 UPDTIM 或者 UPDCAL 位。

当对日历域进行编程时，时间域将保持允许工作。当对时间域编程时，时间域和日历域将都被停止。建议在进入编程设置模式之前，一定要准备好所有的域。在连续更新操作中，用户必须保证对 RTC_CR（控制寄存器）中的 UPDTIM/UPDCAL 位复位之后 1 s，才能再次设置这些位。这是通过在设置 UPDTIM/UPDCAL 位之前，等待状态寄存器的 SEC 标志来实现的。对 UPDTIM/UPDCAL 重新设置后，SEC 标志也将清除。

3.6 实时定时器 RTT

3.6.1 RTT 结构组成

实时定时器（RTT，Real - Time Timer）基于一个 32 位的计数器，用来记录可编程的 16 位预分频器翻转事件次数，该预分频器可以从 32 kHz 的慢时钟源中记录流逝的时间（秒数），其功能框图如图 3 - 23 所示，用户接口寄存器的基地址为 0x400E143C。它可以产生周期性的中断或者根据一个编程设置的值触发定时报警，相关寄存器的映射如表 3 - 8 所列。

表 3 - 8　相关寄存器映射

偏 移	寄存器	名 称	访问方式	复位值
0x00	模式寄存器	RTT_MR	读/写	0x00008000
0x04	报警寄存器	RTT_AR	读/写	0xFFFFFFFF
0x08	值寄存器	RTT_VR	只读	0x00000000
0x0C	状态寄存器	RTT_SR	只读	0x00000000

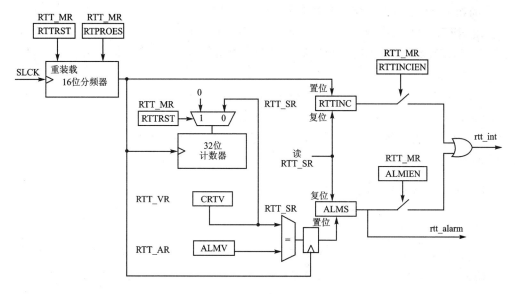

图 3-23　实时定时器组成框图

3.6.2　工作原理

实时定时器被用于计算经历的时间(s)，基于一个 32 位计数器构建。此计数器由慢时钟经过一个可设置 16 位值分频后提供时钟，该值可以在 RTT 模式寄存器(RTT_MR)的 RTPRES 域中设置。

将 RTPRES 设置为 0x00008000。如果慢时钟是 32.768 kHz，相当于给实时计数器提供一个 1 Hz 信号。32 位的计数器可以计数到 2^{32} s，相当于 136 年多，然后回转到 0。

实时定时器还可以被当作一个带低时基的自由运行定时器。如果将 RTPRES 设置为 3，可以获得最好的精度。将 RTPRES 设置为 1 或 2 也可以，但有可能导致丢失状态事件，因为状态寄存器在读操作后 2 个慢时钟周期之后将被清除。因此如果 RTT 被配置为触发一个中断，此中断就会在读 RTT_SR 后 2 个慢时钟周期之内产生。为了阻止某些中断处理程序的执行，在中断处理程序中必须禁止中断，并在状态寄存器清零时重新允许中断。

实时定时器值(CRTV)在寄存器 RTT_VR(实时值寄存器)中，任何时间都可读取。由于此值可以从主控时钟中被异步更新，因此建议读取时应连续读两次。如果两次相同则取信该值，这样可以提高返回值的准确度。

计数器的当前值会与写入报警寄存器 RTT_AR(实时报警寄存器)的值作比较。如果计数器值与报警值匹配，则 RTT_SR 中的 ALMS 位置位。复位后，报警信号寄存器被设置为其最大值，也就是 0xFFFFFFFF。

RTT_SR 中的 RTTINC 位在实时计数器每次递增后置位，此位可被用于开启一个周期中断。当 RTPRES 被设置为 0x8000,且慢时钟为 32.768 kHz 时,周期为 1 s,读 RTT_SR 状态寄存器将复位 RTTINC 和 ALMS 域。向 RTT_MR 中的 RTTRST位写数据之后,时钟分频器会立即装载新的分频值,并重新启动,同时也复位 32 位计数器。

由于慢时钟(SCLK)和系统时钟(MCK)不同步,则会在 RTT_MR 寄存器中的 RTTRST 位被写后,仅在其后的 2 个慢时钟周期之内,重新开启计数器和复位 RTT_VR当前值寄存器有效。另外,在读 RTT_SR(状态寄存器)后,仅在其后的 2 个慢时钟周期之内,状态寄存器的标志才有效。

3.6.3　应用程序设计

1. 设计要求

通过设置实时定时器时钟寄存器,对 RTT 进行控制,用户可以通过 PC 超级终端进行有关操作,如复位定时器,设置闹钟,当计数器的值等于报警值时,会产生报警中断。

2. 硬件设计

AT91SAM4S‑EK 开发平台已经将所需的外设全部包含进来了,所以本应用程序无需任何额外的电路。

3. 软件设计

根据任务要求,可以将程序分为以下 5 个步骤:
① 初始化开发平台时钟。
② 初始化开发平台上所有外设接口配置。
③ 初始化 UART 串口。
④ 编写 RTT 中断处理函数(用来处理中断时在终端上显示时间)。
⑤ 编写菜单及其刷新函数(这是显示在终端上的信息)。

本应用程序包含了基本的 SAM4S 开发代码,由于本教材篇幅有限,其主代码 main.c 请参考 Atmel 公司相关资料。

```
# include "asf.h"
# include "conf_board.h"
# include "conf_clock.h"

/* 设备状态信息:主菜单 */
# define STATE_MAIN_MENU        0
/* 设备状态信息:用户正在设置闹钟 */
# define STATE_SET_ALARM        1
```

```
/* * ASCII 字符定义为回格键. */
#define ASCII_BS      8
/* * ASCII 字符定义为回车键  */
#define ASCII_CR      13

#define STRING_EOL      "\r"
#define STRING_HEADER " -- RTT test -- \r\n" \
        " -- "BOARD_NAME" -- \r\n" \
        " -- Compiled: "__DATE__" "__TIME__" -- "STRING_EOL

/* * 当前设备状态 */
volatile uint8_t g_uc_state;
/* 进入新的报警时间 */
volatile uint32_t g_ul_new_alarm;
/* 闹钟正在报警但没有清除闹钟 */
volatile uint8_t g_uc_alarmed;

/*
 * 刷新终端显示当前时间和菜单
 */
static void refresh_display(void)
{
    printf("%c[2J\r", 27);
    printf("Time: %u\n\r", (unsigned int)rtt_read_timer_value(RTT));

    /* 闹钟报警 */
    if (g_uc_alarmed) {
        puts("!!! ALARM !!! \r");
    }

    /* 主菜单 */
    if (g_uc_state == STATE_MAIN_MENU) {
        puts("Menu:\n\r"
                " r - Reset timer\n\r"
                " s - Set alarm\r");
        if (g_uc_alarmed) {
            puts(" c - Clear alarm notification\r");
        }
        puts("\n\rChoice? ");
    } else {
        if (g_uc_state == STATE_SET_ALARM) {
            puts("Enter alarm time: ");
            if (g_ul_new_alarm != 0) {
```

```
                printf("%u", g_ul_new_alarm);
            }
        }
    }
}

/*
 * 设置 RTT 计数节拍为 1 s,并使能 RTTINC 中断
 */
static void configure_rtt(void)
{
    uint32_t ul_previous_time;

    /* 配置为 1 s 的时钟节拍 */
    rtt_init(RTT, 32768);
    ul_previous_time = rtt_read_timer_value(RTT);
    while (ul_previous_time == rtt_read_timer_value(RTT));

    /* 使能 RTT 中断 */
    NVIC_DisableIRQ(RTT_IRQn);
    NVIC_ClearPendingIRQ(RTT_IRQn);
    NVIC_SetPriority(RTT_IRQn, 0);
    NVIC_EnableIRQ(RTT_IRQn);
    rtt_enable_interrupt(RTT, RTT_MR_RTTINCIEN);
}


/*
 * 初始化 UART
 */
static void configure_console(void)
{
    const sam_uart_opt_t uart_console_settings =
            { sysclk_get_cpu_hz(), 115200, UART_MR_PAR_NO };

    pio_configure(PINS_UART_PIO, PINS_UART_TYPE, PINS_UART_MASK,
            PINS_UART_ATTR);

    pmc_enable_periph_clk(CONSOLE_UART_ID);

    uart_init(CONSOLE_UART, &uart_console_settings);

# if defined(__GNUC__)
    setbuf(stdout, NULL);
```

```
# else
# endif
}


/ *
 * RTT 中断处理函数:在终端上显示当前时间
 * /
void RTT_Handler(void)
{
    uint32_t ul_status;

    /* 获取 RTT 状态 */
    ul_status = rtt_get_status(RTT);

    /* 刷新时间 */
    if ((ul_status & RTT_SR_RTTINC) == RTT_SR_RTTINC) {
        refresh_display();
    }

    /* 报警 */
    if ((ul_status & RTT_SR_ALMS) == RTT_SR_ALMS) {
        g_uc_alarmed = 1;
        refresh_display();
    }
}


int main(void)
{
    uint8_t c;
    /* 相关初始化 */
    sysclk_init();
    board_init();
    configure_console();
    puts(STRING_HEADER);
    configure_rtt();

    /* 初始化设备状态信息 */
    g_uc_state = STATE_MAIN_MENU;
    g_uc_alarmed = 0;
    refresh_display();

    while (1) {
        /* 等待用户输入 */
```

```
        while (uart_read(CONSOLE_UART, &c));
        /* 主菜单模式下的操作 */
        if (g_uc_state == STATE_MAIN_MENU) {
            /* 复位 */
            if (c == 'r') {
                configure_rtt();
                refresh_display();
            }
            else if (c == 's') { /* 设置闹钟 */
                g_uc_state = STATE_SET_ALARM;
                g_ul_new_alarm = 0;
                refresh_display();
            }
            else { /* 清闹钟 */
                if((c == 'c') && g_uc_alarmed) {
                    g_uc_alarmed = 0;
                    refresh_display();
                }
            }
        }
        /* 设置闹钟模式下的操作 */
        else if (g_uc_state == STATE_SET_ALARM) {
            if ((c >= '0') && (c <= '9')) {
                g_ul_new_alarm = g_ul_new_alarm * 10 + c - '0';
                refresh_display();
            }
            else if (c == ASCII_BS) {
                uart_write(CONSOLE_UART, c);
                g_ul_new_alarm /= 10;
                refresh_display();
            }
            else if (c == ASCII_CR) {
                /* 避免闹钟时间为 0 */
                if (g_ul_new_alarm != 0) {
                    rtt_write_alarm_time(RTT, g_ul_new_alarm);
                }

                g_uc_state = STATE_MAIN_MENU;
                refresh_display();
            }
        }
    }
}
```

4. 运行结果

使用 Atmel Studio6 运行工程,生成相应的可下载源码文件。再使用 SAM4S-EK 平台附带的串口线,将开发平台上的串口接口(UART)同 PC 机上的串口连接在一起。

然后,在主机上运行 Windows 自带的超级终端串口通信程序(波特率 115 200、1 位停止位、无校验位、无硬件流控制),或者使用其他串口通信程序,设置相同即可。接着使用 SAM-BA 工具,通过 USB 接口连接到 SAM4S-EK 开发平台上,将刚刚生成的源码下载到目标系统中。

最后,运行程序或者复位开发平台,例程正常运行后,超级终端将显示如图 3-24~图 3-26 所示的信息。

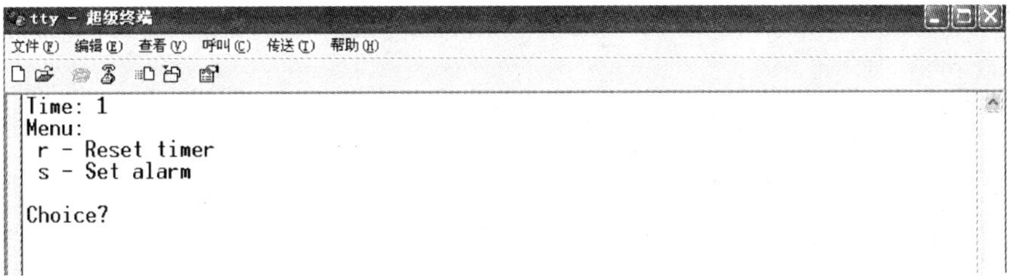

```
tty - 超级终端
文件(F) 编辑(E) 查看(V) 呼叫(C) 传送(T) 帮助(H)

Time: 1
Menu:
 r - Reset timer
 s - Set alarm

Choice?
```

图 3-24 主菜单

```
tty - 超级终端
文件(F) 编辑(E) 查看(V) 呼叫(C) 传送(T) 帮助(H)

Time: 6
Enter alarm time:
               15
```

图 3-25 设置闹钟

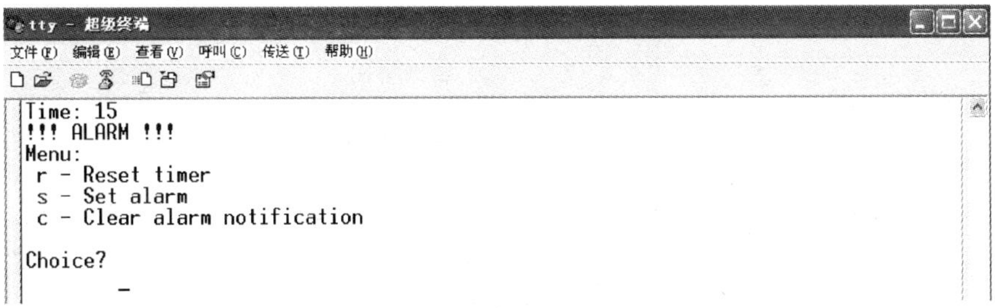

```
tty - 超级终端
文件(F) 编辑(E) 查看(V) 呼叫(C) 传送(T) 帮助(H)

Time: 15
!!! ALARM !!!
Menu:
 r - Reset timer
 s - Set alarm
 c - Clear alarm notification

Choice?    _
```

图 3-26 闹钟报警

3.7 看门狗定时器 WDT

3.7.1 WDT 结构组成

看门狗定时器可以用来防止由于在软件陷入死锁而导致的系统死锁,其内部结构框图如图 3 - 27 所示。WDT 有一个 12 位递减计数器,使得看门狗周期可以达到 16 s(慢速时钟,32.768 kHz),其用户接口寄存器映射如表 3 - 9 所列,基地址为 0x400E1450。可以产生通用的复位,或仅仅是处理器复位。此外,当微控制器处于调试模式或空闲模式时看门狗可以被禁止。

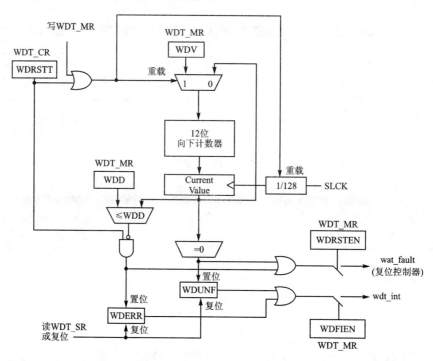

图 3 - 27 WDT 结构框图

表 3 - 9 WDT 寄存器映射

偏 移	寄存器	名 称	访问方式	复位值
0x00	控制寄存器	WDT_CR	只写	—
0x04	模式寄存器	WDT_MR	读/写(一次)	0x3FFF_2FFF
0x08	状态寄存器	WDT_SR	只读	0x0000_0000

3.7.2　工作原理

看门狗定时器是基于一个 12 位的递减计数器,其加载值通过模式寄存器 WDT_MR 中的 WDV 域来定义。使用慢速时钟 128 分频的信号来驱动看门狗定时器,这样看门狗周期最大值能达到 16 s(慢速时钟的典型值为 32.768 kHz)。

在微控制器复位之后,WDV 的值为 0xFFF,对应于计数器的最大值,并且允许外部复位(备份复位时 WDRSTEN 为 1)。也就是说,默认情况下,复位之后看门狗就开始运行,例如上电后。如果用户程序没有使用看门狗,则必须禁止(对 WDT_MR 寄存器中的 WDDIS 位置位),否则必须定期进行"喂狗",以满足看门狗要求。

看门狗模式寄存器(WDT_MR)只能写一次。只有微控制器复位才可以复位它。对 WDT_MR 执行写操作,会将最新的编程模式参数重新加载到定时器中。

在普通的操作中,用户需要通过对控制寄存器(WDT_CR)中 WDRSTT 位置位来定期重载看门狗计数器,以防止定时器向下溢出。对 WDRTT 位进行置位后,计数器的值将立即从 WDT_MR 寄存器中重新加载,并重新启动,慢速时钟 128 分频器也被复位及重新启动。

WDT_CR 寄存器是写保护的,因此如果预设值不正确,对 WDT_CR 的写操作是没有作用的。如果发生了计数器向下溢出,且模式寄存器(WDT_MR)的 WDRSTEN 为 1,则连接到复位控制器的 wdt_fault 信号生效,看门狗状态寄存器(WDT_SR)的位 WDUNF 也被设置为 1。

为了防止软件死锁时持续不断地触发看门狗,必须在 WDD 定义的时间窗口内重新加载看门狗。WDD 在看门狗模式寄存器 WDT_MR 中定义。

如果在 WDV 到 WDD 之间重新启动看门狗定时器,即使此时看门狗是禁止的也将会导致看门狗错误。这将导致 WDT_SR 中的 WDERR 位被修改,连接到复位控制器的 wdt_fault 信号生效。

要注意的是,当 WDD 大于或等于 WDV 时,这个功能特性将被禁止。这样的配置允许看门狗定时器在[0:WDV]的整个区间都可以重新启动,而不产生错误,这也是芯片复位时默认的配置(WDD 与 WDV 相等)。

若模式寄存器的 WDFIEN 位为 1,状态位 WDUNF(看门狗溢出)和 WDERR(看门狗错误)置位将触发中断。如果 WDRSTEN 位同时也为 1,则连接到复位控制器的 wdt_fault 信号将引起看门狗复位。在这种情况下,微控制器和看门狗定时器复位,WDERR 及 WDUNF 标志被清零。如果复位已经产生,或是读访问了 WDT_SR 寄存器,则状态位被复位,中断被清除,送到复位控制器的 wdt_fault 信号不再有效。

执行对 WDT_MR 的写操作将重新加载递减计数器,并使其重新启动。当微控制器处于调试状态或空闲模式时,根据寄存器 WDT_MR 中的 WDIDLEHLT 和 WDDBGHLT 的设置,计数器可以被停止。

3.8 嵌套向量中断控制器 NVIC

NVIC 是 Cortex - M4 处理器核能实现快速异常处理的关键,具有可配置的外部中断数量为 1～240 个;可配置优先级位为 3～8 个;支持电平触发和脉冲沿触发中断;中断优先级可动态重置;支持优先权分组,可以用来实现抢占中断和非抢占中断;支持尾链技术和中断延迟;进入和退出中断无需指令,可自动保存/恢复处理器状态;可选的唤醒中断控制器(WIC),提供外部低功耗睡眠模式支持等功能。

3.8.1 NVIC 结构组成

下面将描述嵌套向量中断控制器 NVIC 及其使用的寄存器。NVIC 支持:

➢ 1～35 个可屏蔽外部中断;
➢ 每个中断有 16 个可编程的优先级;
➢ 中断信号是由电平检测到的;
➢ 中断优先级可动态地重新排列;
➢ 优先级值可分组到组优先级和子优先级域;
➢ 支持尾链(tail - chaining,一种用来加速异常服务处理的机制,当一个异常服务处理完成时,如果存在一个挂起的异常满足进入条件,则跳过出栈操作直接将控制移交给下一个异常服务处理程序);
➢ 一个外部非屏蔽的中断(NMI)。

微控制器自动地将其状态放入期望的入口中并从期望的出口弹出,在这个过程中无多余的指令开销,这可以提供低延迟的异常处理,NVIC 的寄存器映射如表 3 - 10 所列。

表 3 - 10　NVIC 寄存器映射

偏　移	寄存器	名　称	访问方式	复位值
0xE000E100	中断使能寄存器 0	NVIC_ISER0	读/写	0x00000000
⋮	⋮	⋮	⋮	⋮
0xE000E11C	中断使能寄存器 7	NVIC_ISER7	读/写	0x00000000
0XE000E180	中断清空使能寄存器 0	NVIC_ICER0	读/写	0x00000000
⋮	⋮	⋮	⋮	⋮
0xE000E19C	中断清空使能寄存器 7	NVIC_ICER7	读/写	0x00000000
0XE000E200	中断挂起设置寄存器 0	NVIC_ISPR0	读/写	0x00000000
⋮	⋮	⋮	⋮	⋮
0xE000E21C	中断挂起设置寄存器 7	NVIC_ISPR7	读/写	0x00000000
0XE000E280	中断清空挂起寄存器 0	NVIC_ICPR0	读/写	0x00000000

续表 3－10

偏　移	寄存器	名　　称	访问方式	复位值
⋮	⋮	⋮	⋮	⋮
0xE000E29C	中断清空挂起寄存器 7	NVIC_ICPR7	读/写	0x00000000
0xE000E300	中断激活位寄存器 0	NVIC_IABR0	读/写	0x00000000
⋮	⋮	⋮	⋮	⋮
0xE000E31C	中断激活位寄存器 7	NVIC_IABR7	读/写	0x00000000
0xE000E400	中断优先级寄存器 0	NVIC_IPR0	读/写	0x00000000
⋮	⋮	⋮	⋮	⋮
0xE000E4EF	中断优先级寄存器 8	NVIC_IPR8	读/写	0x00000000
0xE000EF00	软件触发中断寄存器	NVIC_STIR	只写	0x00000000

3.8.2　工作原理

1. 电平触发的中断

处理器核支持电平触发的中断,这种中断将一直保持有效直到外设取消中断信号。当处理器核进入 ISR,将自动从中断移除挂起状态。对于电平触发的中断,如果在处理器核从 ISR 状态返回时中断信号仍没有被移除,中断将会再次挂起。同时处理器核必须重新处理 ISR。这意味着外设可以保持中断信号有效直到不需要再保持。

Cortex－M4 可以抓住所有的中断,一个外设中断在遇到下面 3 种情况将挂起:

① NVIC 检测到该中断信号为高电平或者该中断被取消。

② NVIC 在该中断信号上检测到一个上升沿。

③ 通过软件写操作将相应中断挂起设置寄存器位置 1,或者通过 NVIC_STIR 寄存器生成一个中断挂起。

一个被挂起的中断将在下面的情况下解除挂起:

① 处理器核为该中断进入 ISR,这将使该中断的状态从挂起变为激活状态。对于一个电平敏感的中断,当处理器核从 ISR 中返回,NVIC 将采集该中断信号。如果该信号有效,该中断状态将再次变为挂起,这种情况可能导致处理器立刻再次进入 ISR 中,否则该中断将被取消。

② 通过软件对相应的中断清除挂起寄存器位来解除。

对于电平触发的中断,如果中断信号一直有效,那么该中断的状态将不会改变。否则,中断的状态将变为未激活。

2. NVIC 设计的提示和技巧

确保软件使用对齐的寄存器访问,处理器核不支持对 NVIC 寄存器的未对齐访问。一个中断即使它被禁止也能够进入挂起状态,禁止一个中断仅能防止处理器处理该中断。

在通过编程 SCB_VTOR 来重新配置向量表之前,请确保新的向量表入口被设置为故障处理、NMI 和所有允许的异常。

软件可通过 CPSIE I 和 CPSID I 指令集允许和禁止中断,CMSIS 指令集为这些指令提供了下列的内部函数:

```
void __disable_irq(void)        //Disable Interrupts
void __enable_irq(void)         //Enable Interrupts
```

此外,CMSIS 指令集还为 NVIC 控制提供了一系列的函数,如表 3-11 所列。

表 3-11　用作 NVIC 控制的 CMSIS 功能函数

CMSIS 中断控制功能函数	描　述
void NVIC_SetPriorityGrouping(uint32_t priority_grouping)	设置优先级组别
void NVIC_EnableIRQ(IRQn_t IRQn)	允许 IRQn
void NVIC_DisableIRQ(IRQn_t IRQn)	禁止 IRQn
uint32_t NVIC_GetPendingIRQ (IRQn_t IRQn)	如果 IRQn 挂起则返回 true
void NVIC_SetPendingIRQ (IRQn_t IRQn)	设置 IRQn 挂起
void NVIC_ClearPendingIRQ (IRQn_t IRQn)	清空 IRQn 挂起状态
uint32_t NVIC_GetActive (IRQn_t IRQn)	返回激活中断的 IRQ 号
void NVIC_SetPriority (IRQn_t IRQn, uint32_t priority)	为 IRQn 设置优先级
uint32_t NVIC_GetPriority (IRQn_t IRQn)	读取 IRQn 的优先级
void NVIC_SystemReset (void)	复位系统

为了提高软件效率,CMSIS 简化了 NVIC 寄存器的实现。在 CMSIS 中使能设置、清空设置、挂起设置和激活位寄存器都映射到了 32 位整数数组上,因此:

➢ 数组 ISER[0]～ISER[1]对应到 ISER0～ISER1 上;
➢ 数组 ICER[0]～ICER[1]对应到 ICER0～ICER1 上;
➢ 数组 ISPR[0]～ISPR[1]对应到 ISPR0～ISPR1 上;
➢ 数组 ICPR[0]～ICPR[1]对应到 ICPR0～ICPR1 上;
➢ 数组 IABR[0]～IABR[1]对应到 IABR0～IABR1 上。

还有,中断优先级寄存器的 4 位域映射到 4 位整数数组上。因此数组 IP[0]～IP[34]对应寄存器 IPR0～IPR8,数组入口 IP[n]保持着中断 n 的中断优先级。CMSIS 指令集提供了线程安全代码,该代码可以自动对中断优先级寄存器进行访问。表 3-12 列出了这些中断或 IRQ 号,以及如何映射到中断寄存器上和相应的 CMSIS 指令集变量上(这些变量每一位对应一个中断)。

表 3 - 12 中断映射到中断变量

中 断	CMSIS 数组元素[1]				
	使能设置	清空设置	挂起设置	清空挂起设置	激活位
0~34	ISER[0]	ICER[0]	ISPR[0]	ICPR[0]	IABR[0]
35~63	ISER[1]	ICER[1]	ISPR[1]	ICPR[1]	IABR[1]

注:(1)每个数组元素对应 1 个 NVIC 寄存器,例如 ICER[0]对应于 ICER0 寄存器。

3.8.3 应用程序设计

1. 设计要求

设置开发平台上的用户按键 USRPB1 和 USRPB2 为中断模式,且 USRPB1 的优先级高于 USRPB2。按下 USRPB1 和 USRPB2 时,分别控制点亮两个 LED 灯并延时一段时间后熄灭。据此可以测试中断优先级,并通过串口打印测试信息,按键 NRST 可以返回主菜单。

2. 硬件设计

AT91SAM4S - EK 开发平台已经将所需的外设全部包含进来了,所以本应用程序无需任何额外的电路。

3. 软件设计

根据任务要求,可以将程序分为以下 5 个步骤:
① 初始化开发板时钟。
② 初始化开发板上所有外设接口配置。
③ 初始化 UART 串口。
④ 编写按键中断处理函数,用来处理按键事件发生时中断的处理;
⑤ 设置按键为中断模式,并设置中断优先级。

本应用程序包含了基本的 SAM4S 开发代码,其主代码 main.c 如下:

```
# include "asf.h"
# include "conf_board.h"

/ * Systick 计数器 * /
volatile uint32_t g_ul_ms_ticks = 0;

/ * 定义中断优先级,0 -- 15,0 的优先级最高 * /
# define INT_PRIOR_HIGH      4
# define INT_PRIOR_LOW       6

# define STRING_EOL        "\r"
```

```
#define STRING_HEADER " -- NVIC TEST --\r\n" \
        " -- "BOARD_NAME" --\r\n" \
        " -- Compiled: "__DATE__" "__TIME__" -- "STRING_EOL

#ifdef __cplusplus
extern "C" {
#endif

/* 延时函数 */
__INLINE static void delay_ticks(uint32_t ul_dly_ticks)
{
    volatile uint32_t ul_delay_tick = (ul_dly_ticks * (BOARD_MCK / 18000));

    while (ul_delay_tick--);

}

/* 设置 LED 引脚 */
__INLINE static void led_config(void)
{
    gpio_set_pin_high(LED0_GPIO);
    gpio_set_pin_high(LED1_GPIO);
}

/* USRPB1 中断处理函数,上升沿触发 */
static void Int1Handler(uint32_t ul_id, uint32_t ul_mask)
{
    if (PIN_PUSHBUTTON_1_ID != ul_id || PIN_PUSHBUTTON_1_MASK != ul_mask)
        return;
    /* 关中断 */
    pio_disable_interrupt(PIN_PUSHBUTTON_1_PIO, PIN_PUSHBUTTON_1_MASK);


    puts(" ========================\r");
    puts("Enter _Int1Handler.\r");
    /* 清中断位 */
    gpio_set_pin_low(LED0_GPIO);
    /* LED 延时熄灭 */
    delay_ticks(1000);
    /* 设置新的中断 */
    gpio_set_pin_high(LED0_GPIO);
```

```
    puts("Exit _Int1Handler.\r");
    puts(" =========================\r");
    /* 使能中断 */
    pio_enable_interrupt(PIN_PUSHBUTTON_1_PIO, PIN_PUSHBUTTON_1_MASK);
}


    /* USRPB2 中断处理函数,上升沿触发 */
static void Int2Handler(uint32_t ul_id, uint32_t ul_mask)
{
    if (PIN_PUSHBUTTON_2_ID ! = ul_id || PIN_PUSHBUTTON_2_MASK ! = ul_mask)
        return;

    pio_disable_interrupt(PIN_PUSHBUTTON_2_PIO, PIN_PUSHBUTTON_2_MASK);

    puts(" ****************************\r");
    puts("Enter _Int2Handler.\r");
    gpio_set_pin_low(LED1_GPIO);

    /* 延时 */
    delay_ticks(1000);

    /* 关闭中断 */
    gpio_set_pin_high(LED1_GPIO);

    puts("Exit _Int2Handler.\r");
    puts(" ****************************\r");

    pio_enable_interrupt(PIN_PUSHBUTTON_2_PIO, PIN_PUSHBUTTON_2_MASK);
}

static void set_interrupt_priority(uint8_t int1Prior, uint8_t int2Prior)
{
    /* 设置 USRPB1 中断优先级 */
    NVIC_DisableIRQ((IRQn_Type) PIN_PUSHBUTTON_1_ID);
    NVIC_ClearPendingIRQ((IRQn_Type) PIN_PUSHBUTTON_1_ID);
    NVIC_SetPriority((IRQn_Type) PIN_PUSHBUTTON_1_ID, int1Prior);
    NVIC_EnableIRQ((IRQn_Type) PIN_PUSHBUTTON_1_ID);

    /* 设置 USRPB2 中断优先级 */
    NVIC_DisableIRQ((IRQn_Type) PIN_PUSHBUTTON_2_ID);
    NVIC_ClearPendingIRQ((IRQn_Type) PIN_PUSHBUTTON_2_ID);
```

```
        NVIC_SetPriority((IRQn_Type) PIN_PUSHBUTTON_2_ID, int2Prior);
        NVIC_EnableIRQ((IRQn_Type) PIN_PUSHBUTTON_2_ID);
}


    /* 设置按键为中断模式 */
static void configure_buttons(void)
{


    pio_set_debounce_filter(PIN_PUSHBUTTON_1_PIO, PIN_PUSHBUTTON_1_MASK,
            10);
    pio_set_debounce_filter(PIN_PUSHBUTTON_2_PIO, PIN_PUSHBUTTON_2_MASK,
            10);
    /* 初始化中断处理函数 */
    pio_handler_set(PIN_PUSHBUTTON_1_PIO, PIN_PUSHBUTTON_1_ID, PIN_PUSHBUTTON_1_
MASK, PIN_PUSHBUTTON_1_ATTR, Int1Handler);    /* Interrupt on rising edge. */
    pio_handler_set(PIN_PUSHBUTTON_2_PIO, PIN_PUSHBUTTON_2_ID, PIN_PUSHBUTTON_2_
MASK, PIN_PUSHBUTTON_2_ATTR, Int2Handler);    /* Interrupt on falling edge. */

    /* 使能中断 */
    NVIC_EnableIRQ((IRQn_Type) PIN_PUSHBUTTON_1_ID);
    NVIC_EnableIRQ((IRQn_Type) PIN_PUSHBUTTON_2_ID);
    pio_enable_interrupt(PIN_PUSHBUTTON_1_PIO, PIN_PUSHBUTTON_1_MASK);
    pio_enable_interrupt(PIN_PUSHBUTTON_2_PIO, PIN_PUSHBUTTON_2_MASK);
}


    /* 配置 UART */
static void configure_console(void)
{
    const sam_uart_opt_t uart_console_settings =
            { BOARD_MCK, 115200, UART_MR_PAR_NO };

    /* Configure PIO */
    pio_configure(PINS_UART_PIO, PINS_UART_TYPE, PINS_UART_MASK, PINS_UART_ATTR);

    /* Configure PMC */
    pmc_enable_periph_clk(CONSOLE_UART_ID);

    /* Configure UART */
    uart_init(CONSOLE_UART, &uart_console_settings);
}


    /* 串口显示菜单 */
```

```
static void display_menu(void)
{
    puts("\n\r"
        "Menu:\n\r"
        " =====================\n\r"
        "1: Set INT2's priority higher than INT1.\n\r"
        "2: Set INT1's priority higher than INT2.\n\r"
        "NRST: Show this menu.\n\r"
        " =====================\n\r"
        "Press button USRPB1/USRPB2 to trigger the interrupts.\n\r"
        "\r");
}


int main(void)
{
    uint8_t uc_key;

    /* 系统初始化 */
    SystemInit();
    board_init();

    WDT->WDT_MR = WDT_MR_WDDIS;

    /* 使能时钟 */
    pmc_enable_periph_clk(ID_PIOA);
    pmc_enable_periph_clk(ID_PIOB);
    pmc_enable_periph_clk(ID_PIOC);

    /* 初始化 uart */
    configure_console();

    /* 串口输出初始化信息 */
    puts(STRING_HEADER);

    /* 配置按键优先级 USRPB1 高于 USRPB2 */
    pio_handler_set_priority(PIOA, PIOA_IRQn, 0);
    pio_handler_set_priority(PIOB, PIOB_IRQn, 0);
    pio_handler_set_priority(PIOC, PIOC_IRQn, 0);

    /* 配置 LED */
    led_config();
```

```
    /*配置按键*/
    configure_buttons();

    /*串口输出*/
    puts("Set INT1's priority higher than INT2.\r");
    set_interrupt_priority(INT_PRIOR_HIGH, INT_PRIOR_LOW);

    display_menu();

    while (1) {
        while (uart_read(CONSOLE_UART, &uc_key));

        switch (uc_key) {
        case '1':
            set_interrupt_priority(INT_PRIOR_LOW, INT_PRIOR_HIGH);
            puts("Set INT2's priority higher than INT1.\n\r\r");
            break;

        case '2':
            set_interrupt_priority(INT_PRIOR_HIGH, INT_PRIOR_LOW);
            puts("Set INT1's priority higher than INT2.\n\r\r");
            break;

        case 'NRST':
            display_menu();
            break;

        default:
            puts("Invalid input.\r");
            break;
        }
    }
}
#ifdef __cplusplus
}
#endif
```

4. 运行结果

使用 Atmel Studio6 运行工程,生成相应的可下载源码文件。再使用 SAM4S-EK平台附带的串口线,将开发平台上的串口接口(UART)同 PC 机上的串口连接在一起。

　　然后,在主机上运行 Windows 自带的超级终端串口通信程序(波特率 115 200、1 位停止位、无校验位、无硬件流控制),或者使用其他串口通信程序,设置相同即可。接着使用 SAM – BA 工具,通过 USB 接口连接到 SAM4S – EK 开发平台上,将刚刚生成的源码下载到目标系统中。

　　最后,运行程序或者复位开发平台。例程正常运行后,超级终端将显示以下的信息,如图 3 – 28 所示。

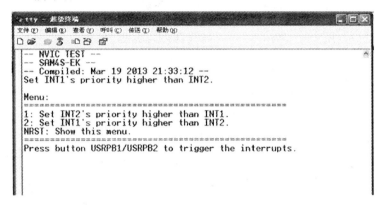

图 3 – 28　例程正常运行后的超级终端界面

　　可以进行如下的中断优先级测试:

　　第一次测试,首先按下按键 USRPB1,接着立即按下按键 USRPB2,程序运行结果如图 3 – 29 上半部分所示,中断 USRPB1 处理结束后才处理中断 USRPB2。

　　第二次测试,首先按下按键 USRPB2,接着立即按下按键 USRPB1,程序运行结果如图 3 – 29 下半部分所示,中断 USRPB2 没处理结束便开始处理中断 USRPB1。

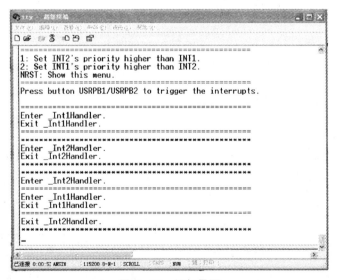

图 3 – 29　运行界面

3.9 外设 DMA 控制器 PDC

3.9.1 PDC 结构组成

外设 DMA 控制器(简称 PDC)用于片上串行外设与片上或片外存储器之间进行数据传输。PDC 和串行外设之间的连接是通过 AHB 到 ABP 桥的操作,其功能框图如图 3-30 所示,用户接口寄存器映射如表 3-13 所列。

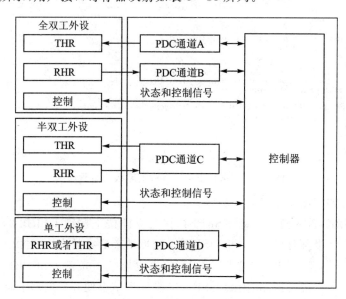

图 3-30 PDC 功能框图

表 3-13 PDC 用户接口寄存器映射

偏 移	寄存器	名 称	访问方式	复位值
0x100	接收指针寄存器	PERIPH_RPR	读/写	0x0
0x104	接收计数器寄存器	PERIPH_RCR	读/写	0x0
0x108	发送指针寄存器	PERIPH_TPR	读/写	0x0
0x10C	发送计数器寄存器	PERIPH_TCR	读/写	0x0
0x110	下一接收指针寄存器	PERIPH_RNPR	读/写	0x0
0x114	下一接收计数器寄存器	PERIPH_RNCR	读/写	0x0
0x118	下一发送指针寄存器	PERIPH_TNPR	读/写	0x0
0x11C	下一发送计数器寄存器	PERIPH_TNCR	读/写	0x0
0x120	PDC 传输控制寄存器	PERIPH_PTCR	只写	0x0
0x124	PDC 传输状态寄存器	PERIPH_PTSR	只读	0x0

每个 PDC 通道的用户接口都被集成到外设自身的用户接口上。单向通道包含一个指向当前传输的集合和一个指向下次传输的集合,其中每个集合包含两个 32 位存储器指针和两个 16 位计数器。双向通道的用户接口集合包含 4 个 32 位的存储器指针和 4 个 16 位的计数器,每个集合可以被当前传输、下次传输、当前接收和下次接收使用。

使用外设 DMA 控制器可避免处理器对外设的干预,明显减少数据传输所需要的时钟周期,从而改善处理器的性能。

外设通过发送和接收信号来触发 PDC 传输。当编程数据传输完成后,相应的外设产生一个传输结束中断。

外设 DMA 控制器按照表 3 - 14 的优先级(从低到高)处理从通道接收的传输请求:

表 3 - 14 外设控制器

外设名称	通道 T/R	外设名称	通道 T/R
PWM	Transmit	PIOA	Receive
TWI1	Transmit	TWI1	Receive
TEI0	Transmit	TWI0	Receive
UART1	Transmit	UART1	Receive
UART0	Transmit	UART0	Receive
USART1	Transmit	USART1	Receive
USART0	Transmit	USART0	Receive
DACC	Transmit	ADC	Receive
SPI	Transmit	SPI	Receive
SSC	Transmit	SSC	Receive
HSMCI	Transmit	HSMCI	Receive

3.9.2 工作原理

1. 配 置

PDC 通道用户接口用于用户配置和控制每个通道上的数据传输,PDC 通道用户接口集成在与它相关的外设的用户接口中。

每个外设都可以采用全双工或半双工工作方式,内部包含 4 个 32 位指针寄存器(RPR、RNPR、TPR 和 TNPR)和 4 个 16 位计数寄存器(RCR、RNCR、TCR 和 TNCR)。每种类型的发送和接收部分都可以通过编程设置,全双工外设的发送和接收部分都可以同时开启,而半双工外设一次只可以开启发送和接收中的一种。

32 位的指针定义了当前和下一次传输的访问内存地址,该地址要么被写(接收)

要么被读(发送)。16 位计数器定义了当前和下一次传输数据大小,在任何时候都可以读取每个通道的剩余传输数量。

PDC 有专用的状态寄存器,用于反映每个通道的允许和禁止状态。每个通道的状态可通过读取外设状态寄存器获得,可以通过设置 PDC 传输控制寄存器中的 TX-TEN/TXTDIS 位和 RXTEN/RXTDIS 位来允许或者禁止收发。在一次传输结束时,PDC 会发送状态标志到外设,在状态寄存器中可见这些标志(ENDRX、ENDTX、RXBUFF 和 TXBUFE)。

2. 存储器指针

每个全双工外设都通过一个数据接收通道和一个数据发送通道与 PDC 相连,每个通道都有 32 位存储指针,每个存储指针可以指向片上或片外存储空间的任何地址。

每个半双工外设都通过一个双向通道与 PDC 相连,这个通道都有 2 个 32 位存储指针。其中一个指向当前传输,另一个指向下一次传输。根据外设的操作模式的选择,这些指针会指向发送或者接收数据。

根据传输类型的不同(可能是字节、半字、字),存储指针在外设数据传输中可分别按 1、2、4 递增。如果在 PDC 工作时修改存储指针,传输地址将会改变,PDC 将按新地址传输数据。

3. 传输计数器

每个通道都有 2 个 16 位传输计数器,一个用于当前传输,一个用于下次传输。这些计数器用于计算相应外设通道已经传输完的数据块的大小,当前传输计数器的值随数据传输递减。如果当前传输计数器值为 0 时,通道将检测下次传输计数器。如果下次传输计数器的值为 0,则 PDC 通道停止数据传输,并设置适当的标志位。如果下次传输计数器的值大于 0,那么就将下次传输指针/下次传输计数器的值分别复制到当前传输指针/当前传输计数器中,通道将下次传输指针/下次传输计数器的值分别置为 0,同时重新开始传输。在本次传输结束时,PDC 通道将在外设状态寄存器中设置相关的标志。

下面,给出了依据计数器的值来改变状态寄存器的设置:
➢ 当 PERIPH_RCR 寄存器为 0 时,ENDRX 标志将置 1;
➢ 当 PERIPH_RCR 和 PERIPH_RNCR 寄存器为 0 时,RXBUFF 标志将置 1;
➢ 当 PERIPH_TCR 寄存器为 0 时,ENDRX 标志将置 1;
➢ 当 PERIPH_RCR 和 PERIPH_TNCR 寄存器为 0 时,TXBUFE 标志将置 1。

4. 数据传输

外设用集成在外设用户接口的传输控制寄存器中的发送使能(TXRDY)和接收使能(RXRDY)信号来触发 PDC 通道传输。当外设接收到一个外部字符时,将发送一个接收就绪信号给 PDC 收通道,然后 PDC 接收通道请求使用系统总线。当使用获得许可时,PDC 接收通道开始读取外设接收保持寄存器(RHR),读取到的数据将存储在一个内部缓冲中,然后再写入存储器。

当外设想要发送数据时,将发送一个发送就绪信号给 PDC 发送通道,然后 PDC 发送通道请求使用系统总线。当使用获得许可时,PDC 发送通道开始读取存储器,读取到的数据将存储在外设发送保持寄存器(THR),然后外设根据自身的结构发送数据。

5. PDC 标志和外设状态寄存器

每个连接到 PDC 的外设都会向 PDC 发出接收就绪和发送就绪标志,同时 PDC 将会发回相关标志给外设,所有的这些标志只能在外设状态寄存器中看到。

根据外设工作的类型(半双工或全双工),这些标志可能属于一个单独通道或者两个不同的通道。

(1)接收传输结束

当 PERIPH_RCR 寄存器为 0,并且最后的数据已经传输到存储器中,就将该标志设置为 1。当向 PERIPH_RCR 或者 PERIPH_RNCR 写入一个非 0 值时,该标志将复位。

(2)发送传输结束

当 PERIPH_TCR 寄存器为 0,并且最后的数据已经被写入外设 THR 中,就将该标志设置为 1。当向 PERIPH_TCR 或者 PERIPH_TNCR 写入一个非 0 值时,该标志将复位。

(3)接收缓冲满

当 PERIPH_RCR 寄存器为 0,同时 PERIPH_RNCR 也被设为 0,并且最后的数据已经传输到存储器中,就将该标志设置为 1。当向 PERIPH_TCR 或者 PERIPH_TNCR 写入一个非 0 值时,该标志将复位。

(4)发送缓冲空

当 PERIPH_TCR 寄存器为 0,同时 PERIPH_TNCR 也被设为 0,并且最后的数据已经被写入外设 THR 中,就将该标志设置为 1。当向 PERIPH_TCR 或者 PERIPH_TNCR 写入一个非 0 值时,该标志将复位。

3.9.3 应用程序设计

1. 设计要求

该应用程序主要用来实现如何使用 PDC 从 UART 接收和发送数据。通过设置 UART,PDC 接收到的数据会显示在超级终端上,然后又把接收到的数据发送出去显示在超级终端上。

2. 硬件设计

由于进行的是片内存储器到存储器之间的数据传输,所以无需任何额外的硬件连接。注意一点,由于是在内部传输,所以 DMA 的传送是通过软件启动的。

3. 软件设计

主程序的流程如下:

① 初始化系统时钟。

② 初始化开发平台外设接口及接口的配置。

③ 各个 GPIO 口的初始化,包括时钟配置等。

④ 初始化 PDC 接收和发送的数据。

⑤ 编写 PDC 中断函数,处理 PDC 数据的发送和接收。

主程序代码如下:

```
# include "asf.h"
# include "conf_board.h"
# include "conf_pdc_uart_example.h"

# define BUFFER_SIZE    5

# define STRING_EOL      "\r"
# define STRING_HEADER "-- PDC_UART test -- \r\n" \
      "-- "BOARD_NAME" -- \r\n" \
      "-- Compiled: "__DATE__" "__TIME__" -- "STRING_EOL

/* PDC 发送缓冲区 */
uint8_t g_uc_pdc_buffer[BUFFER_SIZE];
/* PDC 将要发送的数据包 */
pdc_packet_t g_pdc_uart_packet;
/* 指向 UART PDC 寄存器的地址 */
Pdc *g_p_uart_pdc;

/*
 * UART 中断处理函数
 */
void console_uart_irq_handler(void)
{
    /* 获得 UART 状态并检查 PDC 接收缓冲区是否已满 */
    if ((uart_get_status(CONSOLE_UART) & UART_SR_RXBUFF) == UART_SR_RXBUFF) {
        /* 设置 PDC 用来接收和发送 */
        pdc_rx_init(g_p_uart_pdc, &g_pdc_uart_packet, NULL);//先接收
```

```
        pdc_tx_init(g_p_uart_pdc, &g_pdc_uart_packet, NULL);//在发送
    }
}


/ *
 * 设置 UART
 * /
static void configure_console(void)
{
    const sam_uart_opt_t uart_console_settings =
            { sysclk_get_cpu_hz(), 115200, UART_MR_PAR_NO };
    pio_configure(PINS_UART_PIO, PINS_UART_TYPE, PINS_UART_MASK,
            PINS_UART_ATTR);

    pmc_enable_periph_clk(CONSOLE_UART_ID);

    uart_init(CONSOLE_UART, &uart_console_settings);
}


int main(void)
{
    / * 系统初始化 * /
    sysclk_init();
    board_init();

    configure_console();

    puts(STRING_HEADER);

    g_p_uart_pdc = uart_get_pdc_base(CONSOLE_UART);

    / * 初始化 PDC 发送数据包:包地址和数据缓冲区大小 * /
    g_pdc_uart_packet.ul_addr = (uint32_t) g_uc_pdc_buffer;
    g_pdc_uart_packet.ul_size = BUFFER_SIZE;

    / * 初始化 PDC 接收数据包 * /
    pdc_rx_init(g_p_uart_pdc, &g_pdc_uart_packet, NULL);

    / * 使能 PDC 发送和接收 * /
    pdc_enable_transfer(g_p_uart_pdc, PERIPH_PTCR_RXTEN | PERIPH_PTCR_TXTEN);

    / * 使能 UART 中断 * /
```

```
uart_enable_interrupt(CONSOLE_UART, UART_IER_RXBUFF);

/* 使能中断 */
NVIC_EnableIRQ(CONSOLE_UART_IRQn);

while (1) {
}
}
```

4. 运行过程

使用 Atmel Studio6 运行工程，生成相应的可下载源码文件。再使用 SAM4S-EK 平台附带的串口线，将开发平台上的串口接口（UART）同 PC 机上的串口连接在一起。

然后，使用 SAM-BA 工具，通过 USB 接口连接到 SAM4S-EK 开发平台上，将刚刚生成的源码下载到目标系统中。

最后，运行程序或者复位开发平台，例程正常运行后，超级终端上会显示如图 3-31所示的结果界面。

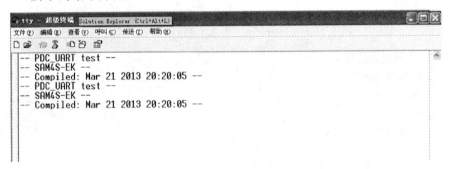

图 3-31 运行结果界面

3.10 通用并行输入输出接口 GPIO

3.10.1 GPIO 结构组成

SAM4S16C 微控制器具有 PIOA、PIOB 和 PIOC 共 3 个通用并行输入/输出（GPIO）控制器。每个 PIO 可管理多达 32 个完全可编程 I/O 引脚，其内部结构如图 3-32所示。每个 I/O 引脚既可用作一个通用 I/O 也可分配给一个片上外设，这样可以优化产品引脚。其中，表 3-15 对内部某些信号进行了描述。

PIO 控制器的每个 I/O 引脚都具备输入变化可产生中断，允许任何 I/O 引脚的电平跳变产生中断。还有其他中断模式，允许任何 I/O 引脚的上升沿、下降沿、低电平或高电平产生中断。GPIO 带有干扰滤波器,能过滤持续时间小于半个系统时钟周期的脉冲。带有去抖动滤波器,能过滤按键和按钮操作中多余的脉冲。还有GPIO 与开漏 I/O 口类似的多路驱动能力,可控制 I/O 引脚的上拉和下拉,输入可见、输出可控等功能。

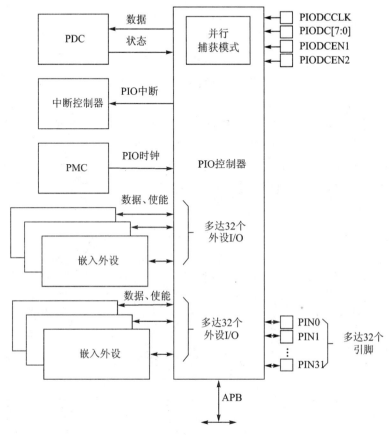

图 3-32 GPIO 内部结构方框图

表 3-15 GPIO 中某些信号的说明

信号名称	描　述	类　型
PIODCCLK	并行捕捉模式时钟	输入
PIODC[7:0]	并行捕捉模式数据	输入
PIODCEN1	并行捕捉模式数据使能 1	输入
PIODCEN2	并行捕捉模式数据使能 2	输入

PIO 控制器一次写操作就可同步输出多达 32 位的数据,可以用于各种片上外设及片外外设,如图 3-33 所示。

每个由 PIO 控制器控制的 I/O 引脚都与每个 PIO 控制器用户接口寄存器的某

	片上外设驱动	
输入驱动	控制和指令驱动	片上外设
PIO控制器		
输入驱动	通用I/O口	外部设备

图 3 - 33 GPIO 应用框图

个位相关。每个寄存器都是 32 位宽。如果某个并行 I/O 引脚未定义,则设置相应位无效,读取未定义位的返回值为 0。如果 I/O 引脚未与任何外设复用,则 I/O 引脚由 PIO 控制器控制,读取 PIO_PSR 将统一返回 1。PIO 控制器的控制寄存器如表 3－16 所列,其各个控制器的基地址为:PIOA 为 0x400E0E00,PIOB 为 0x400E1000,PIOC 为 0x400E1200。限于篇幅,将不对所有的系统控制器和片上外设用户接口的详细设置进行解读,有兴趣的读者可以自己参考 SAM4S 的数据手册。

表 3 - 16 GPIO 寄存器映射

偏　移	寄存器	名　称	访问方式	复位值
0x0000	PIO 允许寄存器	PIO_PER	只写	—
0x0004	PIO 禁止寄存器	PIO_PDR	只写	—
0x0008	PIO 状态寄存器	PIO_PSR	只读	(1)
0x000C	保留			
0x0010	输出允许寄存器	PIO_OER	只写	—
0x0014	输出禁止寄存器	PIO_ODR	只写	—
0x0018	输出状态寄存器	PIO_OSR	只读	0x00000000
0x001C	保留			
0x0020	抗干扰输入滤波允许寄存器	PIO_IFER	只写	—
0x0024	抗干扰输入滤波禁止寄存器	PIO_IFDR	只写	—
0x0028	抗干扰输入滤波状态寄存器	PIO_IFSR	只读	0x00000000
0x002C	保留			
0x0030	置位输出数据寄存器	PIO_SODR	只写	—
0x0034	清除输出数据寄存器	PIO_CODR	只写	—
0x0038	输出数据状态寄存器	PIO_ODSR	只读或读/写[2]	—
0x003C	引脚数据状态寄存器	PIO_PDSR	只读	(3)
0x0040	中断允许寄存器	PIO_IER	只写	—
0x0044	中断禁止寄存器	PIO_IDR	只写	—

续表 3－16

偏 移	寄 存 器	名 称	访问方式	复位值
0x0048	中断屏蔽寄存器	PIO_IMR	只读	0x00000000
0x004C	中断状态寄存器[4]	PIO_ISR	只读	0x00000000
0x0050	多驱动允许寄存器	PIO_MDER	只写	—
0x0054	多驱动禁止寄存器	PIO_MDDR	只写	—
0x0058	多驱动状态寄存器	PIO_MDSR	只读	0x00000000
0x005C	保留			
0x0060	上拉禁止寄存器	PIO_PUDR	只写	—
0x0064	上拉允许寄存器	PIO_PUER	只写	—
0x0068	上拉状态寄存器	PIO_PUSR	只读	(1)
0x006C	保留			
0x0070	外设选择寄存器 1	PIO_ABCDSR1	只读	0x00000000
0x0074	外设选择寄存器 2	PIO_ABCDSR2	只读	0x00000000
0x0078	保留			
0x007C	保留			
0x0080	输入滤波器慢时钟禁止寄存器	PIO_IFSCDR	只写	—
0x0084	输入滤波器慢时钟允许寄存器	PIO_IFSCER	只写	—
0x0088	输入滤波器慢时钟状态寄存器	PIO_IFSCSR	只读	0x00000000
0x008C	慢时钟分频器反跳寄存器	PIO_SCDR	只读	0x00000000
0x0090	下拉禁止寄存器	PIO_PPDDR	只写	—
0x0094	下拉允许寄存器	PIO_PPDER	只写	—
0x0098	下拉状态寄存器	PIO_PPDSR	只读	(1)
0x009C	保留			
0x00A0	输出写允许	PIO_OWER	只写	—
0x00A4	输出写禁止	PIO_OWDR	只写	—
0x00A8	输出写状态寄存器	PIO_OWSR	只读	0x00000000
0x00AC	保留			
0x00B0	其他中断模式允许寄存器	PIO_AIMER	只写	—
0x00B4	其他中断模式禁止寄存器	PIO_AIMDR	只写	—
0x00B8	其他中断模式屏蔽寄存器	PIO_AIMMR	只读	0x00000000
0x00BC	保留			
0x00C0	边沿选择寄存器	PIO_ESR	只写	—
0x00C4	电平选择寄存器	PIO_LSR	只写	—
0x00C8	边沿/电平状态寄存器	PIO_ELSR	只读	0x00000000

偏　移	寄存器	名　称	访问方式	复位值
0x00CC	保留			
0x00D0	下降沿/低电平选择寄存器	PIO_FELLSR	只写	—
0x00D4	上升沿/高电平选择寄存器	PIO_REHLSR	只写	—
0x00D8	上升/下降或高/低状态寄存器	PIO_FRLHSR	只读	0x00000000
0x00DC	保留			
0x00E0	锁定状态	PIO_LOCKSR	只读	0x00000000
0x00E4	写保护模式寄存器	PIO_WPMR	只读	0x0
0x00E8	写保护状态寄存器	PIO_WPSR	只读	0x0
0x00EC~0x00F8	保留			
0x0100	施密特触发器寄存器	PIO_SCHMITT	只读	0x00000000
0x0104~0x010C	保留			
0x0110	保留			
0x0114~0x011C	保留			
0x150	并行捕捉模式寄存器	PIO_PCMR	只读	0x00000000
0x154	并行捕捉中断允许寄存器	PIO_PCIER	只写	
0x158	并行捕捉中断禁止寄存器	PIO_PCIDR	只写	
0x15C	并行捕捉中断屏蔽寄存器	PIO_PCIMR	只读	0x00000000
0x160	并行捕捉中断状态寄存器	PIO_PCISR	只读	0x00000000
0x164	并行捕捉接受保持寄存器	PIO_PCRHR	只读	0x00000000
0x0168~0x018C	为 PDC 寄存器保留			

注:如果偏移值没有在表中列出,那么它被视为保留处理。

(1) 复位值取决于产品的实现。

(2) 根据 PIO_OWSR 的 I/O 引脚配置,PIO_ODSR 被配置为只读或读/写。

(3) PIO_PDSR 的复位值依赖 I/O 引脚的电平值,读取 I/O 引脚电平值需要 PIO 控制器时钟被允许,否则 PIO_PDSR 读取到的将是时钟被禁用时的 I/O 引脚的值。

(4) PIO_ISR 的复位值为 0x0,但是在第一次读取该寄存器时可能读取到一个不同的值,这是由于输入跳变可能已经发生。

3.10.2　工作原理

PIO 控制器具有多达 32 位的完全可编程的 I/O 引脚,图 3-34 所示为与每个 I/O 相关的大部分控制逻辑。在描述中,信号线只表示 32 个信号之一,每个引脚都是一样的。

1. 上拉和下拉电阻控制

每个 I/O 引脚都包含一个内嵌的上拉电阻和一个内嵌的下拉电阻。通过 PIO_PUER(上拉允许寄存器)和 PIO_PUDR(上拉禁止电阻器)可以分别允许和禁

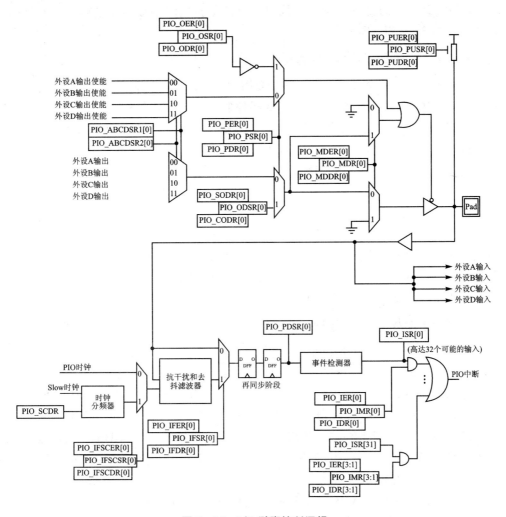

图 3 - 34   I/O 引脚控制逻辑

止上拉电阻,设置这些寄存器将会置位或复位 PIO_PUSR(上拉状态寄存器)中的相应位,读取 PIO_PUSR 返回 1 表示相应的上拉电阻被禁止,返回 0 表示相应的上拉电阻被允许。相应的下拉电阻控制器与上拉电阻控制器类似,通过 PIO_PP-DER(下拉允许寄存器)和 PIO_PPDDR(下拉禁止电阻器)可以分别允许和禁止下拉电阻,设置这些寄存器将会置位或复位 PIO_PPDSR(下拉状态寄存器)中的相应位,读取 PIO_PPDSR 返回 1 表示相应的下拉电阻被禁止,返回 0 表示相应的下拉电阻被允许。

任何时刻,一个引脚都应该只有一个电阻起作用,也就是说在上拉电阻被允许的时候设置下拉电阻允许是不可以的,否则在这种情况下的写操作将被丢弃。无论对 I/O 引脚如何配置,都可以对上拉电阻进行控制。复位后,所有的上拉电阻都被允许,即 PIO_PUSR 的复位值为 0x0,同时所有的下拉电阻都被禁止,即 PIO_PPDSR 的复位值为 0xFFFFFFFF。

2. I/O 引脚或外设功能选择

当一个引脚与一个或两个外设功能复用时,通过 PIO_PER(PIO 允许寄存器)和 PIO_PDR(PIO 禁止寄存器)可以进行选择控制。PIO_PSR(PIO 状态寄存器)反映设置和清除相关寄存器的结果,指示引脚是由相应的外设控制还是由 PIO 控制器控制。读取 0 值表示引脚由 PIO_ABCDSR1 和 PIO_ABCDSR2(ABCD 选择寄存器)选择相应片上外设控制,1 表示引脚由 PIO 控制器控制。

如果一个引脚只用作通用 I/O 口(不与片上外设复用),则 PIO_PER 和 PIO_PDR 将不起作用,读取 PIO_PSR 相应位将返回 1。

复位后,绝大多数情况下 I/O 引脚都是由 PIO 控制器控制的,即 PIO_PSR 的复位值为 1。但是在某些情况下,I/O 引脚是由外设控制的(比如,存储器片选信号在复位后必须为不活动状态。从外部存储器启动,地址线必须为低)。因此,PIO_PSR 的复位值要根据设备复用情况,在产品级进行定义。

3. 外设 A/B/C/D 选择

PIO 控制器可以在一个引脚上复用多达 4 个外设功能,通过设置 PIO_ABCDSR1 和 PIO_ABCDSR2(ABCD 选择寄存器)可以实现外设 A/B/C/D 间的选择。例如:如果 PIO_ABCDSR1 和 PIO_ABCDSR2 相应位都设置为 0,则意味着外设 A 被选中;如果 PIO_ABCDSR1 相应位设置为 1,PIO_ABCDSR2 相应位设置为 0,则意味着外设 B 被选中;如果 PIO_ABCDSR1 相应位设置为 0,PIO_ABCDSR2 相应位设置为 1,则意味着外设 C 被选中;如果 PIO_ABCDSR1 和 PIO_ABCDSR2 相应位都设置为 1,则意味着外设 D 被选中。

需要注意的是外设 A、B、C 和 D 的复用仅仅影响输出引脚,外设的输入引脚总是关联到相应位的输入引脚。

复位后,PIO_ABCDSR1 和 PIO_ABCDSR2 都将设为 0,这意味着所有的 PIO 引脚都将配置给外设 A。但是 PIO 控制器复位后,I/O 引脚处于 I/O 模式下,外设 A 并不驱动引脚。

对 PIO_ABCDSR1 和 PIO_ABCDSR2 的设置可以管理复用功能,这与引脚的设置没有关系。但是将引脚分配给某个外设,除了要设置外设选择寄存器(PIO_ABCDSR1 和 PIO_ABCDSR2),还要设置 PIO_PDR。

4. 输出控制

当 I/O 引脚分配给某个外设功能时,即 PIO_PSR 中的相应位为 0 时,I/O 引脚的驱动是由外设控制的。外设 A、B、C、D 根据 PIO_ABCDSR1 和 PIO_ABCDSR2(ABCD 选择寄存器)的值,决定是否驱动引脚。

当 I/O 引脚由 PIO 控制器控制时,引脚可以配置成被 PIO 控制器驱动。这可以通过设置 PIO_OER(输出允许寄存器)和 PIO_ODP(输出禁止寄存器)来实现,PIO_OSR(输出状态寄存器)反映了设置结果。当这个寄存器中的某一位为 0 时,相应的 I/O 引脚只用作输入。当为 1 时,相应的 I/O 引脚由 PIO 控制器驱动。

通过 PIO_SODR(置位输出数据寄存器)和 PIO_CODR(清零输出数据寄存器)可以设置相应 I/O 口的驱动电平。这些写操作将分别置位和清零 PIO_ODSR(输出数据状态寄存器),PIO_ODSR 代表了 I/O 引脚上的驱动数据。无论引脚配置为 PIO 控制器控制还是分配给外设,都可以通过设置 PIO_OER 和 PIO_ODR 来管理 PIO_OSR。这使得在设置引脚由 PIO 控制器控制之前,可以先配置 I/O 引脚。

设置 PIO_SODR 和 PIO_CODR 能够影响 PIO_ODSR,因为它定义了 I/O 引脚上的第一个驱动电平口。

5. 同步数据输出

不能使用 PIO_SODR 和 PIO_CODR 寄存器实现在清除一个(多个)PIO 引脚的同时又设置另外一个(多个)PIO 引脚,这需要对两个不同的寄存器进行两次连续的写操作。为了克服这缺点,PIO 控制器提供了只需写一次 PIO_CDSR(输出状态寄存器)就可以直接控制 PIO 输出的方法,只有未被 PIO_OWSR(输出写状态寄存器)屏蔽的位才能被这样修改。通过设置 PIO_OWER(输出写允许寄存器)和 PIO_OWDR(输出写禁止寄存器),可以设置和清除屏蔽 PIO_OWSR 的屏蔽位。

复位后 PIO_OWSR 复位为 0x0,所有的 I/O 引脚上的同步数据输出都被禁止。

6. 多路驱动控制(开漏)

使用多路驱动特性,每个 I/O 引脚都能够独立地被编程为开漏模式,这个特性允许在 I/O 引脚上连接若干个驱动器,这个 I/O 引脚只可以被每个设备驱动为低电平。为了保证引脚上的高电平,需要外接一个上拉电阻(或者允许内部的上拉电阻)。

多路驱动特性由 PIO_MDER(多路驱动允许寄存器)和 PIO_MDDR(多路驱动禁止寄存器)进行控制。无论 I/O 引脚由 PIO 控制器控制还是分配给外设,都可以选择多路驱动,PIO_MDSR(多路驱动状态寄存器)可指示被配置为支持外部驱动器的引脚。

复位后,所有引脚的多路驱动特征都被禁止,即 PIO_MDSR 复位值为 0x0。

7. 输出引脚时序

如图 3-35 所示为当设置 PIO_SODR、PIO_CODR 时,或直接设置 PIO_ODSR 时,输出是如何驱动的。只有 PIO_OWSR 中的相应位置位时,最后一种情况才会有效,PIO_PDSR 反馈在什么时候生效。

8. 输入引脚

通过读取 PIO_PDSR(引脚数据状态寄存器)可以获得每个 I/O 引脚上的电平。

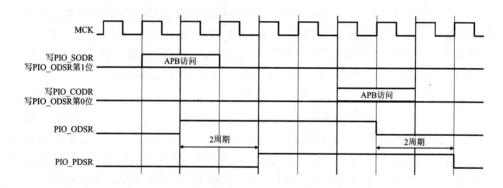

图 3-35　I/O 引脚输出时序

无论 I/O 引脚的配置如何(只做输入,由 PIO 控制器驱动,由外设驱动),PIO_PDSR 寄存器都能够指示出 I/O 引脚上的电平。

　　读取 I/O 引脚上的电平必须允许 PIO 控制器的时钟,否则,读取到的将是时钟被禁止时 I/O 引脚上的电平。

9. 输入抗干扰和去抖动滤波

　　输入抗干扰和去抖动滤波器是可选的,且在每个 I/O 引脚上都可以独立进行编程。抗干扰滤波器能过滤持续时间少于 1/2 个主控时钟(MCK)周期的干扰,去抖动滤波器能够过滤持续时间少于 1/2 个可编程分频慢时钟周期的脉冲。

　　通过设置 PIO_SCIFSR(系统时钟抗干扰输入滤波选择寄存器)和 PIO_DIFSR(去抖动输入滤波选择寄存器)可以选择抗干扰滤波和去抖动滤波,通过设置 PIO_SCIFSR 和 PIO_DIFSR 可以分别设置和清除 PIO_IFDGSR 中的位。

　　通过读取 PIO_IFDGSR(抗干扰和去抖动输入滤波选择状态寄存器)可以确认当前的选择状态。如果 PIO_IFDGSR[i] = 0,抗干扰滤波器能够过滤持续时间少于 1/2 个主控时钟周期的干扰脉冲。如果 PIO_IFDGSR[i] = 1,去抖动滤波器能够过滤持续时间少于 1/2 个可编程分频慢时钟周期的脉冲。

　　对于去抖动滤波器,分频慢时钟的周期由 PIO_SCDR(慢时钟分频器寄存器)的 DIV 域设置。

$$Tdiv\_slclk = ((DIV+1) \times 2) \times Tslow\_clock$$

　　当抗干扰或去抖动滤波器被允许时,持续时间少于 1/2 个选择时钟周期(根据 PIO_SCIFSR 和 PIO_DIFSR 的设置,可选择 MICK 或分频慢时钟作为时钟)的干扰或脉冲将被自动丢弃,但是持续时间大于或等于一个选择时钟(MCK 或分频慢时钟)周期的脉冲将被接收。对于那些持续时间介于 1/2 个选择时钟周期和一个选择时钟周期之间的脉冲,则是不确定的,接收与否将取决于其发生的精确时序。因此一个可见的脉冲必须超过一个选择时钟周期,而一个确定能被过滤掉的干扰不能超过 1/2 个选择时钟周期。

抗干扰滤波器由寄存器组,包括 PIO_IFER(输入滤波允许寄存器)、PIO_ IFDR(输入滤波禁止寄存器)和 PIO_IFSR(输入滤波状态寄存器)来控制。设置 PIO_IF-ER 和 PIO_IFDR 能够分别设置和清除 PIO_IFSR,最后一个寄存器则用于允许 I/O 引脚上的抗干扰滤波器。

当允许抗干扰或去抖动滤波器时,不会修改外设的输入行为,只影响 PIO_PDSR 的值和输入跳变中断检测。要使用抗干扰和去抖动滤波器,必须使能 PIO 控制器时钟。

10. 输入边沿/电平触发中断

PIO 控制器可以编程为在 I/O 引脚上检测到一个边沿或者电平时产生一个中断。通过设置、清除 PIO_IER(中断允许寄存器)和 PIO_IDR(中断禁止寄存器)这两个寄存器可以控制输入边沿/电平时产生中断。通过设置 PIO_IMR(中断屏蔽寄存器)中的相应位可以允许和禁止输入跳变中断。因为输入跳变检测需要对 I/O 引脚上的输入进行两次连续采样,所以必须允许 PIO 控制器时钟。无论 I/O 引脚如何配置,无论配置为只是输入,还是由 PIO 控制器控制或分配给一个外设功能,输入跳变中断都是可以使用的。

默认情况下,任何时候只要在输入上检测到一个边沿,就可以产生一个相应的中断。通过设置 PIO_ AIMER(其他中断模式允许寄存器)和 PIO_AIMDR(其他中断模式禁止寄存器)可以允许/禁止其他中断模式,从 PIO_AIMMR(其他中断模式屏蔽寄存器)可以读取当前选择状态。其他模式有:上升沿检测、下降沿检测、低电平检测和高电平检测。

要选择其他中断模式时,必须通过设置一系列的寄存器来选择事件检测的类型(边沿或电平)。PIO_ESR(边沿选择寄存器)和 PIO_LSR(电平选择寄存器)分别用于允许边沿和电平检波。从 PIO_ELSR(边沿/电平状态寄存器)中,可以获知当前选择的状态。

通过设置一系列的寄存器来选择事件检测的极性(上升沿/下降沿或高电平/低电平)。通过 PIO_FELLSR(下降沿/低电平选择寄存器)和 PIO_REHLSR(上升沿/高电平选择寄存器)可以选择下降沿/上升沿(如果在 PIO_ELSR 中选择了边沿)或高电平/低电平(如果在 PIO_ELSR 中选择了电平)。同时,从 PIO_FRLHSR(上升/下降或高/低状态寄存器)可以获知当前选择的状态。

当在 I/O 引脚上检测到输入边沿或者电平时,PIO_ISR(中断状态寄存器)的相应位将置位。如果 PIO_IMR 中的相应位置位,PIO 控制器的中断线路将发出一个中断。32 个中断信号通道"线或"在一起向嵌套向量中断控制器(NVIC)产生一个中断信号。

当软件读取 PIO_ISR 时,所有中断都将自动清除。这意味着读取 PIO_ISR 时,必须处理所有的挂起中断。当中断为电平触发时,只要中断源还没有被清除,中断就会一直产生,即使对 PIO_ISR 进行了某些读操作。

11. I/O 引脚锁定

当 I/O 引脚由外设(特别是脉宽调制控制器 PWM)控制时,外设可以通过 PIO 控制器的输入锁定某个 I/O 引脚。当某个 I/O 引脚被锁定时,I/O 的配置也锁定,对 PIO_PER、PIO_PDR、PIO_MDER、PIO_MDDR、PIO_PUDR、PIO_PUER、PIO_AB-CDSR1 和 PIO_ABCDSR2 的相应位的写操作将被丢弃。通过读取 PIO 锁定状态寄存器 PIO_LOCKSR,用户可以随时了解哪个 I/O 引脚被锁定。一旦 I/O 引脚被锁定,唯一的解锁办法是硬件复位 PIO 控制器。

12. 并行捕捉模式

(1) 概　述

PIO 控制器能够整合一个接口,使其能够从 CMOS 数字图像传感器、高速并行 ADC 或者同步模式下 DSP 同步端口读取数据。下面,使用一个 CMOS 数字图像传感器的例子来描述。

(2) 功能描述

CMOS 数字图像传感器提供了一个传感器时钟、一个 8 位能够与传感器时钟同步的数据和两个能够与传感器时钟同步的使能数据位,连接方式如图 3-36 所示。

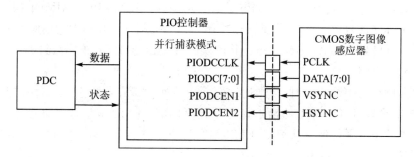

图 3-36　PIO 控制器同 CMOS 数字图像传感器的连接

只要通过设置 PIO_PCMR(PIO 并行捕捉模式寄存器)的 PCEN 为 1,开启并行捕捉模式,I/O 引脚将连接到传感器时钟引脚(PIODC_CLK),传感器数据位(PIODC[7:0])和传感器数据使能信号位(PIODCEN1 和 PIODCEN2)将自动被配置为输入模式。要想知道哪些 I/O 引脚被关联到传感器时钟、传感器数据位和传感器数据使能信号,请参考产品数据表中的 I/O 引脚复用表。

一旦并行捕捉模式开启,将在传感器时钟上升沿采集数据,并且同时与 PIO 时钟域重新同步。

在 PIO_OCRHR(PIO 并行捕捉接收保持寄存器)读取到的数据的宽度可以通过 PIO_PCMR 中的 DSIZE 域设定。如果这个数据宽度大于 8 位,并行捕捉模式将采集传感器的数个数据重新组成一个 DSIZE 大小长度的数据。然后将这个数据存入到 PIO_PCRHR 中,同时将 PIO_OCISR(PIO 并行捕捉中断状态寄存器)中的 DRDY 标志位设为 1。

并行捕捉模式可以同外设 DMA 控制器(PDC)的接收信道相关联,这能够在没有 CPU 的参与下,将从并行捕捉模式下接收到的数据传输到存储器缓存区中,PDC 传输状态信号可以通过 PIO_PCISR 中的标志位 ENDRX 和 RXBUFF 设置。

并行捕捉模式可以考虑传感器数据使能信号或者不考虑,如果 PIO_PCMR 中的 ALWYS 位被设置为 0,则并行捕捉模式仅仅在两个数据使能信号都被置为 1 的时候才能在传感器时钟上升沿采集数据。如果 ALWYS 位被设置为 1 时,则并行捕捉模式不管数据使能信号为什么都会在传感器时钟上升沿采集数据。

并行捕捉模式能够仅采集两次当中的一次数据,当传感器输出 YUV422 数据流而用户仅仅需要亮度 Y 值时特别有用。如果将 PIO_PCMR 中的 HALFS 标志位设为 0,并行捕捉模式会一直采集数据。若将 HALFS 设为 1,并行捕捉模式在两次中仅采集一次数据。通过设置 PIO_PCMR 中的 FRSTS 位,可以让传感器采集奇数或者偶数的数据。如果传感器数据是以下标 $0 \sim n$ 来表示的,那么当 FRSTS 被设置为 0 时,仅仅是奇数下标的数据被采集到。当 FRSTS 被设置为 1 时,仅仅是偶数下标的数据被采集到。如果 PIO_PCRHR 中的数据已经准备好了,那么在新数据被存入 PIO_PCRHR 中之前是不会被读取的,因此溢出错误会发生。前面的数据丢失了,PIO_PCISR 中的 OVRE 标志位将被置为 1。这个标志位将在 PIO_PCISR 被读取后自动重置(读取后重置)。

标志位 DRDY、OVRE、ENDRX 和 RXBUFF 可以成为 PIO 中断的中断源。

(3) 约束条件

只有在并行捕捉模式不可用的时候(即 PIO_OCMR 中的 PCEN 标志位为 0),PIO_PCMR 中的 DSIZE、ALWYS、HALFS 和 FRSTS 标志位才能够被配置。PIO 控制器的时钟频率必须为产生并行数据的设备时钟频率的两倍。

(4) 编程过程

无 PDC 时,编程过程如下:

① 通过设置 PIO_PCIDR 和 PIO_PCIER(PIO 并行捕捉中断禁止寄存器和 PIO 并行捕捉中断允许寄存器)来配置并行捕捉模式中断屏蔽。

② 通过对 PIO_PCMR(PIO 并行捕捉模式寄存器)置值以设置 DSIZE、ALWYS、HALFS 和 FRSTS 域,从而在未开启并行捕捉模式下配置并行捕捉模式。

③ 将 PIO_PCMR 中的 PCEN 位设置为 1,从而达到在未改变之前配置的情况下开启并行捕捉模式。

④ 通过检测 PIO_PCISR(PIO 并行捕捉中断状态寄存器)中的 DRDY 标志位来查询数据是否准备好,或者查看相应的中断。

⑤ 查看 PIO_PCISR 中的 OVRE 标志位。

⑥ 从 PIO_PCRHR(PIO 并行捕捉接收保持寄存器)中读取数据。

⑦ 如果新数据已得到,跳转到第④步。在不改变设置的情况下,通过将 PIO_PCMR 中的 PCEN 位设为 0,关闭并行捕捉模式。

有 PDC 时,编程过程如下:

① 通过设置 PIO_PCIDR 和 PIO_PCIER(PIO 并行捕捉中断禁止寄存器和 PIO 并行捕捉中断允许寄存器)来配置并行捕捉模式中断屏蔽。

② 在 PDC 寄存器中配置 PDC 传输,通过对 PIO_PCMR(PIO 并行捕捉模式寄存器)置值以设置 DSIZE、ALWYS、HALFS 和 FRSTS 域,从而在未开启并行捕捉模式下配置并行捕捉模式。

③ 将 PIO_PCMR 中的 PCEN 位设置为 1,从而达到在未改变配置的情况下开启并行捕捉模式。

④ 通过检测在 PIO_PCISR 中的 ENDRX 标志位及相应的中断发生,表示数据传输结束。

⑤ 查看 PIO_PCISR 中的 OVRE 标志位。

⑥ 如果期望传输新数据,跳转到第④步。

在不改变设置的情况下,通过将 PIO_PCMR 中的 PCEN 位设为 0 以关闭并行捕捉模式。

13. I/O 引脚编程示例

表 3-17 所列为实现某 PIO 编程实例的配置。

表 3-17 PIO 编程示例的配置

寄存器	写入的值	寄存器	写入的值
PIO_PER	0x0000FFFF	PIO_MDER	0x0000000F
PIO_PDR	0xFFFF0000	PIO_MDDR	0xFFFFFFF0
PIO_OER	0x000000FF	PIO_PUDR	0xFFF000F0
PIO_ODR	0xFFFFFF00	PIO_PUER	0x000FFF0F
PIO_IFER	0x00000F00	PIO_PPDDR	0xFF0FFFFF
PIO_IFDR	0xFFFFF0FF	PIO_PPDER	0x00F00000
PIO_SODR	0x00000000	PIO_ABCDSR1	0xF0F00000
PIO_CODR	0x0FFFFFFF	PIO_ABCDSR2	0xFF000000
PIO_IER	0x0F000F00	PIO_OWER	0x0000000F
PIO_IDR	0xF0FFF0FF		

I/O 引脚 0~3 上的 4 位为输出端口(应该可以通过单个写操作来写入)。在开漏模式下,使用上拉电阻。I/O 引脚 4~7 上有 4 个输出信号(比如驱动 LED),驱动为高电平或低电平,不使用上拉电阻,也不使用下拉电阻。I/O 引脚 8~11 上有 4 个输入信号(比如读取按钮状态),使用上拉电阻、抗干扰滤波,输入跳变中断。I/O 引

脚 12～15 上有 4 个输入信号,读取外部设备状态(轮询模式,不用输入跳变中断),不使用上拉电阻、抗干扰滤波器。I/O 引脚 16～19,分配给外设 A,使用上拉电阻。I/O 引脚 20～23,分配给外设 B,使用下拉电阻。I/O 引脚 24～27,分配给外设 C,使用输入跳变中断,不使用上拉电阻、下拉电阻。I/O 引脚 28～31,分配给外设 D,不使用上拉电阻、下拉电阻。

14. 引脚复用

表 3-18 定义了 SAM4S 的一些外设标识符,嵌套向量中断控制器用外设标识符来控制外设的中断,功耗管理控制器用外设标识符来控制外设的时钟。

SAM4S16C100 引脚有 3 个 PIO 控制器(PIOA、PIOB 和 PIOC),管理着 I/O 引脚和外设之间的复用。SAM4S 中的 PIO 控制器控制着多达 32 根 I/O 引脚,每个引脚可以被指定到 3 个外设 A,B 和 C 中的任意一个,表 3-19～表 3-21 定义了外设 A、B 和 C 的 I/O 引脚是如何同 PIO 控制器上的引脚进行复用的。其中"注释"一列插入了用户自己的定义,可以跟踪到引脚在应用中是如何被定义的。

表 3-18 外设标识符

外设 ID	外设助记符	NVIC 中断	PMC 时钟控制	外设描述
0	SUPC	X		供电控制器
1	RSTC	X		复位控制器
2	RTC	X		实时时钟
3	RTT	X		实时定时器
4	WDT	X		看门狗定时器
5	PWC	X		能耗管理控制器
6	EEFC0	X		增强内嵌 Flash 控制器 0
7	EEFC1	—		增强内嵌 Flash 控制器 1
8	UART0	X	X	通用异步收发器 0
9	UART1	X	X	通用异步收发器 1
10	SMC	X	X	静态存储控制器
11	PIOA	X	X	并行 I/O 控制器 A
12	PIOB	X	X	并行 I/O 控制器 B
13	PIOC	X	X	并行 I/O 控制器 C
14	USART0	X	X	USART0
15	USART1	X	X	USART1
16	—	—	—	保留
17	—	—	—	保留
18	HSMCI	X	X	高速多媒体卡接口

续表 3－18

外设 ID	外设助记符	NVIC 中断	PMC 时钟控制	外设描述
19	TWI0	X	X	双线接口 0
20	TWI1	X	X	双线接口 1
21	SPI	X	X	串行外设接口
22	SSC	X	X	同步串行控制器
23	TC0	X	X	定时计数器 0
24	TC1	X	X	定时计数器 1
25	TC2	X	X	定时计数器 2
26	TC3	X	X	定时计数器 3
27	TC4	X	X	定时计数器 4
28	TC5	X	X	定时计数器 5
29	ADC	X	X	模拟/数字转换器
30	DACC	X	X	数字/模拟转换器
31	PWM	X	X	脉宽调制控制器
32	CRCCU	X	X	CRC 计算单元
33	ACC	X	X	模拟比较器
34	UDP	X	X	USB 设备端口

注：X 表示可以使用该功能。

表 3－19 PIOA 的复用

I/O 引脚	外设 A	外设 B	外设 C	额外功能	系统功能	注 释
PA0	PWMH0	TIOA0	A17	WKUP0		
PA1	PWMH1	TIOB0	A18	WKUP1		
PA2	PWMH2	SCK0	DATRG	WKUP2		
PA3	TWD0	NPCS3				
PA4	TWCK0	TCLK0		WKUP3		
PA5	RXD0	NPCS3		WKUP4		
PA6	TXD0	PCK0				
PA7	RTS0	PWMH3			XIN32	
PA8	CTS0	ADTRG		WKUP5	XOUT32	
PA9	URXD0	NPCS1	PWMFI0	WKUP6		
PA10	UTXD0	NPCS2				
PA11	NPCS0	PWMH0		WKUP7		
PA12	MISO	PWMH1				
PA13	MOSI	PWMH2				

续表 3 - 19

I/O 引脚	外设 A	外设 B	外设 C	额外功能	系统功能	注 释
PA14	SPCK	PWMH3		WKUP8		
PA15	TF	TIOA1	PWML3	WKUP14/PIODCEN1		
PA16	TK	TIOB1	PWML2	WKUP15/PIODCEN2		
PA17	TD	PCK1	PWML3	AD0		
PA18	RD	PCK2	A14	AD1		
PA19	RK	PWML0	A15	AD2/WKUP9		
PA20	RF	PWML1	A16	AD3/WKUP10		
PA21	RXD1	PCK1		AD8		64/100 引脚版本
PA22	TXD1	NPCS3	NCS2	AD9		64/100 引脚版本
PA23	SCK1	PWMH0	A19	PIODCCLK		64/100 引脚版本
PA24	RTS1	PWMH1	A20	PIODC0		64/100 引脚版本
PA25	CTS1	PWMH2	A23	PIODC1		64/100 引脚版本
PA26	DCD1	TIOA2	MCDA2	PIODC2		64/100 引脚版本
PA27	DTR1	TIOB2	MCDA3	PIODC3		64/100 引脚版本
PA28	DSR1	TCLK1	MCCDA	PIODC4		64/100 引脚版本
PA29	RI1	TCLK2	MCCK	PIODC5		64/100 引脚版本
PA30	PWML2	NPCS2	MCDA0	WKUP11/PIODC6		64/100 引脚版本
PA31	NPCS1	PCK2	MCDA1	PIODC7		64/100 引脚版本

表 3 - 20 PIOB 的复用

I/O 引脚	外设 A	外设 B	外设 C	额外功能	系统功能	注 释
PB0	PWMH0			AD4/RTCOUT0		
PB1	PWMH1			AD5/RTCOUT1		
PB2	URXD1	NPCS2		AD6/WKUP12		
PB3	UTXD1	PCK2		AD7		
PB4	TWD1	PWMH2			TDI	
PB5	TWCK1	PWML0		WKUP13	TDO/TRACESWO	
PB6					TMS/SWDIO	
PB7					TCK/SWCLK	
PB8					XOUT	
PB9					XIN	
PB10					DDM	
PB11					DDP	
PB12	PWML1				ERASE	
PB13	PWML2	PCK0		DAC0		64/100 引脚版本
PB14	NPCS1	PWMH3		DAC1		64/100 引脚版本

表 3 - 21　PIOC 的复用

I/O 引脚	外设 A	外设 B	外设 C	额外功能	系统功能	注　释
PC0	D0	PWML0				100 引脚版本
PC1	D1	PWML1				100 引脚版本
PC2	D2	PWML2				100 引脚版本
PC3	D3	PWML3				100 引脚版本
PC4	D4	NPCS1				100 引脚版本
PC5	D5					100 引脚版本
PC6	D6					100 引脚版本
PC7	D7					100 引脚版本
PC8	NWE					100 引脚版本
PC9	NANDOE					100 引脚版本
PC10	NANDWE					100 引脚版本
PC11	NRD					100 引脚版本
PC12	NCS3			AD12		100 引脚版本
PC13	NWAIT	PWML0		AD10		100 引脚版本
PC14	NCS0					100 引脚版本
PC15	NCS1	PWML1		AD11		100 引脚版本
PC16	A21/NANDALE					100 引脚版本
PC17	A22/NANDCLE					100 引脚版本
PC18	A0	PWMH0				100 引脚版本
PC19	A1	PWMH1				100 引脚版本
PC20	A2	PWMH2				100 引脚版本
PC21	A3	PWMH3				100 引脚版本
PC22	A4	PWML3				100 引脚版本
PC23	A5	TIOA3				100 引脚版本
PC24	A6	TIOB3				100 引脚版本
PC25	A7	TCLK3				100 引脚版本
PC26	A8	TIOA4				100 引脚版本
PC27	A9	TIOB4				100 引脚版本
PC28	A10	TCLK4				100 引脚版本
PC29	A11	TIOA5		AD13		100 引脚版本
PC30	A12	TIOB5		AD14		100 引脚版本
PC31	A13	TCLK5				100 引脚版本

3.10.3 应用程序设计

1. 设计要求

采用扫描的方式来检测开发板上的用户按键 USRPB1,当 USRPB1 按键按下时蓝色 LED 灯点亮,按键松开时 LED 灯熄灭。

2. 硬件设计

AT91SAM4S-EK 平台上的蓝色 LED 同 PC21 相连接,USRPB1 同 PB3 相连接,本应用设计中无需外部的硬件连接。

3. 软件设计

基本思路是采用循环扫描端口的方式,这是一种稳定但耗费资源的方式。在按键被按下时,主程序将检测按键 I/O 的电平,并向 LED 的 GPIO 引脚输出,这样就可以完成按键按下时 LED 同时被点亮。

主程序的流程如下:

① 初始化系统时钟。

② 初始化开发平台外设接口以及接口的配置。

③ 各个 GPIO 口的初始化,包括时钟配置等等。

④ 设置 LED 的 GPIO 引脚,将其设置为输出类型。

⑤ 设置按键的 GPIO 引脚,将其设置为输入类型。

⑥ 程序进入循环,不断检测按键引脚的电平,并将按键引脚的电平输出到 LED 灯的引脚上面。

GPIO 程序应用的主程序代码 main.c 如下:

```
# include "sysclk.h"
# include "ioport.h"
# include "board.h"
# include "conf_example.h"

int main(void)
{
    sysclk_init();          //初始化系统时钟
    board_init();           //初始化开发板,包括开发板上所有的外设
    ioport_init();          //外设 I/O 初始化

    /* 设置绿色 LED 引脚为输出 */
    ioport_set_pin_dir(LED1_GPIO, IOPORT_DIR_OUTPUT);
    /* 设置按键引脚为输入 */
    ioport_set_pin_dir(GPIO_PUSH_BUTTON_1, IOPORT_DIR_INPUT);
```

```
/ * 按键上拉电阻 * /
ioport_set_pin_mode(GPIO_PUSH_BUTTON_1, IOPORT_MODE_PULLUP);

while (1)
{
    / *  检测输入按键值,并点亮绿色 * /
    ioport_set_pin_level(LED1_GPIO,ioport_get_pin_level(GPIO_PUSH_BUTTON_1));
}
return 0;
}
```

4. 运行过程

使用 Atmel Studio6 运行工程,生成相应的可下载源码文件。再使用 SAM4S - EK 平台附带的串口线,将开发平台上的串口接口(UART)同 PC 机上的串口连接在一起。

然后,使用 SAM - BA 工具,通过 USB 接口连接到 SAM4S - EK 开发平台上,将刚刚生成的源码下载到目标系统中。

最后,运行程序或者复位开发平台。例程正常运行后,当按下 USRPB1 按键的同时可以看到蓝色 LED 将同时被点亮。

第4章

SAM4S‐EK 系统应用开发平台

SAM4S‐EK 应用开发平台是 Atmel 公司推出的一款基于 SAM4S16C 微控制器的全功能评估板,其应用平台采用 Cortex‐M4 核的 ARM 处理器,其封装形式为 LQFP100。该平台集中了片上 NAND Flash 以及一系列主流的外设,是一个很好的应用开发平台。应用开发平台的平面图如图 4‐1 所示。

图 4‐1　SAM4S16C 应用开发平台实物图

4.1　SAM4S‐EK 应用开发平台架构简介

SAM4S‐EK 应用开发平台内部包含有连接器、跳线、电源、时钟生成器、复位电路和平台组件与接口等部分。其中平台组件与接口包括有存储器系统、通用异步接收器(UART)、通用同步/异步收发器(USART)、LCD 背光控制和触摸屏部分、

JTAG/ICE 连接器、音频接口、麦克风输入、耳机输出、USB 设备接口、模拟输入/输出、QTouch 触摸模块、用户按键、LED 指示灯、SD/MMC 卡、ZigBee 无线通信模块及 PIO 并行接口扩展部分，SAM4S-EK 应用开发平台系统结构框图如图 4-2 所示。

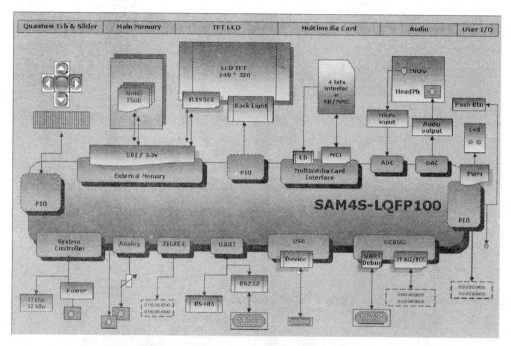

图 4-2　SAM4S-EK 应用开发平台系统结构框图

1. 连接器、跳线部分

SAM4S-EK 应用开发平台上的连接器、主要器件、按键和跳线的设置分别如表 4-1 和表 4-2 所列。

表 4-1　连接器、主要器件以及按键一览表

器　件	功　能	器　件	功　能
J1	额外的时钟源输入	BP1	NRST 按键
J2	主芯片方框	BP2	USRPB2 按键
J3	SD/MMC 接口	BP3	USRPB1 按键
J4	RS-485 接口	MN1	100 引脚主芯片
J5	带 RTS/CTS 的 USART 接口	MN2	基准稳压
J6	JTAG 调试器接口	MN3	NAND Flash
J7	UART 接口	MN4	RS-485
J8	TFTLCD 模块	MN5	USART

续表 4－1

器 件	功 能	器 件	功 能
J9	电源供应	MN6	UART
J10	麦克风接口	MN7	LCD 触摸屏控制
J11	耳机接口	MN8	LCD 被光控制
J12	PIO 端口 C 扩展	MN9	保护 IC
J13	PIO 端口 A 扩展	MN10	滤波器
J14	PIO 端口 B 扩展	MN11	音频输入
J15	USB 设备接口	MN12	稳压器
J16	ZigBee 接口	MN13	音频输出
CN1&CN2	模拟输入/输出接口	MN14	稳压器

表 4－2　跳线一览表

名　称	标　号	默认设置	特　征
JP1	JTAG	断开	连接时代表选择了 SAM4S 的 JTAG 边界扫描
JP2	ADVREF	1 和 2 连接	连接 1 和 2 选择的是 3.3 V，连接 2 和 3 选择的是 2.5 V
JP3	ERASE	断开	连接时将重新预置 Flash 内容及其 NVM 位
JP4	TEST	断开(不填充)	连接时代表测试或者快速编程模式
JP5	VDDPLL	连接	测量电路反馈到 VDDPLL 引脚
JP6	VDDIO	连接	测量电路反馈到 VDDIO 引脚
JP7	VDDIN	连接	测量电路反馈到 VDDIN 引脚
JP8	VDDCORE	连接	测量电路反馈到 VDDCORE 引脚
JP9	CE FLASH	连接	NCS0 信号使能 NAND Flash 片选
JP10	RS485	断开	为 RS－485 接口保持差分阻抗
JP11	RS485	连接	为 RS－485 接口保持阻抗匹配
JP12	RS485	断开	为 RS－485 接口保持差分阻抗
JP13	CS	连接	NCS1 信号为 LCD 片选信号
JP14 和 JP15	MIC GAIN0	都连接 20 dB/都断开 26dB	连接将降低麦克风输入的增益级
JP16	ADC 输入	断开	连接是为了 ADC 的 BNC 接口
JP17、JP19	MIC 获取阶段	—	连接是为了增大音频增益
JP18	选择 ADC 输入方式	1 和 2 或者 2 和 3 连接	1 和 2 连接是 ADC 输入电位器，2 和 3 连接是 ADC 输入 BNC
JP20	MONO/STEREO	连接	无论立体声插头的状态都会连接到扬声器
JP21	DAC 输出	断开	连接将对 DAC 的 BNC 接口进行阻抗匹配

名　称	标　号	默认设置	特　征
JP22	PIO 稳压连接器 J12 稳压连接器	2 和 3 连接	设为 3.3 V(1 和 2 是设为 5 V)
JP23	PIO 稳压连接器 J13 稳压连接器	2 和 3 连接	设为 3.3 V(1 和 2 是设为 5 V)
JP24	PIO 稳压连接器 J14 稳压连接器	2 和 3 连接	设为 3.3 V(1 和 2 是设为 5 V)
JP25	BP2	连接	断开时释放 PB3 的使用
JP26	BP3	连接	断开时释放 PC12 的使用
JP27	ZIGBEE	连接	ZigBee 模块的供电连接 也有可能被用作测量当前电流

2. 电源部分

SAM4S - EK 应用开发平台通过连接器 J9 获得一个外部 5 V 的直流电源,然后经由一个二极管 MN9(起保护作用)和一个 LC 组合滤波器 MN10 对电源进行滤波。另外,可以通过调整低压差线性稳压器 MN12 使得电压稳定在 3.3 V 左右,为开发平台上所有的 3.3 V 组件供电。

SAM4S - EK 应用开发平台提供了一系列不同类型的电源供电引脚,这些引脚各自提供了不同范围的电压,为不同组件的使用提供了方便之处。

➢ VDDIN 引脚:为内部振荡器、ADC、DAC 和模拟比较器供电,其电压范围 1.8~3.6 V。

➢ VDDIO 引脚:为外设 I/O 引脚供电,其电压范围 1.62~3.6 V。

➢ VDDOUT 引脚:该引脚为内部振荡器输出。

➢ VDDCORE 引脚:为平台核心部件供电,包括微控制器、内嵌的存储器和外设,其电压范围是 1.62~1.95 V。

➢ VDDPLL 引脚:为 PLLA、PLLB 和 12 MHz 晶振供电,电压范围 1.62~1.95 V。VDDPLL 是从 VDDCORE 去耦、滤波得到的。

3. 时钟生成器

SAM4S - EK 应用开发平台的时钟生成器部分组成如下:

① 一个低功耗的 32 768 Hz 带旁路模块的慢时钟振荡器。

② 一个 3~20 MHz 石英晶体振荡器,可以被旁路(当接 USB 接口时为 12 MHz)。

③ 一个出厂设置的内部快速 RC 振荡器,3 个输出频率可选:4、8 或者 12 MHz(默认值为 4 MHz)。

④ 一个为 USB 高速设备控制器提供时钟的 60~130 MHz PLL(PLLB)。

⑤ 一个 60～130 MHz 可编程 PLL(PLLA)，为中央处理器和外设提供时钟，PLLA 的输入频率范围 7.5～20 MHz。

总体来说，对于 SAM4S - EK 应用开发平台总共需要以下 3 种时钟源：一个 12 MHz的晶振、一个 32 768 Hz 晶体振荡器和一个外部时钟输入。

4. 复位电路

ATSAM4S16C 开发平台上的 NRST 按钮(BP1)为微控制器提供了一个外部复位控制。NRST 引脚是双向的，它由芯片上的复位控制器控制，可以被驱动为低信号以提供一个复位信号输出到外部元件，相反它也可以从外部被置为低电平以复位微控制器。该引脚内部有一个上拉电阻，开发平台上的 NRST 信号还被连接到 LCD 模块和 JTAG 端口。

5. 存储器系统

SAM4S 微控制器提供了丰富的存储设备接口，这其中包括快速 Flash 编程接口、增强内嵌 Flash 控制器、静态存储控制器 SMC 和高速多媒体卡接口 HSMCI。

4.2 平台组件与接口

本节将对 SAM4S - EK 应用开发平台上的各种组件以及接口进行简要的介绍，并给出一些相关参数和列表。

1. 存储器系统

SAM4S - EK 应用开发平台内嵌了 1 024 KB 的内部 Flash、128 KB 的内部 SRAM 和 16 KB 的 ROM，内部带有引导程序(UART 接口和 USB 接口)和 IAP(现场编程)程序。另外还具有外部总线接口(EBI)，它可以连接到多种外部存储器和任何并行外设上。详细介绍请见 4.3 节～4.5 节。

2. LCD 背光控制和触摸屏

ATSAM4S16C 开发平台配置了一个带有触摸屏的 TFTLCD（型号 FTM280C34D)，并集成了驱动芯片 ILI9325。该 LCD 大小为 2.8 in(英寸)，分辨率为 240×320 像素，详细介绍请见 4.6 节。

3. 通用异步接收器 UART

通用异步接收器是一个 2 引脚的 UART，可用于通信和跟踪。另外，它还提供了一个很好的批量编程解决方案。UART 与 2 个 PDC 通道相连，这样可以减少处理器对信息包的处理时间。

UART 通过 RS - 232 收发器(MN6)串行接口进行缓冲，将结果输出到 DB9 接头 J7 上，UART 的电路连接如图 4 - 3 所示。详细介绍详见 4.7 节。

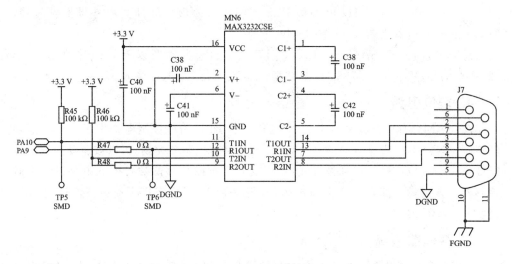

图 4 - 3   UART 连接图

4. 通用同步/异步收发器 USART

USART 提供了一个全双工同步/异步串行链路。数据帧的格式是可配置的,如数据长度、奇偶校验、停止位的个数等,以支持各种串行通信标准。USART 也同 PDC 通道相连,用于 TX/RX 数据访问。

USART 可以同 RS-485 收发器串行接口相连,为避免电路冲突,RS-485 收发器同接收线 PA21 隔离开。需要实现一个 RS-485 通信通道要确保软件中将 PA23 引脚设置为高电平(这是用来关闭 RS-232 收发器的)。USART 的电路连接如图 4-4 所示,详细介绍请见 4.8 节。

5. JTAG/ICE 连接器

ATSAM4S16C 开发平台采用了标准的 20 引脚 JTAG/ICE 连接器,以实现与任意的 ARM JTAG 仿真器连接,如 SAM - ICE、ULink2 等。JTAG 接口电路连接如图 4-5 所示。

6. 音频接口

ATSAM4S16C 应用开发平台上包含一个音频解码器和播放器。音频音量可以通过电位器 RV1 来调节,也可以通过跳线来调节麦克风放大器的增益倍数。

7. 麦克风输入

内嵌的麦克风是使用 TS922 运算放大器(MN11)连接到音频前置放大器上的,增益可以通过 JP14 和 JP15 来调节,调节时必须同时连接或者同时断开。

通过改变跳线的连接和断开,可以有 20 dB(默认设置,即 JP14 和 JP15 都断开)或者 26 dB(JP14 和 JP15 都连接)二种增益值,麦克风的电路连接如图 4-6 所示。

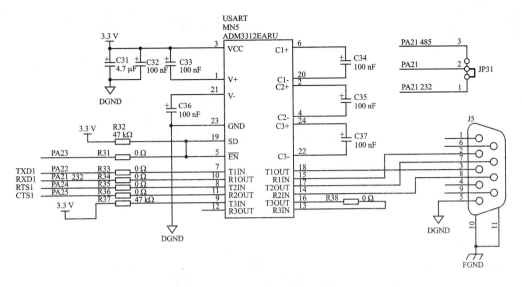

图 4-4 USART 电路连接图

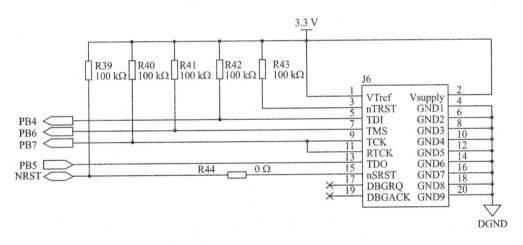

图 4-5 JTAG 接口电路连接图

8. 耳机输出

SAM4S 应用开发平台支持单声道/立体声音频播放,由连接到微控制器的两个 DAC 通道的 TPA0223 音频放大器驱动的。TPA0223 是一个 2 W 单声道桥接负载 (BTL)放大器,通过低至 4 Ω 的阻抗来驱动扬声器。该放大器可以重新配置以用来 驱动两个立体声单端(SE)信号到耳机接口,音频输出电路连接如图 4-7 所示。

9. USB 设备接口

SAM4S 应用开发平台的 UDP 端口符合 USB2.0 高速设备规范,J15 是一个 B 型 USB 插口。USB 设备接口的电路连接如图 4-8 所示。

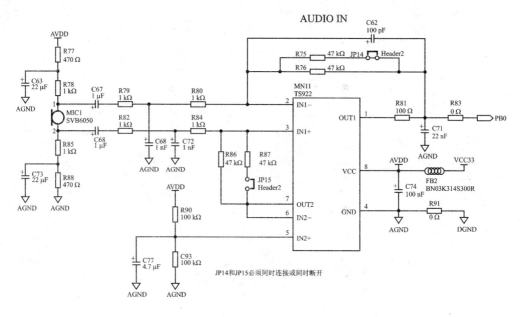

图 4 - 6　麦克风输入端电路连接图

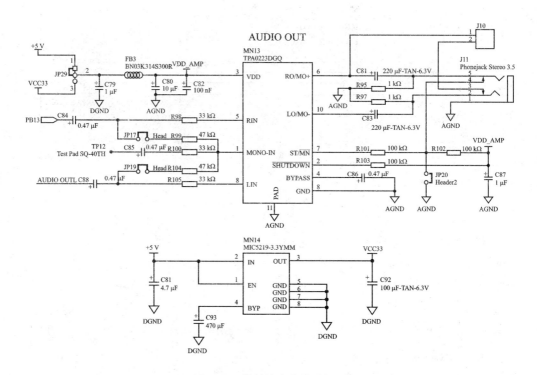

图 4 - 7　音频输出电路连接图

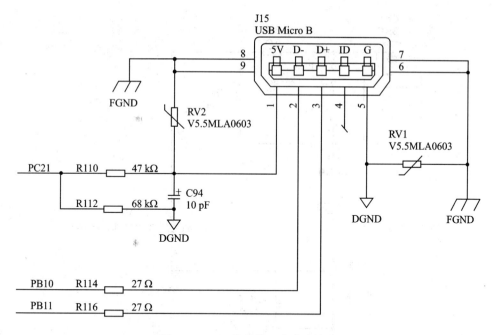

图 4－8　USB 设备接口电路连接图

10. 模拟输入/输出

(1) 模拟参考电压

SAM4S 应用开发平台上的 LM4040 模块得到一个 3 V 的参考电压,通过 JP2 可以将 ADVREF 电平设置为 3 V 或者 3.3 V。参考电压的电路连接如图 4－9 所示。

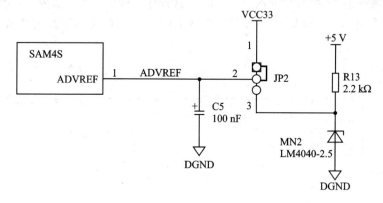

图 4－9　参考电压

(2) 模拟输入

BNC 连接器 CN1 是作为一个外部模拟输入连接到 ADC 端口的 PB1 上。可以通过跳线 JP16 来连接板上 50 Ω 的电阻。根据程序的需要,BNC 连接器 CN1 可以通过更换 R94 和 C78 来实现一个低通滤波器。模拟输入的电路连接如图 4－10 所示。

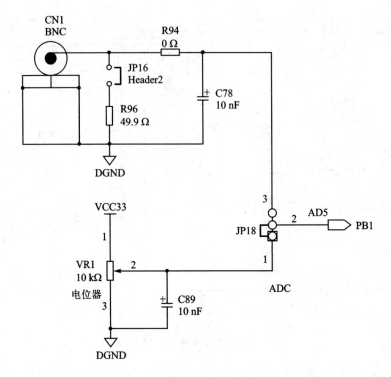

图 4 - 10　模拟输入的电路连接图

(3) 模拟输出

　　BNC 连接器 CN2 连接到 DAC 端口的 PB14 上,用来提供一个外部的模拟输出。通过连接跳线 JP21 可以断开板上 50 Ω 电阻的使用,根据程序的需要,这个输出端口可以通过更换 R106 和 C90 来实现一个滤波器。模拟输出的电路连接如图 4 - 11 所示。

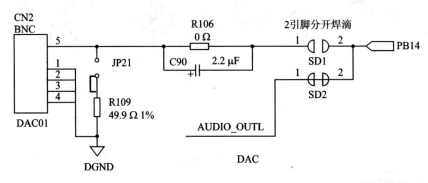

图 4 - 11　模拟输出的电路连接图

11. QTouch 触摸模块

　　QTouch 模块包含了一系列的传感器,用来感应使用者手指的移动和按下,通过

铜面板上电阻的变化来识别各种不同的动作。SAM4S 应用开发平台上具有 5 个独立的电容触摸键(上、下、左、右、有效),使用了 5 对 PIO,其电路连接如图 4 - 12 所示。

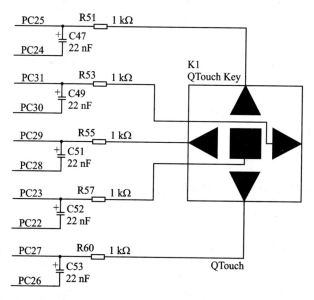

图 4 - 12　触摸按键电路图

滑屏按键传感器(Slider)使用了 3 对 PIO 来获取 QTouch 效果,这种传感器用来检测手指在敏感区的位移。一个典型的应用实现就是音量控制,滑屏按键传感器的电路连接如图 4 - 13 所示。

12. 用户按键

SAM4S 微控制器应用开发平台上有两个用户按钮,分别与 PIO 引脚连接,默认被定义为左右按钮。此外,还有一个用户按钮用来控制系统复位,也就是 NTST 信号。用户按钮的电路连接如图 4 - 14 所示。

13. LED 指示灯

SAM4S 应用开发平台上有 3 个 LED,分别是:1 个蓝色的 LED,1 个绿色的 LED 和 1 个红色的 LED。

1 个蓝色的 LED(D2)和 1 个绿色的 LED(D3),这 2 个可以被用户通过 GPIO 引脚来定义和控制。

1 个红色的 LED(D4)这是电源指示灯,LED 指示 3.3 V 电源是否正常工作。这个 LED 也可以通过 GPIO 控制,用作一个普通的用户 LED,这两者的不同点在于这种控制是通过一个 MOS 晶体管来实现的。LED 的电路连接如图 4 - 15 所示。

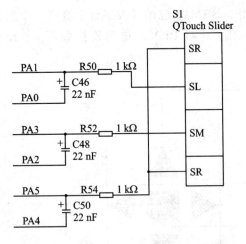

图 4-13　滑屏按键传感器的电路连接图

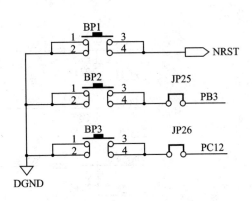

图 4-14　用户按钮的电路连接图

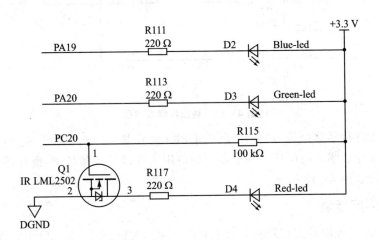

图 4-15　LED 电路连接图

14. SD/MMC 卡

SAM4S 应用开发平台有一个高速 4 位多媒体 MMC 接口,该接口可以同一个 4 位的带插卡检测的 SD/MMC 卡槽相连接。MMC 接口电路连接如图 4-16 所示。

15. ZigBee 无线通信模块

SAM4S 应用开发平台有一个 10 针插头的 RZ600 ZigBee 模块,该模块的电路连接如图 4-17 所示。

16. PIO 并行接口扩展

SAM4S 应用开发平台有 PIOA、PIOB 和 PIOC 共三个 PIO 控制器,它们所对应的 32 条 I/O 引脚分别通过排针 J12、J13 和 J14 引出。

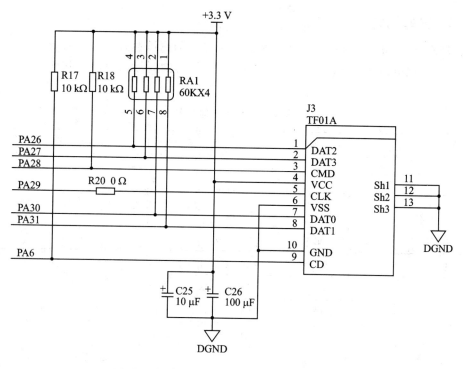

图 4 - 16 MMC 接口电路连接图

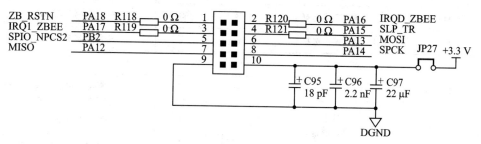

图 4 - 17 ZigBee 接口电路连接图

4.3 快速 Flash 编程接口与应用

4.3.1 快速 Flash 结构组成

快速 Flash 编程接口(FFPI,Fast Flash Programming Interface)采用全握手方式并行接口,且将微控制器视为标准 EEPROM。此外,并行协议还对所有内嵌 Flash 提供优化访问方式。快速 Flash 编程模式是专门针对大容量编程的,该模式不是为在线编程(ISP)而设计的。

1. 设备配置

在快速 Flash 编程模式下,微控制器处于专门的测试模式下。只有特定的引脚有意义,其他引脚处于非连接状态。图 4-18 所示为并行编程接口,其接口信号如表 4-3 所列。

表 4-3　信号描述列表

信号名称	功　能	类　型	有效电平	注　释
电源				
VDDIO	I/O 引脚电源	电源		
VDDCORE	核电源	电源		
VDDPLL	PLL 电源	电源		
GND	地	地		
时钟				
XIN	主时钟输入	输入测试		32 kHz～50 MHz
测　试				
TST	测试模式选择	输入	高	必须连接到 VDDIO
PGMEN0	测试模式选择	输入	高	必须连接到 VDDIO
PGMEN1	测试模式选择	输入	高	必须连接到 VDDIO
PGMEN2	测试模式选择	输入	低	必须连接到 GND
PIO				
PGMNCMD	有效的命令可用	输入	低	复位上拉输入
PGMRDY	0:设备忙 1:设备准备好	输出	高	复位上拉输入
PGMNOE	输出使能(高)	输入	低	复位上拉输入
PGMNVALID	0:DATA[15:0]在输入模式 1:DATA[15:0]在输出模式	输出	低	复位上拉输入
PGMM[3:0]	指定数据类型	输入		复位上拉输入
PGMD[15:0]	双向数据总线	输入/输出		复位上拉输入

2. 信号名称

模式编码如表 4-4 所列,命令位编码如表 4-5 所列。根据 MODE 设置的不同,DATA 被锁存在不同的内部寄存器中。

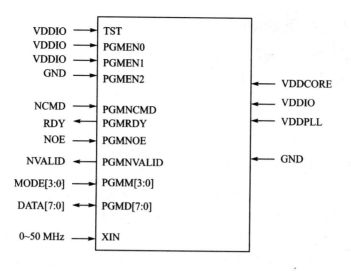

图 4 - 18 并行编程接口

表 4 - 4 模式编码

MODE[3:0]	符　号	数　据	MODE[3:0]	符　号	数　据
0000	CMDE	命令寄存器	0100	ADDR3	地址寄存器高位
0001	ADDR0	地址寄存器低位	0101	DATA	数据寄存器
0010	ADDR1		默认	IDLE	无
0011	ADDR2				

注:当 MODE 为 CMDE 时,将有一个新的命令被存储命令寄存器中。

表 4 - 5 命令位编码

DATA[15:0]	符　号	命令执行	DATA[15:0]	符　号	命令执行
0x0011	READ	读取 Flash	0x0015	GLB	得到锁定位状态
0x0012	WP	写 Flash 页	0x0034	SGPB	设置通用功能 NVM 位
0x0022	WPL	写页并锁定 Flash	0x0044	CGPB	清除通用功能 NVM 位
0x0032	EWP	擦除并写页	0x0025	GGPB	得到通用功能 NVM 位状态
0x0042	EWPL	擦除写页并锁定	0x0054	SSE	设置安全位
0x0013	EA	擦除所有	0x0035	GSE	得到安全位状态
0x0014	SLB	设置锁定位	0x001F	WRAM	写存储器
0x0024	CLB	清除锁定位	0x001E	GVE	得到版本号

4.3.2　并行快速 Flash 编程

执行下面的操作,使微控制器进入并行编程模式:

① 提供 GND、VDDIO、VDDCORE 和 VDDPLL。

② 提供 XIN 时钟到 T_{POR_RESET}(如果外部时钟可用的话)。

③ 等待 T_{POR_RESET}。

④ 启动一个读或写握手过程。

1. 编程器的握手过程

这里的握手是针对读、写操作而定义的。当设备准备启动一个新的操作(RDY 信号置位)时,编程器通过清除 NCMD 信号来启动握手。一旦 NCMD 及 RDY 信号为高,实现握手。

写握手:详细的写握手过程,请参考图 4-19 和表 4-6。

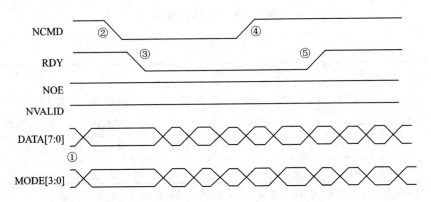

图 4-19　SAM4S 并行编程时序(写时序)

表 4-6　写握手过程

步　骤	编程行为	设备行为	数据 I/O 类型
1	设置 MODE 和 DATA 信号	等待 NCMD 变低	输入
2	清空 NCMD 信号	锁存 MODE 和 DATA	输入
3	等待 RDY 变低	清空 RDY 信号	输入
4	释放 MODE 和 DATA 信号	执行指令并将 NCMD 拉高	输入
5	设置 NCMD 信号	执行指令并将 NCMD 拉高	输入
6	等待 RDY 变高	设置 RDY 信号	输入

读握手:详细的读握手过程,请参考图 4-20 和表 4-7。

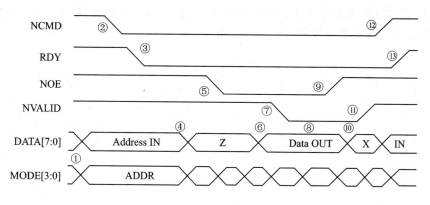

图 4 - 20   SAM4S 并行编程时序 (读序列)

表 4 - 7   读握手过程

步 骤	编程行为	设备行为	数据 I/O 类型
1	设置 MODE 和 DATA 信号	等待 NCMD 变低	输入
2	清空 NCMD 信号	锁存 MODE 和 DATA	输入
3	等待 RDY 变低	清空 RDY 信号	输入
4	设置 DATA 信号为三态	等待 NOE 变低	输入
5	清空 NOE 信号		三态
6	等待 NVALID 变低	设置 DATA 总线为输出模式并输出 Flash 内容	输出
7		清空 NVALID 信号	输出
8	从 DATA 总线上读取值	等待 NOE 变高	输出
9	设置 NOE 信号		输出
10	等待 NVALID 变高	设置 DATA 总线为输入模式	X
11	将 DATA 设置为输出模式	设置 NVALID 信号	输入
12	设置 NCMD 信号	等待 NCMD 变高	输入
13	等待 RDY 变高	设置 RDY 信号	输入

2. 设备操作

编程器通过并行接口执行几个读/写握手时序,以实现每条命令。当执行新命令时,前一条命令将自动完成。因此,如果在写命令后执行读命令,将会自动刷新 Flash 的加载缓冲器。

(1) Flash 读命令

该命令用来读取 Flash 存储器的内容。读命令可在存储平面中的任意有效地址开始读,并对连续地址读做了优化。连续地址读取时,内部地址缓冲器将自动增加,读的握手过程也将是连续的,如表 4-8 所列。

表 4-8　读命令过程

步　骤	握手时序类型	MODE[3:0]	DATA[15:0]
1	写握手	CMDE	READ
2	写握手	ADDR0	存储器地址低位
3	写握手	ADDR1	存储器地址
4	读握手	DATA	存储器地址++
5	读握手	DATA	存储器地址++
⋮	⋮	⋮	⋮
n	写握手	ADDR0	存储器地址低位
$n+1$	写握手	ADDR1	存储器地址
$n+2$	读握手	DATA	存储器地址++
$n+3$	读握手	DATA	存储器地址++
⋮	⋮	⋮	⋮

注:表中++代表自增1个单位值。

(2) Flash 写命令

该命令用来写 Flash 的内容,如表 4-9 所列。Flash 存储平面由若干个页组成。要写的数据将被先存入相应 Flash 存储页所对应的加载缓冲器中,加载缓冲器会在访问其他页之前,或者当新命令有效(MODE=CMDE)时自动刷新 Flash。

表 4-9　写命令过程

步　骤	握手时序类型	MODE[3:0]	DATA[15:0]
1	写握手	CMDE	WP、WPL、EWP、EWPL
2	写握手	ADDR0	存储器地址低位
3	写握手	ADDR1	存储器地址
4	写握手	DATA	存储器地址++
5	写握手	DATA	存储器地址++
⋮	⋮	⋮	⋮
n	写握手	ADDR0	存储器地址低位
$n+1$	写握手	ADDR1	存储器地址
$n+2$	写握手	DATA	存储器地址++
$n+3$	写握手	DATA	存储器地址++
⋮	⋮	⋮	⋮

注:表示++代表自增1个单位值。

（3）Flash 全擦除命令

该命令用于擦除 Flash 存储平面,如表 4－10 所列。使用 CLB 命令进行全擦除之前,必须先将所有锁定域解锁,否则,擦除命令将不执行页擦除。

表 4－10　全擦除命令

步　骤	握手时序类型	MODE[3:0]	DATA[15:0]
1	写握手	CMDE	EA
2	写握手	DATA	0

（4）Flash 锁定命令

使用 WPL 或 EWPL 命令可设置锁定位,锁定位还可使用设置锁定命令(SLB,Set Lock Bit)来设置。使用 SLB 命令可一次激活多个锁定位,该命令使用位屏蔽作为参数。例如,当位 0 被设置屏蔽,则第一个锁定位被激活。

清除锁定命令(CLB,Clear Lock Bit)用来清除锁定位,详见表 4－11 所列,可通过 EA 命令清除所有锁定位。获取锁定位命令(GLB,Get Lock Bit)用来读取锁定位,当设置了 n 位的位屏蔽时,第 n 个锁定位被激活。

表 4－11　设置和清除锁定位命令

步　骤	握手时序类型	MODE[3:0]	DATA[15:0]
1	写握手	CMDE	SLB 或者 CLB
2	写握手	DATA	位屏蔽

（5）Flash 通用 NVM 命令

使用设置 GPNVM 命令(SGPB)可设置通用功能 NVM 位(GPNVM 位),该命令同时激活 GPNVM 位。该命令的参数是位屏蔽,例如当位 0 被设置屏蔽,则第一个 GP NVM 位被激活。

使用清除 GPNVM 命令(CGPB)可清除通用功能 NVM 位,使用方法与 SGPB 命令类似,如表 4－12 所列。所有的通用功能 NVM 位都可通过 ER 命令清除。当相应位的模式值置 1 时,对应的通用功能 NVM 位失效。

表 4－12　设置/清除通用功能 NVM 位命令

步　骤	握手时序类型	MODE[3:0]	DATA[15:0]
1	写握手	CMDE	SGPB 或 CGPB
2	写握手	DATA	GPNVM 位模式值

获取通用功能 NVM 位(GGPB)指令用来读取通用功能 NVM 位,当设置了 n 位的位屏蔽时,第 n 个通用功能 NVM 位被激活。如表 4－13 所列。

表 4 - 13   获取通用功能 NVM 位命令

步　骤	握手时序类型	MODE[3:0]	DATA[15:0]
1	写握手	CMDE	GGPB
2	读握手	DATA	GPNVM 位屏蔽状态: 0＝GPNVM 位被清空; 1＝GPNVM 位被设置

(6) Flash 安全位命令

设置安全位命令(SSE)用于实现对安全位的设置,如表 4 - 14 所列。一旦安全位被激活,将禁止快速 Flash 编程,且不能运行其他 Flash 命令。当 Flash 中内容被全部擦除后,可通过 Erase 引脚来擦除安全位。

表 4 - 14   设置安全位命令

步　骤	握手时序类型	MODE[3:0]	DATA[15:0]
1	写握手	CMDE	SSE
2	写握手	DATA	0

一旦安全位被设置,就不能访问 FFPI 了。擦除安全位的唯一办法就是先擦除 Flash。为了擦除 Flash,用户必须执行芯片断电。置 TST 引脚为 0,并给芯片上电。然后置 Erase 引脚信号有效,持续时间必须超过 220 ms,再进行芯片断电等步骤。只有这样才可能返回 FFPI 模式,并检测 Flash 是否已擦除。

(7) 存储器写命令

该命令用来执行存储器任何位置的写访问,写存储器命令(WRAM)对连续地址写操作做了优化。连续写操作时,内部地址缓冲将自动增加,握手时序也将是连续的,如表 4 - 15 所列。

表 4 - 15   写命令步骤

步　骤	握手时序类型	MODE[3:0]	DATA[15:0]
1	写握手	CMDE	WRAM
2	写握手	ADDR0	存储器地址低位
3	写握手	ADDR1	存储器地址
4	写握手	DATA	存储器地址++
5	写握手	DATA	存储器地址++
⋮	⋮	⋮	⋮
n	写握手	ADDR0	存储器地址低位
n+1	写握手	ADDR1	存储器地址
n+2	写握手	DATA	存储器地址++
n+3	写握手	DATA	存储器地址++
⋮	⋮	⋮	⋮

注:表中++代表自增1个单位值。

（8）获取版本信息命令

获取版本信息命令（GVE）可以获取 FFPI 接口版本信息，如表 4-16 所列。

表 4-16 获取版本信息命令

步　　骤	握手时序类型	MODE[3:0]	DATA[15:0]
1	写握手	CMDE	GVE
2	写握手	DATA	Version

4.3.3 应用程序设计

1. 设计要求

实现对 SAM4S 微控制器内部 Flash 数据的读取，并显示内部 Flash 中存储的设备唯一标识符，并通过串口将读取的结果发送回主机系统上的超级终端。

2. 硬件设计

对于快速 Flash 程序设计并不需要额外的外部电路，但是由于程序中需要用串口打印相关信息，因此需要用一根 RS-232 串行通信线将开发平台的 UART(J7)同主机系统的串口相连。

3. 软件设计

根据设计要求，程序的主要内容有初始化 Flash；发送开始读取命令；当开始读取数据时，设置状态寄存器；标识符存放在 Flash 前 128 字节中，所以只需要读取前128 字节的数据即可。整个工程包含 main.c 文件，相关的设备硬件配置放在"asf.h"、"conf_board.h"和"conf_clock.h"3 个文件中。

main.c 参考程序如下：

```
# include "asf.h"
# include "conf_board.h"
# include "conf_clock.h"

#define STRING_EOL      "\r"
#define STRING_HEADER " -- Flash Read Unique Identifier Example -- \r\n" \
       " -- "BOARD_NAME" -- \r\n" \
       " -- Compiled: "__DATE__" "__TIME__" -- "STRING_EOL

/ *
 * 设置 UART
 * /
static void configure_console(void)
{
```

```
            const sam_uart_opt_t uart_console_settings =
                    { sysclk_get_cpu_hz(), 115200, UART_MR_PAR_NO };
        /* 设置 PIO */
        pio_configure(PINS_UART_PIO, PINS_UART_TYPE, PINS_UART_MASK,
                PINS_UART_ATTR);
        /* 设置 PMC */
        pmc_enable_periph_clk(CONSOLE_UART_ID);
        /* 设置 UART */
        uart_init(CONSOLE_UART, &uart_console_settings);
}


int main(void)
{
        uint32_t ul_rc;
        uint32_t unique_id[4];

        sysclk_init();
        board_init();

        configure_console();
        puts(STRING_HEADER);

        /* 初始化 Flash */
        ul_rc = flash_init(FLASH_ACCESS_MODE_128, 4);
        if (ul_rc ! = FLASH_RC_OK) {
            printf(" - F - Initialization error % lu\n\r", ul_rc);
            return 0;
        }


        /* 读 ID */
        puts(" - I - Reading 128 bits Unique Identifier\r");
        ul_rc = flash_read_unique_id(unique_id, 4);
        if (ul_rc ! = FLASH_RC_OK) {
            printf(" - F - Read the Unique Identifier error % lu\n\r", ul_rc);
            return 0;
        }


        printf(" - I - ID: 0x % 08lu, 0x % 08lu, 0x % 08lu, 0x % 08lu\n\r",
                unique_id[0], unique_id[1], unique_id[2], unique_id[3]);


        while (1) {
        }
```

}

4. 运行结果

使用 Atmel Studio6 运行工程,生成相应的可下载源码文件。再使用 SAM4S –
EK 开发平台附带的串口线,将开发平台上的串口接口(UART)同 PC 机上的串口连
接在一起。

然后,在主机上运行 Windows 自带的超级终端串口通信程序(波特率 115 200、
1 位停止位、无校验位、无硬件流控制),或者使用其他串口通信程序,设置相同即可。
接着使用 SAM – BA 工具,通过 USB 接口连接到 SAM4S – EK 开发平台上,将刚刚
生成的源码下载到目标系统中。

最后,运行程序或者复位开发平台,例程正常运行后,超级终端将显示如图4 – 21
的信息。

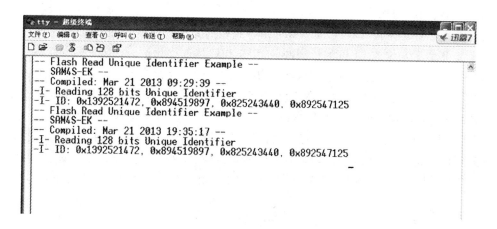

图 4 – 21   超级终端显示的信息(1)

4.4   增强内嵌 Flash 控制器 EEFC

4.4.1   EEFC 结构组成

增强内嵌 Flash 控制器(EEFC)的作用是提供 Flash 块与 32 位内部总线的接
口。EEFC 的 128 位或 64 位内存接口可提高存取性能,它通过一套完整的命令集来
管理 Flash 的编程、擦除、锁定和解锁。其中有一个命令可返回内嵌 Flash 的描述和
定义,用于获取系统 Flash 的组织结构,可使得软件更通用。

增强型内嵌 Flash 控制器的用户接口集成在系统控制器中,如表 4 – 17 所列,其
基地址为 0x400E0A00。

表 4-17　EEFC 用户接口寄存器映射

偏　移	寄存器	名　称	访问方式	复位状态
0x00	EEFC Flash 模式寄存器	EEFC_FMR	读/写	0x04000000
0x04	EEFC Flash 命令寄存器	EEFC_FCR	只写	—
0x08	EEFC Flash 状态寄存器	EEFC_FSR	只读	0x00000001
0x0C	EEFC Flash 结果寄存器	EEFC_FRR	只读	0x0
0x10	保留	—	—	—

4.4.2　工作原理

1. 内嵌的 Flash 组织

微控制器的内嵌 Flash 与 32 位结构内部总线直接接口,如图 4-22 所示。内嵌 Flash 的组成结构如下:

① 1 个存储平面(Memory Plane)由一些相同大小的页面(Page)构成。

② 2 个 128 位或 64 位的读缓冲区,用于代码读取优化。

③ 1 个 128 位或 64 位的读缓冲区,用于数据读取优化。

④ 1 个写缓冲区用来管理对页的编程,其与页的大小相同。该缓冲区是只写的,而且可在 1 MB 地址空间里进行访问,因此每个字都可以写到其最后地址。

⑤ 几个锁定位用来保护锁定区域的写和擦除操作。锁定区域由存储平面内几个连续的页组成,每个锁定区域具有自己的锁定位。

⑥ 几个通用 NVM(GPNVM)位,通过 EEFC 的接口可对其进行置位和清零。

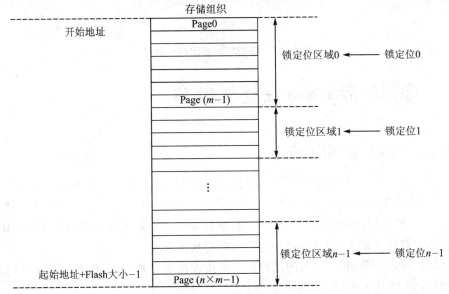

图 4-22　内嵌 Flash 组织形式

2. 读操作

内嵌 Flash 的读由一个优化控制器进行管理,以提高处理器在 Thumb2 模式下 128 位或 64 位宽内存接口的性能,Flash 存储器的访问可以通过 8、16、32 位的读操作。由于 Flash 块比系统预留的片上存储区地址空间要小,因此访问这个系统预留的片上存储空间时 Flash 将会重复出现。

读操作过程中可以有等待状态,也可以无等待状态。等待状态通过对 Flash 模式寄存器(EEFC_ FMR)的 FWS(Flash 读等待状态)位编程来设置,FWS 为 0 表示对片上内嵌 Flash 进行单周期访问。

(1) 128 位或 64 位访问模式

默认情况下读取访问 Flash 是通过一个 128 位内存接口,它能够有更好的系统性能,特别是需要 2 个或者 3 个等待状态时。如果系统只需要 1 个等待状态,或者功耗优先而不是性能优先时,用户可以通过设置 Flash 模式寄存器(EEFC_ FMR)的 FAM 位,来选择 64 位的内存访问方式。

(2) 代码读取优化

该特性可以通过将 EEFC_FMR 寄存器中的 SCOD 位置零来设置。为了优化顺序代码的读取,内嵌 Flash 中增加 2 个 128 位或 64 位缓冲区。

代码读取优化功能默认情况下是开启的,如果 Flash 模式寄存器(EEFC_FMR) 中的 SCODIS 位被置为 1,这些缓冲区将被关闭,代码优化功能将不再起作用。

系统加入了 2 个 128 位或 2 个 64 位的缓冲区,是为了能够优化循环代码读取。当一个向后跳转指令在代码中时,顺序优化的流程就被破坏了,并且使得处理效率变得低下。在这种情况下,循环代码读取优化接管顺序读取代码,以避免插入等待状态。循环代码读取优化默认情况下启用。如果在 Flash 模式寄存器(EEFC_FMR) 中位 CLOE 被重置为 0 或位 SCODIS 设置为 1,这些缓冲区将被关闭,代码优化功能将不再起作用。

(3) 代码循环优化

当 EEFC_FMR 寄存器中的 CLOE 位被置为 1 时,代码循环优化功能将被开启。

(4) 数据读取优化

128 位(或者 64 位)Flash 是由 2 个 128 位(或者 64 位)预取缓冲器和 1 个 128 位(或者 64 位)数据读取缓冲区组成的,这样能够提供最大的系统性能。而这个缓冲区是为了存储 128 位(或者 64 位)对齐数据之外的数据,这样可以加快数据读取。默认情况下数据读取优化是被开启的,如果 Flash 模式寄存器 (EEFC_FMR)中 SCODIS 位被设为 1,这个缓冲区将被禁止,数据读取也将不再进行优化处理。

3. Flash 命令

增强型内嵌 Flash 控制器(EEFC)提供一系列命令,如 Flash 编程、锁定和解锁区域、连续编程、锁定和完全擦除等,如表 4 - 18 所列。

表 4 - 18   Flash 命令集

命令	值	助记符	命令	值	助记符
获取 Flash 描述符	0x00	GETD	清除 GPNVM 位	0x0C	CGPB
写页	0x01	WP	获取 GPNVM 位	0x0D	GGPB
写页并锁定	0x02	WPL	开始读取唯一标识符	0x0E	STUI
擦除页并写页	0x03	EWP	停止读取唯一标识符	0x0F	SPUI
擦除页写页然后锁定	0x04	EWPL	获取 CALIB 位	0x10	GCALB
全部擦除	0x05	EA	擦除扇区	0x11	ES
擦除页	0x07	EPA	写用户签名	0x12	WUS
设置锁定位	0x08	SLB	擦除用户签名	0x13	EUS
清除锁定位	0x09	CLB	开始读取用户签名	0x14	STUS
获取锁定位	0x0A	GLB	停止读取用户签名	0x15	SPUS
设置 GPNVM 位	0x0B	SGPB			

命令和读操作只能在不同的存储平面上并行执行。可从一个存储平面上取代码,同时又可以在另一个存储平面上执行一个写入或者擦除操作。

要执行以上某个命令,就对 EEFC_ FCR 寄存器的 FCMD 域写入该命令的编号。当 EEFC_ FCR 寄存器被写入,EEFC_ FRR 寄存器中的 FRDY 标志和 FVAL-UE 域会被自动清除。一旦当前命令完成,FRDY 标志就会被自动置位,如图 4 - 23 所示。如果置位 EEFC_FMR 中的 FRDY 以允许中断,则相应的 NVIC 中断线被激活。

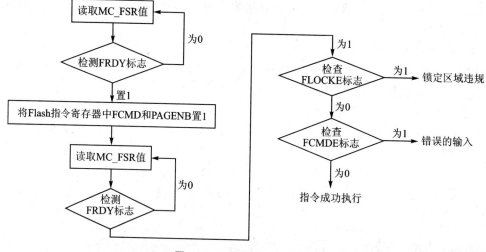

图 4 - 23   命令状态流程图

　　所有的命令都通过相同的口令进行保护,此口令必须写入 EEFC_ FCR 寄存器的高 8 位。如果口令不正确或命令无效,将命令数据写入 EEFC_ FCR 寄存器将对整个存储平面没有任何影响,除了 EEFC_ FSR 寄存器的 FCMDE 标志位被置位之外,读取 EEFC_ FSR 即可将此标志位清零。

　　如果当前命令试图写入或擦除保护区域的某一页,此命令不会对整个存储平面产生任何影响,除了 EEFC_ FSR 寄存器的 FLOCK 标志被置位之外,读取 EEFC_ FSR 即可将此标志位清零。

(1) 获取内嵌 Flash 的描述符

　　GETD 命令允许系统了解 Flash 的组织结构,系统可充分利用这个信息来提高软件的适应性。例如当前处理器被具有更大容量 Flash 的处理器替代时,软件能够很容易地适应新的配置。

　　为了获得内嵌 Flash 的描述符,应用程序应在 EEFC_ FCR 寄存器中写入 GETD 命令。应用程序在 EEFC_ SR 寄存器的 FRDY 标志位变为高时读 EEFC_ FRR 寄存器,可以获取描述符的第一个字。紧接着,应用程序可以从 EEFC_ FRR 寄存器读取描述符后续的字。在读取完描述符的最后一个字之后如果再对 EEFC_ FRR 寄存器进行读操作,返回值将会一直是 0,直到下一个有效命令的到来。Flash 描述符定义如表 4-19 所列。

表 4-19　Flash 描述符

标　号	字索引	描　　述
FL_ID	0	Flash 接口描述
FL_SIZE	1	Flash 大小(字节为单位)
FL_PAGE_SIZE	2	页大小(字节为单位)
FL_NB_PLANE	3	Flash 平面数
FL_PLANE[0]	4	第一个平面字节数
⋮	⋮	⋮
FL_PLANE[FL_NB_PLANE-1]	4 + FL_NB_PLANE - 1	最后一个平面字节数
FL_NB_LOCK	4 + FL_NB_PLANE	锁定位数目,一个位对应一个锁定区域,锁定位用于防止锁定区域的写或者擦除事件
FL_LOCK[0]	4 + FL_NB_PLANE + 1	第一个锁定区域字节大小
⋮	⋮	⋮

(2) 写命令

　　Flash 技术要求在 Flash 编程之前必须先擦除。可以同时进行擦除整个存储平面,或者同时擦除几个页面(参考下面的擦除命令)。也可以使用 EWP 或 EWPL 写命令,在写入之前会对页面进行自动擦除。编程之后,能对页(整个锁定区域)上锁以防止其他写或擦除序列。在使用 WPL 或 EWPL 编程命令之后,锁定位将自动设定。

写入的数据存储于一个内部锁存缓冲器中,锁存缓冲器的大小由页的大小决定。锁存缓冲器在内部存储器区域地址空间中环绕重复的次数,等于地址空间中页的数目。

注意:不允许写 8 位或 16 位数据,因为可能会引起数据错误。

在编程命令被写入 Flash 命令寄存器 EEFC_ FCR 之前,应先将数据写入锁存缓冲器。编程命令执行操作如下:

① 在内部存储器地址空间的任何页地址处,写完整的页。

② 一旦页码和编程命令被写入 Flash 命令寄存器时,编程启动,Flash 编程状态寄存器(EEFC_ FSR)的 FRDY 位被自动清除。

③ 当编程结束,Flash 编程状态寄存器(EEFC_ FSR)中的 FRDY 位变为高;若之前通过设置 EEFC_ FMR 寄存器中的 FRDY 位允许了相应的中断,则相应 NVIC 中断线激活。

编程操作完成之后,EEFC_ FSR 寄存器能检测到以下错误:

① 命令错误,往 EEFC_ FCR 寄存器中写入错误的关键字。

② 锁定错误,被编程页属于锁定区域,在运行命令之前需将相应区域解锁。

③ Flash 错误,在编程最后,Flash 存储器的写改变测试失败。

如果某页已经被擦除,使用 WP 命令将会按如图 4-24 所示的步骤进行编程。

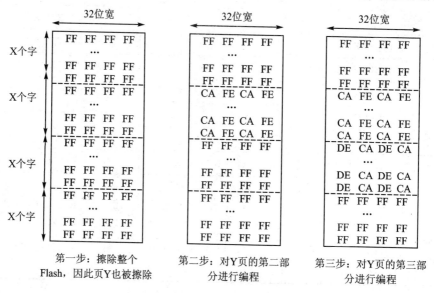

图 4-24　页面部分编程

(3) 擦除命令

只在未锁定区域才允许使用擦除命令。根据 Flash 存储器的规定,可用以下几个命令来对 Flash 进行擦除。

① 擦除所有存储器(EA):所有存储器将被擦除,微控制器不能从 Flash 存储器中获取代码。

② 擦除页(EPA):存储器平面上 4、8、16 或者 32 页被擦除,第一个被擦除的页具体在 MC_FCR 寄存器的 FARG[15:2]域中定义。根据同时擦除页的数目,第一个页必须是以 4、8、16 或者 32 为模的数字。

③ 擦除扇区(ES):将会擦除一个存储器扇区的数据,扇区大小由 Flash 存储器决定。FARG 区域必须设置为要擦除扇区的页大小数。

擦除命令的操作过程为一旦将擦除命令写入 Flash 命令寄存器,且该寄存器的 FARG 域被写,擦除操作立即启动。当擦除完成时,Flash 编程状态寄存器(EEFC_FSR)的 FRDY 位上升。若之前通过设置 EEFC_FMR 寄存器中的 FRDY 位允许了相应的中断,则相应 NVIC 中断线激活。

擦除命令操作序列执行之后,EEFC_FSR 寄存器能检测到命令错误、锁定错误和 Flash 错误。运行擦除命令擦除相应区域之前,必须先对其进行解锁。

(4) 锁定位保护

每个锁定位与内嵌 Flash 存储平面中的几个页相关,锁定位用来设置内嵌 Flash 存储器的锁定区域,它们可以防止写/擦除保护页。锁定操作过程为将锁定位命令(SLB)和要保护的页号码写入 Flash 命令寄存器中,当锁定完成,Flash 编程状态寄存器(EEFC_FSR)中的 FRDY 位上升。若之前通过设置 EEFC_FMR 寄存器中的 FRDY 位允许了相应的中断,则相应 NVIC 中断线激活。如果锁定位的数目比锁定位的总数还大,那么该命令无效。运行 GLB(Get Lock Bit,获取锁定位)命令,可以检查 SLB 命令的结果。

执行锁定操作后,EEFC_FSR 寄存器能检测到命令错误和 Flash 错误。可以清空锁定位集合,这样之前被锁定的区域就可以进行擦除和编程了,解锁操作过程为将清除锁定位命令(CLB)和不再受保护的页码写入 Flash 命令寄存器中。当解锁定完成后,Flash 编程状态寄存器(EEFC_FSR)中的 FRDY 位上升,若之前通过设置 EEFC_FMR 寄存器中的 FRDY 位允许了相应的中断,则相应 NVIC 中断线激活。如果锁定位的数目比锁定位的总数还大,那么该解锁命令无效。

解锁命令序列之后,EEFC_FSR 寄存器能检测命令错误和 Flash 错误。可以由增强内嵌 Flash 控制器(EEFC)来返回锁定位状态,获得锁定位状态的操作过程是:

① 将获得锁定位命令(GLB)写入 Flash 命令寄存器中,FARG 域无意义。

② 当命令完成后,Flash 编程状态寄存器(EEFC_FSR)中的 FRDY 位上升。若之前通过设置 EEFC_FMR 寄存器中的 FRDY 位允许了相应的中断,则相应 NVIC 中断线激活。

③ 应用软件通过读取 EEFC_FRR 寄存器,来获得锁定位的状态。应用软件所读取的第一个字对应于最先的 32 个锁定位,若后续字有意义,则可继续按 32 位读取

后续锁定位。

④ 对于 EEFC_ FRR 寄存器的额外读取,将返回 0。例如,若读取的 EEFC_ FRR 的第一个字的第三位是 1,那么第三个锁定区被锁定了。

获取锁定位操作序列之后,EEFC_ FSR 寄存器能检测到命令错误和 Flash 错误。

(5) GPNVM 位

GPNVM 位不影响内嵌 Flash 存储器的存储平面。设置 GPNVM 位的操作过程是通过向 Flash 命令寄存器写 SGPB 命令,并设定 GPNVM 位数目,以启动设置 GPNVM 位操作。当 GPVNM 位置位,Flash 编程状态寄存器(EEFC_FSR)中的 FRDY 位上升,若之前通过设置 EEFC_FMR 寄存器中的 FRDY 位允许了相应的中断,则相应 NVIC 中断线激活。若 GPNVM 位的数目大于 GPNVM 位总数,则命令无效。SGPB 命令的结果可以通过运行 GGPB 命令来检查。

设置 GPNVM 位操作之后,EEFC_ FSR 寄存器能检测到命令错误和 Flash 错误。可以清除之前设定的 GPNVM 位,清除 GPNVM 位的操作过程是对 Flash 命令寄存器写入 CGPB 命令,并设定清除 GPNVM 位数目,以启动清除 GPNVM 位命令(CGPB)。当清除完成后,Flash 编程状态寄存器(EEFC_ FSR)中的 FRDY 位上升,若之前通过设置 EEFC_ FMR 寄存器中的 FRDY 位允许了相应的中断,则相应 NVIC 中断线激活。若 GPNVM 的数目大于 GPNVM 的总数,则命令无效。

清除 UPNVM 位操作之后,EEFC_ FSR 寄存器能检测到命令错误和 Flash 错误。通过访问增强型内嵌 Flash 控制器(EEFC)可以获取 GPNVM 位的状态,获取 GPNVM 位状态的操作为对 Flash 命令寄存器写入 GGPB 命令,以启动获取 GPNVM 位状态的命令,FARG 域无意义。当命令完成时,Flash 编程状态寄存器(EEFC_ FSR)中的 FRDY 位上升。若之前通过设置 EEFC_FMR 寄存器中的 FRDY 位允许了相应的中断,则相应 NVIC 中断线激活。应用软件通过读取 EEFC_ FRR 寄存器,来获得 GPNVM 位的状态。应用软件所读取的第一个字对应于最先的 32 个 GPNVM 位,如果后续字有意义,则可按 32 位继续读取后续的 GPNVM 位。对于 EEFC_ FRR 寄存器的额外读取,将返回 0。如果读取的 EEFC_ FRR 的第一个字的第三位是 1,那么第三个 GPNVM 位是有效的。

执行获取 GPNVM 位状态操作之后,EEFC_FSR 寄存器能检测到命令错误和 Flash 错误。

(6) 校准位

内嵌 Flash 存储器平面接口中并没有关于校准位的,但是仍可以改变校准位。校准位的状态可以通过增强内嵌 Flash 控制器(EEFC)返回,具体过程为通过写 Flash 命令寄存器 GCALB 位来获取 CALIB 位指令,FARG 域无意义。校准位状态可以通过软件应用在 EEFC_FRR 寄存器中被读取,第一个读取的字对应着第一个 32 校准位。接下来读取的字节同样对应着 32 校准位,对 EEFC_FRR 寄存器进行额外读取将返回 0。

(7) 安全位保护

当安全位被允许时,通过 JTAG/SWD 接口或者通过快速 Flash 编程接口访问 Flash 都是被禁止的。这可以确保 Flash 中代码的保密性,这个安全位是 GPNVM0。

只有在 Flash 被全部擦除之后,通过令 ERASE 引脚为 1 来实现禁止安全位。一旦安全位被禁用,则所有对 Flash 的访问是允许的。

(8) 唯一标识符

每个微控制器都有一个唯一的 128 位标识符,微控制器每一部分的编程都可与之有关。例如,它能够被用于生成密码。读取唯一标识符的操作过程如下:

① 通过将 STUI 命令写人 Flash 命令寄存器,发送开始读唯一标识符命令 STUI。

② 当这个唯一标识符开始被读入,Flash 编程状态寄存器(EEFC_FSR)的 FRDY 位下降。

③ 唯一标识符位于 Flash 存储区的首 128 位,其地址为 0x00400000~0x004003FF。

④ 为了停止唯一标识符模式,用户通过将命令 SPUI 写入 Flash 命令寄存器,以发送停止。

⑤ 当停止读入唯一标识符命令 SPUI 已经执行,Flash 编程状态寄存器中 FRDY 位上升。若之前通过设置 EEFC_FMR 寄存器中的 FRDY 位允许了相应的中断,则相应 NVIC 中断线激活。

在读取唯一标识符的操作序列中,软件运行不能超出 Flash 空间(若为双存储平面,则对第二个存储平面进行操作)。

(9) 用户签名

存储器的每个部分都包含了 512 字节的用户签名,这部分可以被用户用来存储信息,对这部分进行读/写、擦除是被允许的。

读取用户签名信息,其过程如下:

① 通过 STUS 指令将 STUS(开始读取用户签名指令)写入 Flash 指令寄存器中。

② 当用户签名已经准备好被读取时,Flash 编程状态寄存器(EEFC_FSR)中的 FRDY 位将上升。

③ 用户签名区域位于 Flash 存储器映射的第一块 512 字节位置,因此其地址为 0x00400000~0x004001FF。

④ 用户通过 SPUS 指令向 Flash 命令寄存器写入 SPUS(停止读取用户签名指令),可以停止读取用户签名模式。

⑤ 当停止用户签名模式被执行后,Flash 编程状态寄存器(EEFC_FSR)中的 FRDY 位将上升,如果之前已经设置好中断,那么 NVIC 上的中断线将被激活。

在这个过程中,软件不能运行出 Flash 空间。执行完这些过程,EEFC_FSR 寄存器可能会检测到命令错误。

写用户签名信息的过程为在内部存储器区域地址空间向所有的页写入数据。向 Flash 指令寄存器发送写入用户签名指令（WUS）。当编程完成时，Flash 编程状态寄存器（EEFC_FSR）中的 FRDY 位将上升，如果之前已经配置好中断，那么 NVIC 上的中断线将被激活。

当执行完这些过程时，两个错误可能会被 EEFC_FSR 寄存器检测到，即命令错误和 Flash 错误。擦除用户签名信息的过程是向 Flash 指令寄存器发送擦除用户签名指令（EUS）。当编程完成时，Flash 编程状态寄存器（EEFC_FSR）中的 FRDY 位将上升，如果之前已经在 EEFC_FMR 中配置好中断，那么 NVIC 上的中断线将被激活。

当执行完这些过程时，两个错误可能会被 EEFC_FSR 寄存器检测到，即命令错误和 Flash 错误。

4.4.3　应用程序设计

1. 设计要求

实现对 SAM4S 处理器内部 Flash 的读/写、锁存、GPNVM 设置以及擦除，并通过串口显示操作的结果。

2. 硬件设计

对于 EEFC 的操作不需要额外的电路，由于程序中需要利用串口打印和接收相关信息，因此需要一根 RS - 232 串行通信线将开发平台的 UART 同主机的串口相连接。

3. 软件设计

根据任务要求，程序内容主要包括以下几点：
① 获取闪存设备 ID。
② 获取闪存的配置信息。
③ 获取 Flash 存储器中的信息。
④ 向 Flash 存储器中写入相关内容。
⑤ 将 Flash 锁存。
⑥ 测试闪存的 GPNVM 信号以及擦除功能。
整个工程只有一个 main. c 文件，相关硬件配置被放在相应的配置文件中。其 main. c 文件的内容如下：

```
# include <board.h>
# include <sysclk.h>
# include <flash_efc.h>
```

```
# include <string.h>
# include <unit_test/suite.h>
# include <stdio_serial.h>
# include <conf_test.h>
# include <conf_board.h>

# if defined(__GNUC__)
void (*ptr_get)(void volatile *,int *);
int (*ptr_put)(void volatile *,int);
volatile void *volatile stdio_base;
# endif

/*
测试 Flash ID
*/
static void run_flash_device_id_test(const struct test_case *test)
{
    uint32_t ul_rc;
    uint32_t unique_id[4];

    /* 读 Flash ID */
    ul_rc = flash_read_unique_id(unique_id, 4);

    /* 获取 Flash 的设备 ID 函数 */
    test_assert_true(test, ul_rc == FLASH_RC_OK, "Test flash device id: flash read
device id error!");
}

/*
 * 测试 Flash 配置
 */
static void run_flash_configure_test(const struct test_case *test)
{
    uint32_t ul_default_ws;
    uint32_t ul_tmp_ws;

    /* 默认等待状态 */
    ul_default_ws = flash_get_wait_state(IFLASH_ADDR);

    /* 初始化 Flash */
    flash_init(FLASH_ACCESS_MODE_128, 6);
```

```
      /* 获得初始化后的等待状态 */
      ul_tmp_ws = flash_get_wait_state(IFLASH_ADDR);
      test_assert_true(test, ul_tmp_ws == 6, "Test flash configure: flash init er-
ror!");


      /* 设置新的等待状态 */
      flash_set_wait_state(IFLASH_ADDR, ul_default_ws + 1);

      /* 获得状态 */
      ul_tmp_ws =   flash_get_wait_state(IFLASH_ADDR);

      test_assert_true(test, ul_tmp_ws == (ul_default_ws + 1), "Test flash configure:
set wait state error!");


      flash_set_wait_state_adaptively(IFLASH_ADDR);

      /* 获得状态并检查错误 */
      if (SystemCoreClock < CHIP_FREQ_FWS_0) {
          ul_tmp_ws =   flash_get_wait_state(IFLASH_ADDR);
          test_assert_true(test, ul_tmp_ws == 0, "Test flash configure:adaptively set
wait state error!");
      } else if (SystemCoreClock < CHIP_FREQ_FWS_1) {
          ul_tmp_ws =   flash_get_wait_state(IFLASH_ADDR);
          test_assert_true(test, ul_tmp_ws == 1, "Test flash configure:adaptively set
wait state error!");
      } else if (SystemCoreClock < CHIP_FREQ_FWS_2) {
          ul_tmp_ws =   flash_get_wait_state(IFLASH_ADDR);
          test_assert_true(test, ul_tmp_ws == 2, "Test flash configure:adaptively set
wait state error!");
#if (SAM3XA || SAM3U || SAM4S)
      } else if (SystemCoreClock < CHIP_FREQ_FWS_3) {
          ul_tmp_ws =   flash_get_wait_state(IFLASH_ADDR);
          test_assert_true(test, ul_tmp_ws == 3, "Test flash configure:adaptively set
wait state error!");
      } else {
          ul_tmp_ws =   flash_get_wait_state(IFLASH_ADDR);
          test_assert_true(test, ul_tmp_ws == 4, "Test flash configure:adaptively set
wait state error!");
      }
#else
      } else {
          ul_tmp_ws =   flash_get_wait_state(IFLASH_ADDR);
```

```
            test_assert_true(test, ul_tmp_ws == 3, "Test flash configure;adaptively set
wait state error!");
        }
    #endif

        flash_set_wait_state(IFLASH_ADDR, ul_default_ws + 1);
}


/ *
 *   测试获取 Flsah 信息
 * /
static void run_flash_information_test(const struct test_case * test)
{
        uint32_t ul_flash_descriptor[8];
        uint32_t ul_page_count;
        uint32_t ul_page_count_per_region;
        uint32_t ul_region_count;

        / * 获得 Flash 描述信息 * /
        flash_get_descriptor(IFLASH_ADDR, ul_flash_descriptor, 8);
        ul_page_count = flash_get_page_count(ul_flash_descriptor);

        / * 获得页数量 * /
        test_assert_true(test, ul_page_count == DEFAULT_PAGE_COUNT, "Test flash infor-
mation;get page count error!");
        / *  读页数量 * /
        ul_page_count_per_region = flash_get_page_count_per_region(ul_flash_descrip-
tor);
        test_assert_true(test, (ul_page_count_per_region == IFLASH_NB_OF_PAGES), "Test
flash information;get page count per region error!");
        / * 获得区域数 * /
        ul_region_count = flash_get_region_count(ul_flash_descriptor);
        test_assert_true(test, (ul_region_count == DEFAULT_REGION_COUNT), "Test flash
information;get region count error!");
    }


    #if SAM3SD8
    / *
     *   测试擦除 Flash
     * /
    static void run_flash_erase_test(const struct test_case * test)
    {
```

```
        uint32_t ul_idx;
        volatile uint32_t ul_last_page_addr = IFLASH1_ADDR;
            uint32_t * pul_last_page = (uint32_t *) ul_last_page_addr;
        uint32_t ul_rc = 0;


        /* 解锁 Flash */
        flash_unlock(IFLASH1_ADDR, LAST_PAGE_ADDRESS + IFLASH_PAGE_SIZE - 1, 0, 0);

        /* 擦除 */
        flash_erase_plane(IFLASH1_ADDR);

        /* 擦除后数据变为 0xff */
        for (ul_idx = 0;ul_idx<(IFLASH1_SIZE/4);ul_idx++ {
            if ((uint32_t)pul_last_page[ul_idx] ! = 0xffffffff){
                ul_rc = 1;
                break;
            }
        }
        test_assert_true(test, ul_rc == 0, "Test flash erase: erase plane error!");

    }
    #endif

/*
 * 测试 Flash 写
 */
static void run_flash_write_test(const struct test_case * test)
{
    uint32_t ul_page_buffer[IFLASH_PAGE_SIZE / sizeof(uint32_t)];
    uint32_t ul_rc = 0;
    uint32_t ul_idx;
    uint32_t ul_last_page_addr = LAST_PAGE_ADDRESS;
    uint32_t * pul_last_page = (uint32_t *) ul_last_page_addr;

    /* 解锁 Flash */
    flash_unlock(IFLASH_ADDR,  ul_last_page_addr + IFLASH_PAGE_SIZE - 1, 0, 0);

    /* 写 Flash 最后一页 */
    for (ul_idx = 0; ul_idx < (IFLASH_PAGE_SIZE / 4); ul_idx++ {
        ul_page_buffer[ul_idx] = 1 << (ul_idx % 32);
    }
```

```
# if SAM4S
    flash_erase_page(ul_last_page_addr,
            IFLASH_ERASE_PAGES_4);

    flash_write(ul_last_page_addr,
            (void * )ul_page_buffer,
            IFLASH_PAGE_SIZE, 0);
# else
    flash_write(ul_last_page_addr,
            (void * )ul_page_buffer,
            IFLASH_PAGE_SIZE, 1);
# endif
    for (ul_idx = 0; ul_idx < (IFLASH_PAGE_SIZE / 4); ul_idx ++ {
        if (pul_last_page[ul_idx] ! = ul_page_buffer[ul_idx]) {
            ul_rc = 1;
        }
    }
    test_assert_true(test, ul_rc == 0, "Test flash write: flash write error!");
}


/ *
  *  测试 Flash 锁
  * /
static void run_flash_lock_test(const struct test_case * test)
{
    volatile uint32_t ul_locked_region_num;
    uint32_t ul_last_page_addr = LAST_PAGE_ADDRESS;

    / *  检查是否有 Flash 锁住 * /
    ul_locked_region_num = flash_is_locked(IFLASH_ADDR, ul_last_page_addr +
IFLASH_PAGE_SIZE - 1);

    / *  若没有被锁,则设置 Flash 最后一页锁住  * /
    if (ul_locked_region_num == 0) {
        / *  锁住 Flash 最后一页 * /
        flash_lock(ul_last_page_addr, ul_last_page_addr + IFLASH_PAGE_SIZE - 1, 0,
0);
    }

    / *  解锁 Flash 最后一页 * /
    flash_unlock(IFLASH_ADDR, ul_last_page_addr + IFLASH_PAGE_SIZE - 1, 0, 0);
```

```
        /* 检查是否还有 Flash 锁住 */
        ul_locked_region_num = flash_is_locked(IFLASH_ADDR, ul_last_page_addr +
IFLASH_PAGE_SIZE - 1);
        test_assert_true(test, ul_locked_region_num == 0, "Test flash lock: flash unlock
error!");

        /* 锁住最后一页 */
        flash_lock(ul_last_page_addr, ul_last_page_addr + IFLASH_PAGE_SIZE - 1, 0, 0);

    #if (SAM3SD8 || SAM4S)
        ul_locked_region_num = flash_is_locked(IFLASH_ADDR, ul_last_page_addr +
IFLASH_PAGE_SIZE - 1);
    #else
        ul_locked_region_num = flash_is_locked(ul_last_page_addr, ul_last_page_addr +
IFLASH_PAGE_SIZE - 1);
    #endif

        test_assert_true(test, ul_locked_region_num == 1, "Test flash lock: flash lock
error!");
    }

    /*
     * 测试闪存 GPNVM
     * 获得 GPNVM 位的状态,然后置 1 或清除
     */
    static void run_flash_gpnvm_test(const struct test_case * test)
    {
        uint32_t ul_rc;

        /* 获取获得 GPNVM 位的状态 */
        ul_rc = flash_is_gpnvm_set(1);

        /* 判断 GPNVM 位状态,并置 1 或清除 */
        if (ul_rc == FLASH_RC_YES) {
            /* 清除 */
            flash_clear_gpnvm(1);

            /* 获得 GPNVM 位状态 */
            ul_rc = flash_is_gpnvm_set(1);

            /* 判断清除操作 */
            test_assert_true(test, ul_rc == FLASH_RC_NO, "Test flash GPNVM: flash GPNVM
```

```
clear error!");
        } else {
            /* 置 1 */
            flash_set_gpnvm(1);

            ul_rc = flash_is_gpnvm_set(1);
            test_assert_true(test, ul_rc == FLASH_RC_YES, "Test flash GPNVM: flash GPNVM
set error!");
        }
        /* 判断 GPNVM 位状态,并置 1 或清除 */
        if (ul_rc == FLASH_RC_YES) {
            flash_clear_gpnvm(1);
            ul_rc = flash_is_gpnvm_set(1);
            test_assert_true(test, ul_rc == FLASH_RC_NO, "Test flash GPNVM: flash GPNVM
clear error!");
        } else {
            /* 设置 GPNVM 为 1 */
            flash_set_gpnvm(1);
            /* 获得 GPNVM 状态 */
            ul_rc = flash_is_gpnvm_set(1);
            /* 判断设置操作 */
            test_assert_true(test, ul_rc == FLASH_RC_YES, "Test flash GPNVM: flash GPNVM
set error!");
        }
    }


    int main(void)
    {
        const usart_serial_options_t usart_serial_options = {
            .baudrate   = CONF_TEST_BAUDRATE,
            .paritytype = CONF_TEST_PARITY
        };

        /* 系统初始化 */
        sysclk_init();
        board_init();

        /* 使能 UART */
        sysclk_enable_peripheral_clock(CONSOLE_UART_ID);
        stdio_serial_init(CONF_TEST_USART, &usart_serial_options);

    # if defined(__GNUC__)
```

```
        setbuf(stdout, NULL);
    # endif

    /* 测试实例 */
    DEFINE_TEST_CASE(flash_device_id_test, NULL, run_flash_device_id_test, NULL,
        "Readout flash device id");

    DEFINE_TEST_CASE(flash_configure_test, NULL, run_flash_configure_test, NULL,
        "Set, adaptively set and get the wait state for the flash");

    DEFINE_TEST_CASE(flash_information_test, NULL, run_flash_information_test,
NULL,
        "Get the desciptor, page count, page count per region and region count");

    DEFINE_TEST_CASE(flash_write_test, NULL, run_flash_write_test, NULL,
        "Flash write test");

    DEFINE_TEST_CASE(flash_lock_test, NULL, run_flash_lock_test, NULL,
        "Flash lock, unlock and get lock status");

    DEFINE_TEST_CASE(flash_gpnvm_test, NULL, run_flash_gpnvm_test, NULL,
        "GPNVM set, clear and get status");

# if SAM3SD8
    DEFINE_TEST_CASE(flash_erase_test, NULL, run_flash_erase_test, NULL,
        "Erase function test");
# endif
    /* 测试实例程序地址 */
    DEFINE_TEST_ARRAY(flash_efc_tests) = {
        &flash_device_id_test,
        &flash_configure_test,
        &flash_information_test,
        &flash_write_test,
        &flash_lock_test,
        &flash_gpnvm_test,
# if SAM3SD8
        &flash_erase_test,
# endif
    };
    DEFINE_TEST_SUITE(flash_efc_suite, flash_efc_tests, "SAM flash efc driver test
suite");
```

```
test_suite_run(&flash_efc_suite);
while (1) {
}
}
```

4. 运行结果

　　使用 Atmel Studio6 运行工程,生成相应的可下载源码文件。再使用 SAM4S - EK 开发平台附带的串口线,将开发平台上的串口接口(UART)同 PC 机上的串口连接在一起。

　　然后,在主机上运行 Windows 自带的超级终端串口通信程序(波特率 115 200、1 位停止位、无校验位、无硬件流控制),或者使用其他串口通信程序,设置相同即可。接着使用 SAM - BA 工具,通过 USB 接口连接到 SAM4S - EK 开发平台上,将刚刚生成的源码下载到目标系统中。

　　最后,运行程序或者复位开发平台,例程正常运行后,超级终端将显示如图 4 - 25 所示的信息。

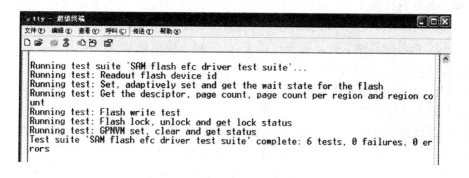

图 4 - 25　超级终端显示的信息(2)

4.5　静态存储控制器 SMC

4.5.1　SMC 结构组成

　　外部总线接口的作用是确保外部设备与 Cortex - M4 处理器核之间能顺利进行数据传输,SAM4S 系列微控制器的外部总线接口由静态存储控制器(SMC,Static Memory Controller)构成。SMC 可以处理多种类型的外部存储器和并行设备,例如 SRAM、PSRAM、PROM、EPROM、EEPROM、LCD 模块、NOR Flash 和 NAND Flash,其各引脚如表 4 - 20 所列。

表 4 - 20   SMC 接口的各 I/O 引脚描述

名　称	描　述	类　型	有效电平
NCS[3:0]	静态存储控制器片选线	输出	低
NRD	读信号	输出	低
NWE	写允许信号	输出	低
A[23:0]	地址总线	输出	
D[7:0]	数据总线	输入/输出	
NWAIT	外部等待信号	输入	低
NANDCS	NAND Flash 片选线	输出	低
NANDOE	NAND Flash 输出允许	输出	低
NANDWE	NAND Flash 写允许	输出	低

SMC 用于产生访问外部存储设备或并行外围设备的信号,它有 4 个片选、1 个 24 位的地址总线和 1 个 8 位的数据总线。分离的读/写控制信号允许直接访问存储器和外围设备,读/写信号的波形是可完全通过参数设置的。

SMC 能够管理来自外设的等待请求,以扩展当前的访问。SMC 提供了一个自动的慢时钟模式,在这种慢时钟模式下,可在读/写信号到达时从用户可编程的波形切换到慢速率的特殊的波形。同时,SMC 支持页面大小高达 32 字节的页面模式访问异步突发读取。

外部数据总线可以使用用户提供的密钥方法进行加密编码/解码,SMC 的用户接口寄存器映射如表 4 - 21 所列,其基地址为 0x400E0000。

表 4 - 21   SMC 用户接口寄存器映射表

偏　移	寄存器	名　称	访问方式	复位值
0x10×CS_number + 0x00	SMC 启动寄存器	SMC_SETUP	读/写	0x01010101
0x10×CS_number + 0x04	SMC 脉冲寄存器	SMC_PULSE	读/写	0x01010101
0x10×CS_number + 0x08	SMC 周期寄存器	SMC_CYCLE	读/写	0x00030003
0x10×CS_number + 0x0C	SMC 模式寄存器	SMC_MODE	读/写	0x10000003
0x80	SMC OCMS 模式寄存器	SMC_OCMS	读/写	0x00000000
0x84	SMC OCMS KEY1 寄存器	SMC_KEY1	只写一次	0x00000000
0x88	SMC OCMS KEY2 寄存器	SMC_KEY2	只写一次	0x00000000
0xE4	SMC 写保护模式寄存器	SMC_WPMR	读/写	0x00000000
0xE8	SMC 写保护状态寄存器	SMC_WPSR	只/读	0x00000000
0xEC~0xFC	保留	—	—	—

4.5.2 工作原理

1. 外部存储器映射

SMC 提供了 24 根地址线 A[23:0],允许每一根片选线连接到地址高达 16 MB 的存储器。如果连接到某片选线的物理存储设备小于 16 MB,则它会在这个空间中重复循环出现。SMC 可正确处理页内存储设备的有效访问,如图 4 - 26 所示。

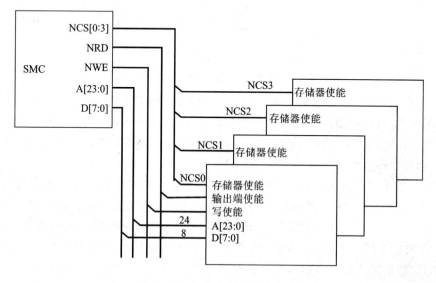

图 4 - 26 SMC 与外部设备相连

2. 连接到外部设备

(1) 数据总线宽度

数据总线宽度为 8 位,图 4 - 27 显示的是 NCS2 如何与一个 512 KB×8 位的存储器相连。

(2) NAND Flash 支持

NAND Flash 逻辑是由 SMC 驱动的,主要依赖于总线矩阵用户接口上 CCFG_SMC-NFCS 寄存器中 SMC_NFCSx 域的编程设置。通过地址空间来访问一个外部 NAND Flash 设备的方法依旧可以通过片选编程完成,复用到 SMC 引脚上的 NAND Flash 信号如图 4 - 28 所示。

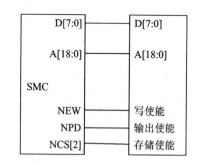

图 4 - 27 NCS2 与一个 8 位存储器相连

用户可以使用分立的片选连接到 4 个 NAND Flash 设备上,当 NCSx 被编程有效时,NAND Flash 逻辑设备在 NANDOE 和 NANDWE 信号上驱动 SMC 的读/写指令信号。一旦 NCSx 编程地址空间使传输地址失效, NANDOE 和 NANDWE 信号将被禁止。

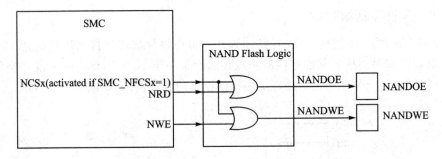

图 4 - 28 复用到 SMC 引脚上的 NAND Flash 信号

当 NAND Flash 逻辑有效时(SMC_NFCSx=1), NEW 引脚将不能被使用在 PIO 模式下, 只能使用在外设模式下(NEW 功能)。如果 NEW 功能没有被其他外部存储器(SRAM、LCD)使用, 那么它必须被配置为上拉电阻使能的 PIO 输入(默认复位后的状态)或者电平为 1 的 PIO 输出。

NAND Flash 设备上的地址锁存使能和指令锁存使能信号是由地址总线上的 A22 和 A21 来驱动的, 当然地址总线上的其他任何位也可以被用作该功能。NAND Flash 设备中的指令、地址和数据使用它们自己在 NCSx 地址空间上的地址(由总线矩阵用户接口上的 CCFG_SMCNFCS 寄存器)。设备的片选使能(CE)和准备/忙(R/B)信号是连接到 PIO 引脚上的, CE 信号即使是在 NCS3 未被选中时依旧保持有效, 这是为了防止设备从返回模式跳转到准备模式上。NANDCS 输出信号必须根据外部 NAND Flash 设备类型来使用。

根据 NAND Flash 设备 CE 退出行为的两种类型如下:

① 标准的 NAND Flash 设备要求 CE 引脚在整个读忙周期保持有效, 这是为了防止设备从返回模式跳转到准备模式上。为了使 SMC 保持 NCSx 信号高电平有效, 必须将 NAND Flash 设备的 CE 引脚连接到一个 GPIO 引脚上, 这是为了使信号在整个数据读输出之前的忙周期中保持低电平。

② 这个约束不适用于不支持 CE 的 NAND Flash 设备, NAND Flash 设备的 CE 引脚可以直接连接到 NCSx 信号上。

标准 NAND Flash 和不考虑 CE 的 NAND Flash 两种拓扑结构如图 4 - 29 所示。

3. 标准读/写协议

在接下来的内容里, NCS 代表着 NCS[0:3]片选线中的一条。

(1) 读波形

读方波波形见图 4 - 30, 读方波将从存储器地址总线上设置的地址开始读取。

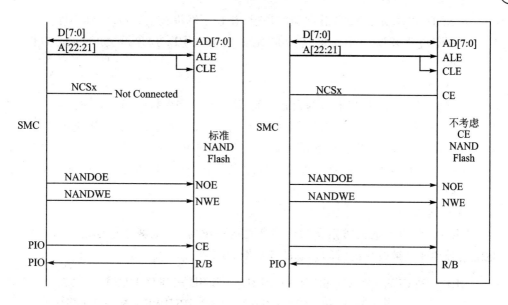

图 4 - 29   标准和不考虑 CE 的 NAND Flash 应用实例

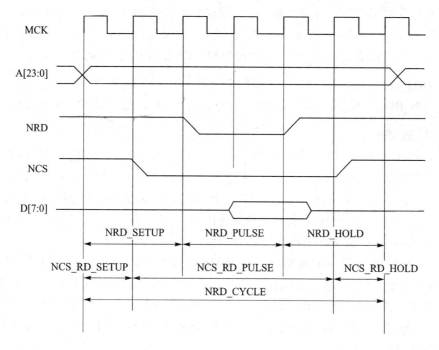

图 4 - 30   标准读方波周期

1) NRD 波形

NRD 信号时序由一个设置时序、一个脉冲宽度和一个保持时序组成。其中：

➢ NRD_SETUP：NRD 设置时间是指在 NRD 下降沿之前设置地址的时间；

> NRD_PULSE：NRD 脉冲宽度是指 NRD 下降沿和上升沿之间的时间；

> NRD_HOLD：NRD 保持时间定义为在 NRD 上升沿之后地址的保持时间。

2）NCS 波形

NCS 信号时序也可以被分为设置时间、脉冲长度和保持时间。其中：

> NCS_RD_SETUP：NCS 设置时间是指在 NCS 下降沿之前设置地址的时间；

> NCS_RD_PULSE：NCS 脉冲宽度是指 NCS 下降沿和上升沿之间的时间；

> NCS_RD_HOLD：NCS 保持时间定义为在 NCS 上升沿之后的地址的保持时间。

3）读周期

NRD_CYCLE 时间被定义为读周期总的持续时间，也就是从地址总线上发出地址信号到地址被改变的时间。总的读周期时间为

$$NRD\_CYCLE = NRD\_SETUP + NRD\_PULSE + NRD\_HOLD$$
$$= NCS\_RD\_SETUP + NCS\_RD\_PULSE + NCS\_RD\_HOLD$$

所有 NRD 和 NCS 时间都是主时钟周期的整数倍，根据每个片选分开定义。为了确保 NRD 和 NCS 时序的一致性，用户必须定义总的读周期，而不是保持时间。NRD_CYCLE 隐含定义的 NRD 保持时间和 NCS 保持时间，分别为

$$NRD\_HOLD = NRD\_CYCLE - NRD\_SETUP - NRD\_PULSE$$
$$NCS\_RD\_HOLD = NRD\_CYCLE - NCS\_RD\_SETUP - NCS\_RD\_PULSE$$

(2) 读模式

由于 NCS 和 NRD 波形是独立定义的，因此 SMC 需要知道什么时候读数据总线上的数据是有效的。SMC 并不通过比较 NCS 和 NRD 的时序来判断哪一个信号先出现。在不同芯片选择情况下，SMC_MODE 寄存器的 READ_MODE 参数用于表示是由 NRD 还是由 NCS 信号控制读操作。

1）NRD 控制读操作（READ_MODE=1）

图 4-31 给出了一个典型的异步 RAM 中读操作的波形。在 NRD 下降沿过 t_{PACC} 时间之后，从数据总线上读数据是有效的，在 NRD 上升沿之后数据可能变化。这种情况下，READ_MODE 必须设为 1（读操作由 NRD 控制），表示 NRD 上升沿时数据是有效的。不管 NCS 的波形如何，SMC 将在主时钟处于上升沿时采样读数据，以产生 NRD 的上升沿。

2）NCS 控制读操作（READ_MODE=0）

图 4-32 是一个典型的读周期。在 NCS 下降沿过 t_{PACC} 时间之后，从数据总线上读数据是有效的，并保持有效直到 NCS 上升沿。因此当 NCS 变为低电平时必须采样数据。这种情况下，READ_MODE 必须设为 0（读操作由 NCS 控制），不管 NRD

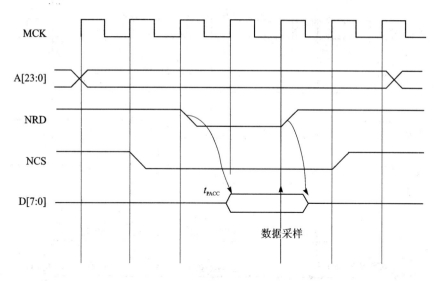

图 4-31 READ_MODE = 1:数据在 NRD 信号上升沿之前由 SMC 采集

的波形如何,SMC 将在主时钟处于上升沿时采样读数据,以产生 NCS 的上升沿。

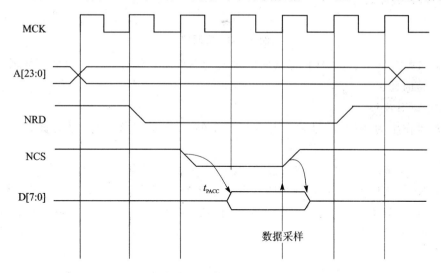

图 4-32 READ_MODE = 0:数据在 NCS 信号上升沿之前由 SMC 采集

(3) 写波形

写协议与读协议是相似的,写周期如图 4-33 所示。写周期从在存储地址总线上设置地址开始。

1) NWE 波形

NWE 信号时序由设置时序、脉冲宽度和保持时序组成。其中:

➤ NWE_SETUP:NWE 设置时间是指在 NWE 下降沿之前设置地址的时间;

➤ NWE_PULSE:NWE 脉冲宽度是指 NWE 下降沿和上升沿之间的时间;

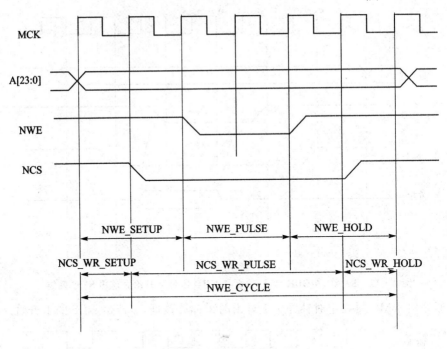

图 4 - 33 写周期

> NWE_HOLD：NWE 保持时间定义为 NWE 上升沿之后的地址和数据的保
>   持时间。

2）NCS 波形

写操作中的 NCS 信号波形与读操作中的 NCS 波形不一样,因此被分开定义
如下：

> NCS_WR_SETUP：NCS 设置时间是指在 NCS 下降沿之前设置地址的时间；

> NCS_WR_PULSE：NCS 脉冲宽度是指 NCS 下降沿和上升沿之间的时间；

> NCS_WR_HOLD：NCS 保持时间定义为在 NCS 上升沿之后地址的保持
>   时间。

3）写周期

写周期时间定义为写周期总的持续时间,即从在地址总线设置地址到地址被改
变的时间。总的写周期时间为

$$\begin{aligned} \text{NWE\_CYCLE} &= \text{NWE\_SETUP} + \text{NWE\_PULSE} + \text{NWE\_HOLD} \\ &= \text{NCS\_WR\_SETUP} + \text{NCS\_WR\_PULSE} + \text{NCS\_WR\_HOLD} \end{aligned}$$

所有 NWE 和 NCS(写)时间都是主时钟周期的整数倍,根据每个片选分开来定
义。为了确保 NWE 和 NCS 时序的一致性,用户必须定义总的写周期,而不是保持
时间。隐含定义的 NWE 保持时间和 NCS 保持时间为

NWE_HOLD=NWE_CYCLE-NWE_SETUP-NWE_PULSE

NCS_WR_HOLD=NWE_CYCLE-NCS_WR_SETUP-NCS_WR_PULSE

(4) 写模式

在相应的片选情况下,SMC_MODE 寄存器中 WRITE_MODE 参数指示由哪个信号来控制写操作。

1) 写操作由 NWE 控制(WRITE_MODE = 1)

图 4-34 为 WRITE_ MODE 设置为 1 时的写操作波形。在 NWE 信号保持有效的脉冲内,将数据放到总线上。不管如何设置 NCS 的波形,内部的数据缓冲区在 NWE_SETUP 时间之后被关闭,直到写周期结束。

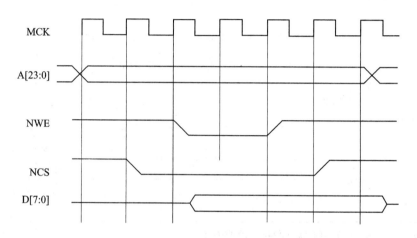

图 4-34 WRITE_MODE = 1:写操作由 NWE 控制

2) 写操作由 NCS 控制(WRITE_MODE = 0)

图 4-35 为 WRITE_ MODE 设置为 0 时的写操作波形。在 NCS 信号保持有效的脉冲内,将数据放置在数据总线上。不管如何设置 NWE 的波形,内部的数据缓冲区在 NCS_WR_SETUP 时间之后关闭,直到写周期结束。

(5) 编码时序参数

要为每个片选定义其所有的时序参数,并在 SMC_ REGISTER 中按照它们的类型进行分组。其中:

SMC_SETUP 寄存器对所有设置参数进行分组:NRD_SETUP、NCS_RD_SETUP、NWE_SETUP、NCS_WR_SETUP。

SMC_PULSE 寄存器对所有脉冲参数进行分组:NRD_PULSE、NCS_RD_PULSE、NWE_PULSE、NCS_WR_PULSE。

SMC_CYCLE 寄存器对所有周期参数进行分组:NRD_CYCLE、NWE_CYCLE。

表 4-22 列出了如何编码时序参数以及允许范围。

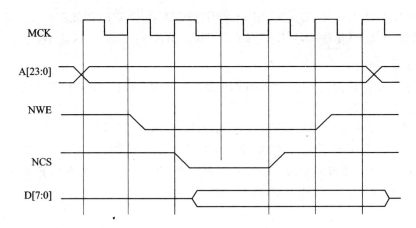

图 4 - 35 WRITE_MODE ＝ 0:写操作由 NCS 控制

表 4 - 22 编码时序参数以及范围

编码值	比特位数	有效值	允许范围	
			编码值	有效值
setup [5:0]	6	128×setup[5] ＋ setup[4:0]	0≤编码值≤ 31	0≤编码值≤ 128＋31
pulse [6:0]	7	256×pulse[6] ＋ pulse[5:0]	0≤编码值≤ 63	0≤编码值≤256＋63 0≤编码值≤ 256＋127
cycle [8:0]	9	256×cycle[8:7] ＋ cycle[6:0]	0≤编码值≤ 127	0≤编码值≤ 512＋127 0≤编码值≤ 768＋127

表 4 - 23 列出了复位后时序参数默认值。

表 4 - 23 复位后时序值

寄存器	复位值	描　述
SMC_SETUP	0x01010101	所有启动时序被设为 1
SMC_PULSE	0x01010101	所有脉冲时序被设为 1
SMC_CYCLE	0x00030003	读/写操作延迟 3 个 MCK 并保持 1 个周期
WRITE_MODE	1	写操作由 NWE 控制
READ_MODE	1	读操作由 NRD 控制

(6) 使用限制

SMC 并不检测用户编程参数的有效性。如果 SETUP 和 PULSE 参数的总和大于相应的 CYCLE 参数,将导致 SMC 的行为不可预知。

对于读操作,如果不设地址设置和保持时间,存储器接口中不能够保证地址设置和保持时间,也不能保证 NRD 或者 NCS 信号,这是因为这些信号在通过外部逻辑时会产生传播延迟。如果必须要验证设置以及保持值的有效性,那么强烈建议不要设置空值,这样就可以覆盖地址信号、NCS 信号及 NRD 信号之间可能出现的偏差。

对于写操作,如果没有给 NWE 设置保持值,那么在 NWE 上升沿之后,SMC 能够保证一个确切的保持地址、字节选择线和 NCS 信号。上述情况,仅仅在 WRITE_MODE＝1 时是正确的。

对读和写操作,必须设置脉冲参数值,因为空值可能导致不可预知的行为。在读/写周期中,设置地址和保持时间参数是参照地址总线来定义的。对外部设备而言,在 NCS 和 NRD(读)信号之间或 NCS 和 NWE(写)信号之间需要设置地址和保持时间。这些地址的设置和保持时间必须参考地址总线,将其转换成地址设置时间和保持时间。

4. 加密编码/解码功能

外部数据总线 D[31:0]上的数据可以进行加密编码,这样可防止他人通过分析微控制器或片外存储器的引脚来获取知识产权数据。

编码和解码是在传输过程中执行的,不需要额外的等待状态。编码方式依赖于两个用户可配置的密钥寄存器,即 SMC_KEY1 和 SMC_KEY2。这些密钥寄存器仅在写模式下可访问。

为了从片外存储器中恢复数据,密钥必须被安全地存储在可靠的非易失存储器中。如果密钥丢失了,那么用密钥编码的数据将不可恢复。

通过对 SMC_OCMS 寄存器进行设置,可以允许或禁止编码/解码功能。SMC_OCMS 寄存器中有 1 位专门用来允许/禁止 NAND Flash 数据的加密编码,另外 1 位专门用来允许/禁止片外 SRAM 数据的加密编码。当至少一个外部 SRAM 被编码时,SMC_OCMS 寄存器里面的 SMSE 域必须被配置。

当复用片选(外部 SRAM)时,需要使用 SMC_ TIMINGS 寄存器中的 OCMS 域为每个片选配置加密编码功能。为了对 NAND Flash 内容编码,必须对 SMC_OCMS寄存器里的 SRSE 域进行配置。当 NAND Flash 存储器内容被编码加密时,与之相连的用于传输的 SRAM 页缓冲区也被编码加密。

5. 自动等待状态

在某些条件下,SMC 在 2 次访问之间自动地插入空闲周期,以避免总线争用或操作冲突。

(1) 片选等待状态

在 2 个独立片选的传输之间,SMC 总是插入一个空闲周期。这个空闲周期是为了确保在一个设备离开激活状态和下一个设备激活之间没有总线冲突。在片选等待状态期间,所有的控制线都处于非激活状态:NWE、NCS[0:3]、NRD 线均被置为 1。

(2) 提早读等待状态

在某些情况下,为了保证在后续到来的读周期开始之前,写周期能有充分的时间完成,于是 SMC 在写访问和读访问之间插入一个等待状态周期。如果有片选等待状态,则不会产生提早读等待状态。因此,提早的读周期仅仅发生在对同一个存储设置(同样的片选)的写和读访问之间。

如果以下条件至少一个成立,那么将自动插入一个提早读等待状态:

① 如果写控制信号没有保持时间,且后续的读控制信号没有设置地址时间。

② 在 NCS 写控制模式下(WRITE_MODE＝0),如果 NCS 信号没有保持时间,而且 NCS_RD_SETUP 参数设置为 0,这时不管是什么读模式,写操作都必须以 NCS 上升沿作为结束。如果没有一个提早读等待状态,则读操作不可能正确完成。

③ 在 NWE 控制模式下(WRITE_MODE＝1),如果没有保持时间(NWE_HOLD＝0),那么写控制信号的反馈被用来控制地址、数据、片选和字节选择线。如果外部的写控制信号由于负载电容的缘故而没有按照预期停止下来,那么将插入一个提早读等待状态,地址和控制信号将被多保持一个周期。

(3) 重载用户配置等待状态

用户可以通过写 SMC 用户接口来修改任意配置参数。当检测到一个新的用户配置写入到用户接口时,SMC 会在开始下一次访问之前插入一个等待状态。这个所谓的重载用户等待状态被 SMC 用来在下一次访问之前加载新的设置参数。

如果有片选等待状态,则不会出现重载用户配置等待状态。如果在对用户接口进行重设置之前或之后访问不同的设备(片选),那么将会插入一个片选等待状态。

另一方面,如果在写用户接口之前或之后所访问的是同一个设备,那么将插入一个重载配置等待状态,即使这个改变与当前片选无关。

为了插入一个重载配置等待状态,SMC 将检测任何对用户接口 SMC_MODE 寄存器的写访问。如果仅是用户接口中的时序寄存器(SMC_SETUP、SMC_PULSE、SMC_CYCLE 寄存器)被修改,用户必须通过写 SMC_MODE 寄存器来对修改进行验证,即使模式参数没有被修改。

在当前的传输结束之后,如果进入或退出慢时钟模式,将会插入一个重载配置等待状态。

(4) 读到写等待状态

由于内部机制的缘故,在连续的读和写 SMC 访问之间,总是会插入一个等待周期。这个等待周期在本文档中被称为读到写等待状态。这种情况下,除了片选等待状态、重载用户配置等待状态之外,还要插入这个等待周期。

6. 数据浮动等待状态

一些存储设备释放外部总线速度很慢,对于这种设备,在以下情况需要在一次读访问之后添加等待状态(数据浮动等待状态):

① 在开始对一个不同的外部存储器进行读访问之前。

② 在开始对一个相同的设备或一个不同的外部设备进行写访问之前。

对每一个外部存储设备,可通过对相应片选所对应的 SMC_MODE 寄存器中 TDF_CYCLES 域编程以设置数据浮动输出时间(t_{DF})。在外部设备释放总线之前,

TDF_CYCLES 的值用于指示数据浮动等待周期的数量(在 0～15 之间),以及表示存储设备被禁止后允许数据输出到其为高阻抗状态的时间。

数据浮动等待状态并没有延误内部存储器访问。因此,对一个数据浮动输出时间 t_{DF} 很长的外部存储器的单一访问,并没有降低执行内部存储器程序的速度。数据浮动等待状态的管理,依赖于相应片选所对应的 SMC_MODE 寄存器里的 READ_MODE 和 TDF_MODE 域。

7. 外部等待

外部设备通过使用 SMC 的 NWAIT 输入信号,可以扩展任何访问。相应片选对应的 SMC_MODE 寄存器里的 EXNW_MODE 域必须被设置为 10(冻结模式),或是为 11(准备模式)。当 EXNW_MODE 设置为 00(禁止)时,相应片选上的 NWAIT 信号被忽略。对于读或写控制信号而言,NWAIT 信号将延迟读或写操作,这取决于相应片选为读模式或写模式。

当 EXNW_MODE 被允许时,将强制为读/写控制信号设置至少 1 个保持周期。由于这个原因,NWAIT 信号不能在慢时钟模式中被使用。NWAIT 信号被当作外部设备对 SMC 读/写请求的响应。那么 NWAIT 仅仅在读或写控制信号的脉冲状态时被 SMC 检查,在预期阶段之外的 NWAIT 信号将对 SMC 的行为没有任何影响。

8. 慢时钟模式

当一个由功耗管理控制器驱动的内部信号有效时,SMC 能自动使用一组慢时钟模式的读/写波形,这是因为 MCK 已经变成了一个慢时钟的频率(典型的是 32 kHz 时钟频率)。在这种模式里,用户设置的波形被忽略,而使用慢时钟模式。这种模式是为了避免在非常慢的时钟频率下,对用户接口进行重编程设置。一旦被激活,在所有的片选上都会使用这种慢模式。

图 4-36 显示了慢时钟模式下的读/写操作,它们在所有片选下可用。表 4-24 给出了慢时钟模式下读/写参数的值。

表 4-24 慢时钟模式下的读/写时序参数

读参数	持续时间	写参数	持续时间
NRD_SETUP	1	NWE_SETUP	1
NRD_PULSE	1	NWE_PULSE	1
NCS_RD_SETUP	0	NCS_WR_SETUP	0
NCS_RD_PULSE	2	NCS_WR_PULSE	3
NRD_CYCLE	2	NWE_CYCLE	3

在从慢时钟模式切换到正常模式时,当前慢时钟模式传输是在一个高时钟频率下按照慢时钟模式的参数来完成。但是外部设备可能没有足够快的时钟来支持这个

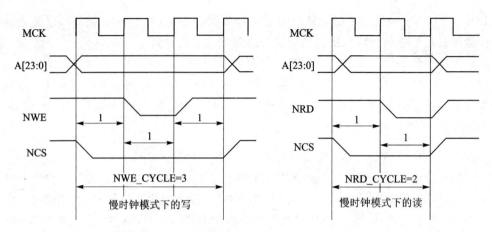

图 4－36　慢时钟模式下的读/写周期

时序。推荐使用慢时钟模式到正常模式或正常模式到慢时钟模式的转换方式，如图 4－37所示。

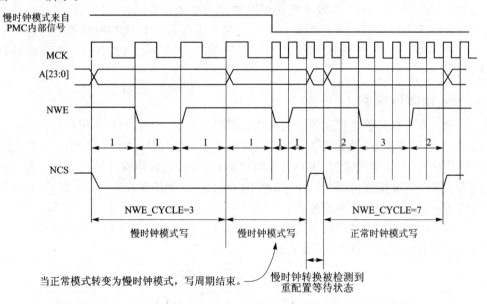

图 4－37　慢时钟模式到正常模式或正常模式到慢时钟模式的转换方式

9. 异步页模式

　　SMC 支持在页模式下异步突发读取，前提是在 SMC_MODE 寄存器中设置使能页模式（PMEN 域）。其中页大小必须在 SMC_MODE 寄存器中配置为 4、8、16，或者 32 字节（PS 域）。

　　页在存储器中定义了连续的字节，一个 4 字节页总是按照 4 字节边界来排列（8、16 和 32 字节的相同）。数据地址的 MSB 定义了存储器中页的地址，地址的 LSB 定义了页中数据的地址,如表 4 – 25 所列。

表 4 – 25　一个页中的页地址和数据地址

页大小/B	页地址	页中数据地址	页大小/B	页地址	页中数据地址
4	A[23:2]	A[1:0]	16	A[23:4]	A[3:0]
8	A[23:3]	A[2:0]	32	A[23:5]	A[4:0]

(1) 页模式下的协议和时序

图 4 – 38 展示了页模式访问下 NRD 和 NCS 的时序。

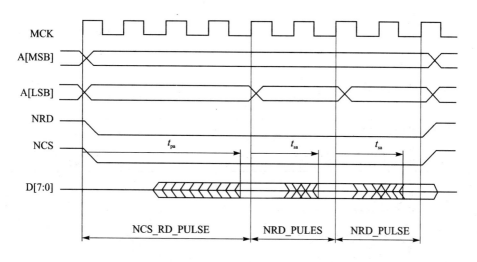

图 4 – 38　页模式读协议

无论启动时是何值以及用户接口可能保持什么时序,NRD 和 NCS 信号将在整个读传输过程中保持低电平,而且 NRD 和 NCS 时序是一致的。第一次访问页的脉冲长度定义在 SMC_PULSE 寄存器的 NCS_RD_PULSE 域中,随后访问页的脉冲长度被定义为 NRD_PULSE 参数。页模式中,读时序的编程如表 4 – 26 所列。

表 4 – 26　页模式中读时序的编程

参　数	值	定　义	参　数	值	定　义
READ_MODE	'x'	无碰撞	NRD_SETUP	'x'	无碰撞
NCS_RD_SETUP	'x'	无碰撞	NRD_PULSE	t_{sa}	随后访问页的访问时间
NCS_RD_PULSE	t_{pa}	第一次访问页的访问时间	NRD_CYCLE	'x'	无碰撞

SMC 并不会检查时序的一致性,它只会将 NCS_RD_PULSE 时序当作页的访问时序(t_{pa}),将 NRD_PULSE 当作随后访问的时序(t_{sa}),即使 t_{pa} 的编程值短于 t_{sa} 的编

程值。

（2）页模式的约束

页模式同 NWAIT 信号的使用并不一致，同时使用页模式和 NWAIT 信号可能导致不可预测的后果。

（3）连续和非连续访问

如果片选和地址的 MSB 完全一致，那么将访问之前的访问页，不会发生分页状况。利用这个信息，对于同一个页中所有连续和非连续的数据，可以在最短的访问时间（t_{sa}）中完成访问。图 4 - 39 举例说明了在页模式下访问一个 8 位存储器设备。

如果地址的 MSB 不同，SMC 将访问一个新页。同样的方式，如果片选和之前的不同，将会发生分页。

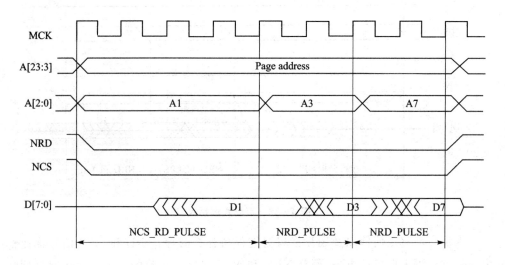

图 4 - 39　相同页中对非连续数据的访问

10. 应用实例

硬件配置的相关信息，用户可以参考存储器设备制造商网站来获得更多信息。对于硬件应用举例，可以参考 SAM4S - EK 评估板的原理图，该图中包含了如何连接 LCD 模块和 NAND Flash 的例子。

（1）8 位 NAND Flash

硬件配置如图 4 - 40 所示。

软件需要完成下列配置：

① 在总线矩阵用户接口上分配 CCFG_SMCNFCS 寄存器中的 SMC_NFCSx 域（例如 SMC_NFCS3）。

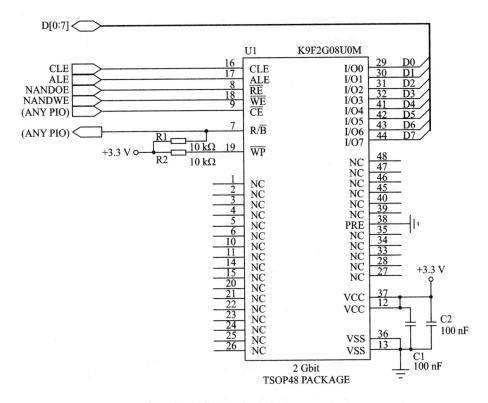

图 4－40　8 位 NAND Flash 硬件配置图

② 将 A21/A22 引脚保留给 ALE/CLE 功能,在访问期间可以相应地设置 A21 和 A22 来完成地址和指令锁存。

③ NANDOE 和 NANDWE 信号复用到 PIO 引脚上,因此该专用的 PIO 引脚必须在 PIO 控制器中被配置在外设模式下。

④ 配置一个 PIO 引脚为输入,该引脚被用来管理就绪/忙信号。

⑤ 根据 NAND Flash 时序、数据总线宽度和系统总线频率来配置静态存储控制器的 CS3 启动、振动、循环和模式。

在这个实例中,NAND Flash 不能解决"无 CE 考虑",想要使它能够解决该问题,必须要将 NCS3 引脚连接到 NAND Flash 的 CE 引脚上(确保 SMC_NFCS3 被设置)。

(2) NOR NAND Flash

硬件配置如图 4－41 所示。

软件配置是根据 Flash 时序和系统总线频率来配置静态存储控制器的 CS0 启动、振动、循环和模式。

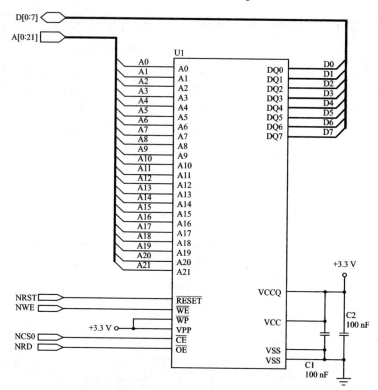

图 4 - 41　NOR NAND Flash 硬件配置图

4.6　LCD 背光控制和触摸屏

4.6.1　LCD 背光控制和触摸屏结构组成

ATSAM4S16C 开发平台配置了一个带有触摸屏的 TFTLCD,其内部集成了驱动芯片 ILI9325。LCD 显示屏尺寸为 2.8 in,其分辨率为 240×320 像素。LCD 背光是由 4 个内嵌的白色片上 LED 组成的,由 AAT3155 驱动(MN8)。AAT3155 通过一个单个 PIO 引脚 PC13 接口同 SAM4S 连接并被控制。

SAM4S16C 通过 PIOC 端口同 LCD 通信,并遵守 8 位并行"8080 - like"总线协议,这是通过软件实现的。LCD 模块引脚分配如表 4 - 27 所列。

续表 4 - 27　LCD 引脚分配

引脚	标　识	引脚	标　识	引脚	标　识	引脚	标　识
1	3.3 V	11	LCD_DB08 (NC)	21	RD (PC11)	31	LED - K2
2	LCD_DB17 (PC7)	12	LCD_DB07	22	WR (PC8)	32	LED - K3
3	LCD_DB16 (PC6)	13	LCD_DB06 (NC)	23	RS (PC19)	33	LED - K4
4	LCD_DB15 (PC5)	14	LCD_DB05 (NC)	24	CS (PC15)	34	Y UP

引 脚	标 识	引 脚	标 识	引 脚	标 识	引 脚	标 识
5	LCD_DB14 (PC4)	15	LCD_DB04 (NC)	25	RESET	35	Y DOWN
6	LCD_DB13 (PC3)	16	LCD_DB03 (NC)	26	IM0	36	X RIGHT
7	LCD_DB12 (PC2)	17	LCD_DB02 (NC)	27	IM1	37	X LEFT
8	LCD_DB11 (PC1)	18	LCD_DB01 (NC)	28	GND	38	NC
9	LCD_DB10 (PC0)	19	LCD_DB00 (NC)	29	LED - A	39	GND
10	LCD_DB09 (NC)	20	3.3 V	30	LED - K1		

    LCD 模块通过 NRST 信号复位,这里的 NRST 信号是同 JTAG 端口和按钮 BP1 共用的。LCD 的片选引脚连接到 NCS1 上,跳线 JP13 可以断开该连接,因此 PIO 引脚可以被用作其他用途。

    LCD 模块的电路连接如图 4 - 42 所示。

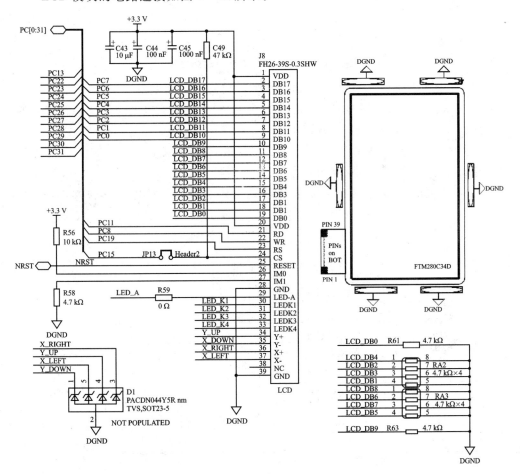

图 4 - 42　LCD 模块电路连接图

LCD背光是由4个内嵌的白色片上LED组成的,由AAT3155驱动(MN8)。AAT3155通过一个单个PIO引脚PC13接口同SAM4S连接并被控制,R68电阻被用在该引脚上以防止该引脚被用作其他用途。这种情况下,上拉电阻R64将保持默认情况下永久启用。其背光控制的电路连接如图4-43所示。

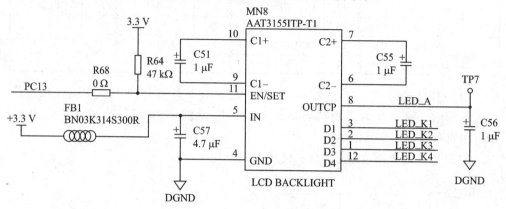

图4-43 LCD背光模块电路连接图

LCD模块集成了一个由ADS7843(MN7)控制的4线电阻式触摸屏,它是一个SPI总线从机设备。控制器将返回有关的X和Y位置信息以及应用到触摸屏上的压力值,可以通过手指或触笔来操作。

ADS7843控制器通过NPCS0控制信号连接到SPI0接口上,2个中断信号连接到该控制器上,用来返回控制事件信息给处理器。ADS7843触摸ADC辅助输入IN3/IN4与测试点连接,是可选的扩展功能引脚。触摸屏的电路连接如图4-44所示。

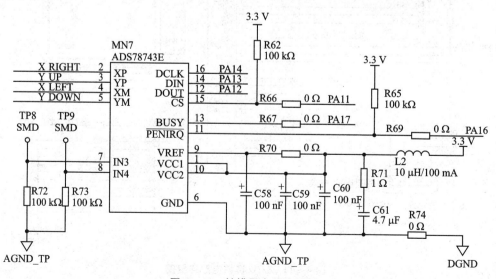

图4-44 触摸屏电路连接图

4.6.2　工作原理

1. 控制芯片 ILI9325

ILI9325 有 1 个 16 位的变址寄存器(IR),1 个 18 位的写数据寄存器(WDR)和 1 个 18 位的读数据寄存器(RDR)。变址寄存器(IR)存储来自控制寄存器和内部的 GRAM 的指令信息,写数据寄存器(WDR)用来暂时存储要被写到控制寄存器和内部的 GRAM 中的数据,读数据寄存器(RDR)用来暂时存储从 GRAM 中读取的数据。存储器保护单元 MPU 中要写入内部 GRAM 的数据,首先写到写数据寄存器(WDR),然后再由内部操作自动地写到内部的 GRAM 中。读取的数据要通过读数据寄存器(RDR),从其内部 GRAM 中读取。因此无效数据将被读到数据总线,当 ILI9325 从内部的 GRAM 中读取第一个数据的时候,有效数据将在 ILI9325 进行第二次读操作之后被读出。寄存器在寄存器执行时间中会被连续地写入数据,除非在振荡器起振的时候执行了 0 个循环。

ILI9325 控制芯片的特征如下:

① 为 QVGA TFT LCD 显示的单芯片解决方案。

② 支持 240×320 像素,可以显示 262 144 真色彩。

③ 支持 MVA(Multi_domain Vertical Alignment 多范围垂直队列)宽视角显示。

④ 组合 720 通道源极驱动和 320 通道门极驱动。

⑤ 内部集成 172 800 字节的 GRAM(图形内存)。

⑥ 高速内存脉冲写功能。

⑦ 拥有 8 位、9 位、16 位和 18 位并行位宽的 4 种系统高速接口。

⑧ 串行外围接口(SPI)。

⑨ 有 6 位、16 位和 18 位宽的 RGB 接口。

⑩ VSYNC 接口。

2. 背光控制 AAT3155

AAT3155 是一种低噪音、恒定频率的 DC/DC 转换器,常应用在白光 LED 中,能够驱动多达 4 个 20 mA 的输入通道。

3. 编程模块

Atmel 公司提供了这两款 IC(ILI9325 和 AAT3155)的配置以及应用接口文件,同时也可以从网站上下载这两款 IC 的控制接口代码。在这里将详细讲解 AT91SAM4S - EK 开发板上的 LCD 模块的控制以及编程接口部分。

在 Atmel Studio 工程中,init.c 文件中包含了 LCD 模块 IC 引脚的配置,代码如下:

```
# ifdef CONF_BOARD_ILI9325
    / * Configure LCD EBI pins * /
    gpio_configure_pin(PIN_EBI_DATA_BUS_D0, PIN_EBI_DATA_BUS_FLAGS);
    gpio_configure_pin(PIN_EBI_DATA_BUS_D1, PIN_EBI_DATA_BUS_FLAGS);
    gpio_configure_pin(PIN_EBI_DATA_BUS_D2, PIN_EBI_DATA_BUS_FLAGS);
    gpio_configure_pin(PIN_EBI_DATA_BUS_D3, PIN_EBI_DATA_BUS_FLAGS);
    gpio_configure_pin(PIN_EBI_DATA_BUS_D4, PIN_EBI_DATA_BUS_FLAGS);
    gpio_configure_pin(PIN_EBI_DATA_BUS_D5, PIN_EBI_DATA_BUS_FLAGS);
    gpio_configure_pin(PIN_EBI_DATA_BUS_D6, PIN_EBI_DATA_BUS_FLAGS);
    gpio_configure_pin(PIN_EBI_DATA_BUS_D7, PIN_EBI_DATA_BUS_FLAGS);
    gpio_configure_pin(PIN_EBI_NRD, PIN_EBI_NRD_FLAGS);
    gpio_configure_pin(PIN_EBI_NWE, PIN_EBI_NWE_FLAGS);
    gpio_configure_pin(PIN_EBI_NCS1, PIN_EBI_NCS1_FLAGS);
    gpio_configure_pin(PIN_EBI_LCD_RS, PIN_EBI_LCD_RS_FLAGS);
# endif

# ifdef CONF_BOARD_AAT3155
    / * Configure Backlight control pin * /
    gpio_configure_pin(BOARD_BACKLIGHT, BOARD_BACKLIGHT_FLAG);
# endif
```

这里将 ILI9325 和 AAT3155 的各个引脚都定义了,具体的引脚对应请参考本节中 LCD 电路连接部分。

LCD 模块使用了 SMC 接口,通过静态存储控制器保存了要显示的图片和文字,关于 SMC 的内容请参考之前的相关内容。

LCD 的接口函数是在工程的 ILI9325.c 和 aat31xx.c 文件中,其中定义了众多的控制函数,具体内容可以参考相关网站,在这里大致讲解两款 IC 接口函数。

(1) 背光 IC 控制函数

```
void aat31xx_set_backlight(uint32_t ul_level);

void aat31xx_disable_backlight(void);
```

(2) ILI9325 芯片的显示函数

```
uint32_t ili9325_init(struct ili9325_opt_t * p_opt);

void ili9325_display_on(void);
void ili9325_display_off(void);
void ili9325_set_foreground_color(ili9325_color_t ul_color);
void ili9325_fill(ili9325_color_t ul_color);
void ili9325_set_window(uint32_t ul_x, uint32_t ul_y,
        uint32_t ul_width, uint32_t ul_height);
void ili9325_set_cursor_position(uint16_t us_x, uint16_t us_y);
void ili9325_scroll (int32_t ul_lines);
```

```
void ili9325_enable_scroll (void);
void ili9325_disable_scroll(void);
void ili9325_set_display_direction(enum ili9325_display_direction e_dd,
        enum ili9325_shift_direction e_shd, enum ili9325_scan_direction e_scd);
uint32_t ili9325_draw_pixel(uint32_t ul_x, uint32_t ul_y);
ili9325_color_t ili9325_get_pixel(uint32_t ul_x, uint32_t ul_y);
void ili9325_draw_line(uint32_t ul_x1, uint32_t ul_y1,
        uint32_t ul_x2, uint32_t ul_y2);
void ili9325_draw_rectangle(uint32_t ul_x1, uint32_t ul_y1,
        uint32_t ul_x2, uint32_t ul_y2);
void ili9325_draw_filled_rectangle(uint32_t ul_x1, uint32_t ul_y1,
        uint32_t ul_x2, uint32_t ul_y2);
uint32_t ili9325_draw_circle(uint32_t ul_x, uint32_t ul_y, uint32_t ul_r);
uint32_t ili9325_draw_filled_circle(uint32_t ul_x, uint32_t ul_y, uint32_t ul_r);
void ili9325_draw_string(uint32_t ul_x, uint32_t ul_y, const uint8_t * p_str);
void ili9325_draw_pixmap(uint32_t ul_x, uint32_t ul_y, uint32_t ul_width,
        uint32_t ul_height, const ili9325_color_t * p_ul_pixmap);
```

4.6.3 应用程序设计

1. 设计要求

该程序的主要功能是演示如何配置开发板上的 LCD 控制器 ILI9325 来控制液晶屏显示器。首先配置 LCD 控制器 ILI9325,然后初始化 LCD,最后在液晶屏上显示一些文字、图像等信息。

2. 硬件设计

AT91SAM4S - EK 开发板上已经集成了 LCD 的完整控制,所以无需任何的额外电路。

3. 软件设计

根据程序设计要求,需要完成以下的内容:
① 初始化开发板外设配置及开发板的时钟配置。
② 设置 SMC 接口用作 LCD。
③ 配置 UART,用来接收/发送数据。
④ 初始化 LCD 显示参数并设置显示相关的配置。
⑤ 完成后在 LCD 上显示相应的文字和图片。
LCD 控制程序包含了 main.c 和相关的配置文件,main.c 的代码如下:

```
# include "asf.h"

/* 要设置的芯片数 */
```

```
#define ILI9325_LCD_CS          1

struct ili9325_opt_t g_ili9325_display_opt;

static void configure_console(void)
{
    const sam_uart_opt_t uart_console_settings =
            { sysclk_get_cpu_hz(), 115200, UART_MR_PAR_NO };
    /* 设置 PIO */
    pio_configure(PINS_UART_PIO, PINS_UART_TYPE, PINS_UART_MASK,
            PINS_UART_ATTR);
    /* 设置 PMC */
    pmc_enable_periph_clk(CONSOLE_UART_ID);
    /* 设置 UART */
    uart_init(CONSOLE_UART, &uart_console_settings);
}

int main(void)
{
    sysclk_init();
    board_init();

    configure_console();
    /* 使能外设时钟 */
    pmc_enable_periph_clk(ID_SMC);
    /* 设置 SMC 接口用作 LCD */
    smc_set_setup_timing(SMC,ILI9325_LCD_CS,SMC_SETUP_NWE_SETUP(2)
            | SMC_SETUP_NCS_WR_SETUP(2)
            | SMC_SETUP_NRD_SETUP(2)
            | SMC_SETUP_NCS_RD_SETUP(2));
    smc_set_pulse_timing(SMC, ILI9325_LCD_CS , SMC_PULSE_NWE_PULSE(4)
            | SMC_PULSE_NCS_WR_PULSE(4)
            | SMC_PULSE_NRD_PULSE(10)
            | SMC_PULSE_NCS_RD_PULSE(10));
    smc_set_cycle_timing(SMC, ILI9325_LCD_CS, SMC_CYCLE_NWE_CYCLE(10)
            | SMC_CYCLE_NRD_CYCLE(22));
    smc_set_mode(SMC, ILI9325_LCD_CS, SMC_MODE_READ_MODE
```

```
          | SMC_MODE_WRITE_MODE
          | SMC_MODE_DBW_8_BIT);

/* 初始化显示参数 */
g_ili9325_display_opt.ul_width = ILI9325_LCD_WIDTH;

g_ili9325_display_opt.ul_height = ILI9325_LCD_HEIGHT;

g_ili9325_display_opt.foreground_color = COLOR_BLACK;

g_ili9325_display_opt.background_color = COLOR_WHITE;

/* 关闭背光 */
aat31xx_disable_backlight();

/* 初始化 LCD */
ili9325_init(&g_ili9325_display_opt);

/* 设置背光级别 */
aat31xx_set_backlight(AAT31XX_AVG_BACKLIGHT_LEVEL);

ili9325_set_foreground_color(COLOR_WHITE);

ili9325_draw_filled_rectangle(0, 0, ILI9325_LCD_WIDTH, ILI9325_LCD_HEIGHT);

/* 打开 LCD */
ili9325_display_on();

/* 写文字、图像、基本曲线 */
printf("--------------lcd_control test---------------\n\r");

printf("testing ...\n\r");

ili9325_set_foreground_color(COLOR_BLACK);

printf("    1.darm text:lcd_control test\n\r");

ili9325_draw_string(10, 20, (uint8_t *)"lcd_control test");

printf("    2.darm circles...\n\r");

ili9325_set_foreground_color(COLOR_RED);

ili9325_draw_circle(60, 160, 40);

ili9325_set_foreground_color(COLOR_GREEN);

ili9325_draw_circle(120, 160, 40);

ili9325_set_foreground_color(COLOR_BLUE);

ili9325_draw_circle(180, 160, 40);

printf("    3.darm line...\n\r");

ili9325_set_foreground_color(COLOR_VIOLET);
```

```
        ili9325_draw_line(0, 0, 240, 320);

        printf("tests over\n\r");

        printf(" --------------lcd_control test ok------------\n\r");

        while (1) {

        }

}
```

4. 运行过程

使用 Atmel Studio6 运行工程,生成相应的可下载源码文件。再使用 SAM4S - EK 开发平台附带的串口线,将开发平台上的串口接口(UART)同 PC 机上的串口连接在一起。

然后,在主机上运行 Windows 自带的超级终端串口通信程序(波特率 115 200、1 位停止位、无校验位、无硬件流控制),或者使用其他串口通信程序,设置相同即可。接着使用 SAM - BA 工具,通过 USB 接口连接到 SAM4S - EK 开发平台上,将刚刚生成的源码下载到目标系统中。

最后,运行程序或者复位开发平台,例程正常运行后,可以看到开发平台上的液晶显示屏出现文字和 3 个圆,同时超级终端将显示如图 4 - 44 所示的信息。

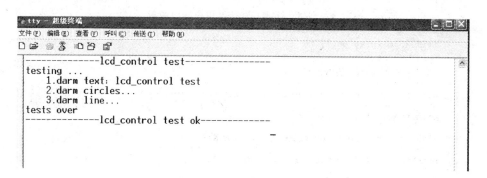

图 4 - 45 运行结果界面

4.7 通用异步收发器 UART

SAM4S 微控制器带有 2 个通用异步收发器,提供了 2 个 UART 接口,本节将介绍这种串行通信接口。

4.7.1 UART 结构组成

通用异步收发器是一个用来进行数据交换和跟踪的两引脚 UART,它为批量编程提供一个理想的工具。此外与 2 个外设 DMA 控制器(PDC)通道相关联,使得进行包处理所占有的处理器时间减少至最小。图 4 - 46 展示了 UART 功能框图,其中引脚 URXD 为 UART 接收数据引脚,为输入类型;UTXD 引脚为 UART 发送数据引脚,为输出类型。

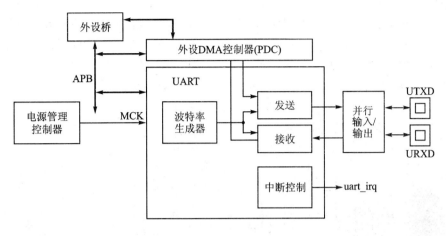

图 4 - 46   UART 功能框图

UART 的用户接口如表 4 - 28 所列,2 个 UART 的基地址分别为 0x400E0600 和 0x400E0800。

表 4 - 28   UART 寄存器用户接口映射

偏　移	寄存器	名　称	访问方式	复位值
0x0000	控制寄存器	UART_CR	只写	—
0x0004	模式寄存器	UART_MR	读/写	0x0
0x0008	中断允许寄存器	UART_IER	只写	—
0x000C	中断禁止寄存器	UART_IDR	只写	—
0x0010	中断屏蔽寄存器	UART_IMR	只读	0x0
0x0014	状态寄存器	UART_SR	只读	—
0x0018	接收保持寄存器	UART_RHR	只读	0x0
0x001C	传输保持寄存器	UART_THR	只写	—
0x0020	波特率发生器寄存器	UART_BRGR	读/写	0x0
0x0024～0x003C	保留	—	—	—
0x004C～0x00FC	保留	—	—	—
0x0100～0x0124	PDC 区域	—	—	—

4.7.2   工作原理

UART 工作在异步模式,只支持 8 位字符处理(带校验),它没有时钟引脚。

UART 由相互独立工作的接收器和发送器,以及一个共有的波特率发生器组成,不能实现接收器超时和发送时间保证。但是,所有的实现特性都与标准 USART 一致。

1. 波特率发生器

波特率发生器为接收器和发送器提供名为波特率时钟的位周期时钟,波特率时钟的值为主机时钟的值除以被写入波特率发生器寄存器中的 CD 值的 16 倍。若 UART_BRGR 置 0,波特率时钟禁止并且 UART 不工作。最大允许波特率是主控时钟 16 分频,最小允许波特率是主时钟(16×65 536)分频。

$$\text{Baud Rate(波特率)} = (\text{MCK}/16) \times \text{CD}$$

波特率发生器的结构如图 4 - 47 所示。

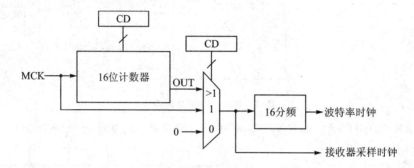

图 4 - 47 波特率发生器的功能框图

2. 接收器

(1) 接收器复位、允许与禁止

设备复位后,UART 接收器禁止使用。使用之前必须允许接收器,可以通过将控制寄存器 UART_CR 的 RXEN 位设置为 1 来允许接收器。在这个命令下,接收器开始寻找起始位。

可以通过将控制寄存器 UART_CR 的 RXDIS 位设置为 1 来禁止接收器。若接收器正在等待起始位,则会马上被停止。如果接收器已经检测到起始位,并且正在接收数据,则在实际停止操作之前,它会一直工作到接收到停止位。

同样可以通过将控制寄存器 UART_CR 的 RSTRX 位设置为 1,使接收器处于复位状态。这样做的话,接收器会立即停止它当前的操作,并且被禁用,不管它当前处于什么状态。如果正在数据传输过程中,则数据将会丢失。

(2) 起始位检测和数据采样

由于 UART 支持异步操作,这只会影响它的接收器。UART 接收器通过采样 URXD 信号来检测接收到字符的起始位,直到检测到有效的起始位。若连续 7 个以上的采样时钟周期都被检测到 URXD 为低电平,就表示检测到了有效的起始位。采样时钟的频率是波特率的 16 倍。也就是说将长于 7/16 的位周期空间作为有效的起始位,等于或小于 7/16 的位周期空间将被忽略,接收器会继续等待一个有效的起始位,如图 4-48 所示。

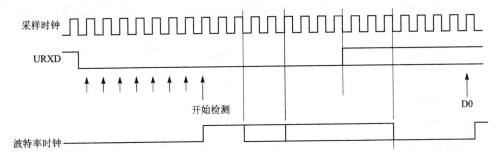

图 4-48 起始位检测

当检测到有效的起始位后,接收器将在每一位的理论中点处采样 URXD。假设每一位持续 16 个采样时钟周期(1 位周期),那么采样点位就是起始位之后的 8 个周期(0.5 位周期)。因此,第一个采样点就是起始位被检测到之后下降沿后的 24 个周期(1.5 位周期),如图 4-49 所示。每个后续位被前后共采样 16 个周期(1 位周期)。

例:8位数据,1个停止位。

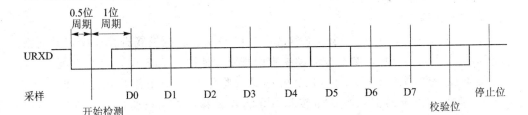

图 4-49 字符接收

(3) 接收就绪

当接收到一个完整字符之后,该字符被传输到接收保持寄存器 UART_RHR,并且 UART_SR(状态寄存器)的 RXRDY 状态置位。读 UART_RHR 之后,将自动清零 RXRDY 位。

(4) 接收器溢出

若自上一次传输之后,软件(或外设数据控制器)没有读 UART_RHR,RXRDY 位仍被置位,此时接收到新的字符,UART_SR 中的 OVER 状态位将置位。通过软件写控制寄存器使其中的 RSTSTA 位(复位状态)置 1,可清零 OVER 位。

(5) 校验错误

每次接收到数据,接收器就根据 UART_MR 寄存器的 PAR 域计算接收到的数据校验位,然后与接收到的校验位进行比较。如果不同,UART_SR 寄存器的 PARE 置 1,并且同时 RXRDY 置位。将控制寄存器 UART_CR 的 RSTSTA(复位状态)位置 1 时,检验位清零。在写复位命令之前,若接收到新的字符,PARE 位仍置为 1。

(6) 接收器帧错误

检测到起始位之后,所有数据都被采样接收后生成一个字符。当检测到停止位为 0 时,停止位也被采样。RXRDY 位置位的同时,UART_SR 寄存器的 FRAME 位(帧错误)置位。FRAME 位保持为 1,直到将控制寄存器 UART_CR 的 RSTSTA 位置 1。

3. 发送器

(1) 发送器复位、允许与禁止

设备复位后,UART 发送器被禁止。在使用之前必须先允许它,通过将控制寄存器 UART_CR 的 TXEN 位置 1 来允许发送器。在这个命令之后,发送器在实际开始发送之前,将会等待字符写入发送保持寄存器(UART_THR)。可以编程将控制寄存器 UART_CR 的 TXDIS 位置 1 来禁止发送器。若发送器没有工作,将会被立即禁止。如果一个字符正在移位寄存器中或者一个字符正被写入发送保持寄存器,要等这些字符传送结束之后,发送器才会真正停止。

同样可以编程将控制寄存器 UART_CR 的 RSTTX 位置 1 来使发送器处于复位状态,这将会立即停止发送器,不管它是否正在处理字符。

(2) 发送格式

UART 发送器按波特率时钟速率驱动 UTXD 引脚。按模式寄存器中定义的格式和移位寄存器中存放的数据来驱动这根引脚线。如图 4-49 所示,1 个 0 起始位,8 个数据位,数据从低位到高位,1 个可选的校验位和 1 个 1 停止位连续地移出。UART_MR 中的 PARE 位域决定校验位是否需要移出。当校验位是允许的,可以选择奇校验、偶校验,或固定空间或标志位。

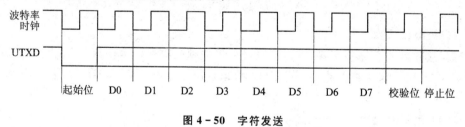

图 4-50 字符发送

(3) 发送器控制

当允许发送器时,状态寄存器 UART_SR 中的 TXRDY(发送就绪)位置位。当向发送保持寄存器(UART_THR)写数据后,写入的字符从 UART_THR 传输到移位寄存器,开始发送数据。随后 TXRDY 位将保持高电平直到 UART_THR 中写入下一个字符,一旦第一个字符发送完成,最近写入 UART_THR 的字符被传输到移位寄存器。并且 TXRDY 位再次变为高电平,以表明保持寄存器是空的。

当移位寄存器和 UART_THR 都为空,也就是所有写入 UART_THR 的字符都已经处理完,在最后一个停止位发送完成之后 TXEMPTY 的电平升高,如图 4-51 所示。

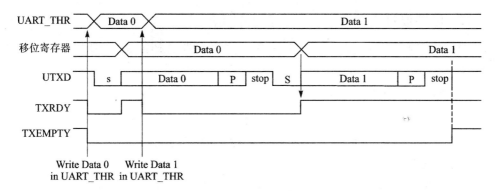

图 4-51 发送器控制

4. 外设 DMA 控制器

UART 的接收器和发送器都与外设 DMA 控制器（PDC）通道连接。通过映射到 UART 用户接口的从偏移量 0x100 开始的寄存器，可对外设数据控制器通道进行编程。状态位在 UART 状态寄存器（UART_SR）中反映，并能够产生中断。

RXRDY 位触发接收器的 PDC 通道数据接收传输，这将导致从 UART_RHR 中读取数据。TXRDY 位触发发送器的 PDC 通道数据发送传输，这将导致向 UART_THR 中写数据。

5. 测试模式

UART 支持下面 3 种测试模式，可以通过模式寄存器（UART_MR）的 CHMODE 位域（通道模式）来编程设置这些操作模式。

① 自动回应模式允许 1 位 1 位地重发。当 URXD 线上接收到 1 位数据，该数据被发送到 UTXD 线上。正常情况下，发送器操作对 UTXD 线无影响。

② 本地回环模式允许发送的数据被接收。该模式不使用 UTXD 和 URXD 引脚，而是在内部，发送器的输出直接连接到接收器的输入上。URXD 引脚的状态无效，UTXD 被保持为高位，如同在空闲状态。

③ 远程回环模式则是将 URXD 引脚和 UTXD 引脚直接连接。发送器和接收器被禁止且无效。这种模式允许 1 位 1 位地重新发送。

4.7.3 应用程序设计

1. 设计要求

UART 本身作为串口的存在，最大的作用就是用来通信，应用程序可以通过 UART 实现开发板同 PC 机之间的数据交换。该应用程序主要用来实现开发板如何通过 UART 从 PDC 中接收和发送数据，PDC 将会把接收到的数据通过 UART 发送出去，显示在超级终端上。

2. 硬件设计

AT91SAM4S‐EK 开发平台本身的 UART 自带了 PDC 通道,所以无需添加外部硬件连接。

3. 软件设计

根据设计任务的要求,应用程序需要完成以下的工作:

① 设置 UART 串口,使之能够正常地接收和发送数据。

② 配置 UART 时钟,以及其 PDC 传输方式等。

③ 修改 UART 中断函数,在中断函数中完成数据的接收和发送。

④ 配置 PDC 源地址和数据缓冲区大小。

⑤ 初始化 PDC 接收数据包。

⑥ 配置 PDC 和 UART 的使能端,使之可以正常工作。

⑦ 设置 UART 中断使能。

⑧ 软件进入中断等待过程中,完成软件设计。

带有 PDC 的 UART 程序设计的主程序 main.c 代码如下:

```
# include "asf.h"
# include "conf_board.h"
# include "conf_pdc_uart_example.h"

# define BUFFER_SIZE    5

# define STRING_EOL      "\r"
# define STRING_HEADER " -- PDC_UART test -- \r\n" \
        " -- "BOARD_NAME" -- \r\n" \
        " -- Compiled: "__DATE__" "__TIME__" -- "STRING_EOL

/* PDC 发送缓冲区 */
uint8_t g_uc_pdc_buffer[BUFFER_SIZE];
/* PDC 将要发送的数据包 */
pdc_packet_t g_pdc_uart_packet;
/* 指向 UART PDC 寄存器的地址 */
Pdc *g_p_uart_pdc;

/*
 * UART 中断处理函数
 */
void console_uart_irq_handler(void)
{
    /* 获得 UART 状态并检查 PDC 接收缓冲区是否已满 */
    if ((uart_get_status(CONSOLE_UART) & UART_SR_RXBUFF) == UART_SR_RXBUFF) {
        /* 设置 PDC 用来接收和发送 */
```

```
        pdc_rx_init(g_p_uart_pdc, &g_pdc_uart_packet, NULL);//先接收
        pdc_tx_init(g_p_uart_pdc, &g_pdc_uart_packet, NULL);//再发送
    }
}

/*
 * 设置 UART
 */
static void configure_console(void)
{
    const sam_uart_opt_t uart_console_settings =
            { sysclk_get_cpu_hz(), 115200, UART_MR_PAR_NO };
    pio_configure(PINS_UART_PIO, PINS_UART_TYPE, PINS_UART_MASK,
            PINS_UART_ATTR);

    pmc_enable_periph_clk(CONSOLE_UART_ID);

    uart_init(CONSOLE_UART, &uart_console_settings);
}

int main(void)
{
    /* 系统初始化 */
    sysclk_init();
    board_init();

    configure_console();

    puts(STRING_HEADER);

    g_p_uart_pdc = uart_get_pdc_base(CONSOLE_UART);
    /* 初始化 PDC 发送数据包:包地址和数据缓冲区大小 */
    g_pdc_uart_packet.ul_addr = (uint32_t) g_uc_pdc_buffer;
    g_pdc_uart_packet.ul_size = BUFFER_SIZE;

    /* 初始化 PDC 接收数据包 */
    pdc_rx_init(g_p_uart_pdc, &g_pdc_uart_packet, NULL);

    /* 使能 PDC 发送和接收 */
    pdc_enable_transfer(g_p_uart_pdc, PERIPH_PTCR_RXTEN | PERIPH_PTCR_TXTEN);
    /* 使能 UART 中断 */
    uart_enable_interrupt(CONSOLE_UART, UART_IER_RXBUFF);
```

```
/* 使能中断 */
NVIC_EnableIRQ(CONSOLE_UART_IRQn);

while (1) {
}
}
```

4. 运行过程

使用 Atmel Studio6 运行工程,生成相应的可下载源码文件。再使用 SAM4S - EK 开发平台附带的串口线,将开发平台上的串口接口(UART)同 PC 机上的串口连接在一起。

然后,在主机上运行 Windows 自带的超级终端串口通信程序(波特率 115 200、1 位停止位、无校验位、无硬件流控制),或者使用其他串口通信程序,设置相同即可。接着使用 SAM - BA 工具,通过 USB 接口连接到 SAM4S - EK 开发平台上,将刚刚生成的源码下载到目标系统中。

最后,运行程序或者复位开发平台,例程正常运行后,超级终端将显示如图4 - 52 所示的信息。

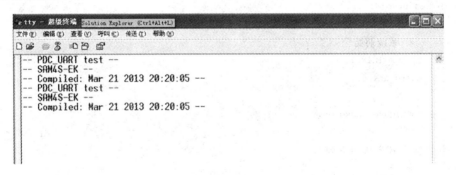

图 4 - 52　超级终端显示的信息(3)

4.8　通用同步/异步收发器 USART

4.8.1　USART 结构组成

USART 提供了一个全双工通用同步/异步串行连接,其功能框图如图 4 - 53 所示。数据帧格式可编程(包括数据长度、奇偶校验、停止位数)以支持尽可能多的标准,其接收器能够实现奇偶错误、帧错误和溢出错误的检测。允许接收器超时以处理可变长度帧,同时发送器的时间保障功能使其与低速远程设备进行通信更加简单,接收与发送的地址位提供了多点通信支持。

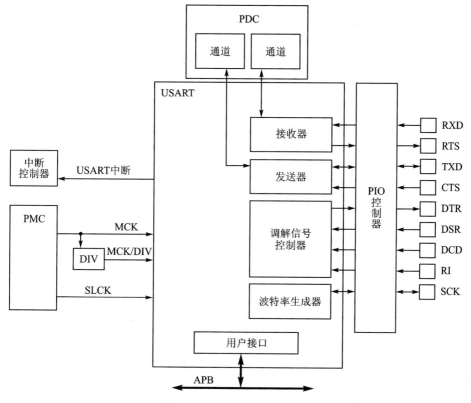

图 4 - 53 USART 功能框图

USART 提供了远程环回、本地环回和自动回应 3 种测试模式。USART 支持 RS - 485 总线接口和 SPI 总线接口的特定操作模式,还支持 ISO 7816 T=0 或 T=1 智能卡插槽、红外收发器连接。

注意:硬件握手通信通过 RTS 与 CTS 引脚自动实现溢出控制。

USART 支持能连接到发送器和接收器的外围 DMA 控制器,PDC 提供没有任何处理器干预情况下的链式缓冲管理。

SAM4S 微控制器提供了 2 个 USART 接口:USART0 和 USART1。用户接口如表 4 - 29 所列,2 个 USART 的基地址分别为 0x40024000 和 0x40028000。

表 4 - 29 USART 用户接口

偏　移	寄存器	名　称	访问方式	复位值
0x0000	控制寄存器	US_CR	只写	—
0x0004	模式寄存器	US_MR	读/写	—
0x0008	中断允许寄存器	US_IER	只写	—
0x000C	中断禁止寄存器	US_IDR	只写	—
0x0010	中断屏蔽寄存器	US_IMR	只读	0x0

偏　移	寄存器	名　称	访问方式	复位值
0x0014	通道状态寄存器	US_CSR	只读	—
0x0018	接收器保持寄存器	US_RHR	只读	0x0
0x001C	发送器保持寄存器	US_THR	只写	—
0x0020	波特率发生器寄存器	US_BRGR	读/写	0x0
0x0024	接收器超时寄存器	US_RTOR	读/写	0x0
0x0028	发送器时间故障寄存器	US_TTGR	读/写	0x0
0x2C～0x3C	保留	—	—	—
0x0040	FIDI 比率寄存器	US_FIDI	读/写	0x174
0x0044	错误数目寄存器	US_NER	只读	—
0x0048	保留	—	—	—
0x004C	IrDA 滤波寄存器	US_IF	读/写	0x0
0x0050	曼彻斯特编解码寄存器	US_MAN	读/写	0xB0011004
0xE4	写保护模式寄存器	US_WPMR	读/写	0x0
0xE8	写保护状态寄存器	US_WPSR	只读	0x0
0x5C～0xFC	保留	—	—	—
0x100～0x128	为 PDC 保留	—	—	—

4.8.2　工作原理

USART 能够管理多种类型的同步或异步串行通信。它支持下列通信模式：

① 5～9 位全双工异步串行通信。可设置高位或低位在先方式,0.5、1.5、2 位停止位。支持偶校验、奇校验、标志校验、空间校验或无校验,接收器支持 8 或 16 倍的过采样频率,具有可选的硬件握手功能,可选的中止管理,可选的调制解调器支持(SAM4 中新增的)和可选的多点串行通信。

② 高速 5～9 位全双工同步串行通信。可设置高位或低位在先方式,1 或 2 位停止位。支持偶校验、奇校验、标志校验、空间校验或无校验,接收器支持 8 或 16 倍的过采样频率,具有可选的硬件握手信号,可选的调制解调器支持(SAM4 中新增的),可选的间断管理和可选的多点串行通信。

③ 带驱动器控制信号的 RS－485 标准。

④ ISO 7816,用于与智能卡连接的 T0 或 T1 协议。具有 NACK 处理、带重复与反复限制的错误计数器、反转数据功能。

⑤ 支持红外线 IrDA 调制解调操作。

⑥ SPI 模式。支持主或从模式,时钟极性和相位可编程,SPI 串行时钟频率可高达内部时钟频率 MCK 的 1/4。

⑦ 测试模式。支持远程环回、本地环回和自动回应。

1. 波特率发生器

波特率发生器为接收器和发送器提供位周期时钟，也就是波特率时钟，如图 4-54 所示。可设置模式寄存器（US_MR）的 USCLKS 位域，来选择主控时钟 MCK 作为波特率发生。还可以选择外部时钟，作为波特率发生器的时钟源，在 SCK 引脚有效。

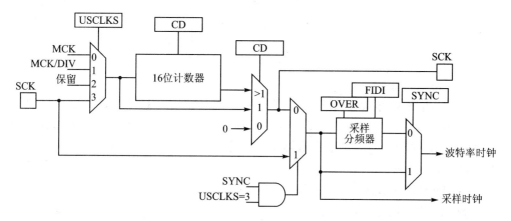

图 4-54 USART 波特率发生器

波特率发生器的 16 位分频器由波特率发生器寄存器（US_BRGR）中 CD 域编程设置。若 CD 为 0，则波特率发生器不产生时钟。若 CD 为 1，分频器被旁路，并失效。

如果选择外部 SCK 时钟，SCK 引脚所提供高低电平的持续时间必须比一个主控时钟（MCK）周期长，SCK 引脚提供信号的频率至少小于 MCK 的 1/3。

（1）异步模式下的波特率

若 USART 工作在异步模式下，所选定时钟先按 US_BRGR 寄存器中 CD 域的值分频。所得时钟再根据 US_MR 寄存器中的 OVER 位被 16 或 8 分频，作为接收器的采样。若 OVER 为 1，接收器采样时钟为波特率时钟的 8 倍。若 OVER 为 0，接收器采样时钟为波特率时钟的 16 倍。波特率计算公式为

$$波特率 = SelectedClock/(8 \times 2 - OVER \times CD)$$

假设 MCK 工作在最高时钟频率下，且 OVER 为 1，上式给出了对 MCK 时钟 8 分频后所得的最大波特率。

（2）异步模式下的分数波特率

前面定义的波特率发生器必须遵循以下约定：输出频率的变化必须是参考频率的整数倍。解决这个问题的一种方法是使用一个包含分数 N 的高精度时钟发生器。因此需要对波特率发生器体系结构进行改进，使其能产生对参考时钟源进行分数分频。分数部分在波特率发生器寄存器（US_BRGR）中的 FP 域进行设置。如果 FP 设

为非 0,小数部分被激活,分辨率是时钟分频器的 1/8。该功能仅在 USART 普通模式可用,下面是分数波特率的计算公式:

$$Baudrate = SelectedClock/(8 \times (2 - OVER) \times (CD + (FP/8)))$$

(3) 同步模式或 SPI 模式下的波特率

若 USART 工作在同步模式下,所选时钟按 US_BRGR 寄存器中 CD 域的值分频。

$$BaudRate = SelectedClock/CD$$

在同步模式中,如果选择外部时钟(USCLKS = 3),时钟由 USART SCK 引脚信号提供,则不需分频,US_BRGR 中的值无效。外部时钟频率必须小于系统频率的 1/3,同步模式的主机(USCLKS = 0 或 1, CLK0 设置为 1),接收器 SCK 的最大频率限制为 MCK/3。

无论是选择外部时钟或者是内部时钟分频器(MCK/DIV),如果用户要保证 SCK 引脚上信号占空比为 50:50,则必须设置 CD 位域的值为偶数。如果选择了内部时钟 MCK,即使 CD 域的值为奇数,波特率发生器也会确保 SCK 引脚上 50:50 的占空比。

(4) ISO 7816 模式下的波特率

ISO 7816 的比特率定义为

$$B = (Di/Fi) \times f$$

式中:B 为比特率,Di 为比特率调整因子,Fi 为时钟频率分频因子,f 为 ISO 7816 时钟频率(Hz)。

Di 和 Fi 是一个 4 位二进制值,称为 DI,如表 4-30 和表 4-31 所列。

表 4-30　Di 的二进制与十进制值

Di 域	0001	0010	0011	0100	0101	0110	1000	1001
Di(十进制)	1	2	4	8	16	32	12	20

表 4-31　Fi 的二进制与十进制值

Fi 域	0000	0001	0010	0011	0100	0101	0110	1001	1010	1011	1100	1101
Fi(十进制)	372	372	558	744	1 116	1 488	1 860	512	768	1 024	1 536	2 048

若 USART 配置为 ISO 7816 模式,模式寄存器(US_MR)中的 USCLKS 域指定的时钟先按波特率发生器寄存器(US_BRGR)中 CD 的值分频。得到的时钟提供给 SCK 引脚,作为智能卡时钟输入,即 CLKO 位可在 US_MR 中设置。该时钟由 FI_DI_RATIO 寄存器(US_FIDI)中的 FI_DI_RATIO 域值分频,由采样分频器执行,ISO 7816 模式下分频系数最高可达 2 047。Fi/Di 的比率必须为整数,且用户必须设置 FI_DI_RATIO 值接近期望值。

FI_DI_RATIO 域复位值为 0x174(十进制 372),这是 ISO 7816 时钟与比特率

间最常见的分频率(Fi＝372,Di＝1)。图 4－55 所示为位时间与 ISO 7816 时钟之间相关的关系。

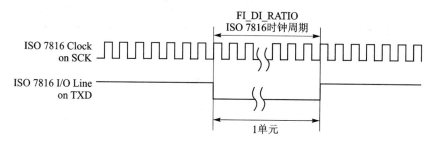

图 4－55　基本时间单元(ETU)

2. 接收器和发送器控制

复位后,接收器被禁用。用户必须通过设置控制寄存器(US_CR)的 RXEN 位来允许接收器,但接收器寄存器在接收器时钟被允许之前就可编程。同样的在复位后,发送器也被禁用。用户必须通过设置控制寄存器(US_CR)的 TXEN 位来允许发送器,但发送器寄存器在发送器时钟被允许之前就可编程,发送器与接收器可一起或分别允许。

任意时刻,软件可通过分别置位 US_CR 寄存器中的 RSTRX 与 RSTTX 来对 USART 接收器或发送器复位。软件复位与硬件复位效果相同,复位时不管是接收器还是发送器,通信立即停止。

用户也可通过 US_CR 寄存器中的 RXDIS 与 TXDIS 位来分别禁用接收器与发送器。若正在接收字符时接收器被禁用,USART 等待当前字符接收结束后,再停止接收。若发送器正在工作时被禁用,USART 等当前字符及存于发送编程寄存器(US_THR)中的字符发送完成之后再禁用发送器。若编程设置了保障时间,它将正常处理。

3. 同步与异步模式

(1) 发送器操作

在同步模式和异步模式下(SYNC ＝ 0 或 SYNC ＝ 1),发送器操作相同。1 个起始位,最多 9 个数据位,1 个可选的奇偶校验位及最多 2 个停止位,每个位在串行时钟(可编程设置)的下降沿由 TXD 引脚移出。

数据位的数目由 US_MR 寄存器的 CHRL 域及 MODE9 位决定。如果设置 MODE9 位,不管 CHRL 位域如何设置,数据位均为 9 位。奇偶校验位由 US_MR 中的 PAR 域设置,可配置为奇检验、偶检验、空间检验、标志检验或无校验位。MSBF 域配置先发送的位,若写入 1,将先发送最高位;若写入 0,将先发送最低位。停止位数目由 NBSTOP 域确定。异步模式下支持 1.5 个停止位。字符发送如图 4－56 所示。

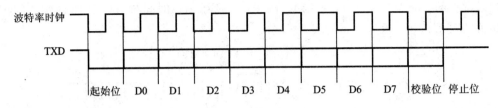

起始位　D0　D1　D2　D3　D4　D5　D6　D7　校验位　停止位

图 4 - 56　字符发送

通过将字符写到发送保持寄存器（US_THR）中来发送字符。发送器对应在通道状态寄存器（US_CSR）中有 2 个状态位，其中 TXRDY（发送就绪）表示 US_THR 空，TXEMPTY 表示所有写入 US_THR 中的字符都已处理完。如果当前字符已处理完，最后写入 US_THR 的字符被送入发送器移位寄存器中，则 US_THR 变空，TXRDY 升高。

发送器被禁用后，TXRDY 与 TXEMPTY 位均为低。当 TXRDY 为低时，往 US_THR 中写入字符无效，且写入的数据丢失。发送器状态如图 4 - 57 所示。

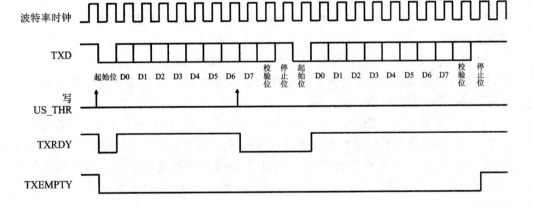

图 4 - 57　发送器状态

(2) 曼彻斯特编码

当使用曼彻斯特编码时，通过 USART 发送的字符采用双相曼彻斯特-Ⅱ编码格式。为了使用这种模式，要将 US_MR 寄存器的 MAN 位域置 1。根据极性配置，一个逻辑电平（0 或 1）被编码成信号 0 到 1 或 1 到 0 的转换进行发送。因此，电平转换总是发生在每个位时间的中点。虽然它比原来的 NRZ 信号占用更多带宽（2 倍），但是由于预期输入必须在半个位时钟时产生变化，它能实现更多的差错控制。曼彻斯特编码序列举例如下，如果采用默认极性的编码器，字节 0xB1 或 10110001 将被编码为 1001101001010110。图 4 - 58 图解了这一编码方案。

曼彻斯特编码字符也可以通过增加一个可配置的前同步信号和一个帧起始定界符样式来封装。根据配置，前同步信号是一个训练序列，由预定义模式组成，其长度

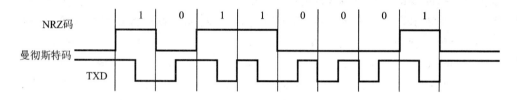

图 4-58 NRZ 码转为曼彻斯特码

可编程为 1~15 个比特时间。若前同步信号长度被设为 0,将不会产生前同步信号波形。前同步信号模式有以下几种序列进行选择:ALL_ONE、ALL_ZERO、ONE_ZERO 或 ZERO_ONE,将其写入 US_MAN 寄存器的 TX_PP 位域,位 TX_PL 则用来设定前同步信号长度。为了提高灵活性,可通过 US_MAN 寄存器的 TX_MPOL 位域来配置编码方案。若设置 TX_MPOL 位为 0(默认为 0),则通过 0 到 1 的转换来对逻辑 0 进行编码,用 1 到 0 的转换来对逻辑 1 进行编码。若 TX_MPOL 位域设为 1,则用 0 到 1 的转换来对逻辑 0 进行编码,用 1 到 0 的转换来对逻辑 1 进行编码。

通过 US_MR 寄存器的 ONEBIT 位可配置一个帧起始定界符,其由一个用户定义模式组成,用来表示有效数据的开始。图 4-59 给出了这些模式。

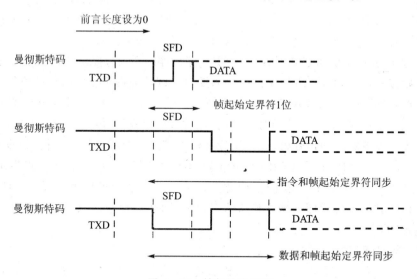

图 4-59 帧起始定界符

若帧起始定界符,即开始位,是一个比特位,(ONEBIT 设为 1),当检测到用曼彻斯特编码的逻辑 0,则认为一个新的字符正在串行线上发送。若帧起始定界符是一种同步模式,或者说是一个同步(ONEBIT 设为 0)符,当有一个 3 个位时间的序列在线上串行发送时,则认为是一个新字符的开始。当转换发生在第二个比特时间中间时,同步符波形本身就是一个无效的曼彻斯特波形。有两种不同的同步模式:命令同步符和数据同步符。命令同步符用一个高电平来表示 1,持续 1.5 个位时间;然后转换到低电平表示第二个 1,持续 1.5 个位时间。若将 US_MR 寄存器的 MODSYNC 位域设置为 1,则下一个字符则为命令同步符;如果设为 0,则下一个字符则是数据。当使用 DMA 时,可通过修改内存中一个字符来更新 MODSYNC 位域。为了允许该模式,必须将 US_MR 寄存器的 VAR_SYNC 位域值设置为 1。这样 US_MR 中的 MODSYNC 位被忽略,同步符由 US_THR 的 TXSYNH 的位域进行配置。USART 字符格式将被修改,并包含同步符信息。

(3) 漂移补偿

漂移补偿仅在 16 倍过采样模式下有效。一个硬件修复系统允许更大的时钟漂移,可通过将 USART_MAN 位置 1 来允许此硬件系统。若 RXD 的边沿(上升沿或下降沿)处于期望的 16 倍时钟周期的边沿,这被认为是正常跳动,没有纠正操作。如果 TXD 事件发生在预期边沿之前的 2~4 个时钟周期内,当前周期被缩短一个时钟周期。如果 TXD 事件发生在预期边沿之后的 2~3 个时钟周期内,当前周期被延长一个时钟周期。这些间隔被当作漂移,纠正操作将自动进行。

(4) 异步接收器

若 USART 工作在异步模式下(SYNC = 0),接收器将对 RXD 输入线进行过采样。过采样频率为 16 或 8 倍波特率,由 US_MR 中的 OVER 位设置。

接收器对 RXD 线采样。若在 1.5 个比特时间内采样值均为 0,即表示检测到起始位,然后以比特率对数据位、校验位、停止位等进行采样。

若过采样频率为 16 倍波特率(OVER 为 0),连续 8 次采样结果均为 0,则表示检测到起始位。之后,每隔 16 个采样时钟周期对后续的数据位、校验位、停止位依次采样。若过采样频率为 8 倍波特率(OVER 为 1),连续 4 次采样结果均为 0,表示检测到起始位。之后,每隔 8 个采样时钟周期对数据位、校验位、停止位依次采样。

接收器设置数据的位数、最先发送位及校验模式的位域与发送器相同,即分别为 CHRL、MODE9、MSBF 及 PAR。停止位数对接收器无效,因为无论 NBSTOP 域为何值,接收器都只确认 1 个停止位,因此发送器与接收器间可出现重同步。此外,接收器在检测到停止位后即开始寻找新的起始位,因此当发送器只有 1 个停止位时也能实现重同步。

(5) 曼彻斯特解码器

当 US_MR 寄存器的 MAN 位域设置为 1,曼彻斯特解码器被允许。解码器将进行前同步信号、帧起始定界符的检测。其中一条输入线专门用作曼彻斯特编码数据输入。

可以定义一个可选前同步信号序列,其长度也可用户定义,并且与发射端完全独立。通过设置 US_MAN 寄存器的 RX_PL 位来配置前同步信号序列长度。若长度设为 0,不检测前同步信号且功能禁用。另外,输入流极性也可通过 US_MAN 寄存器的 RX_MPOL 位域进行设置。根据应用的需求,可通过 US_MAN 的 RX_PP 位设定前同步信号模式,使之相匹配。

不像前同步信号,帧起始定界符在曼彻斯特编/解码器中共享。因此,如果 ONEBIT 位置 1,只有 0 的曼彻斯特编码能被检测到,并被当作有效的帧起始定界符。如果 ONEBIT 位置 0,只有同步模式可以被检测到,并被当作有效的帧起始定界符。

接收器被激活并且开始前同步信号和帧分隔符检测,并分别在 1/4 和 3/4 周期采样数据。若一个有效前同步信号或帧起始定界符被检测到,接收器将继续用同样的同步时钟进行解码。如果数据流不能和有效模式或有效帧起始定界符匹配,则接收器将在下一个边沿重新同步。估计位值的最小时间阈值是 3/4 位时间。

若检测到帧起始定界符之后跟着一个有效的前同步信号(如果使用),输入流将被解码成 NRZ 编码数据并传送给 USART 处理。

当帧起始定界符是同步模式(ONEBIT 位置 0),支持命令同步符和数据同步符。如果检测到一个有效同步,接收到的字符被写入 US_RHR 寄存器的 RXCHR 位域,同时 RXSYNH 被更新。当接收到的字符是命令时,RXCHR 置 1,当接收到的字符是数据时 RXCHR 置 0。

这种机制缓解和简化了直接内存访问 DMA,因为在同样的寄存器中字符已经包含了它自己的同步位域。由于解码器是被设置在单极模式中使用,帧的首位必须是一个 0 到 1 的电平转换。

(6) 同步接收器

同步模式下(SYNC = 1),接收器在每个波特率时钟的上升沿对 RXD 信号采样。若检测到低电平,确定为起始位;依次采样所有数据位、校验位及停止位后,接收器将继续等待下一个起始位。同步模式提供高速传输能力,域及位的配置与异步模式下相同。

(7) 接收器操作

当字符接收完成,将被传输到接收保持寄存器(US_RHR),且状态寄存器(US_CSR)的 RXRDY 位变高。当 RXRDY 置位时接收完一个字符,则 OVRE(溢出错误)位置位。最后的字符传输到 US_RHR 并覆盖上一个字符。通过控制寄存器(US_CR)的 RSTSTA(复位状态)位写 1,可清除 OVRE 位。

(8) 校 验

通过设置模式寄存器(US_MR 的)PAR 位域,USART 可支持 5 种检验模式。PAR 域还可以允许多点模式(Multidrop Mode),支持奇偶检验位的生成以及错误检测。

若选择偶检验,当发送器发送 1 的数目为偶数时,校验位发生器产生的校验位为 0;当发送器发送 1 的数目为奇数时,校验位发生器产生的校验位为 1。相应的,接收器校验位检测器会对收到的 1 计数,若计算所得校验位与采样所得校验位不同,则报告偶检验错误。若选择奇检验,当发送器发送 1 的数目为偶数时,校验位发生器产生校验位为 1;当发送器发送 1 的数目为奇数时,校验位发生器产生校验位为 0。相应的,接收器校验位检测器会对接收到的 1 计数,若计算所得校验位与采样所得校验位不符,则报告奇检验错误。若使用标志检验,对于所有字符,检验发生器所产生的校验位均为 1;若接收器采样得到的校验位为 0,则接收器校验位检测器报告检验错误。若使用空间检验,对于所有字符,检验发生器所产生校验位均为 0。若接收器采样得到的校验位为 1,接收器校验位检测器报告检验错误。若检验禁用,发送器不产生校验位,接收器也不报告检验错误。

表 4 - 32 给出了根据 USART 的不同配置,字符 0x41(ASCII 字符"A")所对应奇偶校验位的例子。由于有两位为 1,当为奇校验时加"1",为偶校验时加"0"。

表 4 - 32　校验位示例

字　符	十六进制	二进制	校验位	校验模式
A	0x41	0100 0001	1	奇
A	0x41	0100 0001	0	偶
A	0x41	0100 0001	1	标志
A	0x41	0100 0001	0	空间
A	0x41	0100 0001	无	无

当接收器检测到检验误差,它将置通道状态寄存器(US_CSR)的 PARE(检验错误)位。通过对控制寄存器(US_CR)的 RSTSTA 位写 1,可清除 PARE 位。

(9) 多点模式

若模式寄存器(US_MR)的 PAR 域编程设置为 0x6 或 0x7,USART 将运行在多点模式下。该模式区分数据字符与地址字符,当校验位为 0 时,发送数据。当校验位为 1 时,发送地址。

USART 配置为多点模式,当校验位为高时,接收器将对校验错误位 PARE 置位。当控制寄存器的 SENDA 位为 1 时,校验位为高,发送器也可发送字符。为处理检验错误,将控制寄存器 RSTSTA 位写 1 可对 PARE 位清零。当 SENDA 写入 US_CR 时,发送器发出地址字节(校验位置位)。这种情况,下一个写入 US_THR 的字节将作为地址来发送。如果没有写 SENDA 命令,任何写入 US_THR 的字符将正常被发送(校验位为 0)。

(10) 发送器时间保障

时间保障特性允许 USART 与慢速远程器件连接。时间保障功能允许发送器 TXD 线上两字符间插入空闲状态,该空闲状态实际上是一个长停止位。

空闲状态的持续时间由发送时间保障寄存器(US_TTGR)的 TG 域编程设定。若该域编程值为零,则不产生时间保障。否则在每次发送了停止位之外,TXD 还保持 TG 中指定的位数周期的高电平。

(11) 接收器超时

接收器超时支持对可变长度帧的处理,接收器可检测 RXD 线上的空闲状态。

如果检测到超时,通道状态寄存器(US_CSR)的 TIMEOUT 位将变高并产生中断,以告知驱动程序帧结束。

通过对接收器超时寄存器(US_RTOR)的 TO 域编程,可设置超时延迟周期(接收器等待新字符的时间)。若 TO 域设置为 0,接收器超时被禁用,将不检测超时。US_CSR 寄存器中 TIMEOUT 位保持为 0。否则,接收器将 TO 的值载入一个 16 位计数器。该计数器在每比特周期中自减,并在收到新字符后重载。若计数器达到 0,状态寄存器中 TIMEOUT 位变高,用户既可以停止计数器时钟,直到接收到新字符,也可通过对控制寄存器(US_CR)的 STTTO(启动超时)位写 1 来实现。这样,在接收到字符之前 RXD 线上的空闲状态将不会产生超时,而且可避免在接收字符之前必须去处理中断,而且还允许帧接收之后等待 RXD 上的下一个空闲状态。

用户也可以在没有收到字符时产生一个中断,可通过对 US_CR 中 RETTO(重载与启动超时)位写 1 来实现。若 RETTO 被执行,计数器开始从 TO 值向下计数。产生的周期性中断可以用来处理用户超时,例如当键盘上无键按下时。

若执行 STTTO,计数器时钟在收到第一个字符前停止。帧启动之前 RXD 的空闲状态不提供超时。这样可防止周期性中断,并在检测到 RXD 为空闲状态时允许帧结束等待。

(12) 帧错误

接收器可检测帧错误。当检测到接收字符的停止位为 0 时,表示发生了帧错误。当接收器与发送器为完全不同步时,可能出现帧错误,帧错误由 US_CSR 寄存器的 FRAME 位表示。检测到帧错误时,FRAME 位在停止位时间的中间被设置。通过将 US_CR 寄存器的 RSTSTA 位写为 1,可将其清除。

另外,用户还可以请求发送器在 TXD 线上产生发送间断、产生接收间断和硬件握手来实现带外(out - of - band)数据流的控制。

4. ISO 7816 模式

USART 有一个与 ISO 7816 兼容的模式。该模式允许与智能卡连接,并可通过 ISO 7816 连接与安全访问模块(SAM)通信,支持 ISO 7816 规范定义的 T= 0 与 T=1 协议。

通过将 US_MR 寄存器 USART_MODE 域写 0x4,可设置 USART 工作在 ISO 7816 的 T= 0 模式下;若对 USART_MODE 域写 0x5,则 USART 将工作在 ISO 7816 的 T=1 模式下。

ISO 7816 模式通过一条双向线实现半双工通信。波特率由远程器件的时钟分频提供,USART 与智能卡的连接如图 4 - 60 所示。TXD 线变为双向,波特率发生器通过 SCK 引脚向 ISO 7816 提供时

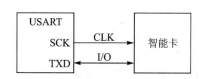

图 4 - 60 智能卡与 USART 的连接

钟。由于 TXD 引脚变为双向,其输出由发送器输出驱动。但只有当发送器输入和接收器输入相连时,发送器才处于激活状态。由于 USART 产生时钟,因此它被视为通信主机。

无论是工作在 ISO 7816 的 T=0 模式还是 T=1 模式下,字符格式固定。不管 CHRL、MODE9、PAR 及 CHMODE 域中是什么值,其配置总为 8 位数据位、偶检验及 1 或 2 位停止位。MSBF 可设置发送是高位在先还是低位在先。奇偶校验位 (PAR)能够在普通模式或反转模式下进行发送。

由于通信不是全双工的,USART 不能发送器与接收器同时操作。ISO 7816 模式允许发送器与接收器同时操作,其结果是无法预知的。ISO 7816 规范定义了一个反转发送格式。字符的数据位必须以其取反值在 I/O 线上发送。USART 不支持该格式,因此在将其写入发送保持寄存器(US_THR)前或由接收保持寄存器(US_RHR) 读出后必须进行一个额外的取反操作。

T=0 协议中,字符由 1 个起始位、8 个数据位、1 个奇偶校验位及 1 个 2 位时间的保障时间组成。在保障时间中,发送器移出位但不驱动 I/O 线。若没有检测到奇偶校验错误,保障时间内 I/O 线保持为 1,之后发送器可继续发送下个字符,

当工作在 ISO 7816 的 T=1 协议下,发送操作与只有 1 位停止位的异步格式相似。在发送时产生校验位,在接收时对其检测。通常,通过设置通道状态寄存器 (US_CSR)的 PARE 位来允许进行错误检测。

5. IrDA 模式

USART 的 IrDA 模式支持半双工点对点无线通信。它内置了与红外收发器无缝连接的调制器和解调器,如图 4-61 所示。调制器与解调器与 IrDA 规范版本 1.1 兼容,支持的数据传输速度范围从 2.4～115.2 kbps。

通过对 US_MR 寄存器的 USART_MODE 域写 0x8,可允许 USART IrDA 模式。通过 IrDA 滤波寄存器(US_IF)可配置解调滤波器。USART 发送器与接收器工作在正常异步模式下,所有参数均可访问。

注意:调制器与解调器均处于激活状态。

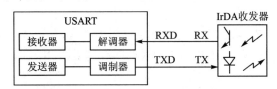

图 4-61　与 IrDA 收发器连接

接收器与发送器必须根据传输方向允许或禁止。要接收 IrDA 信号,必须进行以下配置。

① 禁止 TX,允许 RX。

② 配置 TXD 为 PIO,并且设置其输出为 0(避免 LED 发射(LED Emission)),

禁止内部上拉(以减少功耗)。

③ 接收数据。

6. SPI 模式

串行外设接口(SPI)模式是同步串行数据连接,可以主机或从机模式与外部器件进行通信。若外部处理器与系统连接,它还允许处理器间通信。

串行外设接口实质上是一个将数据串行传输到其他 SPI 的移位寄存器。数据传输时,一个 SPI 系统作为主机控制数据流,其他 SPI 作为从机,在主机的控制下移入或移出数据。不同的 CPU 可轮流作为主机且一个主机可同时将数据移入多个从机(多主机协议与单主机协议不同,单主机协议中只有一个 CPU 始终作为主机,其他 CPU 始终作为从机)。但任何时候,只允许一个从机将其数据写入主机。

SPI 系统由主机发出 NSS 信号选定一个从机。SPI 主机模式的 USART 只能连接一个从机,因为它只能产生一个 NSS 信号。

SPI 系统包括主机输出、从机输入(MOSI)和主机输入、从机输出(MISO)两条数据线,还有两条控制线,即串行时钟(SCK)和从机选择(NSS)线。

(1) 工作模式

USART 可工作在 SPI 主机模式或 SPI 从机模式下。通过对模式寄存器的 USART_MODE 位写 0xE,USART 可工作在 SPI 主机模式下。在这种情况下必须按如下说明进行 SPI 线连接:输出引脚 TXD 驱动 MOSI 线,MISO 线驱动输入引脚 RXD,输出引脚 SCK 驱动 SCK 线和输出引脚 RTS 驱动 NSS 线。

通过对模式寄存器的 USART_MODE 位写 0xF,USART 可工作在 SPI 从机模式下。在这种情况下必须按如下说明进行 SPI 线连接:MOSI 线驱动输入引脚 RXD,输出引脚 TXD 驱动 MISO 线,SCK 线驱动输入引脚 SCK 和 NSS 线驱动输入引脚 CTS。

为避免不可预测行为,SPI 模式一旦发生变化,必须对发送器和接收器进行软件复位(除了硬件复位后的初始化配置)。

(2) 波特率

在 SPI 模式下,波特率发生器操作和 USART 同步模式相同,不过必须要遵守以下约束:在 SPI 主机模式下,为了在 SCK 引脚上产生正确的串行时钟,不能选择外部时钟 SCK (USCLKS ≠ 0x3),且模式寄存器(US_MR)的 CLKO 位必须置 1。为了接收器和发送器能够正常工作,CD 值必须大于或等于 4。还有若选择了内部时钟分频(MCK/DIV),CD 值必须设为偶数,以使 SCK 引脚能够产生 50∶50 占空比;如果选择了内部时钟(MCK),则 CD 值也可以设为奇数。

在 SPI 从机模式下必须选择外部时钟(SCK),模式寄存器(US_MR)USCLKS位域的值无效。同样 US_BRGR 的值也无效,因为时钟是由 USART 的 SCK 引脚上的信号直接提供。为了接收器和发送器能够正常工作,外部时钟(SCK)频率不能超过系统时钟频率的 1/4。

(3) 数据传输

在每个可编程串行时钟的上升沿或下降沿(视 CPOL CPHA 设置)最多有 9 位数据能连续地在 TXD 引脚上移出,且没有起始位、奇偶校验位和停止位。

可通过设置 CHRL 位和模式寄存器(US_MR)的 MODE9 位来选择数据的位数。如果选择 9 位数据仅设置 MODE9 位即可,不用关心 CHRL 域。在 SPI 模式(主机或从机模式)下总是先发送最高数据位。

数据传输有 4 种极性与相位的组合,如表 4-33 所列。时钟极性由模式寄存器的 CPOL 位设置,时钟相位通过 CPHA 位设置。这两个参数确定在哪个时钟边沿驱动和采样数据,每个参数有两种状态,组合后就有 4 种可能。因此,一对主机/从机必须使用相同的参数值来进行通信。若使用多从机,且每个从机固定为不同的配置,则主机与不同从机通信时必须重新配置。

表 4-33 SPI 总线协议模式

SPI 总线协议模式	CPOL	CPHA	SPI 总线协议模式	CPOL	CPHA
0	0	1	2	1	1
1	0	0	3	1	0

(4) 字符发送

通过向发送保持寄存器(US_THR)写入字符进行字符发送。若 USART 工作在 SPI 主机模式,可以增加发送字符的附加条件。当接收器没有准备好(没有读字符),设置 USART_MR 寄存器的 INACK 位值可以禁止任何字符的发送(尽管数据已写入 US_THR)。若 INACK 设为 0,无论接收器是什么状态,字符都会被发送。若 INACK 设为 1,发送器在发送数据(RXRDY 标志清除)前要等待接收保持寄存器的数据被读取完,这样可以避免接收器产生任何溢出(字符丢失)。

发送器在通道状态寄存器(US_CSR)有 2 个状态位如下:

① TXRDY(发送准备)用来表示 US_THR 为空。

② TXENPTY 用来表示所有写入 US_THR 的字符已经被处理完成。当处理完当前字符,写入 US_THR 的最后一个字符被发送到发送寄存器的移位寄存器,同时 US_THR 清空,然后 TXRDY 置位。

当发送器被禁止时,TXRDY 和 TXENPTY 位都为 0。当 TXRDY 为 0 时,向 US_THR 写入字符无效且写入的字符丢失。

若 USART 工作在 SPI 从机模式,并且当发送器保持寄存器(US_THR)为空时,如果一定要发送一个字符,则 UNRE(缓冲区数据为空出错)位置位,在此期间 TXD 发送线保持高电平。通过向控制寄存器(US_CR)的 RSTSTA(复位状态)位写 1,可清除 UNRE 位。

在 SPI 主机模式下,发送最高位之前,在 1 个 1 个位时间里从机选择线(NSS)发出低电平信号;在发送最低位之后,NSS 保持 1 个 1 个位时间的高电平。因此,从机选择信号在字符发送之间总是被释放,总是插入最少 3 个位时间的延迟。然而,为了使从机设备支持 CSAAT 模式(传输后片选激活),可通过将控制寄存器(US_CR)的 RTSEN 位置 1,将从机选择线(NSS)强制拉低。只有将控制寄存器(US_CR)的 RTSDIS 位置 1 才能将从机选择线(NSS)拉高释放。

在 SPI 从机模式下,发生器不会请求在从机选择线(NSS)的下降沿初始化字符发送,而仅在低电平时进行。不过,在最高位对应的第一个串行时钟周期之前,从机选择线(NSS)上必须至少持续一个位时间的低电平。

(5) 字符接收

当一个字符被接收完,它被转移到接收保持寄存器(US_RHR),同时状态寄存器(US_CSR)的 RXRDY 位被拉高。若字符在 RXRDY 置位时被接收,OVER(溢出错误)位置位。最后一个字符被转移到 US_RHR,并覆盖当前字符。对控制寄存器(US_CR)的 RSTSTA(复位状态)位写 1 可清空 OVRE 位。

为保证 SPI 从机模式下接收器的正常操作,主机设备在发送帧时必须确保发送每个字符之间有至少一个位时间的延迟。接收器不会请求在从机选择线(NSS)的下降沿时初始化字符接收,而仅在低电平时进行。不过,在最高位对应的第一个串行时钟周期之前,从机选择线(NSS)上必须至少持续一个位时间的低电平。

(6) 接收超时

因为接收器波特率时钟仅在 SPI 模式中数据发送时可用,这种模式下接收器是不可能超时的,不管超时寄存器(US_RTOR)的超时值为多少(TO 位域值)。

7. 测试模式

USART 可编程设置为 3 种不同的测试模式,内部回环可实现板上诊断。回环模式下,根据 USART 接口引脚不连接或连接分别配置为内部或外部回环。

(1) 普通模式

普通模式下将 RXD 引脚与接收器输入连接,而发送器输出与 TXD 引脚连接。图 4-62 展示了普通模式下的接口配置。

(2) 自动回应模式

自动回应模式允许一位一位重发。RXD 引脚收到一位后,将它发送到 TXD 引脚,如图 4-63 所示。对发送器编程不影响 TXD 引脚,RXD 引脚仍与接收器输入连接,因此接收器保持激活状态。

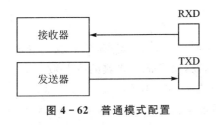

图 4-62　普通模式配置

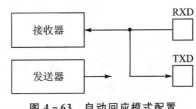

图 4-63　自动回应模式配置

(3) 本地回环模式

本地回环模式下,发送器输出直接与接收器输入连接,如图 4-64 所示。TXD 与 RXD 引脚未使用,RXD 引脚对接收器无效,而 TXD 引脚与空闲状态一样,始终为高。

(4) 远程回环模式

远程回环模式下,直接将 RXD 引脚与 TXD 引脚连接,如图 4-65 所示。对发送器与接收器的禁止无效,该模式允许一位一位重传。

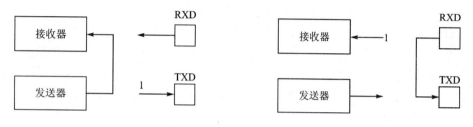

图 4-64 本地回环模式配置   图 4-65 远程回环模式配置

4.8.3 应用程序设计

1. 设计要求

实现 PC 机串口同 AT91SAM4S-EK 开发板的 USART 串口之间的通信。在启动时,调试信息转存到开发平台上 USART 端口,调试信息在一个超级终端显示。打开另一个终端连接开发平台串口,此时程序工作在 ECHO 模式。所以,USART 将任何它从第一个超级终端收到的信息发给第二个终端。

2. 硬件设计

由于 AT91SAM4S-EK 开发平台上的 USART 同 UART 一样被配置好了,所以该例程不需要额外的电路设计,只需一根 RS-232 串行通信线将开发板的 US-ART 端口同 PC 机上的串口连接即可。

3. 软件设计

根据任务要求,可以将程序分为以下几个步骤:

① 初始化开发板时钟。

② 初始化开发平台上所有外设接口配置。

③ 初始化 USART 和 UART 串口。

④ 更改中断函数,重新编写函数用来处理中断产生时的数据接收和发送处理。

⑤ 对于 USART 串口编写 TC0 中断处理函数,用来记录接收的字节数。

⑥ 配置定时器,用来产生一个中断,以此格式化 USART 串口。

USART 程序设计的主文件 main.c 的代码如下:

```c
# include <string.h>
# include "asf.h"
# include "conf_board.h"
# include "conf_clock.h"
# include "conf_example.h"

/* 接收缓冲区 */
# define BUFFER_SIZE            150
/* 定义 USART PDC 传输类型 */
# define PDC_TRANSFER           1
/* USART FIFO 传输类型 */
# define BYTE_TRANSFER          0
/* 最大缓冲区 */
# define MAX_BUF_NUM            1
/* 屏蔽所有的中断 */
# define ALL_INTERRUPT_MASK     0xffffffff
/* 定时器计数器频率(Hz) */
# define TC_FREQ                20

# define STRING_EOL         "\r"
# define STRING_HEADER " -- USART Serial    -- \r\n" \
        " -- "BOARD_NAME" -- \r\n" \
        " -- Compiled: "__DATE__" "__TIME__" -- "STRING_EOL

/* 接收缓冲区 */
static uint8_t gs_puc_buffer[2][BUFFER_SIZE];

/* 当前缓冲区的字节 */
static uint32_t gs_ul_size_buffer = BUFFER_SIZE;

/* 以字节模式读取缓冲区 */
static uint16_t gs_us_read_buffer = 0;

/* 当前传输模式 */
static uint8_t gs_uc_trans_mode = PDC_TRANSFER;

/* 正在使用的缓冲区 */
static uint8_t gs_uc_buf_num = 0;

/* PDC 数据包 */
pdc_packet_t g_st_packet;
```

```
/ * 指向 PDC 寄存器基地址的指针 * /
Pdc  * g_p_pdc;

/ * USART 中断函数,接收字节数据并开始下次接收 * /
void USART_Handler(void)
{
    uint32_t ul_status;

    / * 读 USART * /
    ul_status = usart_get_status(BOARD_USART);

    if (gs_uc_trans_mode == PDC_TRANSFER) {
        / * 接收缓冲区已满 * /
        if (ul_status & US_CSR_ENDRX) {
            / * 禁止计数器 * /
            tc_stop(TC0, 0);

            g_st_packet.ul_addr = (uint32_t)gs_puc_buffer[gs_uc_buf_num];
            g_st_packet.ul_size = gs_ul_size_buffer;
            pdc_tx_init(g_p_pdc, &g_st_packet, NULL);
            pdc_enable_transfer(g_p_pdc, PERIPH_PTCR_TXTEN);
            gs_uc_buf_num = MAX_BUF_NUM - gs_uc_buf_num;
            gs_ul_size_buffer = BUFFER_SIZE;

            / *  重新读缓存区 * /
            g_st_packet.ul_addr = (uint32_t)gs_puc_buffer[gs_uc_buf_num];
            g_st_packet.ul_size = BUFFER_SIZE;
            pdc_rx_init(g_p_pdc, &g_st_packet, NULL);

            / * 重启计数器 * /
            tc_start(TC0, 0);
        }
    } else {
        / * 传输 * /
        if (ul_status & US_CSR_RXRDY) {
            usart_getchar(BOARD_USART, (uint32_t * )&gs_us_read_buffer);
            usart_write(BOARD_USART, gs_us_read_buffer);
        }
    }
}

/ *
```

```
 * TC0 中断处理程序。记录接收的字节数,如果 USART 传送已停止就重新启动一个读传输
 */
void TC0_Handler(void)
{
    uint32_t ul_status;
    uint32_t ul_byte_total = 0;

    /* 读 TC0 */
    ul_status = tc_get_status(TC0, 0);

    /* RC 对比 */
    if (((ul_status & TC_SR_CPCS) == TC_SR_CPCS) &&
            (gs_uc_trans_mode == PDC_TRANSFER)) {
        /* 格式化 PDC 缓冲区 */
        ul_byte_total = BUFFER_SIZE - pdc_read_rx_counter(g_p_pdc);
        if (ul_byte_total == 0) {
            /* 没有接收数据时返回 */
            return;
        }

        /* 当前大小 */
        gs_ul_size_buffer = ul_byte_total;

        /* 触发 USART ENDRX */
        g_st_packet.ul_size = 0;
        pdc_rx_init(g_p_pdc, &g_st_packet, NULL);
    }
}


/* 设置 USART */
static void configure_usart(void)
{
    const sam_usart_opt_t usart_console_settings = {
        BOARD_USART_BAUDRATE,
        US_MR_CHRL_8_BIT,
        US_MR_PAR_NO,
        US_MR_NBSTOP_1_BIT,
        US_MR_CHMODE_NORMAL,
    };

    /* 使能外设时钟 */
    pmc_enable_periph_clk(BOARD_ID_USART);
```

```
    usart_init_rs232(BOARD_USART, &usart_console_settings, sysclk_get_cpu_hz());

    /* 禁止中断 */
    usart_disable_interrupt(BOARD_USART, ALL_INTERRUPT_MASK);

    /* 使能接收和发送 */
    usart_enable_tx(BOARD_USART);
    usart_enable_rx(BOARD_USART);
    /* 使能 USART 中断 */
    NVIC_EnableIRQ(USART_IRQn);
}


/*
    * 配置定时计数器每 200 ms 产生一个中断,中断产生时将格式化 USART
 */
static void configure_tc(void)
{
    uint32_t ul_div;
    uint32_t ul_tcclks;
    static uint32_t ul_sysclk;

    /* 获得系统时钟 */
    ul_sysclk = sysclk_get_cpu_hz();

    /* 设置 PMC */
    pmc_enable_periph_clk(ID_TC0);

    /* 设置定时计数器 */
    tc_find_mck_divisor(TC_FREQ, ul_sysclk, &ul_div, &ul_tcclks, ul_sysclk);
    tc_init(TC0, 0, ul_tcclks | TC_CMR_CPCTRG);
    tc_write_rc(TC0, 0, (ul_sysclk / ul_div) / TC_FREQ);

    /* 使能中断 */
    NVIC_EnableIRQ((IRQn_Type) ID_TC0);
    tc_enable_interrupt(TC0, 0, TC_IER_CPCS);
}


/*
 * 设置 UART 用于调试输出信息
 */
static void configure_console(void)
{
```

```
const sam_uart_opt_t uart_console_settings =
        { sysclk_get_cpu_hz(), 115200, UART_MR_PAR_NO };

    /* 设置 PIO */
    pio_configure(PINS_UART_PIO, PINS_UART_TYPE, PINS_UART_MASK,
            PINS_UART_ATTR);

    /* 设置 PMC */
    pmc_enable_periph_clk(CONSOLE_UART_ID);
    uart_init(CONSOLE_UART, &uart_console_settings);
}
/* 复位 TX 和 RX,并清除 PDC 计数器 */
static void usart_clear(void)
{
    usart_reset_rx(BOARD_USART);
    usart_reset_tx(BOARD_USART);

    g_st_packet.ul_addr = 0;
    g_st_packet.ul_size = 0;
    pdc_rx_init(g_p_pdc, &g_st_packet, NULL);

    usart_enable_tx(BOARD_USART);
    usart_enable_rx(BOARD_USART);
}


/* 显示主菜单 */
static void display_main_menu(void)
{
    puts(" -- Menu Choices for this example -- \r\n"
            " -- s: Switch mode for USART between PDC and without PDC. -- \r\n"
            " -- m: Display this menu again. -- \r");
}


int main(void)
{
    uint8_t uc_char;
    uint8_t uc_flag;

    /* 初始化系统 */
    sysclk_init();
    board_init();
    configure_console();
```

```
puts(STRING_HEADER);
configure_usart();
g_p_pdc = usart_get_pdc_base(BOARD_USART);
pdc_enable_transfer(g_p_pdc, PERIPH_PTCR_RXTEN | PERIPH_PTCR_TXTEN);

/* 设置计数器 */
configure_tc();

/* 开始接收数据并启动计数器 */
g_st_packet.ul_addr = (uint32_t)gs_puc_buffer[gs_uc_buf_num];
g_st_packet.ul_size = BUFFER_SIZE;
pdc_rx_init(g_p_pdc, &g_st_packet, NULL);

gs_ul_size_buffer = BUFFER_SIZE;

puts(" -I- Default Transfer with PDC \r\n"
     " -I- Press 's' to switch transfer mode \r");
gs_uc_trans_mode = PDC_TRANSFER;

usart_disable_interrupt(BOARD_USART, US_IDR_RXRDY);
usart_enable_interrupt(BOARD_USART, US_IER_ENDRX);

tc_start(TC0, 0);

while (1) {
    uc_char = 0;
    uc_flag = uart_read(CONSOLE_UART, &uc_char);
    if (! uc_flag) {
        switch (uc_char) {
        case 's':
        case 'S':
            if (gs_uc_trans_mode == PDC_TRANSFER) {
                /* 禁止 PDC 控制器 */
                pdc_disable_transfer(g_p_pdc,
                        PERIPH_PTCR_RXTDIS | PERIPH_PTCR_TXTDIS);
                usart_disable_interrupt(BOARD_USART, US_IDR_ENDRX);

                /* 清 USART 控制器 */
                usart_clear();

                /* 使能 RXRDY 中断 */
                usart_enable_interrupt(BOARD_USART, US_IER_RXRDY);
```

```
            gs_uc_trans_mode = BYTE_TRANSFER;

            puts(" - I - Transfer without PDC \r");
        } else if (gs_uc_trans_mode == BYTE_TRANSFER) {
            pdc_enable_transfer(g_p_pdc,
                    PERIPH_PTCR_RXTEN | PERIPH_PTCR_TXTEN);
            usart_clear();

            /* 复位 PDC 缓冲区大小 */
            gs_ul_size_buffer = BUFFER_SIZE;
            gs_uc_buf_num = 0;

            /* 开始接收数据 */
            g_st_packet.ul_addr = (uint32_t)gs_puc_buffer[gs_uc_buf_num];
            g_st_packet.ul_size = BUFFER_SIZE;
            pdc_rx_init(g_p_pdc, &g_st_packet, NULL);
            usart_disable_interrupt(BOARD_USART, US_IER_RXRDY);
            usart_enable_interrupt(BOARD_USART, US_IER_ENDRX);

            gs_uc_trans_mode = PDC_TRANSFER;
            puts(" - I - Transfer with PDC \r");
        }
        break;
    case 'm':
    case 'M':
        display_main_menu();
        break;
    default:
        break;
    }
        }
    }
}
```

4. 运行过程

使用 Atmel Studio6 运行工程,生成相应的可下载源码文件。再使用 SAM4S -
EK 开发平台附带的串口线,将开发平台上的串口接口(UART)同 PC 机上的串口连
接在一起。

然后,在主机上运行 Windows 自带的超级终端串口通信程序(波特率115 200、
1 位停止位、无校验位、无硬件流控制),或者使用其他串口通信程序,设置相同即可。

接着使用 SAM - BA 工具,通过 USB 接口连接到 SAM4S - EK 开发平台上,将刚刚生成的源码下载到目标系统中。

最后,运行程序或者复位开发平台,例程正常运行后,超级终端将显示图 4 - 66 所示的信息。

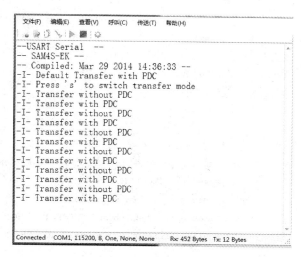

图 4 - 66　超级终端显示的信息(4)

第 **5** 章

SAM4S–EK 开发平台接口与应用

SAM4S–EK 开发平台具有多种不同的 I/O 接口,本章主要介绍脉宽调制控制器 PWM、模/数转换器 ADC、数/模转换器 DAC、串行外设接口 SPI、双总线接口 TWI、同步串行控制器 SSC、高速 USB 设备接口 HSUDP 和高速多媒体卡接口 HSMCI 接口及其应用。

5.1 脉宽调制控制器 PWM

5.1.1 PWM 结构组成

脉宽调制控制器(PWM,Pulse Width Modulation Controller)宏单元独立地控制 4 个通道,每个通道控制两个互补的输出方波,其方框图如图 5-1 所示。输出波形的特性,如周期、占空比、极性以及死区时间,可以通过用户接口进行配置。

用户可通过映射到外设总线的寄存器来访问 PWM 宏单元,PWM 的用户接口寄存器映射如表 5-1 所列,其基地址为 0x40020000。所有的通道都集成了一个双缓存系统,以防止由于修改周期、占空比或是死区时间而产生不期望的输出波形。

可以把多个通道连接起来作为同步通道,这样能够同时更新它们的占空比或死区时间。对于同步通道占空比的更新,可通过外设 DMA 控制器通道(PDC)来完成。另外,PDC 可以提供缓冲传输而不需要微控制器的干预。

PWM 提供 8 个独立的比较单元,能够将程序设定的值与同步通道的计数器(通道 0 的计数器)进行比较。通过比较可以产生软件中断,在 2 个独立的时间线上触发脉冲(目的是将 ADC 的转换分别与灵活的 PWM 输出进行同步)以及触发 PDC 传输请求。

PWM 模块提供了故障保护机制,它有 6 个故障输入,能够检测故障条件以及异步地覆盖 PWM 的输出(输出被强制改为 01)。为了使用安全,一些配置寄存器是具有写保护功能的。

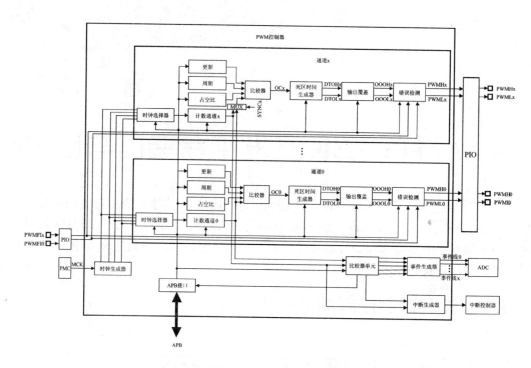

图 5-1 PWM 内部总体方框图

表 5-1 PWM 用户接口寄存器映射

偏　移	寄存器	名　称	访问方式	复位值
0x00	PWM 时钟寄存器	PWM_CLK	读/写	0x0
0x04	PWM 允许寄存器	PWM_ENA	只写	—
0x08	PWM 禁止寄存器	PWM_DIS	只写	—
0x0C	PWM 状态寄存器	PWM_SR	只读	0x0
0x10	PWM 中断允许寄存器 1	PWM_IER1	只写	—
0x14	PWM 中断禁止寄存器 1	PWM_IDR1	只写	—
0x18	PWM 中断屏蔽寄存器 1	PWM_IMR1	只读	0x0
0x1C	PWM 中断状态寄存器 1	PWM_ISR1	只读	0x0
0x20	PWM 同步通道模式寄存器	PWM_SCM	读/写	0x0
0x24	保留	—	—	—
0x28	PWM 同步通道更新控制器寄存器	PWM_SCUC	读/写	0x0
0x2C	PWM 同步通道更新周期寄存器	PWM_SCUP	读/写	0x0
0x30	PWM 同步通道更新周期更新寄存器	PWM_SCUPUPD	只写	0x0

偏 移	寄存器	名 称	访问方式	复位值
0x34	PWM 中断允许寄存器 2	PWM_IER2	只写	—
0x38	PWM 中断禁止寄存器 2	PWM_IDR2	只写	—
0x3C	PWM 中断屏蔽寄存器 2	PWM_IMR2	只读	0x0
0x40	PWM 中断状态寄存器 2	PWM_ISR2	只读	0x0
0x44	PWM 输出覆盖值寄存器	PWM_OOV	读/写	0x0
0x48	PWM 输出选择寄存器	PWM_OS	读/写	0x0
0x4C	PWM 输出选择置位寄存器	PWM_OSS	只写	—
0x50	PWM 输出选择清零寄存器	PWM_OSC	只写	—
0x54	PWM 输出选择置位更新寄存器	PWM_OSSUPD	只写	—
0x58	PWM 输出选择清零更新寄存器	PWM_OSCUPD	只写	—
0x5C	PWM 故障模式寄存器	PWM_FMR	读/写	0x0
0x60	PWM 故障状态寄存器	PWM_FSR	只读	0x0
0x64	PWM 故障清除寄存器	PWM_FCR	只写	—
0x68	PWM 故障保护值寄存器	PWM_FPV	读/写	0x0
0x6C	PWM 故障保护允许寄存器	PWM_FPE	读/写	0x0
0x70~0x78	保留	—	—	—
0x7C	PWM 事件线 0 模式寄存器	PWM_ELMR0	读/写	0x0
0x80	PWM 事件线 1 模式寄存器	PWM_ELMR1	读/写	0x0
0x84~0x9C	保留	—	—	—
0xA0~0xAC	保留	—	—	—
0xB0	PWM 步进电机模式寄存器	PWM_SMMR	读/写	0x0
0xB4~0xBC	保留	—	—	—
0xC0~0xE0	保留	—	—	—
0xE4	PWM 写保护控制寄存器	PWM_WPCR	只写	—
0xE8	PWM 写保护状态寄存器	PWM_WPSR	只读	0x0
0xEC~0xFC	保留	—	—	—
0x100~0x128	保留给 PDC 寄存器	—	—	—
0x12C	保留	—	—	—
0x130	PWM 比较器 0 值寄存器	PWM_CMPV0	读/写	0x0
0x134	PWM 比较器 0 值更新寄存器	PWM_CMPVUPD0	只写	—

续表 5-1

偏 移	寄存器	名 称	访问方式	复位值
0x138	PWM 比较器 0 模式寄存器	PWM_CMPM0	读/写	0x0
0x13C	PWM 比较器 0 模式更新寄存器	PWM_CMPMUPD0	只写	—
0x140	PWM 比较器 1 值寄存器	PWM_CMPV1	读/写	0x0
0x144	PWM 比较器 1 值更新寄存器	PWM_CMPVUPD1	只写	—
0x148	PWM 比较器 1 模式寄存器	PWM_CMPM1	读/写	0x0
0x14C	PWM 比较器 1 模式更新寄存器	PWM_CMPMUPD1	只写	—
0x150	PWM 比较器 2 值寄存器	PWM_CMPV2	读/写	0x0
0x154	PWM 比较器 2 值更新寄存器	PWM_CMPVUPD2	只写	—
0x158	PWM 比较器 2 模式寄存器	PWM_CMPM2	读/写	0x0
0x15C	PWM 比较器 2 模式更新寄存器	PWM_CMPMUPD2	只写	—
0x160	PWM 比较器 3 值寄存器	PWM_CMPV3	读/写	0x0
0x164	PWM 比较器 3 值更新寄存器	PWM_CMPVUPD3	只写	—
0x168	PWM 比较器 3 模式寄存器	PWM_CMPM3	读/写	0x0
0x16C	PWM 比较器 3 模式更新寄存器	PWM_CMPMUPD3	只写	—
0x170	PWM 比较器 4 值寄存器	PWM_CMPV4	读/写	0x0
0x174	PWM 比较器 4 值更新寄存器	PWM_CMPVUPD4	只写	—
0x178	PWM 比较器 4 模式寄存器	PWM_CMPM4	读/写	0x0
0x17C	PWM 比较器 4 模式更新寄存器	PWM_CMPMUPD4	只写	—
0x180	PWM 比较器 5 值寄存器	PWM_CMPV5	读/写	0x0
0x184	PWM 比较器 5 值更新寄存器	PWM_CMPVUPD5	只写	—
0x188	PWM 比较器 5 模式寄存器	PWM_CMPM5	读/写	0x0
0x18C	PWM 比较器 5 模式更新寄存器	PWM_CMPMUPD5	只写	—
0x190	PWM 比较器 6 值寄存器	PWM_CMPV6	读/写	0x0
0x194	PWM 比较器 6 值更新寄存器	PWM_CMPVUPD6	只写	—
0x198	PWM 比较器 6 模式寄存器	PWM_CMPM6	读/写	0x0
0x19C	PWM 比较器 6 模式更新寄存器	PWM_CMPMUPD6	只写	—
0x1A0	PWM 比较器 7 值寄存器	PWM_CMPV7	读/写	0x0
0x1A4	PWM 比较器 7 值更新寄存器	PWM_CMPVUPD7	只写	—
0X1A8	PWM 比较器 7 模式寄存器	PWM_CMPM7	读/写	0x0
0x1AC	PWM 比较器 7 模式更新寄存器	PWM_CMPMUPD7	只写	—
0x1B0~0x1FC	保留	—	—	—
0x200＋ch_num×0x20＋0x00	PWM 通道模式寄存器	PWM_CMR	读/写	0x0

偏 移	寄存器	名 称	访问方式	复位值
0x200＋ch_num× 0x20＋0x04	PWM 通道占空比寄存器	PWM_CDTY	读/写	0x0
0x200＋ch_num× 0x20＋0x08	PWM 通道占空比更新寄存器	PWM_CDTYUPD	只写	—
0x200＋ch_num× 0x20＋0x0C	PWM 通道周期寄存器	PWM_CPRD	读/写	0x0
0x200＋ch_num× 0x20＋0x10	PWM 通道周期更新寄存器	PWM_CPRDUPD	只写	—
0x200＋ch_num× 0x20＋0x14	PWM 通道计数器寄存器	PWM_CCNT	只读	0x0
0x200＋ch_num× 0x20＋0x18	PWM 通道死区时间寄存器	PWM_DT	读/写	0x0
0x200＋ch_num× 0x20＋0x1C	PWM 通道死区时间更新寄存器	PWM_DTUPD	只写	—

5.1.2 工作原理

PWM 单元主要由 1 个时钟产生器和 4 个通道组成。其中由主控时钟（MCK）提供时钟，时钟生成器模块提供 13 个时钟。每个通道可以独立地从时钟产生器的输出中选择其中 1 个作为自己的时钟。每个通道可以产生 1 个输出波形，也可以通过用户接口寄存器独立地为每个通道定义它们输出波形的特性。

1. PWM 时钟生成器

PWM 时钟发生器模块如图 5－2 所示。时钟产生器模块通过对 PWM 主控时钟（MCK）进行分频，为所有的通道提供各种不同可用的时钟，每个通道都可以独立地从这些分频后的时钟中选择 1 个。

时钟产生器分为 3 个模块：即 1 个模 n 计数器，它提供 11 个时钟（FMCK、FMCK/2、FMCK/4、FMCK/8、FMCK/16、FMCK/32、FMCK/64、FMCK/128、FMCK/256、FMCK/512、FMCK/1 024）。另外，还提供 2 个线性分频器（1,1/2,1/3,…,1/255），该线性分频器提供 2 个独立的时钟 clkA 和 clkB。

每个线性分频器可以独立地对模 n 计数器的任意一个时钟进行分频。根据 PWM 时钟寄存器（PWM_CLK）的 PREA（PREB）位域，来选择要被分频的时钟。然后，这个时钟再根据 DIVA（DIVB）位域值进行分频得到最终的时钟 clkA（clkB）。

PWM 控制器复位后，DIVA（DIVB）和 PREA（PREB）被清 0。也就是说，复位后 clkA（clkB）被关闭。在复位后除了 MCK 时钟，模 n 计数器提供的时钟都被关闭了。

当通过功耗管理控制器(PMC)关闭 PWM 主时钟后,也会出现这种情况。

在使用 PWM 单元前,程序员必须首先通过功耗管理控制器(PMC)允许 PWM 的时钟。

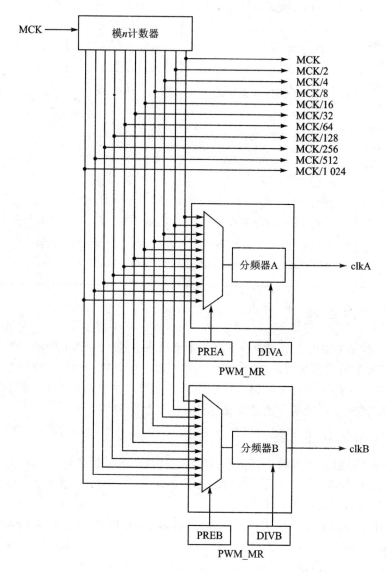

图 5 - 2　时钟生成器结构图的功能视图

(2) PWM 通道

PWM 通道结构如图 5 - 3 所示。PWM 单元内部具有 4 个通道,每个通道由以下 6 个模块组成。

① 时钟选择器,从时钟生成器提供的时钟中选择其中一个。

② 计数器,由时钟选择器的输出提供时钟。这个计数器的递增或递减由通道的

配置和比较器的匹配结果来决定。计数器的大小是 16 位的。

③ 比较器,用于根据计数器的值和配置来计算 OCx 的输出波形。根据 PWM 同步通道模式寄存器(PWM_SCM)的 SYNCx 位,决定计数器的值是通过计数器还是通道 0 计数器的值。

④ 一个两位的可配置灰度计数器,用来使能步进电机驱动。一个灰度计数器可驱动 2 个通道。一个死区生成器,提供 2 个互补的输出(DTOHx/DTOLx),可以安全地驱动外部电源控制开关。

⑤ 一个输出覆盖模块,能够强制地将 2 个互补的输出改变为编程设置的值(OOOHx/OOOLx)。

一个异步的故障保护机制,有最高的优先级。当检测到故障时,能够覆盖 2 个互补的输出(PWMHx/PWMLx)。

下面主要介绍一下比较器、比较单元和控制器的操作,其他功能请参见相关数据手册。

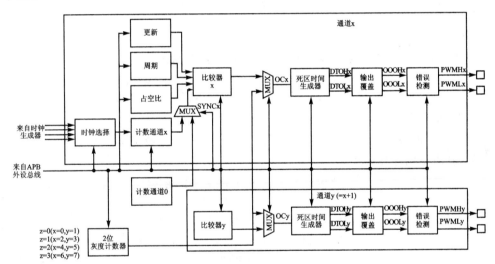

图 5 - 3　通道结构图的功能视图

(1) 比较器

比较器不断地将计数器的值与通道周期(由 PWM 通道周期寄存器 PWM_CPRDx 的 CPRD 位域定义)和占空比(由 PWM 通道占空比寄存器 PWM_CDTYx 的 CDTY 定义)进行比较,以产生一个输出信号 OCx。

在 OCx 输出上可进行以下 5 种波形选择:

1) 时钟的选择

通道计数器的时钟由时钟生成器提供。这个通道参数在 PWM 通道模式寄存器(PWM_CMRx)的 CPRE 位域定义,复位后该域为 0。

2) 波形的周期选择

这个通道参数在 PWM_CPRDx 的 CPRD 域定义。如果波形是左对齐的,则输出波形的周期依赖于计数器源时钟,可以计算出来。

PWM 主控时钟(MCK)被给定的分频值 X 分频(X 可取值 1、2、4、8、16、32、64、128、256、512、1 024),计算周期的公式为

$$\frac{(X \times \text{CPRD})}{\text{MCK}}$$

PWM 主控时钟(MCK)被 DIVA 或 DIVB 分频,对应的公式分别为

$$\frac{\text{CRPD} \times \text{DIVA}}{\text{MCK}} \text{ 或 } \frac{\text{CRPD} \times \text{DIVB}}{\text{MCK}}$$

如果波形是居中对齐的,则输出波形的周期依赖于计数器源时钟,可以计算出来。

PWM 主控时钟(MCK)被给定的分频值 X 分频(X 可取值 1、2、4、8、16、32、64、128、256、512、1024),计算周期的公式为

$$\frac{(2 \times X \times \text{CPRD})}{\text{MCK}}$$

PWM 主控时钟(MCK)被 DIVA 或 DIVB 分频,对应的公式分别为

$$\frac{2 \times \text{CRPD} \times \text{DIVA}}{\text{MCK}} \text{ 或 } \frac{2 \times \text{CRPD} \times \text{DIVB}}{\text{MCK}}$$

3) 波形的占空比选择

这个通道参数由 PWM_CDTYx 寄存器的 CDTY 位域定义。如果波形是左对齐的,其占空比计算公式为

$$占空比 = \frac{(\text{period} - 1/\text{fchannel\_x\_clock} \times \text{CDTY})}{\text{period}}$$

如果波形是居中对齐的,则占空比计算公式为

$$占空比 = \frac{(\text{period}/2) - 1/\text{fchannel\_x\_clock} \times \text{CDTY})}{(\text{period}/2)}$$

4) 波形的极性选择

在周期的开始,信号可以为高电平或低电平。这个特性由 PWM_CMRx 寄存器的 CPOL 域定义,默认情况下信号开始时为低电平。

5) 波形的对齐选择

输出波形可以为左对齐或居中对齐。居中对齐的波形可以被用于产生非重叠的波形,如图 5-4 所示。这个特性由 PWM_CMRx 寄存器的 CALG 域定义,默认模式为左对齐。

居中对齐情况下,通道计数器递增直到 CPRD,然后递减到 0,这时为一个周期结束。左对齐情况下,通道计数器递增直到 CPRD,然后复位,这时为一个周期结束。因此同样的 CPRD 值,居中对齐通道的周期是左对齐通道周期的 2 倍。

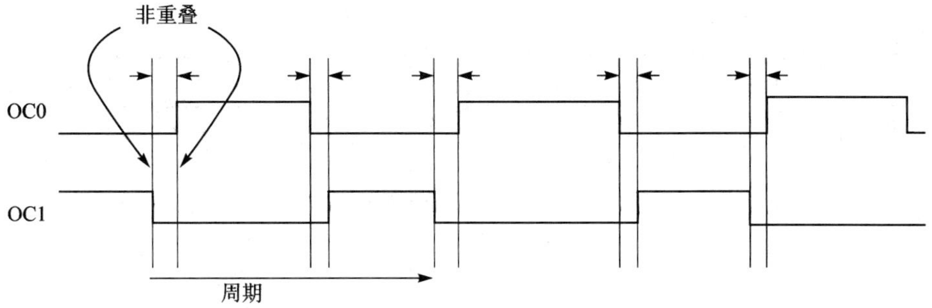

图 5 - 4 非重叠的居中对齐波形

在 CDTY＝CPRD 且 CPOL＝0, MCDTY＝0 且 CPOL＝1 的情况下, 波形固定为 0。在 CDTY＝0 且 CPOL＝0, CDTY＝CPRD 且 CPOL＝1 情况下, 波形固定为 1。在允许通道被应用前, 必须先设置波形的极性, 这会直接影响到通道输出电平。当通道被允许后, 修改 PWM 通道模式寄存器的 CPOL 位可能会导致由 PWM 驱动的设备产生不期望的动作。

除了产生输出信号 OCx, 比较器还根据计数器的值产生中断。当输出波形是左对齐时, 在计数器周期结束时发生中断。当输出波形是居中对齐时, PWM_CMRx 寄存器的 CES 位定义了通道计数器发生中断的时间。如果 CES 为 0, 则在计数器周期结束时发生中断; 如果 CES 为 1, 则在计数器周期的中间位置和结束位置发生中断。

(2) 2 位灰度步进电机向上/向下计数器

可以在一对通道的 2 个输出上进行配置, 以提供 2 位的灰度计数波形, 而死区生成器和其他向下逻辑可以在这些通道上配置输出。

向上或者向下计数模式可以通过 PWM_SMMR 配置寄存器进行即时配置, 当 GCEN0 被设置为 1, 则通道 0 和 1 将由灰度计数器驱动。2 位灰度向上/向下计数器的配置, 如图 5 - 5 所示。

(3) 死区生成器

死区生成器使用比较器的输出 OCx 来提供 2 个互补的输出 DTOHx 和 DTOLx, 使得 PWM 单元能够安全地驱动外部电源控制开关。当通过将 PWM 通道模式寄存器(PWM_CMRx)的 DTE 位置 1 来允许死区生成器时, 死区时间将会被插入到 2 个互补输出 DTOHx 和 DTOLx 的边缘之间。

注意: 只有当通道禁止时, 才能允许或禁止死区生成器。

可通过 PWM 通道死区时间寄存器(PWM_DTx)来调整死区时间, 死区生成器的 2 个输出可分别通过 DTH 和 DTL 来调整。死区时间的值, 可通过使用 PWM 通道死区时间更新寄存器(PWM_DTUPDx), 与 PWM 周期同步更新。

死区时间基于一个专门的计数器, 该计数器使用与通道计数器相同的时钟。根据死区时间的边缘和配置, DTOHx 和 DTOLx 会一直延时, 直到计数器的计数到

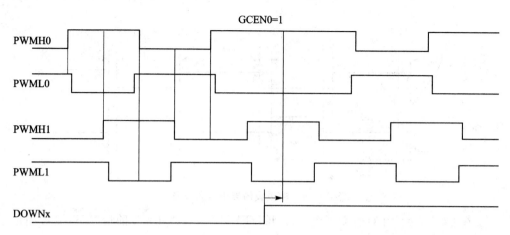

图 5-5　2 位灰度向上/向下计数器

DTH 或 DTL 定义的值为止。为每一个输出都提供了一个反转配置位(PWM_CM-Rx 寄存器的 DTHI 和 DTLI 位),以反转死区时间的输出。图 5-6 显示了死区生成器的波形。

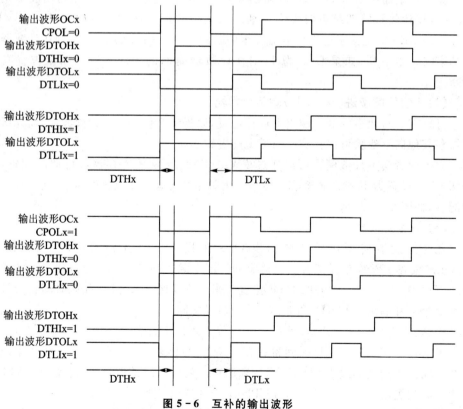

图 5-6　互补的输出波形

(4) 输出覆盖

死区生成器的两个互补输出 DTOHx 和 DTOLx,可以被强制改变为软件定义的值,如图 5-7 所示。

PWM 输出选择寄存器(PWM_OS)的 OSHx 和 OSLx 域允许使用由 PWM 输出覆盖值寄存器(PWM_OOV)的 OOVHx 和 OOVLx 域定义的值覆盖死区生成器的输出 DTOHx 和 DTOLx。

PWM 输出选择置位寄存器(PWM_OSS)和 PWM 输出选择置位更新寄存器(PWM_OSSUPD)可以允许对一个通道输出的覆盖。同样 PWM 输出选择清零寄存器(PWM_OSC)和 PWM 输出选择清零更新寄存器(PWM_OSCUPD),可以禁止对一个通道输出的覆盖。

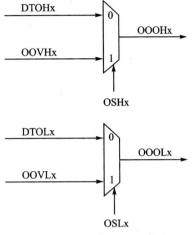

图 5-7 输出覆盖选择

通过使用缓冲寄存器 PWM_OSSUPD 和 PWM_OSCUPD,在下一个 PWM 周期开始时,PWM 输出的输出选择将保持与通道计数器同步。当使用 PWM_OSS 和 PWM_OSC 寄存器时,一旦写这些寄存器,PWM 输出的输出选择将与通道计数器是异步的。读取 PWM_OS 寄存器可以获取当前的输出选择值,当覆盖 PWM 输出时,通道计数器将继续运行,只是 PWM 的输出将被强制改变为用户定义的值。

(5) 故障保护

6 个输入提供了故障保护,可以强制地将任何 PWM 的输出改变为编程设置的值。这里的输出是成对改变的,该机制比输出覆盖的优先级高,其内部组成如图 5-8所示。

故障输入的电平极性可以通过 PWM 故障模式寄存器(PWM_FMR)的 FPOL 域来配置。对于来自内部外设如 ADC、定时/计数器等的故障输入,电平极性必须将 FPOL 位置为 1。而对于来自外部 GPIO 引脚的故障输入,电平极性取决于用户自身的实现。

故障激活模式(PWMC_FMR 中的 FMOD 位)的配置取决于外设是如何产生故障的。如果对应的外设没有故障清除管理,那么 FMOD 必须配置为 FMOD=1,以避免虚假的故障检测。

故障输入是否被滤波,由 PWM_FMR 寄存器的 FFIL 域决定。当滤波被激活时,如果故障输入上故障的宽度比 PWM 主时钟(MCK)的周期小,该故障将会被过滤掉。

当某一个故障输入的电平极性转换到设置的电平极性时,该故障输入上的故障将被激活。如果其相应的 FMOD 位(在 PWM_FMR 寄存器中)设为 0,只要故障输

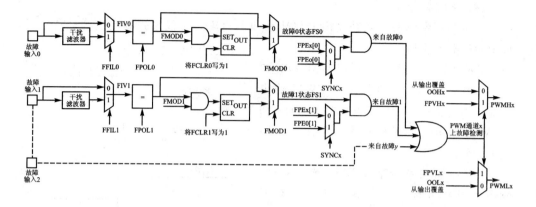

图 5 - 8　故障保护

入处于这个电平极性，该故障就一直保持激活。如果相应的 FMOD 位设为 1，该故障保持激活直到故障输入不再处于这个电平极性，同时通过写 PWM 故障清除寄存器（PWM_FSCR）的相应位 FCLR 将它清除。用户可以通过读取 PWM 故障状态寄存器（PWM_FSR）的 FIV 域，获取当前故障输入的电平，也可以通过读取该寄存器的 FS 域得知当前哪一个故障被激活。

　　每个通道上的故障保护机制都可以决定任一故障在该通道上是否被考虑。如果要通道 x 上的故障 y 被考虑，则必须通过 PWM 故障保护允许寄存器（PWM_FPE1）的位 FPEx[y]来允许故障 y。然而同步通道不使用它们自己的故障允许位，而是使用通道 0 的故障允许位（FPE0[y]）。

　　当某一通道被允许后，而且该通道上的任何一个故障被激活时，都会触发该通道的故障保护。即使 PWM 主控时钟没有运行，也可以触发故障保护，前提是故障输入没有被过滤掉。

　　当某一通道的故障保护被触发时，故障保护机制将会强制把通道的输出转换为定义的值。该值由 PWM 故障保护值寄存器（PWM FPV）的 FPVHx 和 FPVLx 域定义，而且会导致该通道计数器的复位，输出的强制转换是与通道计数器异步的。

　　为防止意外地激活 PWM_FSR 寄存器的状态标志 FSy，只有当 FPOLy 位先前被配置为它的终值时，FMODy 位才能置为 1。为了防止意外地激活通道 x 的故障保护，只有当 FPOLy 位先前被配置为它的终值时，FPEx[y]位才能置为 1。

　　如果某个比较单元被允许，并且在通道 0 上触发某一故障，这种情况下，比较是不能匹配的。只要通道的故障保护被触发，一个中断（不同于 PWM 周期结束时产生的中断）将会产生，前提是该中断被允许且没有被屏蔽，通过读中断状态寄存器可以复位该中断。

3. PWM 比较单元

　　PWM 提供了 8 个独立的比较单元，能够将编程设定的值与通道 0 计数器的当前值进行比较。比较的目的是在事件线上产生脉冲、软件中断以及为同步通道触发 PDC 传输请求,PWM 比较单元功能框图如图 5-9 所示。

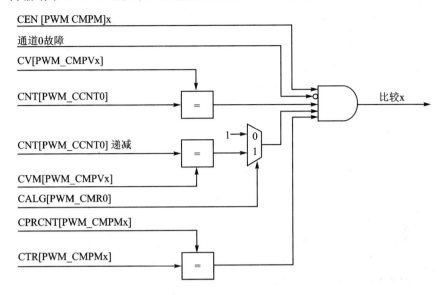

图 5-9　PWM 比较单元

　　PWM 比较单元 x 由 PWM 比较器 x 模式寄存器(PWM_CMPxM)的 CEN 位允许,且当通道 0 的计数器计数到达 PWM 比较器 x 值寄存器(PWM_CMPxV)的 CV 域定义的比较值时,比较单元 x 发生比较匹配。如果通道 0 的计数器是居中对齐的(PWM 通道模式寄存器的 CALG=1),则由 PWM_CMPxV 寄存器的 CVM 位来定义计数器是递增还是递减时进行比较。

　　如果一个故障在通道 0 上激活,则比较被禁止,且不会发生匹配。用户可以通过 PWM_CMPxM 寄存器的 CTR 和 CPR 域来定义比较单元 x 的周期。当比较周期计数器 CPRCNT 计数到 CTR 定义的值时就进行比较,每过 CPR+1 个通道计数器周期就执行一次这样的比较。其中,CPR 为比较周期计数器 CPRCNT 的最大值。如果 CPR=CTR=0,则在每一个通道 0 计数器的周期都执行一次比较。

　　当通道 0 允许时,使用 PWM 比较器 x 模式更新寄存器(PWM_CMPxMUPD 寄存器针对比较单元 x)可以修改比较单元 x 的配置以及它的值。

　　有关比较单元 x 的配置和值的更新会在比较单元 x 更新周期后会被触发,更新周期由 PWM_CMPxM 的 CUPR 域定义。**注意:**比较单元由一个独立于周期计数器的更新周期计数器来触发该更新。当比较单元更新周期计数器 CUPRCNT 计数到达 CUPR(在 PWM_CMPxM 寄存器)定义的值时,更新操作被触发。当通道 0 允许时,使用 PWM_CMPxMUPD 寄存器,可以更新比较单元 x 自身的更新周期 CUPR。为了使 PWM_CMPxVUPD 寄存器起作用,写该寄存器之后应紧接着写 PWM_CMPxMUPD 寄存器。

比较匹配和比较单元更新都可以作为一个中断源。这些中断可通过 PWM 中断允许寄存器 2 来允许,通过 PWM 中断禁止寄存器 2 来禁止。通过读 PWM 中断状态寄存器 2,可以复位比较匹配中断和比较单元更新中断。

4. PWM 控制器操作

PWM 控制器主要包括初始化,源时钟选择标准,改变占空比、周期和死区时间,改变同步通道的更新周期,改变比较值和比较单元的配置,中断和写保护寄存器操作。

(1) 初始化

允许通道之前,必须由软件来完成以下的配置:

➤ 写 PWM_WPCR 寄存器的 WPCMD 域,解锁用户接口。

➤ 配置时钟生成器(根据需要,设置 PWM_CLK 寄存器的 DIVA、PREA、DIVB、PREB)。

➤ 为每个通道选择时钟(PWM_CMRx 寄存器的 CPRE 域)。

➤ 为每个通道配置波形对齐方式(PWM_CMRx 寄存器的 CALG 域)。

➤ 为每个通道配置计数器事件选择(如果 CALG=1,设置 PWM_CMRx 寄存器的 CES 域)。

➤ 为每个通道配置输出波形的极性(PWM_CMRx 寄存器的 CPOL 域)。

➤ 为每个通道配置周期(PWM_CPRDx 寄存器的 CPRD 域)。当通道禁止时,可以写 PWM_CPRDx 寄存器;当通道有效后,用户必须用 PW_CPRDUPDx 寄存器来更新 PWM_CPRDx。

➤ 为每个通道配置占空比(PWM_CDTYx 寄存器的 CDTY)。当通道禁止时,可以写 PWM_CDTYx 寄存器。当通道有效后,用户必须用 PWM_CD-TYUPDx 寄存器来更新 PWM_CDTYx。

➤ 为每个通道配置死区生成器(PWM_DTx 的 DTH 和 DTL),前提是死区生成器被允许(PWM_CMRx 寄存器的 DTE 位)。当通道禁止时,可以写 PWM_DTx 寄存器,当通道有效后,用户必须通过 PWM_DTUPDx 寄存器来更新 PWM_DTx。

➤ 选择同步通道(PWM_SCM 寄存器的 SYNCx)。

➤ 选择当 WRDY 标志和相应的 PDC 传输请求被置位时的时机(PWM_SCM 寄存器的 PTRM 和 PTRCS)。

➤ 配置更新模式(PWM_SCM 寄存器的 UPDM)。

➤ 如果需要的话,配置更新周期(PWM_SCUP 寄存器的 UPR)。

➤ 配置比较单元(PWM_CMPVx 和 PWM_CMPMx)。

➤ 配置事件线(PWM_ELMRx)。

➤ 配置故障输入极性(PWM_FMR 的 FPOL)。

➤ 配置故障保护(PWM_FMR 的 FMOD 和 FFIL,PWM_FPV 和 PWM_FPE1)。

➤ 允许中断(写 PWM_IER1 寄存器的 CHIDx 和 FCHIDx,写 PWM_IER2 寄存器的 WRDYE、ENDTXE、TXBUFE、UNRE、CMPMx 和 CMPUx)。

➤ 允许 PWM 通道(写 PWM_ENA 寄存器的 CHIDx)。

(2) 源时钟选择标准

大量的时钟源使得选择变得很困难。PWM 通道周期寄存器(PWM_CPRDx)的值与 PWM 通道占空比寄存器(PWM_CDTYx)的值之间的关系,可以帮助用户做出选择。写入到周期寄存器的值给出了 PWM 的精确性,占空比不能低于 1/CPRDx 的值。PWM_CPRDx 的值越大,PWM 的精确性越高。

例如,用户在 PWM_CPRDx 中设置 CPRD 的值为 15(十进制),则在 PWM_CDTYx 寄存器中设置的值可以为 1~14,最终的占空比不能低于 PWM 周期的 1/15。

(3) 改变占空比、周期和死区时间

可以调整输出波形的占空比、周期和死区时间,方式如图 5-10 所示。

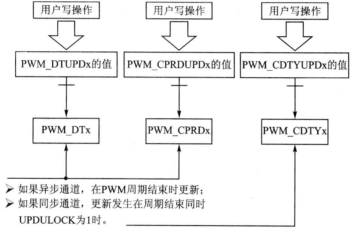

图 5-10 周期、占空比和死区时间的同步更新

为防止产生意外的输出波形,当通道允许的时候,用户必须使用 PWM 通道占空比更新寄存器、PWM 通道周期更新寄存器和 PWM 死区时间更新寄存器(PWM_CDTYUPDx、PWM_CPRDUPDx 和 PWM_DTUPDx)来改变波形的参数。

如果通道为异步通道(PWM 同步通道模式寄存器 PWM_SCM 中的 SYNCx=0),这些寄存器会保持新的周期、占空比和死区时间值。直到当期 PWM 周期结束时更新这些值,下一个周期将使用这些新的值。

如果通道为同步通道,且选择的是更新方式 0(PWM_SCM 寄存器中的 SYNCx=1,UPDM=0),这些寄存器会保持新的周期、占空比和死区时间值,直到 UPDULOCK 位被置 1(在 PWM 同步通道更新控制寄存器 PWM_SCUC 中),并在当前 PWM 周期结束时更新这些值,下一个周期将使用这些新的值。

如果通道为同步通道并且选择的是更新方式 1 或者 2(PWM_SCM 寄存器中的 SYNCx=1,UPDM=1 或 2),寄存器 PWM_CPRDUPDx 和 PWM_DTUPDx 保持新的周期和死区时间值。直到 UPDULOCK 位被置 1,并在当前 PWM 周期结束时更新这些值,下一个周期将使用这些新的值。同时寄存器 PWM_CDTYUPDx 保持新的占空比值,直到同步通道的更新周期结束(当 UPRCNT 等于 PWM_SCUP 寄存器的 UPR 时),并在当前 PWM 周期结束时更新这些值,下一个周期将使用这个新的值。

注意:如果在两次更新之间,更新寄存器 PWM_CDTYUPDx、PWM_CPRDUP-Dx 和 PWM_DTUPDx 被写了多次,只有最后一次写入的值被考虑。

(4) 改变同步通道的更新周期

当同步通道允许时,可以改变它们的更新周期,方式如图 5-11 所示。为防止意外地更新同步通道的寄存器,当同步通道被允许时,用户必须使用 PWM 同步通道更新周期更新寄存器(PWM_SCUPUPD)来改变同步通道的更新周期。该寄存器保持新的值,直到同步通道的更新周期结束(当 UPRCNT 等于 PWM_SCUP 寄存器的 UPR 时),并在当前 PWM 周期结束时更新该值,下一个周期将使用这个新的值。

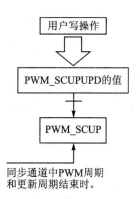

图 5-11　同步地更新同步通道的更新周期值

如果在两次更新之间,更新寄存器 PWM_SCUP-UPD 被写了多次,只有最后一次写入的值被考虑。另外只有在有多个同步通道以及选择了更新方式 1 或 2 的情况下(PWM 同步通道模式寄存器中 UPDM=1 或 2),改变更新周期才是有意义的。

(5) 改变比较值和比较单元的配置

当通道 0 允许时,可以改变比较值以及比较单元的配置。为了防止发生意外的比较匹配,当通道 0 允许时,用户必须使用 PWM 比较器 x 值更新寄存器和 PWM 比较器 x 模式更新寄存器(PWM_CMPVUPDx 和 PWM_CMPMUPDx)分别地改变比较值和比较单元的配置。这些寄存器保持新的值,直到比较单元更新周期结束。在当前的 PWM 周期结束时将更新这些值,下一个周期将使用这些新的值。

为了使 PWM_CMPVUPDx 寄存器起作用,在写该寄存器后应紧接着写 PWM_CMPMUPDx 寄存器。另外如果在两次更新之间,更新寄存器 PWM_CMPVUPDx 和 PWM_CMPMUPDx 被写了多次,只有最后一次写入的值被考虑。

(6) 中 断

根据 PWM_IMR1 和 PWM_IMR2 寄存器中的中断屏蔽设置,在一个故障事件之后(PWM_ISR1 寄存器的 FCHIDx)、一个比较匹配之后(PWM_ISR2 寄存器的 CMPMx)、一个比较更新之后(PWM_ISR2 寄存器的 CMPUx)或根据同步通道的传输模式(PWM_ISR2 寄存器的 WRDY、ENDTX、TXBUFE 以及 UNRE),在相应的通道周期结束时可以产生一个中断(PWM_ISR1 寄存器的 CHIDx)。

如果是由 CHIDx 或 FCHIDx 标志引起的中断,该中断会保持激活状态,直到一个 PWM_ISR1 寄存器的读操作发生。如果是由 WRDY、UNRE、CMPMx 或 CMPUx 标志引起的中断,该中断会保持激活状态,直到一个 PWM_ISR2 寄存器的读操作发生。

通过设置 PWM_ISR1 和 PWM_ISR2 寄存器中相应的位,可允许一个通道的中断。通过设置 PWM_IDR1 和 PWM_IDR2 寄存器中相应的位,可禁止一个中断。

(7) 写保护寄存器

为了防止任何的软件错误破坏 PWM 的行为,通过写 PWM 写保护控制寄存器(PWM_WPCR)的 WPCMD 域,可将下列寄存器设置为写保护。它们被分为如下 6 组:

➤ 寄存器组 0:PWM 时钟寄存器;
➤ 寄存器组 1:PWM 禁止寄存器;
➤ 寄存器组 2:PWM 同步通道模式寄存器、PWM 通道模式寄存器;
➤ 寄存器组 3:PWM 通道周期寄存器、PWM 通道周期更新寄存器;
➤ 寄存器组 4:PWM 通道死区时间寄存器、PWM 通道死区时间更新寄存器;
➤ 寄存器组 5:PWM 故障模式寄存器、PWM 故障保护值寄存器。

PWM 具有两种类型的写保护方式:其一是写保护 SW,可以被允许和禁止;其二是写保护 HW,只能被允许,只有当 PWM 控制器硬件复位时才能禁止它。

这两种类型的写保护都可以通过 PWM_WPCR 寄存器的 WPCMD 和 WPRG 域的设置,分别应用于特定的寄存器组。如果寄存器组里至少有一个寄存器的写保护是激活的,则该寄存器组就是写保护的。根据 WPCMD 域的值,它允许执行如下的操作:

➤ 0:当寄存器组对应的 WPRG 位为 1 时,禁止该寄存器组的 SW 写保护;
➤ 1:当寄存器组对应的 WPRG 位为 1 时,允许该寄存器组的 SW 写保护;
➤ 2:当寄存器组对应的 WPRG 位为 1 时,允许该寄存器组的 HW 写保护。

任何时候,用户都可以通过 PWM 写保护状态寄存器(PWM_WPSR)WPSWS 和 WPHWS 域,检测这些寄存器组里哪些是写保护的。如果检测到一个对写保护的寄存器进行的写访问,PWM_WPSR 寄存器的 WPVS 标志将被置位。同时,WPVSRC 域指示哪一个寄存器被尝试写访问,WPVSRC 域中保存的是该寄存器去掉两个最低有效位的偏移地址。在读 PWM_WPSR 寄存器之后,WPVS 和 WPVRSC 域自动复位。

5.1.3 应用程序设计

1. 设计要求

使用 PWM 模块的 2 个通道,分别将其高电平输出与开发平台上的 LED 灯相连接,通过调节通道的输出频率的变化来控制 LED 灯的亮灭程度。

2. 硬件设计

本设计采用内部连线,无需额外的电路连接,开发平台上 PWM 的输出引脚同 LED 输入引脚端相连接。

3. 软件设计

根据设计要求,软件程序主要完成以下步骤:

① 配置 UART 串口,使之可以发送和接收数据。

② 配置 PWM,使其通道 0 和通道 1 的高电平分别输出到开发平台的蓝色 LEDx 和绿色 LEDx 引脚上。

③ 改写 PWM 中断函数,在中断函数中改变占空比,从而改变 LEDx 灯的亮灭程度。

PWM 的程序设计主文件代码如下:

```c
#include "asf.h"
#include "conf_board.h"

/* 波特率 */
#define CONSOLE_BAUD_RATE    115200
/* PWM 频率 */
#define PWM_FREQUENCY        1000
/* PWM 输出波形的周期值 */
#define PERIOD_VALUE         100
/* 初始化占空比 */
#define INIT_DUTY_VALUE      0

#define STRING_EOL    "\r"
#define STRING_HEADER "-- PWM LED Example -- \r\n" \
        "-- "BOARD_NAME" -- \r\n" \
        "-- Compiled: "__DATE__" "__TIME__" -- "STRING_EOL
/** PWM 通道用于 LEDs */
pwm_channel_t g_pwm_channel_led;

/* PWM 中断处理函数 */
void PWM_Handler(void)
{
    static uint32_t ul_count = 0;  /* PWM 计数 */
```

```
static uint32_t ul_duty = INIT_DUTY_VALUE;
static uint8_t fade_in = 1;   /* LED 熄灭标志 */
uint32_t events = pwm_channel_get_interrupt_status(PWM);
/* PWM_CHANNEL_LED_0 的中断 */
if ((events & PWM_CHANNEL_LED_0) == PWM_CHANNEL_LED_0) {

    ul_count ++

    /* 判断 LED 的亮灭 */
    if (ul_count == (PWM_FREQUENCY / (PERIOD_VALUE - INIT_DUTY_VALUE))) {

        /* 灯灭 */
        if(fade_in) {

            ul_duty ++
            if (ul_duty == PERIOD_VALUE) {

                fade_in = 0;
            }
        }
        /* 灯亮 */
        else {

            ul_duty -- ;
            if (ul_duty == INIT_DUTY_VALUE) {

                fade_in = 1;
            }
        }

        /* 改变占空比 */
        ul_count = 0;
        g_pwm_channel_led.channel = PWM_CHANNEL_LED_0;
        pwm_channel_update_duty(PWM, &g_pwm_channel_led, ul_duty);
        g_pwm_channel_led.channel = PWM_CHANNEL_LED_1;
        pwm_channel_update_duty(PWM, &g_pwm_channel_led, ul_duty);
        //printf("PWM_LED is ok ! \n");//串口一直输出 PWM_LED is ok !
    }
}

}
```

```
/* 设置 UART */
static void configure_console(void)
{
    const sam_uart_opt_t uart_console_settings =
            { sysclk_get_cpu_hz(), CONSOLE_BAUD_RATE, UART_MR_PAR_NO };

    /* 配置 PMC */
    pmc_enable_periph_clk(CONSOLE_UART_ID);

    /* 初始化 UART */
    uart_init(CONSOLE_UART, &uart_console_settings);
}


int main(void)
{
    /* 初始化系统时钟 */
    sysclk_init();
    board_init();

    /* 配置 UART */
    configure_console();

    /* 串口输出初始化信息 */
    puts(STRING_HEADER);

    /* 使能 PWM clock */
    pmc_enable_periph_clk(ID_PWM);

    /* 关闭 PWM 通道 */
    pwm_channel_disable(PWM, PWM_CHANNEL_LED_0 | PWM_CHANNEL_LED_1);

    /* 设置 PWM 时钟的值为 PWM_FREQUENCY * PERIOD_VALUE */
    pwm_clock_t clock_setting = {
        .ul_clka = PWM_FREQUENCY * PERIOD_VALUE,
        .ul_clkb = 0,     //时钟 b 没有使用
        .ul_mck = sysclk_get_cpu_hz()
    };
    pwm_init(PWM, &clock_setting);

    /* 初始化用于 pwm_led0,开始输出波形为低电平 */
    g_pwm_channel_led.ul_prescaler = PWM_CMR_CPRE_CLKA;
                                            /* 使用 PWM clock A  为时钟源 */
```

```
g_pwm_channel_led.ul_period = PERIOD_VALUE;        /* 输出波形的周期 */
g_pwm_channel_led.ul_duty = INIT_DUTY_VALUE;       /* 输出波形的占空比 */
g_pwm_channel_led.channel = PWM_CHANNEL_LED_0;
pwm_channel_init(PWM, &g_pwm_channel_led);

/* 使能 pwm_led0 通道 */
pwm_channel_enable_interrupt(PWM, PWM_CHANNEL_LED_0, 0);

/* 初始化用于 pwm_led1 */
g_pwm_channel_led.alignment = PWM_ALIGN_CENTER;
g_pwm_channel_led.polarity = PWM_HIGH;             /* 输出波形开始为高电平 */
g_pwm_channel_led.channel = PWM_CHANNEL_LED_1;
pwm_channel_init(PWM, &g_pwm_channel_led);

/* 禁用通道计数器事件中断 */
pwm_channel_disable_interrupt(PWM, PWM_CHANNEL_LED_1, 0);

/* 设置 PWM 中断并使能 */
NVIC_DisableIRQ(PWM_IRQn);
NVIC_ClearPendingIRQ(PWM_IRQn);
NVIC_SetPriority(PWM_IRQn, 0);
NVIC_EnableIRQ(PWM_IRQn);

/* 使能用于 LED 的 PWM 通道 */
pwm_channel_enable(PWM, PWM_CHANNEL_LED_0 | PWM_CHANNEL_LED_1);
while (1)
{
}
}
```

4. 运行过程

使用 Atmel Studio6 运行工程,生成相应的可下载源码文件。再使用 SAM4S - EK 开发平台附带的串口线,将开发板上的串口接口(UART)同 PC 机上的串口连接在一起。

然后,在主机上运行 Windows 自带的超级终端串口通信程序(波特率 115 200、1 位停止位、无校验位、无硬件流控制),或者使用其他串口通信程序,设置相同即可。接着使用 SAM - BA 工具,通过 USB 接口连接到 SAM4S - EK 开发平台上,将刚刚生成的源码下载到目标系统中。

最后,M 运行程序或者复位开发平台,例程正常运行后,可以立即看到 AT 91SAM4S - EK 开发平台上的 2 个 LED 灯的亮度在自己不断地调节中,同时超级终端将显示如图 5 - 12 所示的信息。

图 5-12　超级终端显示的信息(1)

5.2　模/数转换器 ADC

5.2.1　ADC 结构组成

SAM4S 微控制器内含一个逐次比较式 12 位的模拟数字转换器(ADC),如图 5-13所示。ADC 用户接口寄存器映射如表 5-2所列,其基地址为 0x40038000。

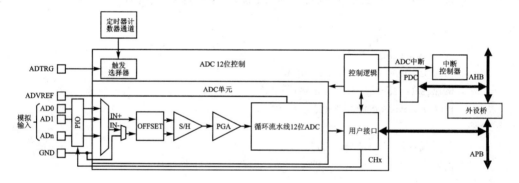

图 5-13　12 位 ADC 结构方框图

在 ADC 内部同时嵌入了一个 16 选 1 模拟多路复用器,可实现 16 条模拟端口线的模/数转换。其被转换的模拟输入电压范围由 0 V～ADVREF(基准电压值)。ADC 支持 10 位和 12 位两种可选择的分辨率模式,A/D 转换结果会存储于一个通用的寄存器内,也可以存储于一个通道专用寄存器内。

ADC 可配置为软件触发、ADTRG 引脚上升沿引发的外部触发或者定时计数器输出引发的内部触发。内部的比较电路允许自动检测低于一个阈值、高于一个阈值,在给定的范围或该范围内,阈值和范围是完全可配置的。

ADC 控制器内部故障输出是直接连接到 PWM 故障输入的,这个输入可以由比较电路处理,以将 PWM 的输出置于一个安全的状态(纯组合路径)。ADC 内部还集成了休眠模式和转换序列发生器,并与 PDC 通道连接,这些特性可以减少功耗和处理器内核负载。

ADC 的输入方式可选择为单端输入或者双端差分输入方式,通过 2 位可配置引

脚来设置。内嵌的一个基于多位冗余符号数算法(RSD)的错误校正电路,可降低
INL 和 DNL 错误。

表 5 - 2   ADC 用户接口寄存器映射

偏　移	寄存器	名　称	访问方式	复位值
0x00	控制寄存器	ADC_CR	只写	—
0x04	模式寄存器	ADC_MR	读/写	0x00000000
0x08	通道序列寄存器 1	ADC_SEQR1	读/写	0x00000000
0x0C	通道序列寄存器 2	ADC_SEQR2	读/写	0x00000000
0x10	通道允许寄存器	ADC_CHER	只写	—
0x14	通道禁止寄存器	ADC_CHDR	只写	—
0x18	通道状态寄存器	ADC_CHSR	只读	0x00000000
0x1C	保留	—	—	—
0x20	最后转换数据寄存器	ADC_LCDR	只读	0x00000000
0x24	中断允许寄存器	ADC_IER	只写	—
0x28	中断禁止寄存器	ADC_IDR	只写	—
0x2C	中断屏蔽寄存器	ADC_IMR	只读	0x00000000
0x30	中断状态寄存器	ADC_ISR	只读	0x00000000
0x3C	溢出状态寄存器	ADC_OVER	只读	0x00000000
0x40	扩展模式寄存器	ADC_EMR	读/写	0x00000000
0x44	比较窗口寄存器	ADC_CWR	读/写	0x00000000
0x48	通道增益寄存器	ADC_CGR	读/写	0x00000000
0x4C	通道偏移寄存器	ADC_COR	读/写	0x00000000
0x50	通道数据寄存器 0	ADC_CDR0	只读	0x00000000
0x54	通道数据寄存器 1	ADC_CDR1	只读	0x00000000
⋮	⋮	⋮	⋮	⋮
0x8C	通道数据寄存器 15	ADC_CDR15	只读	0x00000000
0x90	保留	—	—	—
0x94	模拟控制寄存器	ADC_ACR	读/写	0x00000000
0x98~0xAC	保留	—	—	—
0xC4~0xE0	保留	—	—	—
0xE4	写保护模式寄存器	ADC_WPMR	读/写	0x00000000
0xE8	写保护状态寄存器	ADC_WPSR	只读	0x00000000
0xEC~0xF8	保留	—	—	—
0xFC	保留	—	—	—
0x100~0x124	为 PDC 寄存器保留	—	—	—

5.2.2 工作原理

1. 工作过程

ADC 按照 ADC 的时钟来执行转换,将一个模拟量转换为一个 12 位数字值需要 ADC 模式寄存器 ADC_MR 中 TRACKTIM 域所定义的采样保持时间和 TRANS-FER 域定义的传输时钟周期。对于 ADC 时钟的频率,可通过 ADC_MR 寄存器的 PRESCAL 域来选择。在前一个通道转换过程中,采样即开始。如果采样时间长于转换时间,那么采样时间将扩展到前一个转换过程的结束。

ADC 时钟范围可以从 MCK/2～MCK/512 之间进行选择。如果 PRESCAL 为 0,时钟取 MCK/2。如果 PRESCAL 为 255(0xFF),ADC 时钟取 MCK/512。PRESCAL 必须根据产品数据手册电气特性部分所给出的参数来配置,以提供 ADC 时钟频率。

ADC 支持 10 位和 12 位的分辨率。通过设置 ADC 模式寄存器(ADC_MR)中的 LOWRES 位,可选择 10 位模式。默认情况下,复位后分辨率为最高,且数据寄存器的 DATA 位域被全部使用。通过设置 LOWRES,ADC 变为最低分辨率,且转换结果通过数据寄存器的低 10 位读取。此时,相应的 ADC_CDR 寄存器 DATA 位域最高 2 位和 ADC_LCDR 寄存器 LDATA 位域最高 2 位读为 0。此时当 PDC 通道连接到 ADC 上,无论 12 位还是 10 位分辨率都要求 PDC 传输位宽为 16 位。

当转换结束时,产生的 12 位数字值会存储于当前通道的 ADC_CDRx 寄存器和公共的最后转换数据寄存器 ADC_LCDR 中。通过设置 ADC_EMR 中的 TAG 选项,ADC_LCDR 将在 CHNB 域显示最后转换数据的相关通道号。

状态寄存器 ADC_SR 相应通道的 EOC 位域被置1,且 DRDY 位被置1。在连接 PDC 的情况下,DRDY 上升沿可触发数据传输请求。任何情况下,EOC 和 DRDY 可以触发一个中断。

读 ADC_CDR 寄存器将清除对应的 EOC 位,读 ADC_LCDR 寄存器将清除 DRDY 位以及最后转换通道所对应的 EOC 位,如图 5-14 所示。

若在新输入数据被转换前没有读 ADC_CDR 寄存器,ADC_OVER 寄存器的相应溢出错误标志 OVRE 位被置 1。同样,当 DRDY 为高且新数据转换结束时,会置 ADC_SR 寄存器的通用溢出错误标志 GOVRE 位为 1。读 ADC_OVER 将自动清除 OVRE 标志,读 ADC_SR 寄存器将自动清除 GOVRE 标志,如图 5-15 所示。

在转换期间,若相应通道被禁止或者禁止后再允许,相应的数据和 ADC_SR 中的 EOC 位和 OVER 位将是不可预知的。

2. 模拟输入通道选择设置

激活的模拟通道可通过软件或硬件触发开始转换,软件触发通过向 ADC_CR 寄存器的 START 位写 1 产生。硬件触发源可以是定时计数器通道 TIOA 输出之一、

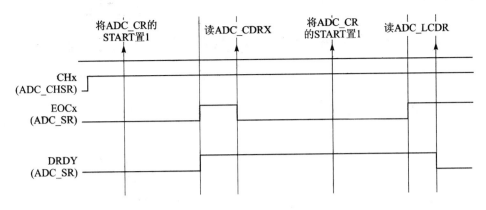

图 5 - 14　EOCx 和 DRDY 标志的行为状态

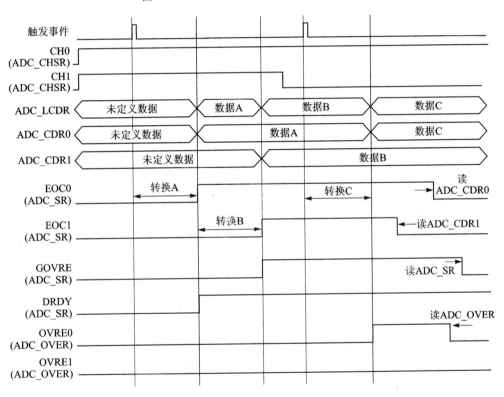

图 5 - 15　GOVRE 和 OVERx 标志的行为状态

PWM 事件线或来自 ADTRG 引脚的外部触发输入。通过 ADC_MR 寄存器的 TRGSEL 位可选择硬件触发源,被选定的硬件触发可通过设置 ADC_MR 寄存器的 TRGEN 位来允许。

连续 2 个触发事件之间的最小时间必须是严格大于最长的转换序列的持续时间,该时间由寄存器 ADC_MR、ADC_CHSR、ADC_SEQR1 和 ADC_SEQR2 配置得到。

如果一个硬件触发源被选定,从选定信号上升沿开始经过一个延时之后才能开始转换。由于是异步处理,可能会延时 2 个 MCK 周期到 1 个 ADC 时钟周期不等。

　　若 TIOA 输出之一被选定,相应的定时/计数器通道必须设定为波形模式。对所有通道的初始化转换序列只需要一条命令即可,ADC 硬件逻辑将自动执行激活通道的 A/D 转换,然后等待新请求。通道允许寄存器 ADC_CHER 和通道禁止寄存器 ADC_CHDR 可以独立允许和禁止各模拟通道。如果 ADC 同 PDC 一起使用,只有被允许通道的转换数据可以被传输,并且结果数据缓存也与之对应。

3. 休眠模式和转换序列发生器

　　在 ADC 未用于转换时,休眠模式可最大限度地节约功耗,通过设置 ADC_MR 寄存器的 SLEEP 位可选择休眠模式。

　　休眠模式由转换序列发生器自动管理,转换序列发生器可在最低功耗下自动处理所有通道的 A/D 转换。当 2 个成功的触发事件之间的最小周期大于 A/D 转换的启动周期时,休眠模式将被开启。

　　当转换请求产生,ADC 自动激活。因为模拟单元需要启动时间,所以转换逻辑等待这段时间后才启动被允许通道上的转换。当所有转换完成后,在新触发到来之前 ADC 将无效。

　　快速唤醒模式可在 ADC 模式寄存器(ADC_MR)中作为省电策略和响应能力之间的一种妥协方式,设置 FWUP 位可以允许快速唤醒模式。在快速唤醒模式中,ADC 单元在无转换请求时不完全停用,因此在提供节约功耗的同时可以快速唤醒。

　　转换序列发生器可自动最小化处理器负载、最优化功耗,转换序列发生器可通过定时/计数器输出或 PWM 事件线周期性地执行。通过 PDC 可自动处理周期性获得的采样值,而不需要处理器干预。

　　转换序列发生器可以通过编程序列通道寄存器、ADC_SEQR1 和 ADC_SEQR2 以及设置模式寄存器(ADC_MR)中的 USEQ 位被定制。用户可以选择通道的一个特定的顺序,并且可以通过编程多达 16 次转换序列。通过写 ADC_SEQR1 和 ADC_SEQR2 中的通道数,就可以自由地创建个人的序列。通道号不仅可以写在任何序列中,而且可以被重复多次。只有被允许的序列位域是可以被转换的,因此可以编程 15 位转换序列,用户可以简单地将 ADC_CHSR[15]禁止从而将 ADC_SEQR2 中的 16THCH 域禁止。

　　如果所有的 ADC 通道都被用在一个应用板上,对用户序列的使用没有限制。但是一些 ADC 通道没有被允许转换而仅仅用作单纯的数字输入,那么这些通道对应的索引也不能用在用户序列域(ADC_SEQR1、ADC_SEQR2 位域)。例如,如果通道 4 被禁止(ADC_CSR[4]=0),ADC_SEQR1、ADC_SEQR2 寄存器的位域 USCH1~USCH16 必定不包含值 4。因此用户序列的长度受到这种行为的限制。

如果 16 个通道中只有 4 个(CH0~CH3)被选作为 ADC 转换器,用户序列长度不会超过 4 个通道。每个触发事件可能需要启动多达 4 个通道 0~3 组合的转换器,不会更多。

当需要使用的通道多于可用作转换的通道时,可以重复使用一个通道。例如,当只有 CH0 和 CH1 被允许,而用户需要 4 个通道时,可以选择 CH0、CH0、CH1、CH1 这样的序列组合。

注意:在休眠模式下参考电压引脚保持在正常模式下的连接。

ADC 控制器拥有自动对比功能。根据扩展模式寄存器(ADC_EMR)中选择的 CMPMODE 功能,可以将转换的值同一个低的阈值或者一个高的阈值相比较。比较操作可以在所有的通道上或者仅仅在一些指定的通道上 ADC_EMR 的 CMPSEL 域完成,想要比较所有的通道,就必须设置 ADC_EMR 寄存器中的 CMP_ALL 参数。

标志可以从中断状态寄存器(ADC_ISR)中的 COMPE 位中读取,也可以触发一次中断,高的阈值和低的阈值可以通过比较窗口寄存器(ADC_CWR)中读取到。

如果 ADC_MR 中的 LOWRES 位被置为 1 时使用比较窗口,那么阈值将不需要进行调整,因为调整将在内部完成。不管 LOWRES 位有没有被置 1,必须在配置 ADC 最大分辨率的时候将阈值配置好。

4. 差分输入

ADC 可以被用作单端 ADC(DIFF 位为 0)或者双端差分 ADC(DIFF 位为 1)。默认情况下,复位后 ADC 为单端模式。如果 ADC_MR 中的 ANACH 域被设置,能够在每个通道上使用双端差分模式,否则 CH0 的参数配置将被用在所有的通道上。

单端和差分模式拥有相同的输入。单端模式下,输入由一个 16 选 1 模拟通道复用器管理;差分模式下,输入由一个 8 选 1 模拟通道复用器管理。单端模式和差分模式下输入引脚和通道号如表 5-3 和表 5-4 所列。

表 5-3 单端模式下的输入引脚和通道号

输入引脚	通道号	输入引脚	通道号
AD0	CH0	AD8	CH8
AD1	CH1	AD9	CH9
AD2	CH2	AD10	CH10
AD3	CH3	AD11	CH11
AD4	CH4	AD12	CH12
AD5	CH5	AD13	CH13
AD6	CH6	AD14	CH14
AD7	CH7	AD15	CH15

表 5-4　差分模式下的输入引脚和通道号

输入引脚	通道号	输入引脚	通道号
AD0 和 AD1	CH0	AD8 和 AD9	CH8
AD2 和 AD3	CH2	AD10 和 AD11	CH10
AD4 和 AD5	CH4	AD12 和 AD13	CH12
AD6 和 AD7	CH6	AD14 和 AD15	CH14

5. 输入增益和偏移

ADC 有一个内嵌可编程增益放大器(PGA)和可编程偏移逻辑,可编程增益放大器可产生的增益是 1/2、1、2、4。PGA 能够用在单端和差分模式下。

如果 ADC_MR 中的 ANACH 位被设置,ADC 可以在一个通道上使用不同的增益和偏移值。否则,CH0 上的配置参数将应用到所有的通道上。增益可以通过通道增益寄存器(ADC_CGR)中的 GAIN 位来配置,如表 5-5 所列。

表 5-5　采样保持单元的增益位

GAIN<0:1>	GAIN(DIFF=0)	GAIN(DIFF=1)
00	1	0.5
01	1	1
10	2	2
11	4	2

为了允许全范围,ADC 的模拟偏移能够通过 ADC_COR 中的 OFFSET 位来配置。偏移只能在单端模式下改变,如表 5-6 所列。

表 5-6　ADC 的模拟偏移配置位

OFFSET 位	OFFSET(DIFF=0)	OFFSET(DIFF=1)
0	0	0
1	$(G-1)Vrefin/2$	

6. ADC 时序和自动校准

每个 ADC 都有其自身的最小启动时间,通过 ADC_MR 寄存器的 STARTUP 位域来配置。同样,ADC 需要最小的采样保持时间来保证最佳的转换值,该时间通过 ADC_MR 寄存器的 TRACKTIM 位域来配置。

当两个通道之间模拟单元的增益、偏移或者差分输入参数改变时,模拟单元在启动采样前需要额外的设置时间。这样控制器将在设置时间内自动等待,该时间在 ADC 模式寄存器中定义。同样如果 ANACH 选项没有被设置,这个时间将不可以使用。

由于 ADC 没有输入缓冲放大器来隔离输入源,所以在 TRACKTIM 域中写入精确值时必须考虑这点。

ADC 对于增益误差有一个自动校准(AUTOCALIB)模式。一旦 ADC 控制寄存器中的 AUTOCAL 位被写 1,自动校准事件将启动。在写 AUTOCAL 位之前,自动校准事件需要一个软件复位命令(ADC_CR 寄存器中的 SWRST)。校准事件的结束由中断状态寄存器(ADC_ISR)中的 EOCAL 位决定,如果 EOCAL 中断被允许(ADC_IER 寄存器),那么一个中断将被生成。

校准事件将在所有被允许的通道上完成自动校准。如果被要求转换的通道被配置相同的增益,那么在校准处理过程中并不都需要被允许设置。仅仅是那些被配置为不同增益的通道需要被允许设置,所有被允许通道的增益设置必须在 AUTO-CALIB 事件启动之前完成。如果对于给定通道的增益设置被改变(ADC_CGR 和 ADC_COR 寄存器),那么 AUTOCALIB 事件必须被重启。

校准数据被存储在内部 ADC 存储器上,当一个新的转换操作启动后,转换的值(在 ADC_LCDR 或 ADC_CDRx 寄存器中)是一个校准后的值。

自动校准是用于设置的,而不是用于通道上。因此如果一个独特的增益组合已经被校准,在初始化校准之后一个相同配置的新的通道被允许,没有必要再重启校准器。如果一个不同配置的通道,那么相应的通道必须在启动校准之前被设置为允许。

如果软件复位事件(ADC_CR 中的 SWRST 位)发生或开机(或者从备份模式中唤醒),ADC 存储器中的校准数据将丢失。

注意:改变 ADC 运行模式(ADC_CR 寄存器中)不影响校准数据,改变 ADC 参考电压(ADVREF 位)需要重新建立一个校准事件。

7. 缓冲结构、故障输出

每当一个新的数据被存储到 ADC_LCDR 寄存器中,就会触发一次 PDC 读取通道的值。每当一个触发器事件发生时,相同结构的数据将被重复地存储到 ADC_LCDR 寄存器中。根据用户操作模式的不同(ADC_MR、ADC_CHSR、ADC_SE-QR1、ADC_SEQR2),这种结构也不同。每个传输到 PDC 缓冲区中的数据包含当 ADC_EMR 寄存器中 TAG 被设置时的右对齐上次转换的数据,该数据是半字(16 位)。其中最重要的 4 位携带着通道号,因此它允许在 PDC 缓冲区中进行更早的数据处理操作和更好的 PDC 缓冲完整性检查。

ADC 控制器内部故障输出是直接连接到 PWM 故障输入上的。根据 ADC_EMR 和 ADC_CWR 的配置以及转换后的值,故障输出可能被处理。当比较事件发生时,ADC 故障输出会生成一个输出到 PWM 故障输入的主时钟周期的脉冲,这个故障线可以在 PWM 中被允许或者禁止。一旦它被 ADC 控制器激活并保持,PWM 输出会立刻处于一个安全状态(单纯的结合路径)。

注意:ADC 故障输出连接到 PWM 的不是 COMPE 位,因此通过在 PWM 配置中将 FMOD 置为 1 来保持故障模式(FMOD)。

为了防止任何软件错误会误导 ADC 的行为,通过设置 ADC 写保护模式寄存器(ADC_WPMR)中的 WPEN 位来将某些地址空间设为写保护。如果被保护的寄存器的写操作被检测到,那么 ADC 写保护状态寄存器(ADC_WPSR)中的 WPVS 标志将被设置。WPVSRC 标志指出哪些寄存器是被写禁止的。

WPVS 标志可以通过读 ADC 写保护状态寄存器(ADC_WPSR)来立即复位,被保护的寄存器有 ADC 模式寄存器、ADC 通道序列寄存器 1、ADC 通道序列寄存器 2、ADC 通道允许寄存器、ADC 通道禁止寄存器、ADC 扩展模式寄存器、ADC 比较窗口寄存器、ADC 通道增益寄存器、ADC 通道偏移寄存器。

5.2.3 应用程序设计

1. 设计要求

本程序测试数/模转换器 ADC 的转换功能,使用 TIOA0 作为外部触发中断方式。TIOA0 产生 1 ms 的周期方波,在每个上升沿将触发 ADC,开始转换。ADC 实现的功能如下:

① 显示电压电位器。
② 显示阈值。
③ 修改门槛低。
④ 修改很高的门槛。
⑤ 选择比较模式。
⑥ 显示 ADC 的信息。
⑦ 显示主菜单。
⑧ 设置自动校准模式。
⑨ 进入睡眠模式。

2. 硬件设计

AT91SAM4S-EK 开发平台上的 ADC 模块可以直接使用,无需额外的电路。

3. 软件设计

根据任务要求,程序的主要内容包含:

① 初始化并配置 ADC。
② 编写处理显示当前电压、设置阈值。
③ 编写处理显示 ADC 信息、比较模式等待。
ADC 程序的主文件如下:

```
# include "asf.h"
# include "conf_board.h"
```

```
/* 电位器 ADC 通道 */
#if SAM3S || SAM3N || SAM4S
#define ADC_CHANNEL_POTENTIOMETER    ADC_CHANNEL_5
#elif SAM3XA
#define ADC_CHANNEL_POTENTIOMETER    ADC_CHANNEL_1
#endif
/* ADC 时钟 */
#define BOARD_ADC_FREQ (6000000)

/* ADC 的参考电压(mV) */
#define VOLT_REF    (3300)

/* 最大的数字值 */
#if SAM3S || SAM3XA || SAM4S
#define MAX_DIGITAL     (4095)
#elif SAM3N
#define MAX_DIGITAL     (1023)
#endif

#define STRING_EOL    "\r"
#define STRING_HEADER " -- ADC12 test    -- \r\n" \
        " -- "BOARD_NAME" -- \r\n" \
        " -- Compiled: "__DATE__" "__TIME__" -- "STRING_EOL
#define MENU_HEADER " -- Menu Choices for this ADC_test -- \n\r" \
        " -- 0: Display voltage on potentiometer. -- \n\r" \
        " -- 1: Display thresholds. -- \n\r" \
        " -- 2: Modify low threshold. -- \n\r" \
        " -- 3: Modify high threshold. -- \n\r" \
        " -- 4: Choose comparison mode. -- \n\r" \
        " -- i: Display ADC information. -- \n\r" \
        " -- m: Display this main menu. -- \n\r" \
        " -- s: Enter sleep mode. -- \n\r"

/* * Low threshold */
static uint16_t gs_us_low_threshold = 0;
/* * High threshold */
static uint16_t gs_us_high_threshold = 0;

void ADC_Handler(void)
{
    uint32_t ul_mode;
    uint16_t us_adc;
```

```
/* 使能中断 */
adc_disable_interrupt(ADC, ADC_IDR_COMPE);

if ((adc_get_status(ADC).isr_status & ADC_ISR_COMPE) == ADC_ISR_COMPE) {
    ul_mode = adc_get_comparison_mode(ADC);
    us_adc = adc_get_channel_value(ADC, ADC_CHANNEL_POTENTIOMETER);

    switch (ul_mode) {
    case 0:
        printf(" - ISR - :Potentiometer voltage %d mv is below the low "
            "threshold: %d mv! \n\r", us_adc * VOLT_REF / MAX_DIGITAL,
            gs_us_low_threshold * VOLT_REF / MAX_DIGITAL);
        break;

    case 1:
        printf(" - ISR - :Potentiometer voltage %d mv is above the high "
            "threshold: %d mv! \n\r", us_adc * VOLT_REF / MAX_DIGITAL,
            gs_us_high_threshold * VOLT_REF / MAX_DIGITAL);
        break;

    case 2:
        printf(" - ISR - :Potentiometer voltage %d mv is in the comparison "
            "window: %d mv - %d mv! \n\r", us_adc * VOLT_REF / MAX_DIGITAL,
            gs_us_low_threshold * VOLT_REF / MAX_DIGITAL, gs_us_high_threshold
            * VOLT_REF / MAX_DIGITAL);
        break;

    case 3:
        printf(" - ISR - :Potentiometer voltage %d mv is out of the comparison"
            " window: %d mv - %d mv! \n\r", us_adc * VOLT_REF / MAX_DIGITAL,
            gs_us_low_threshold * VOLT_REF / MAX_DIGITAL, gs_us_high_threshold
            * VOLT_REF / MAX_DIGITAL);
        break;
    }
    }
}

/*
设置定时/计数器 TC0 每秒产生一个中断,中断发生时串口显示接收到的字节数
*/
static void configure_tc0(void)
```

```
{
    /* 使能 TC0 时钟 */
    pmc_enable_periph_clk(ID_TC0);
    /* 设置 TC 频率为 1 s */
    tc_init(TC0, 0, 0x4 | TC_CMR_ACPC_SET | TC_CMR_WAVE
            | TC_CMR_ACPA_CLEAR | (0x2 << 13));
    /* 占空比为 50% */
    TC0->TC_CHANNEL[0].TC_RA = 16384;
    TC0->TC_CHANNEL[0].TC_RC = 32768;

}

static void display_menu(void)
{
    puts(MENU_HEADER);
}


/*
 显示当前信息,包括电压电位,阈值和比较模式
*/
static void display_info(void)
{
    uint32_t ul_adc_value = adc_get_channel_value(ADC, ADC_CHANNEL_POTENTIOMETER);

    printf("-I- Thresholds: %d mv - %d mv.\n\r",
            gs_us_low_threshold * VOLT_REF / MAX_DIGITAL,
            gs_us_high_threshold * VOLT_REF / MAX_DIGITAL);
    printf("-I- Voltage on potentiometer: %u mv.\n\r",
            (unsigned int)(ul_adc_value * VOLT_REF / MAX_DIGITAL));
    printf("-I- Comparison mode is %u\n\r.",
            (unsigned int)(ADC->ADC_EMR & ADC_EMR_CMPMODE_Msk));
}


/*
 * 首先使能中断,在唤醒后关闭中断
 */
static void enter_asleep(void)
{
    while (1) {
        puts("The device is going to fall in sleep! \r");
        /* 清状态寄存器 Clear status register */
        adc_get_status(ADC);
```

```
        /* 使能中断进行比较 */
        adc_enable_interrupt(ADC, ADC_IER_COMPE);

        __WFI();

        /* 每次唤醒后跳出循环 */
        break;
    }
}


/*
 * 获得比较模式
 */
static uint8_t get_comparison_mode(void)
{
    uint8_t uc_mode = adc_get_comparison_mode(ADC);
    uint8_t uc_char;

    while (1) {
        while (uart_read(CONSOLE_UART, &uc_char));
        switch (uc_char) {
        case 'a':
        case 'A':
            uc_mode = 0x0;
            break;
        case 'b':
        case 'B':
            uc_mode = 0x1;
            break;
        case 'c':
        case 'C':
            uc_mode = 0x2;
            break;
        case 'd':
        case 'D':
            uc_mode = 0x3;
            break;
        case 'q':
        case 'Q':
            break;
        default:
```

```
                continue;
            }
            return uc_mode;
        }
    }


/*
 * 获得用户输入的电压值,取值范围是 0~3 300 mV
 */
static int16_t get_voltage(void)
{
    uint8_t c_counter = 0, c_char;
    int16_t s_value = 0;
    int8_t c_length = 0;
    int8_t c_str_temp[5] = { 0 };

    while (1) {
        while (uart_read(CONSOLE_UART, &c_char));

        if (c_char == '\n' || c_char == '\r') {
            puts("\r");
            break;
        }

        if ('0' <= c_char && '9' >= c_char) {
            printf("%c", c_char);
            c_str_temp[c_counter++ = c_char;
#if defined ( __GNUC__ )
            fflush(stdout);
#endif

            if (c_counter >= 4) {
                break;
            }
        }
    }

    c_str_temp[c_counter] = '\0';
    /* 输入字符串的长度 */
    c_length = c_counter;
    s_value = 0;
```

嵌入式系统应用开发教程——基于 SAM4S

```
/* 将字符串转换为整数 */
for (c_counter = 0; c_counter < 4; c_counter ++ {
    if (c_str_temp[c_counter] ! = '0') {
        switch (c_length - c_counter - 1) {
        case 0:
            s_value + = (c_str_temp[c_counter] - '0');
            break;

        case 1:
            s_value + = (c_str_temp[c_counter] - '0') * 10;
            break;

        case 2:
            s_value + = (c_str_temp[c_counter] - '0') * 100;
            break;

        case 3:
            s_value + = (c_str_temp[c_counter] - '0') * 1000;
            break;
        }
    }
}

if (s_value > VOLT_REF) {
    puts("\n\r - F - Too big threshold! \r");
    return -1;
}

return s_value;
}

static void configure_console(void)
{
    const sam_uart_opt_t uart_console_settings =
            { sysclk_get_cpu_hz(), 115200, UART_MR_PAR_NO };

    /* 设置 PIO */
    pio_configure(PINS_UART_PIO, PINS_UART_TYPE, PINS_UART_MASK,
            PINS_UART_ATTR);

    /* 设置 PMC */
    pmc_enable_periph_clk(CONSOLE_UART_ID);
```

```
    /* 设置 UART */
    uart_init(CONSOLE_UART, &uart_console_settings);
}


/*
初始化 12 位 A/D 转换器,使能通道 5,TIOA0 每秒触发 A/D 转换
 */
int main(void)
{
    uint8_t c_choice;
    int16_t s_adc_value;
    int16_t s_threshold = 0;

    /* 初始化系统 */
    sysclk_init();
    /* 关闭看门狗 */
    WDT ->WDT_MR = WDT_MR_WDDIS;
    configure_console();

    puts(STRING_HEADER);

    /* 初始化阈值 */
    gs_us_low_threshold = 0x0;
    gs_us_high_threshold = MAX_DIGITAL;

    /* 使能时钟 */
    pmc_enable_periph_clk(ID_ADC);
    /* 初始化 ADC
     * startup = 10：    640 periods of ADCClock
     * for prescal = 4
     *      prescal：ADCClock = MCK / ((PRESCAL + 1) * 2) => 64MHz / ((4 + 1) * 2)
     *      = 6.4MHz
     *      ADC clock = 6.4 MHz
     */
    adc_init(ADC, sysclk_get_cpu_hz(), 6400000, 10);
#if SAM3S || SAM3XA || SAM4S
    adc_configure_timing(ADC, 0, ADC_SETTLING_TIME_3, 1);
#elif SAM3N
    adc_configure_timing(ADC, 0);
#endif
    adc_check(ADC, sysclk_get_cpu_hz());
```

```
/ * 硬件触发 TIOA0 * /
adc_configure_trigger(ADC, ADC_TRIG_TIO_CH_0, 0);
/ * 使能通道 * /
adc_enable_channel(ADC, ADC_CHANNEL_POTENTIOMETER);

/ * 设置 TC * /
configure_tc0();
adc_set_comparison_channel(ADC, ADC_CHANNEL_POTENTIOMETER);
/ * 设置比较模式 * /
adc_set_comparison_mode(ADC, ADC_EMR_CMPMODE_IN);

/ * 设置阈值 * /
adc_set_comparison_window(ADC, gs_us_high_threshold, gs_us_low_threshold);

/ * 使能 ADC 中断 * /
NVIC_EnableIRQ(ADC_IRQn);

/ * 关闭中断 * /
adc_disable_interrupt(ADC, ADC_IDR_COMPE);

/ * 开启 TC0 * /
tc_start(TC0, 0);

display_menu();

while (1) {
    while (uart_read(CONSOLE_UART, &c_choice));
    printf(" % c\r\n", c_choice);

    switch (c_choice) {
    case '0':
        s_adc_value = adc_get_channel_value(ADC,
                ADC_CHANNEL_POTENTIOMETER);
        printf(" - I - Current voltage is % d mv, % d % % of ADVREF\n\r",
        (s_adc_value * VOLT_REF / MAX_DIGITAL), (s_adc_value * 100 / MAX_DIGIT-
        AL));
        break;

    case '1':
        printf(" - I - Thresholds are 0x % x( % d % ) and 0x % x( % d % ).\n\r",
        gs_us_low_threshold,
```

```
            gs_us_low_threshold * 100 / MAX_DIGITAL, gs_us_high_threshold,
            gs_us_high_threshold * 100 / MAX_DIGITAL);
        break;

    case '2':
        puts("Low threshold is set to(mv):");
        s_threshold = get_voltage();
        puts("\r");

        if (s_threshold >= 0) {
            s_adc_value = s_threshold * MAX_DIGITAL /
                    VOLT_REF;
            adc_set_comparison_window(ADC, s_adc_value,
                    gs_us_high_threshold);
            /* 更新门槛值 */
            gs_us_low_threshold = s_adc_value;
            printf("Low threshold is set to 0x%x(%d%%)\n\r",
                    gs_us_low_threshold,
                    gs_us_low_threshold * 100 /
                    MAX_DIGITAL);
        }
        break;

    case '3':
        puts("High threshold is set to(mv):");
        s_threshold = get_voltage();
        puts("\r");

        if (s_threshold >= 0) {
            s_adc_value = s_threshold * MAX_DIGITAL /
                    VOLT_REF;
            adc_set_comparison_window(ADC, gs_us_low_threshold,
                    s_adc_value);

            /* 更新门槛值 */
            gs_us_high_threshold = s_adc_value;
            printf("High threshold is set to 0x%x(%d%%)\n\r", gs_us_high_
            threshold,
                    gs_us_high_threshold * 100 / MAX_DIGITAL);
        }
        break;
    case '4':
```

```
        puts(" - a. Below low threshold. \n\r"
             " - b. Above high threshold. \n\r"
             " - c. In the comparison window. \n\r"
             " - d. Out of the comparison window. \n\r"
             " - q. Quit the setting. \r");
        c_choice = get_comparison_mode();
        adc_set_comparison_mode(ADC, c_choice);
        printf("Comparison mode is %c.\n\r", 'a' + c_choice);
        break;

    case 'm':
    case 'M':
        display_menu();
        break;

    case 'i':
    case 'I':
        display_info();
        break;

    case 's':
    case 'S':
        enter_asleep();
        break;
    }
    puts("Press \'m\' or \'M\' to display the main menu again!! \r");
    }
}
```

4. 运行过程

使用 Atmel Studio6 运行工程,生成相应的可下载源码文件。再使用 SAM4S - EK 平台附带的串口线,将开发平台上的串口接口(UART)同 PC 机上的串口连接在一起。

然后,在主机上运行 Windows 自带的超级终端串口通信程序(波特率 115 200、1 位停止位、无校验位、无硬件流控制),或者使用其他串口通信程序,设置相同即可。接着使用 SAM - BA 工具,通过 USB 接口连接到 SAM4S - EK 开发平台上,将刚刚生成的源码下载到目标系统中。

最后,运行程序或者复位开发平台,例程正常运行后,超级终端将显示如图 5 - 16所示的信息。

可以通过超级终端来显示当前电压、设置阈值,也可以通过其选择比较模式、显示 ADC 信息等,如图 5 - 17 所示。

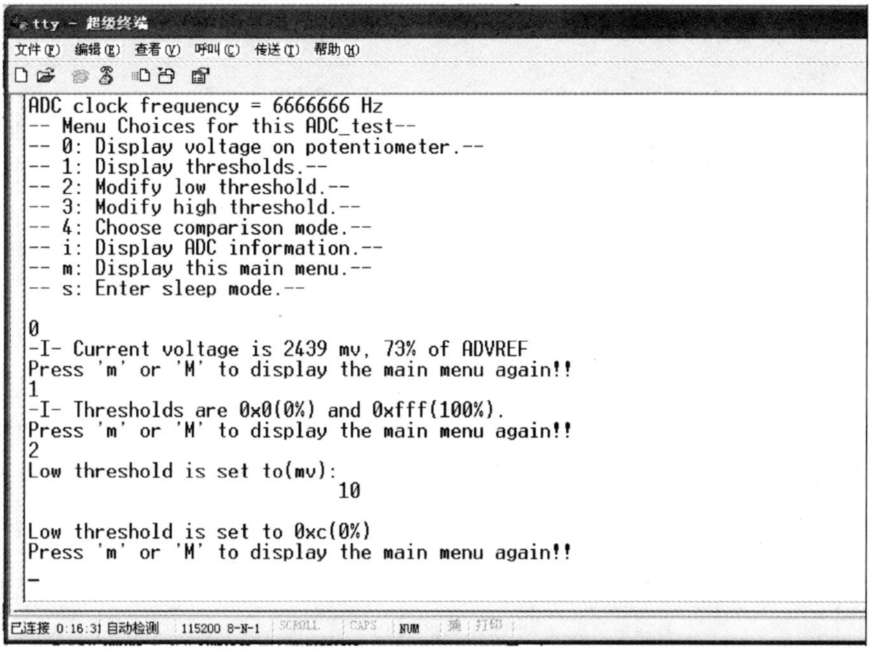

```
e tty - 超级终端
文件(F) 编辑(E) 查看(V) 呼叫(C) 传送(T) 帮助(H)

ADC clock frequency = 6666666 Hz
-- Menu Choices for this ADC_test--
-- 0: Display voltage on potentiometer.--
-- 1: Display thresholds.--
-- 2: Modify low threshold.--
-- 3: Modify high threshold.--
-- 4: Choose comparison mode.--
-- i: Display ADC information.--
-- m: Display this main menu.--
-- s: Enter sleep mode.--

0
-I- Current voltage is 2439 mv, 73% of ADVREF
Press 'm' or 'M' to display the main menu again!!
1
-I- Thresholds are 0x0(0%) and 0xfff(100%).
Press 'm' or 'M' to display the main menu again!!
2
Low threshold is set to(mv):
                    10

Low threshold is set to 0xc(0%)
Press 'm' or 'M' to display the main menu again!!
-

已连接 0:16:31 自动检测  115200 8-N-1   SCROLL   CAPS   NUM   捕 打印
```

图 5-16 超级终端显示的信息(2)

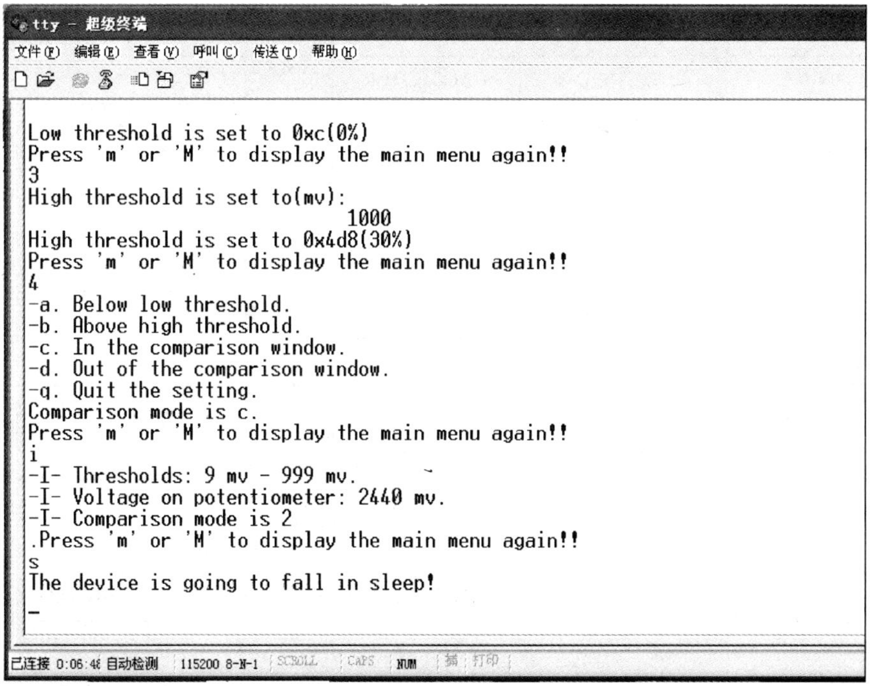

```
e tty - 超级终端
文件(F) 编辑(E) 查看(V) 呼叫(C) 传送(T) 帮助(H)

Low threshold is set to 0xc(0%)
Press 'm' or 'M' to display the main menu again!!
3
High threshold is set to(mv):
                    1000
High threshold is set to 0x4d8(30%)
Press 'm' or 'M' to display the main menu again!!
4
-a. Below low threshold.
-b. Above high threshold.
-c. In the comparison window.
-d. Out of the comparison window.
-q. Quit the setting.
Comparison mode is c.
Press 'm' or 'M' to display the main menu again!!
i
-I- Thresholds: 9 mv - 999 mv.
-I- Voltage on potentiometer: 2440 mv.
-I- Comparison mode is 2
.Press 'm' or 'M' to display the main menu again!!
s
The device is going to fall in sleep!
-

已连接 0:06:48 自动检测  115200 8-N-1   SCROLL   CAPS   NUM   捕 打印
```

图 5-17 超级终端显示的信息(3)

5.3 数/模转换器 DAC

5.3.1 DAC 结构组成

数/模转换控制器(DAC)提供了 2 个模拟输出端口,这样用户可以通过数字模拟转换来控制 2 个独立的模拟引脚。数/模转换控制器框图如图 5-18 所示,用户接口寄存器映射如表 5-7 所列,基地址为 0x4003C000。

DAC 支持 12 位的分辨率,所有通道中被转换的数据将被发送到一个共同的寄存器中,DAC 可以被设置为外部触发或者空闲的运行模式。DAC 集成了休眠模式并同 PDC 的一个通道相连,这些性质使得它既能降低功耗又能减少处理器的干预。用户可以配置 DAC 的时序,像启动时间和刷新周期。

表 5-7　DAC 用户接口寄存器映射

偏 移	寄存器	名 称	访问方式	复位值
0x00	控制寄存器	DACC_CR	只写	—
0x04	模式寄存器	DACC_MR	读/写	0x00000000
0x08	保留	—	—	—
0x0C	保留	—	—	—
0x10	通道允许寄存器	DACC_CHER	只写	—
0x14	通道禁止寄存器	DACC_CHDR	只写	—
0x18	通道状态寄存器	DACC_CHSR	只读	0x00000000
0x1C	保留	—	—	—
0x20	转换数据寄存器	DACC_CDR	只写	0x00000000
0x24	中断允许寄存器	DACC_IER	只写	—
0x28	中断禁止寄存器	DACC_IDR	只写	—
0x2C	中断屏蔽寄存器	DACC_IMR	只读	0x00000000
0x30	中断状态寄存器	DACC_ISR	只读	0x00000000
0x94	模拟电流寄存器	DACC_ACR	读/写	0x00000000
0xE4	写保护模式寄存器	DACC_WPMR	读/写	0x00000000
0xE8	写保护状态寄存器	DACC_WPSR	只读	0x00000000
⋮	⋮	⋮	⋮	⋮
0xEC~0xFC	保留	—	—	—

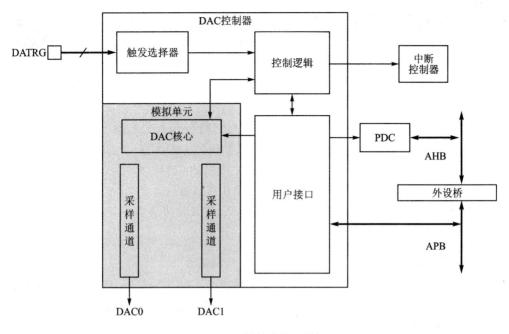

图 5 - 18 数/模转换控制器框图

5.3.2 工作原理

1. 工作过程

DAC 使用主时钟 MCK/2 时钟频率来执行转换,该时钟被命名为 DACC Clock。如果转换开始,DMC 控制器(简称 DACC)将花费 25 个时钟周期在选择的模拟输出上提供最后转换的模拟结果。

一个转换完成,可以在被选中的 DACC 通道输出上得到相应的模拟结果值,并且 DACC 中断状态寄存器的 EOC 位将被设置,读取 DACC_ISR 寄存器将清除 EOC 位。

在空闲运行模式下,一旦有一个通道被允许并且数据被写入了 DACC 转换数据寄存器中,模/数转换就会开始。经过 25 个 DACC 时钟周期后,在开始时的相应模拟输出上可以得到转换后的结果。在外部触发模式下,转换将在相应的触发一个上升沿开始。

注意: 禁止外部触发模式将会自动将 DACC 设置为空闲运行模式。

DAC 内部具有一个 4 个半字的 FIFO 被用来处理要转换的数据。如果 DACC 中断状态寄存器中的 TXRDY 标志被激活,DAC 控制器将处于可以接受转换请求。当向 DACC 转换数据寄存器中写数据时,转换请求将自动发生。数据不可能一转换完就存储在 DACC 的 FIFO 中,当 FIFO 已经满了或者 DACC 不能接受转换请求时,

TXRDY 标志将关闭。

　　DACC 模式寄存器中的 WORD 域允许用户在半字传输和全字传输之间转换，这两个模式都是用来向 FIFO 中写数据。在半字传输模式下，只考虑 DACC_CDR 中 16 位 LSB 的数据，DACC_CDR[15:0]将会被存入到 FIFO 中。如果 DACC_MR 寄存器中的 TAG 域被设置，那么 DACC_CDR[11:0]域将会被用作数据域而 DACC_CDR[15:12]域将会用作通道选择。

　　在全字传输模式下，DACC_CDR 寄存器每次将写入 2 个数据项，这些数据项被存入到 FIFO 中去。第一个转换后的采样数据项是 DACC_CDR[15:0]，第二个是 DACC_CDR[31:16]。如果 DACC_MR 寄存器中的 TAG 域被设置，那么 DACC_CDR[15:12]域和 DACC_CDR[31:28]域将被用作通道选择。

　　注意：当 TXRDY 标志关闭时，如果在 DACC_CDR 寄存器中写数据将会产生错误的 FIFO 数据。

2. 通道选择

　　在实际应用中，可以使用两种方法来选择通道。默认情况下，通过 DAC 模式寄存器的 USER_SEL 域来选择用来转换数据的通道，数据仅仅在 USER_SEL 指定的通道上完成数据转换。

　　一个更灵活的用来选择数据转换通道的方法就是使用标签模式，该模式通过设置 DAC 模式寄存器中的 TAG 域来完成。在这种模式下，DAC_CDR[13:12]这 2 位要么不用，要么就像 USER_SEL 域那样用来选择通道。如果 WORD 域被设置，那么 DACC_CDR[13:12]这 2 位用来选择第一个数据转换的通道，DAC_CDR[29:28]这 2 位用来选择第二个数据转换的通道。

3. 休眠模式

　　DAC 休眠模式在 DACC 不需要转换数据的时候关闭 DAC，从而最大程度地节省功耗。当一个开始转换请求到来时，DACC 将自动被激活。由于模拟单元会请求一个启动时间，逻辑单元将会在这段时间中等待，然后才开始在被选择的通道上转换数据。当所有的转换请求都完成后，DACC 将被关闭直到下一个转换请求到来。

　　快速唤醒模式是 DAC 模式寄存器中一个平衡功耗、节省策略和立即响应策略的办法，通过设置 FASTW 位来允许快速唤醒模式。在快速唤醒模式中，如果没有转换被请求，那么 DAC 不会被全激活，这样就可以更大地节省功耗，同时又能快速唤醒（正常启动的 4 倍）。

4. DAC 时序

　　DAC 的启动时间是由用户在 DAC 模式寄存器的 STARTUP 域中定义的。在休眠模式中，如果使用了快速唤醒模式，那么这个启动时间将不一样。在这种情况下，用户必须根据相应的快速唤醒模式的时间来设置 STARTUP，而不是使用标准的启动时间。

通过设置 DACC_MR 寄存器中的 MAXS 位可以启动最大速度模式。在这种模式下,DAC 控制器将不使用来自 DACC 模块的时序信号来采样,而是使用内部的计数器来完成转换。这种模式将会在两个连续的转换增益 2 倍的 DAC 时钟周期。

注意:使用这种模式,DAC_IER 寄存器的中断将不能使用,这是由于 2 个 DACC 时钟周期太长。

由于每 20 μs 后,来自转换数据的模拟电压将降低,所以为了防止这个电压丢失,以一定规则来刷新通道是必须的。DACC 模式寄存器中的 REFRESH 域就是用来完成这一任务的,这个域是由用户来定义通道刷新周期大小的。

注意:将 REFRESH 域置为 0 表明 DACC 通道的刷新功能不可用。

5.3.3 应用程序设计

1. 设计要求

该程序的主要功能是配置 DAC 产生正弦波形。用户可以通过示波器查看波形,在超级终端上设置正弦波频率和振幅大小,频率范围是 200 Hz～3 kHz,振幅范围是 100～1 023/4 095(10/12 位分辨率),并可切换到满振幅方波。

2. 硬件设计

AT91SAM4S - EK 开发板上无需额外的电路,开发平台上提供了模拟信号输出口 CN1 和 CN3,将示波器的输入线接在其中一个输出口,这样就可以查看在超级终端上配置的模拟信号。

3. 软件设计

根据软件设计要求,该程序主要完成以下部分:
① 初始化开发板。
② 初始化 DACC,并配置 DACC 通道。
③ 配置 UART,使之可以接收和发送数据。
④ 初始化菜单,进入主程序的循环中。
DAC 程序的主程序设计代码如下:

```
# include "asf.h"
# include "conf_board.h"
# include "conf_clock.h"
# include "conf_dacc_sinewave_example.h"

//模拟量控制
# define DACC_ANALOG_CONTROL (DACC_ACR_IBCTLCH0(0x02) \
          mo        | DACC_ACR_IBCTLCH1(0x02) \
```

```
                              | DACC_ACR_IBCTLDACCORE(0x01))

    //最大正弦波采样数
    #define MAX_DIGITAL     (0x7ff)
    //最大振幅
    #define MAX_AMPLITUDE (DACC_MAX_DATA)
    //最小振幅
    #define MIN_AMPLITUDE (100)

    /*采样周期*/
    #define SAMPLES (100)

    /*默认频率*/
    #define DEFAULT_FREQUENCY 1000
    /*最小频率*/
    #define MIN_FREQUENCY     200
    /*最大频率*/
    #define MAX_FREQUENCY     3000

    /*无效值*/
    #define VAL_INVALID      0xFFFFFFFF

    #define STRING_EOL      "\r"
    #define STRING_HEADER "-- DAC Sinewave test --\r\n" \
        "-- "BOARD_NAME" --\r\n" \
        "-- Compiled: "__DATE__" "__TIME__" -- "STRING_EOL

    /*
     *转换波形值为 DACC
     */
    #define wave_to_dacc(wave, amplitude, max_digital, max_amplitude) \
        (((int)(wave) * (amplitude)/(max_digital)) + (max_amplitude/2))

    uint32_t g_ul_index_sample = 0;
    /*频率*/
    uint32_t g_ul_frequency = 0;
    /*振幅*/
    int32_t g_l_amplitude = 0;

    /*波形选择*/
    uint8_t g_uc_wave_sel = 0;
```

```
/ * 100 正弦波采样数据,振幅是 MAX_DIGITAL * 2 * /
const int16_t gc_us_sine_data[SAMPLES] = {
    0x0,    0x080, 0x100, 0x17f, 0x1fd, 0x278, 0x2f1, 0x367, 0x3da, 0x449,
    0x4b3, 0x519, 0x579, 0x5d4, 0x629, 0x678, 0x6c0, 0x702, 0x73c, 0x76f,
    0x79b, 0x7bf, 0x7db, 0x7ef, 0x7fb, 0x7ff, 0x7fb, 0x7ef, 0x7db, 0x7bf,
    0x79b, 0x76f, 0x73c, 0x702, 0x6c0, 0x678, 0x629, 0x5d4, 0x579, 0x519,
    0x4b3, 0x449, 0x3da, 0x367, 0x2f1, 0x278, 0x1fd, 0x17f, 0x100, 0x080,

    -0x0,    -0x080, -0x100, -0x17f, -0x1fd, -0x278, -0x2f1, -0x367,
    -0x3da, -0x449,
    -0x4b3, -0x519, -0x579, -0x5d4, -0x629, -0x678, -0x6c0, -0x702,
    -0x73c, -0x76f,
    -0x79b, -0x7bf, -0x7db, -0x7ef, -0x7fb, -0x7ff, -0x7fb, -0x7ef, -0x7db,
    -0x7bf,
    -0x79b, -0x76f, -0x73c, -0x702, -0x6c0, -0x678, -0x629, -0x5d4,
    -0x579, -0x519,
    -0x4b3, -0x449, -0x3da, -0x367, -0x2f1, -0x278, -0x1fd, -0x17f,
    -0x100, -0x080
};


/ *
 * 初始化串口
 * /
static void configure_console(void)
{
    const sam_uart_opt_t uart_console_settings =
        { sysclk_get_cpu_hz(), 115200, UART_MR_PAR_NO };

    pio_configure(PINS_UART_PIO, PINS_UART_TYPE,
            PINS_UART_MASK, PINS_UART_ATTR);

    pmc_enable_periph_clk(CONSOLE_UART_ID);

    uart_init(CONSOLE_UART, &uart_console_settings);
}


/ *
 * 用户输入值:
 * 参数 ul_lower_limit  输入下限值
 * 参数 ul_upper_limit  输入上限值
 * /
static uint32_t get_input_value(uint32_t ul_lower_limit,
```

```
    uint32_t ul_upper_limit)
{
    uint32_t i = 0, length = 0, value = 0;
    uint8_t uc_key, str_temp[5] = { 0 };

    while (1) {

        while (uart_read(CONSOLE_UART, &uc_key)) {
        }

        if (uc_key == '\n' || uc_key == '\r') {
            puts("\r");
            break;
        }

        if ('0' <= uc_key && '9' >= uc_key) {
            printf("%c", uc_key);
            str_temp[i++] = uc_key;

            if (i >= 4) {
                break;
            }
        }
    }

    str_temp[i] = '\0';
    /* 输入字符串长度 */
    length = i;
    value = 0;

    /* 转换字符为整数 */
    for (i = 0; i < 4; i++ {
        if (str_temp[i] != '0') {
            switch (length - i - 1) {
            case 0:
                value += (str_temp[i] - '0');
                break;

            case 1:
                value += (str_temp[i] - '0') * 10;
                break;
```

```
        case 2:
            value + = (str_temp[i] - '0') * 100;
            break;

        case 3:
            value + = (str_temp[i] - '0') * 1000;
            break;
        }
      }
    }

    if (value > ul_upper_limit || value < ul_lower_limit) {
        puts("\n\r - F - Input value is invalid!");
        return VAL_INVALID;
    }

    return value;
}


/ *
 * 显示主菜单
 * /
static void display_menu(void)
{
    puts(" ======== Menu Choices for this example ========\r");
    printf(" -- 0: Set frequency( % dHz - % dkHz).\n\r",
        MIN_FREQUENCY, MAX_FREQUENCY / 1000);
    printf(" -- 1: Set amplitude( % d - % d).\n\r", MIN_AMPLITUDE, MAX_AMPLITUDE);
    puts(" -- i: Display present frequency and amplitude.\n\r"
         " -- w: Switch to full amplitude square wave or back.\n\r"
         " -- m: Display this menu.\n\r"
         " ------------ Current configuration -----------\r");
    printf(" -- DACC channel:\t % d\n\r", DACC_CHANNEL);
    printf(" -- Amplitude    :\t % d\n\r", g_l_amplitude);
    printf(" -- Frequency    :\t % u\n\r", g_ul_frequency);
    printf(" -- Wave         :\t % s\n\r", g_uc_wave_sel ? "SQUARE" : "SINE");
    puts(" ===========================\r");
}


/ *
 * SysTick 中断处理函数
 * /
```

```c
void SysTick_Handler(void)
{
    uint32_t status;
    uint32_t dac_val;

    status = dacc_get_interrupt_status(DACC_BASE);

    /* 判断是否准备好转换新数据 */
    if ((status & DACC_ISR_TXRDY) == DACC_ISR_TXRDY) {
        g_ul_index_sample++;
        if (g_ul_index_sample >= SAMPLES) {
            g_ul_index_sample = 0;
        }
        dac_val = g_uc_wave_sel ?
                ((g_ul_index_sample > SAMPLES / 2) ? 0 : MAX_AMPLITUDE)
                : wave_to_dacc(gc_us_sine_data[g_ul_index_sample],
                    g_l_amplitude,
                    MAX_DIGITAL * 2, MAX_AMPLITUDE);

        dacc_write_conversion_data(DACC_BASE, dac_val);
    }
}

int main(void)
{
    uint8_t uc_key;
    uint32_t ul_freq, ul_amp;

    /* 系统初始化 */
    sysclk_init();
    board_init();

    configure_console();

    puts(STRING_HEADER);

    /* 使能 DACC 时钟 */
    pmc_enable_periph_clk(DACC_ID);
    /* 复位 DACC 寄存器 */
    dacc_reset(DACC_BASE);
    /* 半字节传输模式 */
    dacc_set_transfer_mode(DACC_BASE, 0);
```

```
    / * 初始化定时、振幅、频率 * /
#if (SAM3N)
    / * Timing:
     * startup    :0x10 (17 clocks)
     * internal trigger clock:0x60 (96 clocks)
     * /
    dacc_set_timing(DACC_BASE, 0x10, 0x60);
    / * 使能 DAC * /
    dacc_enable(DACC_BASE);
#else
    / * Power save:
     * sleep mode   - 0 (disabled)
     * fast wakeup - 0 (disabled)
     * /
    dacc_set_power_save(DACC_BASE, 0, 0);
    / * Timing:
     * refresh    :0x08 (1024 * 8 dacc clocks)
     * max speed mode:  0 (disabled)
     * startup time  : 0x10 (1024 dacc clocks)
     * /
    dacc_set_timing(DACC_BASE, 0x08, 0, 0x10);
    / * 选择 DACC 输出通道 * /
    dacc_set_channel_selection(DACC_BASE, DACC_CHANNEL);
    / * 使能 DACC 输出通道 * /
    dacc_enable_channel(DACC_BASE, DACC_CHANNEL);
    / * 设置模拟电流 * /
    dacc_set_analog_control(DACC_BASE, DACC_ANALOG_CONTROL);
#endif / * (SAM3N) * /

    g_l_amplitude = MAX_AMPLITUDE / 2;
    g_ul_frequency = DEFAULT_FREQUENCY;

    SysTick_Config(sysclk_get_cpu_hz() / (g_ul_frequency * SAMPLES));

    display_menu();

    while (1) {
        while (uart_read(CONSOLE_UART, &uc_key)) {
        }

        switch (uc_key) {
        case '0':
```

```
            puts("Frequency:");
            ul_freq = get_input_value(MIN_FREQUENCY, MAX_FREQUENCY);
            puts("\r");

            if (ul_freq ! = VAL_INVALID) {
                printf("Set frequency to: % uHz\n\r", ul_freq);
                SysTick_Config(sysclk_get_cpu_hz() / (ul_freq * SAMPLES));
                g_ul_frequency = ul_freq;
            }
            break;

    case '1':
            puts("Amplitude:");
            ul_amp = get_input_value(MIN_AMPLITUDE, MAX_AMPLITUDE);
            puts("\r");
            if (ul_amp ! = VAL_INVALID) {
                printf("Set amplitude to % u \n\r", ul_amp);
                g_l_amplitude = ul_amp;
            }
            break;

    case 'i':
    case 'I':
        printf(" - I - Frequency: % u Hz Amplitude: % d\n\r",
            g_ul_frequency, g_l_amplitude);
        break;

    case 'w':
    case 'W':
        printf(" - I - Switch wave to : % s\n\r", g_uc_wave_sel ?
            "SINE" : "Full Amplitude SQUAQE");
        g_uc_wave_sel = (g_uc_wave_sel + 1) & 1;
        break;

    case 'm':
    case 'M':
        display_menu();
        break;
    }
    puts("Press \'m\' or \'M\' to display the main menu again!! \r");
    }

    }
```

4. 运行过程

使用 Atmel Studio6 运行工程，生成相应的可下载源码文件。再使用 SAM4S - EK 开发平台附带的串口线，将开发平台上的串口接口(UART)同 PC 机上的串口连接在一起。

然后，在主机上运行 Windows 自带的超级终端串口通信程序(波特率 115 200、1 位停止位、无校验位、无硬件流控制)，或者使用其他串口通信程序，设置相同即可。接着使用 SAM - BA 工具，通过 USB 接口连接到 SAM4S - EK 开发平台上，将刚刚生成的源码下载到目标系统中。

最后，运行程序或者复位开发平台，例程正常运行后，超级终端将显示以下的信息，如图 5 - 19～图 5 - 21 所示。

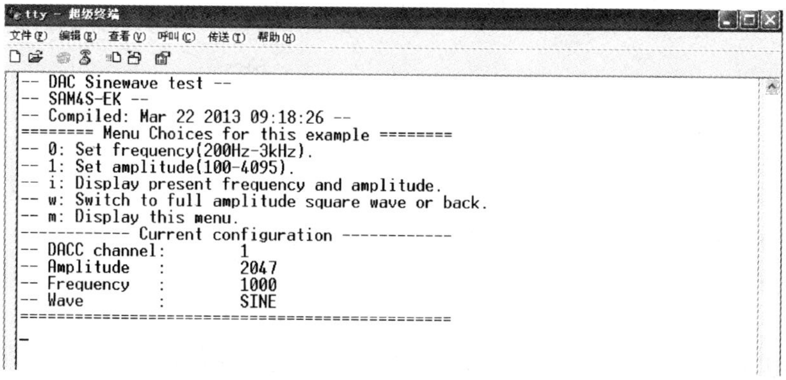

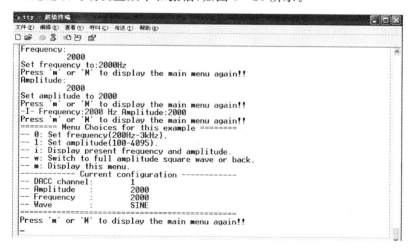

图 5 - 19 超级终端显示的信息(4)

可以通过超级终端设置频率和振幅，如图 5 - 20 所示。

图 5 - 20 超级终端显示的信息(5)

也可以切换到满振幅,如图 5 - 21 所示。

```
======== Menu Choices for this example ========
-- 0: Set frequency(200Hz-3kHz).
-- 1: Set amplitude(100-4095).
-- i: Display present frequency and amplitude.
-- w: Switch to full amplitude square wave or back.
-- m: Display this menu.
------------ Current configuration ------------
-- DACC channel:         1
-- Amplitude           2000
-- Frequency           2000
-- Wave      :           SINE
================================================
Press 'm' or 'M' to display the main menu again!!
-I- Switch wave to : Full Amplitude SQUAQE
Press 'm' or 'M' to display the main menu again!!
-I- Switch wave to : SINE
Press 'm' or 'M' to display the main menu again!!
```

图 5 - 21　超级终端显示的信息(6)

5.4　串行外设接口 SPI

5.4.1　SPI 结构组成

串行外设接口(SPI,Serial Periphera Interface)电路是一种同步串行数据连接,可以主控或从控模式与外部器件进行通信。若外部处理器与系统通过 SPI 连接,还可以进行处理器间通信。

SPI 接口本质上是一个移位寄存器,将串行传输数据位发送到其他设备的 SPI 接口,如图 5 - 22 所示。数据传输时,一个 SPI 系统作为"主机"控制数据流,其他 SPI 设备则作为"从机",其数据的输入与输出由主机控制。不同的 CPU 可轮流作为主机,且一个主机可同时将数据送入多个从机。但是,任何时候只允许一个从机将其数据写入主机。

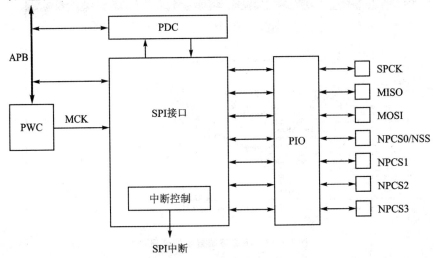

图 5 - 22　串行外设接口 SPI

当主机发出 NSS 信号时,会选定一个从机。若有多从机存在,主机对每个从机都有一个独立的从机选择信号(NPCS)。

SPI 系统由 2 根数据线和 2 根控制线组成,它们分别如下:

① 主机输出从机输入(MOSI)线,该数据线将主机输出数据作为从机的输入。

② 主机输入从机输出(MISO)线,该数据线将从机输出作为主机的输入,传输时只能从单个从机输入数据。

③ 串行时钟(SPCK)线,该控制线由主机驱动,用来控制数据流。主机传输数据波特率是可变的,每传输一位,都会产生一个 SPCK 周期。

④ 从机选择(NSS)线,该控制线允许通过硬件来进行对从机的开关。

SPI 用户接口寄存器映射如表 5-8 所列,其基地址为 0x40008000。

表 5-8 SPI 寄存器映射

偏 移	寄存器	名 称	访问方式	复位值
0x00	控制寄存器	SPI_CR	只写	—
0x04	模式寄存器	SPI_MR	读/写	0x0
0x08	接收数据寄存器	SPI_RDR	只读	0x0
0x0C	发送数据寄存器	SPI_TDR	只写	—
0x10	状态寄存器	SPI_SR	只读	0x000000F0
0x14	中断允许寄存器	SPI_IER	只写	—
0x18	中断禁止寄存器	SPI_IDR	只写	—
0x1C	中断屏蔽寄存器	SPI_IMR	只读	0x0
0x20~0x2C	保留			
0x30	片选寄存器 0	SPI_CSR0	读/写	0x0
0x34	片选寄存器 1	SPI_CSR1	读/写	0x0
0x38	片选寄存器 2	SPI_CSR2	读/写	0x0
0x3C	片选寄存器 3	SPI_CSR3	读/写	0x0
0x4C~0xE0	保留			
0xE4	写保护控制寄存器	SPI_WPMR	读/写	0x0
0xE8	写保护状态寄存器	SPI_WPSR	只读	0x0
0x00E8~0x00F8	保留			
0x00FC	保留			
0x100~0x124	为 PDC 寄存器保留			

5.4.2 工作原理

1. 工作模式

SPI 可工作在主(控)模式或从(控)模式下。通过对模式寄存器的 MSTR 位写 1,

可以设置 SPI 工作在主控模式下。引脚 NPCS0～NPCS3 配置为输出，SPCK 引脚被驱动，MISO 引脚与接收器输入连接，发送器驱动 MOSI 引脚作为输出。

若将 MSTR 位写入 0，则 SPI 工作在从（控）模式下。MISO 引脚由发送器输出驱动，MOSI 引脚与接收器输入连接，发送器驱动 SPCK 引脚以实现与接收器同步。NPCS0 引脚变为输入，并作为从机选择信号（NSS）使用。如果引脚 NPCS1～NPCS3 未被驱动，可用于其他功能。

在以上两种工作模式下，数据传输都可编程。只有在主机模式下才需要激活波特率发生器。

2. 数据传输

数据传输有 4 种极性与相位的组合。通过编程片选寄存器的 CPOL 位来设置时钟的极性，时钟相位则可通过 NCPHA 位来设置。这 2 个参数确定数据在哪个时钟边沿被驱动和采样。每个参数各有两种状态，组合后有 4 种可能。因此，一对主机/从机必须使用相同的参数才能进行通信。若使用多从机，且固定为不同的配置，主机与不同从机通信时必须重新配置。表 5-9 列出了 4 种模式及其对应的参数设置，图 5-23 和图 5-24 为两种不同时钟相位的 SPI 传输示例。

表 5-9　SPI 总线协议模式

SPI 模式	CPOL	NCPHA	移位时 SPCK 边沿	捕获时 SPCK 边沿	SPCK 非激活态电平
0	0	1	下降沿	上升沿	低
1	0	0	上升沿	下降沿	低
2	1	1	上升沿	下降沿	高
3	1	0	下降沿	上升沿	高

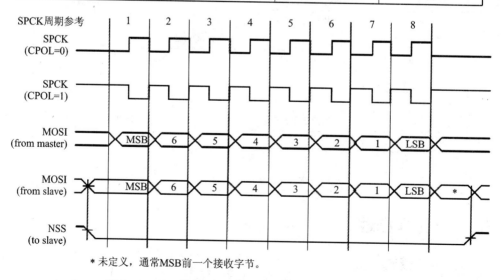

* 未定义，通常MSB前一个接收字节。

图 5-23　SPI 传输格式（NCPHA ＝ 1，8 位/每次传输）

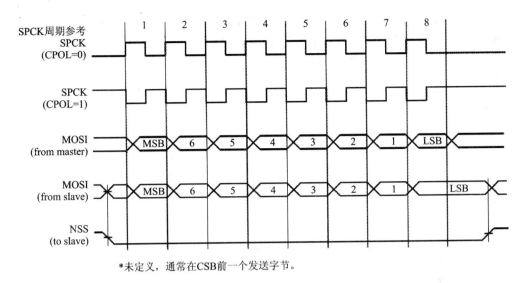

*未定义，通常在CSB前一个发送字节。

图 5－24　SPI 传输格式（NCPHA ＝ 0，8 位/每次传输）

3. 主控模式操作

当配置为主控模式时，SPI 工作时钟由内部可编程波特率发生器产生。它完全控制与 SPI 总线连接的从机数据传输，SPI 驱动片选信号线，并为从机提供串行时钟信号（SPCK）。SPI 有 2 个保持寄存器、发送数据寄存器与接收数据寄存器和 1 个单移位寄存器，保持寄存器将数据流保持在一个恒定的速率上。

SPI 被允许后，当微控制器将数据写入 SPI_TDR（发送数据寄存器）时，数据开始传输。被写数据立即被发往移位寄存器，并开始在 SPI 总线上传输。当移位寄存器中的数据移到 MOSI 线上时，开始对 MISO 线采样并移入移位寄存器。没有发送数据时，不能接收数据。如果不需要接收模式时，例如只有一个从接收器（如 LCD）时，接收状态寄存器中的接收状态标志可以被丢弃。

在写发送数据寄存器 TDR 之前，必须先设置 SPI_MR 寄存器中的 PCS 域，以选择一个从设备。传输时若有新数据写入 SPI_TDR，它将保持当前值直到传输完成。然后，接收到的数据由移位寄存器送到 SPI_RDR 中，SPI_TDR 中数据载入移位寄存器并启动新的传输。

状态寄存器（SPI_SR）的 TDRE 位（发送数据寄存器空）用于指示写，在 SPI_TDR 中的数据被送往移位寄存器。当新数据写入 SPI_TDR 时，该位清零，TDRE 位用来触发发送 PDC 通道。传输结束，由 SPI_SR 寄存器中的 TXEMPTY 标志表示。若最后传输的传输延迟（DLYBCT）大于 0，TXEMPTY 在上述延迟完成后置位，此时主控时钟（MCK）可关闭。SPI_SR 寄存器的 RDRF 位（接收数据寄存器满）用于指示 SPI_RDR 接收来自移位寄存器的数据。当读取接收数据时，RDRF 位清零。

在接收新数据前，若 SPI_RDR（接收数据寄存器）仍未被读取，SPI_SR 中溢出错误位（OVRES）置位。当标志置位后，数据不会载入 SPI_RDR 中，用户必须通过读状态寄存器对 OVRES 位清零。图 5 - 25 给出主控模式下 SPI 框图，图 5 - 26 给出传输处理流程图。

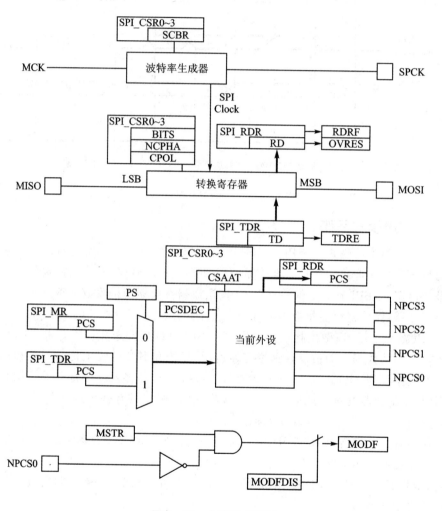

图 5 - 25　主控模式框图

图 5 - 27 所示为在 8 位数据传输固定模式下且无外设数据控制器参与时，SPI_SR（状态寄存器）中发送数据寄存器空（TDRE）、接收数据寄存器满（RDRF）和发送寄存器空（TXEMPTY）状态标志的行为。

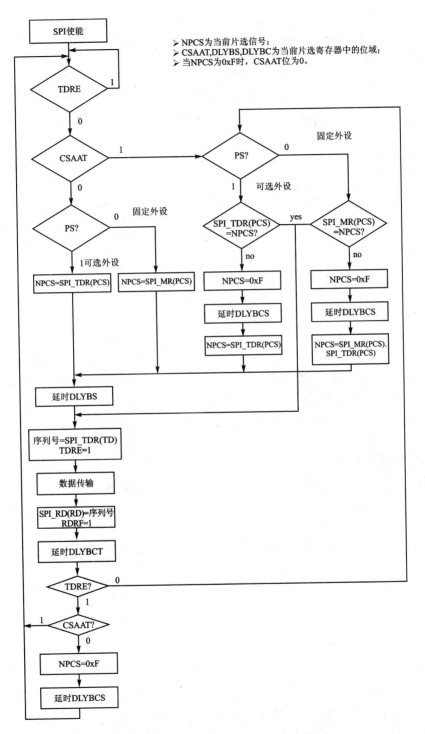

图 5 - 26 主控模式流程图

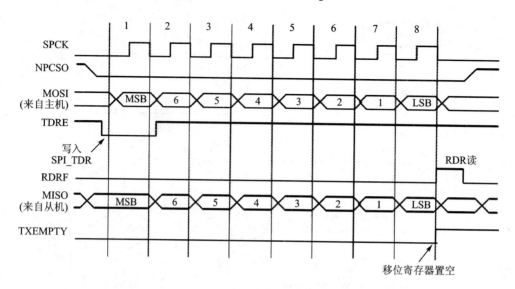

图 5－27　状态寄存器标志的行为

（1）时钟的产生

SPI 波特率时钟由主控时钟（MCK）分频得到，分频值为 1～255。这使允许的工作频率最高达 MCK，最低工作时钟为 MCK/255。禁止对 SCBR 域编程为 0，当 SCBR 为 0 时触发传输可能导致未知结果。复位后，SCBR 为 0。因此，在首次传输前用户必须将其设定为一个有效值。对每个片选可独立对分频器定义，必须在片选寄存器的 SCBR 域编程，这允许 SPI 对每个外设接口自动调整波特率而不需重新编程。

（2）传输延迟

图 5-28 给出片选传输改变及在相同芯片上连续传输的情况。有 3 种延迟可编程以修改传输波形。

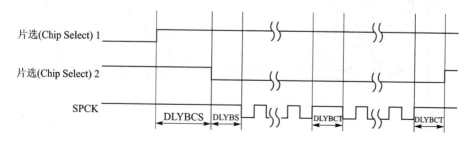

图 5－28　可编程延迟

① 片选间延迟：对于所有片选只可通过设置模式寄存器的 DLYBCS 域改变一次。允许在释放芯片和开始新传输之间插入一个延时。

② SPCK 前延迟：对每个片选独立可编程，通过写 DLYBS 域实现。在片选信号

发出后,允许延迟 SPCK 启动。

③ 连续传输延迟:对每个片选独立可编程,通过写 DLYBCT 域实现,可在同一芯片两次传输之间插入一个延迟。

这些延迟使得 SPI 可以同所连接的外设及总线之间匹配,适应各自的传输速度。

(3) 外设选择

SPI 通过 NPCS0~NPCS3 信号来选择串行外设。默认情况下,传输期间 NPCS 信号保持为高。

1)固定外设选择

SPI 只与一个外设交换数据,通过对 SPI_MR(模式寄存器)的 PS 位写 0 来激活固定外设选择。这种情况下,当前外设由 SPI_MR 的 PCS 域来定义,而 SPI_TDR 的 PCS 域无效。

2)可变外设选择

可以与多个外设交换数据,而不需要对 SPI_MR 寄存器的 NPCS 域重新编程。通过对 PS 位写 1 来激活可变外设选择,SPI_TDR 的 PCS 用于选择当前外设。这意味着可以为每个新数据选择外设。

按以下格式写 SPI_TDR 寄存器:[xxxxxxx(7 位) + LASTXFER(1 位)+ xxxx(4 位) + PCS(4 位) + DATA(8~16 位)],其中 PCS 等于根据 SPI 发送数据寄存器定义的片选,LASTXFER 根据 CSAAT 位设置为 0 或 1。

注意: LASTXFER 是可选的。

如果 LASTXFER 被使用,指令在写最后一个字节时被撤销,用户可以通过使用 SPIDIS 指令来代替 LASTXFER。在 PDC 传输结束时,等待 TXEMPTY 标志信号。然后向 SPI_CR 寄存器中写入 SPIDIS(这不能改变配置寄存器的值),这使得在最后字节传输完之后,NPCS 标志将失效。当 SPI_CR 寄存器中的 SPIEN 被提前写入,就可以开启下一轮的 PDC 传输。

(4) SPI 外设 DMA 控制器(PDC)

固定外设和可变外设模式都可以使用 PDC 来减轻处理器的负载,固定外设选择方式允许对单一设备进行缓冲传输。使用 PDC 是一个优化的方法,无论 SPI 和存储器之间数据传输的尺寸是 8 位还是 16 位。但是,更换外设选择是需要对模式寄存器进行重新编程的。

可变外设选择模式可在不对模式寄存器重新编程的情况下,对多个外设进行缓冲传输。写入 SPI_TDR 的数据是 32 位的,实际传输数据和外设的数据宽度是预定义的。这种模式下使用 PDC,需要 32 位宽的缓冲。数据在低端,而 PCS 和 LASTXFER 位在高端。但是,SPI 仍控制通过 MISO 和 MOSI 线上数据的传输位数 (8~16)。对于缓冲的存储大小而言,这不是一个优化方法,但它提供了一种在处理器不进行干涉情况下,与几个外设交换数据的有效方法。

传输大小是根据发送数据的大小(8~16 位),PDC 将自动管理指向它的指针的大小,PDC 将根据所选取的模式和每个数据的位数来采取下列发送数据大小。

采用固定模式发送 8 位数据时,按字节发送。PDC 指针地址=指针地址+1 字节,PDC 计数器=计数器-1。发送 8~16 位数据时,按 2 个字节发送,n 位数据发送不关注全 0 数据,PDC 指针地址=指针地址+2 字节,PDC 计数器=计数器-1。可变模式下,对于 8~16 位数据大小,PDC 指针地址=指针地址+4 字节,PDC 计数器=计数器-1。当使用 PDC 后,TDRE 和 RDRF 标志由 PDC 关闭,因此用户的应用可以不必检查这些位,只有接收数据缓存结束(ENDRX)、发送缓存结束(ENDTX)、接收缓存满(RXBUFF)和发送缓存空(TXBUFF)是重要的。

(5) 外设片选解码

用户通过对片选线 NPCS0~NPCS3 的编解码,可实现 SPI 对 15 个外设的操作,通过对模式寄存器的 PCSDEC 位写 1 来允许。

如果不采用译码操作,则 SPI 要保证任何时候只激活一个片选,即每次拉低一个 NPCS 线。若 PCS 域中两位为低,则只将最低序号的片选拉低。如果采用译码操作,SPI 直接输出由模式寄存器或发送数据寄存器定义的 PCS 域值(由 PS 决定)。

由于 SPI 默认值为 0xF(即所有片选线为 1),当没有处理传输时,仅 15 个外设可以被译码。SPI 只有 4 个片选寄存器,而非 15 个。因此,当译码被激活时,每个片选定义 4 个外设特性。例如 SPI_CRS0 定义外部译码外设 0~3 特性,对应于 PCS 值 0x0~0x3。因此用户必须确保译码片选线 0~3、4~7、8~11 以及 12~14 上所连接外设的兼容性,图 5-29 所示就是一个这样的应用。

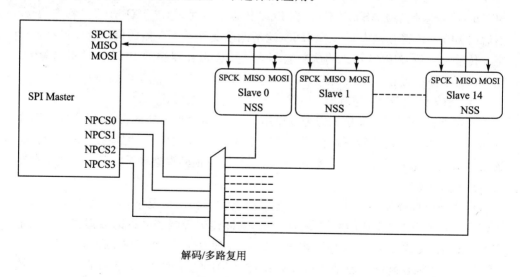

图 5-29　片选解码应用方框图——单主/多从应用

如果使用了 CSAAT 位,无论是否使用 PDC,NPSC0 的模式错误检测必须被禁止,而对于其他只设置了 NPSC0 的片选就不需要如此处理了。

(6) 模式错误检测

当 SPI 编程为主模式且外部主机将 NPCS0/NSS 信号驱动为低电平时,将检测到一个模式错误。这种情况下,多主控配置,NPCS0、MOSI、MISO 和 SPCK 引脚都必须被配置为开漏(通过 PIO 控制器)。当检测到模式错误,MODF 位在 SPI_SR 被读之前置位,而且 SPI 将自动禁用直到通过写 SPI_CR(控制寄存器)的 SPIEN 位为 1,将其重新允许为止。

默认情况下,模式错误检测电路被允许,用户可通过设置 SPI_MR 中的 MODF-DIS 位来禁止模式错误检测。

4. SPI 从控模式

在从(控)模式下,SPI 按 SPI 时钟引脚(SPCK)提供的时钟来处理数据位。从外部主机接收串行时钟之前,SPI 等待 NSS 激活。当 NSS 下降,时钟在串行线上生效,处理的位数由片选寄存器 0(SPI_CSR0)的 BITS 域定义,这些被处理位的相位与极性由 SPI_CSR0 寄存器的 NCPHA 与 CPOL 位定义。当 SPI 编程为从控模式时,其他片选寄存器的 BITS、CPOL 及 NCPHA 位无效。这些位将移出到 MISO 线,并在 MOSI 线上采样。

当所有的位被处理,接收到的数据传入接收数据寄存器,RDRF 位跳变为高。若在收到新的数据前,SPI_RDR(接收数据寄存器)没有被读取,溢出错误标志 OVRES(SPI_SR 寄存器)将置位。一旦该标志位置位,数据将被载入 SPI_RDR,用户必须通过读状态寄存器来清 OVRES 位。

当传输开始启动,数据由移位寄存器移出。若没有数据写入发送数据寄存器(SPI_TDR)中,则发送最后收到的数据。若自从上次复位后未收到数据,发送的所有位均为低,因为移位寄存器复位为 0。

当首个数据被写入 SPI_TDR 后,立即向移位寄存器传输并将 TDRE 位拉高。若新数据被写入,它将保存在 SPI_TDR 中直到传输发生,即 NSS 下降且 SPCK 引脚上出现有效时钟。当传输发生后,最后写入 SPI_TDR 的数据被传入移位寄存器并将 TDRE 位拉高,这将允许单个传输的关键量频繁更新。

新数据由发送数据寄存器载入移位寄存器中。若没有发送字符,即自从上次将 SPI_TDR 的内容载入移位寄存器后,没有字符写入 SPI_TDR,移位寄存器不变并重新发送最后收到的字符。这种情况下,SPI_SR 寄存器中的 UNDES 标志置位。图 5-30 所示为从控模式下 SPI 的框图。

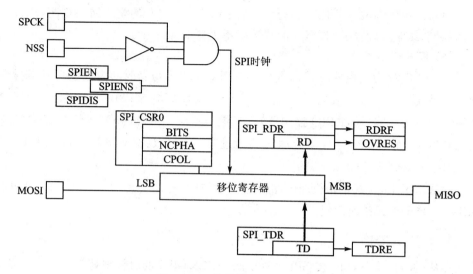

图 5 - 30　从控模式下功能框图

5.4.3　应用程序设计

1. 设计要求

使用 SPI 接口通信,完成两块应用平台之间的数据传输,两块应用平台之间使用 PDC 作为数据存储,SPI 接口作为通信方式。

2. 硬件设计

将两块应用平台的 SPI 接口各引脚通过跳线的方式连接起来,具体的连接如图 5 - 31所示。

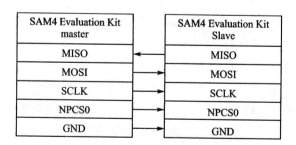

图 5 - 31　SPI 连线要求

具体的引脚分配为 NPCS0 对应于平台上的 PA11 引脚,MISO 对应于平台上的 PA12 引脚,MOSI 对应于平台上的 PA13 引脚,SPCK 对应于平台上的 PA14 引脚, 通过跳线将这些引脚连接在一起即可。

3. 软件设计

主要在从设备上完成 UART 显示,开始设备都进入从设备模式,通过对其中一个平台进行调节来完成主设备的设置,同时完成数据的传输。具体步骤如下:

① 初始化开发平台组件,包括时钟、接口配置、串口配置等。

② 配置 SPI 接口,同时设置进入从设备模式。

③ 显示功能菜单,完成 UART 读取指令,根据指令完成主设备的切换,并传输数据。

该设计主要采用了标准的 SPI 驱动功能函数包,所以在工程中需要手动添加相关的文件,包括 spi. c、spi. h 文件,在这里只列出主函数 main. c,具体代码如下:

```
# include "asf. h"
# include "conf_board. h"
# include "conf_spi_pdc_example. h"
# include "delay. h"

/* SPI 相关配置宏 */
# define SPI_CHIP_SEL 0
# define SPI_CLK_POLARITY 0
# define SPI_CLK_PHASE 0
# define SPI_DLYBS 0x40
# define SPI_DLYBCT 0x10
# define COMM_BUFFER_SIZE     64

/* UART 配置宏 */
# define UART_BAUDRATE        115200

/* SPI 时钟配置数目 */
# define NUM_SPCK_CONFIGURATIONS 4

# define STRING_EOL      "\r"
# define STRING_HEADER " -- Spi Pdc Example   -- \r\n" \
        " -- "BOARD_NAME" -- \r\n" \
        " -- Compiled: "__DATE__" "__TIME__" -- "STRING_EOL

/* SPI 时钟设置频率 */
static uint32_t gs_ul_spi_clock = 500000;

/* 用于 SPI 发送接收的 64 字节的数据存储数组 */
static uint8_t gs_uc_spi_m_tbuffer[COMM_BUFFER_SIZE];
static uint8_t gs_uc_spi_m_rbuffer[COMM_BUFFER_SIZE];
```

```
static uint8_t gs_uc_spi_s_tbuffer[COMM_BUFFER_SIZE];
static uint8_t gs_uc_spi_s_rbuffer[COMM_BUFFER_SIZE];

/* SPI 时钟配置 */
static const uint32_t gs_ul_clock_configurations[] =
        { 500000, 1000000, 2000000, 5000000 };

Pdc *g_p_spim_pdc, *g_p_spis_pdc;

static void display_menu(void)
{
    uint32_t i;

    puts("\n\rMenu :\n\r"
            "-----\r");

    for (i = 0; i < NUM_SPCK_CONFIGURATIONS; i++) {
        printf("  %u: Set SPCK = %7lu Hz\n\r", (unsigned)i,
            (unsigned long)gs_ul_clock_configurations[i]);
    }
    puts("  t: Perform SPI master\n\r"
            "  h: Display this menu again\n\r\r");
}


/*
 * \brief Set SPI 从设备传输
 *
 * \param p_buf 发送数据指针
 * \param size 数据大小
 */
static void spi_slave_transfer(void *p_tbuf, uint32_t tsize, void *p_rbuf, uint32_t
rsize)
{
    uint32_t spi_ier;
    pdc_packet_t pdc_spi_packet;

    pdc_spi_packet.ul_addr = (uint32_t)p_rbuf;
    pdc_spi_packet.ul_size = rsize;
    pdc_rx_init(g_p_spis_pdc, &pdc_spi_packet, NULL);

    pdc_spi_packet.ul_addr = (uint32_t)p_tbuf;
    pdc_spi_packet.ul_size = tsize;
```

```
    pdc_tx_init(g_p_spis_pdc, &pdc_spi_packet, NULL);

    /* 开启 RX 和 TX PDC 传输请求 */
    pdc_enable_transfer(g_p_spis_pdc, PERIPH_PTCR_RXTEN | PERIPH_PTCR_TXTEN);

    spi_ier = SPI_IER_NSSR | SPI_IER_RXBUFF;
    spi_enable_interrupt(SPI_SLAVE_BASE, spi_ier);
}


/*
 * \brief SPI 从设备中断处理
 */
void SPI_Handler(void)
{
    uint32_t status;

    status = spi_read_status(SPI_SLAVE_BASE);

    if(status & SPI_SR_NSSR) {
        if ( status & SPI_SR_RXBUFF ) {
            spi_slave_transfer(gs_uc_spi_s_tbuffer,
            COMM_BUFFER_SIZE, gs_uc_spi_s_rbuffer, COMM_BUFFER_SIZE);
        }
    }
}


/*
 * \brief 初始化 SPI 从设备
 */
static void spi_slave_initialize(void)
{
    uint32_t i;

    g_p_spis_pdc = spi_get_pdc_base(SPI_MASTER_BASE);

    puts(" - I - Initialize SPI as slave \r");

    for (i = 0; i < COMM_BUFFER_SIZE; i++) {
        gs_uc_spi_s_tbuffer[i] = i;
    }
    pmc_enable_periph_clk(SPI_ID);
    spi_disable(SPI_SLAVE_BASE);
```

```
    spi_reset(SPI_SLAVE_BASE);
    spi_set_slave_mode(SPI_SLAVE_BASE);
    spi_disable_mode_fault_detect(SPI_SLAVE_BASE);
    spi_set_peripheral_chip_select_value(SPI_SLAVE_BASE, SPI_CHIP_SEL);
    spi_set_clock_polarity(SPI_SLAVE_BASE, SPI_CHIP_SEL, SPI_CLK_POLARITY);
    spi_set_clock_phase(SPI_SLAVE_BASE, SPI_CHIP_SEL, SPI_CLK_PHASE);
    spi_set_bits_per_transfer(SPI_SLAVE_BASE, SPI_CHIP_SEL, SPI_CSR_BITS_8_BIT);
    spi_enable(SPI_SLAVE_BASE);

    pdc_disable_transfer(g_p_spis_pdc, PERIPH_PTCR_RXTDIS | PERIPH_PTCR_TXTDIS);
    spi_slave_transfer(gs_uc_spi_s_tbuffer, COMM_BUFFER_SIZE, gs_uc_spi_s_rbuffer,
COMM_BUFFER_SIZE);
    }


/ *
 * \brief 初始化 SPI 主设备
 * /
static void spi_master_initialize(void)
{
    uint32_t i;

    puts(" - I -  Initialize SPI as master\r");

    for (i = 0; i < COMM_BUFFER_SIZE; i ++ ) {
        gs_uc_spi_m_tbuffer[i] = i;
    }

    g_p_spim_pdc = spi_get_pdc_base(SPI_MASTER_BASE);

    pmc_enable_periph_clk(SPI_ID);
    spi_disable(SPI_MASTER_BASE);
    spi_reset(SPI_MASTER_BASE);
    spi_set_lastxfer(SPI_MASTER_BASE);
    spi_set_master_mode(SPI_MASTER_BASE);
    spi_disable_mode_fault_detect(SPI_MASTER_BASE);
    spi_set_peripheral_chip_select_value(SPI_MASTER_BASE, SPI_CHIP_SEL);
    spi_set_clock_polarity(SPI_MASTER_BASE, SPI_CHIP_SEL, SPI_CLK_POLARITY);
    spi_set_clock_phase(SPI_MASTER_BASE, SPI_CHIP_SEL, SPI_CLK_PHASE);
    spi_set_bits_per_transfer(SPI_MASTER_BASE, SPI_CHIP_SEL, SPI_CSR_BITS_8_BIT);
    spi_set_baudrate_div(SPI_MASTER_BASE, SPI_CHIP_SEL, (sysclk_get_cpu_hz() / gs_ul
_spi_clock));
    spi_set_transfer_delay(SPI_MASTER_BASE, SPI_CHIP_SEL, SPI_DLYBS, SPI_DLYBCT);
```

```
    spi_enable(SPI_MASTER_BASE);

    pdc_disable_transfer(g_p_spim_pdc, PERIPH_PTCR_RXTDIS | PERIPH_PTCR_TXTDIS);
}

/*
 * \brief 设置 SPI 时钟配置
 *
 * \param configuration
 */
static void spi_set_clock_configuration(uint8_t configuration)
{
    gs_ul_spi_clock = gs_ul_clock_configurations[configuration];
    printf("Setting SPI clock # %lu ... \n\r", (unsigned long)gs_ul_spi_clock);
    spi_set_baudrate_div(SPI_MASTER_BASE, SPI_CHIP_SEL, (sysclk_get_cpu_hz() / gs_ul_
spi_clock));
}

/*
 * \brief 主设备传输
 *
 * \param pbuf 数据指针
 * \param size 数据大小
 */
static void spi_master_transfer(void * p_tbuf, uint32_t tsize, void * p_rbuf, uint32_
t rsize)
{
    pdc_packet_t pdc_spi_packet;

    pdc_spi_packet.ul_addr = (uint32_t)p_rbuf;
    pdc_spi_packet.ul_size = rsize;
    pdc_rx_init(g_p_spim_pdc, &pdc_spi_packet, NULL);

    pdc_spi_packet.ul_addr = (uint32_t)p_tbuf;
    pdc_spi_packet.ul_size = tsize;
    pdc_tx_init(g_p_spim_pdc, &pdc_spi_packet, NULL);

    pdc_enable_transfer(g_p_spim_pdc, PERIPH_PTCR_RXTEN | PERIPH_PTCR_TXTEN);

    while((spi_read_status(SPI_MASTER_BASE) & SPI_SR_RXBUFF) == 0);

    pdc_disable_transfer(g_p_spim_pdc, PERIPH_PTCR_RXTDIS | PERIPH_PTCR_TXTDIS);
```

```c
}


/*
 * \brief 启动传输测试
 */
static void spi_master_go(void)
{
    uint32_t i;
    spi_master_initialize();

    spi_master_transfer(gs_uc_spi_m_tbuffer,
    COMM_BUFFER_SIZE, gs_uc_spi_m_rbuffer, COMM_BUFFER_SIZE);
    for (i = 0; i < COMM_BUFFER_SIZE; i++) {
        if(gs_uc_spi_m_rbuffer[i] != gs_uc_spi_m_tbuffer[i]) {
            break;
        }
    }
    if(i == COMM_BUFFER_SIZE) {
        puts("SPI transfer test success! \r");
    } else {
        puts("SPI transfer test fail! \r");
    }
}


static void configure_console(void)
{
    const usart_serial_options_t uart_serial_options = {
        .baudrate = CONF_UART_BAUDRATE,
        .paritytype = CONF_UART_PARITY
    };

    sysclk_enable_peripheral_clock(CONSOLE_UART_ID);
    stdio_serial_init(CONF_UART, &uart_serial_options);
}


int main(void)
{
    uint8_t uc_key;

    sysclk_init();
    board_init();
```

```
configure_console();

puts(STRING_HEADER);

NVIC_DisableIRQ(SPI_IRQn);
NVIC_ClearPendingIRQ(SPI_IRQn);
NVIC_SetPriority(SPI_IRQn, 0);
NVIC_EnableIRQ(SPI_IRQn);

spi_slave_initialize();

display_menu();

while (1) {
    while (uart_read(CONSOLE_UART, &uc_key));

    switch (uc_key) {
    case 'h':
        display_menu();
        break;

    case 't':
        spi_master_go();
        break;

    default:
        /* Set configuration #n. */
        if ((uc_key >= '0')
                && (uc_key <= ('0' + NUM_SPCK_CONFIGURATIONS - 1))) {
            spi_set_clock_configuration(uc_key - '0');
        }
        break;
    }
}
```

4. 运行过程

　　使用 Atmel Studio6 运行工程,生成相应的可下载源码文件。再使用 SAM4S -
EK 开发平台附带的串口线,将开发平台上的串口接口(UART)同 PC 机上的串口连
接在一起。

然后,使用SAM-BA工具,通过USB接口连接到SAM4S-EK开发平台上,将刚刚生成的源码下载到目标系统中。

最后,运行程序或者复位开发平台,例程正常运行后,在超级终端上将显示相关的信息,如图5-32所示。

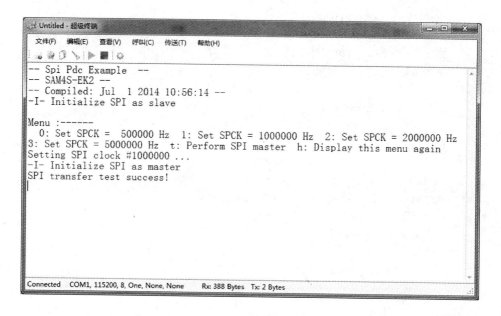

图5-32 SPI 应用结果界面图

5.5 双总线接口 TWI

5.5.1 TWI 结构组成

Atmel TWI(Two-Wire Interface)是实现部件之间连接的独特双线总线,如图5-33所示。它由一个时钟线和一个数据线组成,数据传输速率可以达到400 kb-ps,TWI基于字节格式传输数据。TWI可用于任何 Atmel 的 TWI 串行 EEPROM 和I²C兼容的设备,比如,实时时钟(RTC)、点阵/图形 LCD 控制器和温度传感器等,在此不一一列举,其应用框图如图5-34所示。TWI 可编程作为主机或从机,可进行连续或单字节访问,还支持多主机功能。总线仲裁在内部执行,如果总线仲裁丢失,则自动将 TWI 切换到从机模式。可配置的波特率发生器允许输出数据率在内核时钟频率的宽度范围内调整,TWI 用户接口寄存器映射如表5-10所列。

TWI 有6种工作模式,分别是主机发送模式、主机接收模式、多主机发送模式、多主机接收模式、从机发送模式和从机接收模式,这些内容将在后面详细讲解。

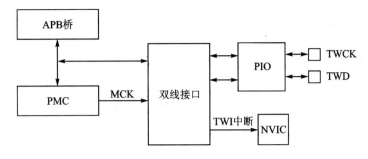

图 5 - 33　TWI 方框图

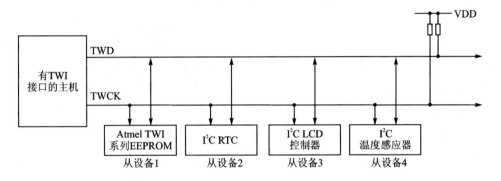

图 5 - 34　TWI 应用方框图

表 5 - 10　TWI 寄存器映射

偏　移	寄存器	名　称	访问方式	复位值
0x00	控制寄存器	TWI_CR	只写	N/A
0x04	主机模式寄存器	TWI_MMR	读/写	0x00000000
0x08	从机模式寄存器	TWI_SMR	读/写	0x00000000
0x0C	内部地址寄存器	TWI_IADR	读/写	0x00000000
0x10	时钟波形发生寄存器	TWI_CWGR	读/写	0x00000000
0x14~0x1C	保留	—	—	—
0x20	状态寄存器	TWI_SR	只读	0x0000F009
0x24	中断允许寄存器	TWI_IER	只写	N/A
0x28	中断禁止寄存器	TWI_IDR	只写	N/A
0x2C	中断屏蔽寄存器	TWI_IMR	只读	0x00000000
0x30	接收保持寄存器	TWI_RHR	只读	0x00000000
0x34	发送保持寄存器	TWI_THR	只写	0x00000000
0xEC~0xFC[(1)]	保留	—	—	—
0x100~0x124	为 PDC 保留	—	—	—

注:(1) 所有未列出的范围都作为保留处理。

5.5.2　工作原理

1. 传输格式

TWD 线上数据必须为 8 位。数据传输是高位在先,每字节后必须有应答信号。每次传输的字节数目没有限制,如图 5-35 所示。每次传输以 START 条件开始,以 STOP 条件停止,如图 5-36 所示。

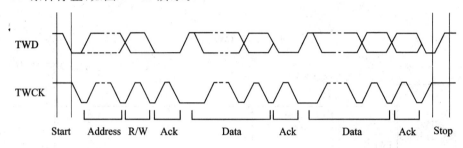

图 5-35　传输格式

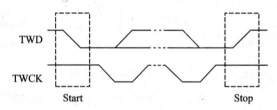

图 5-36　START 和 STOP 条件

当 TWCK 为高时,TWD 由高变低定义为 START 状态。当 TWCK 为高时,TWD 由低变高定义为 STOP 状态。

2. 主机模式

主机是启动传输、产生时钟信号和停止发送的器件。

(1) 主机模式编程

进入主机模式之前必须对以下寄存器进行编程。

① DADR:在读或写模式下,设备地址是用来访问从设备的。

② CKDIV ＋ CHDIV ＋ CLDIV:时钟波形。

③ SVDIS:禁止从机模式。

④ MSEN:允许主机模式。

(2) 主机发送模式

初始化 START 状态后,在向发送保持寄存器(TWI_THR)写数据时,主机将发送 1 个 7 位从机地址(地址在主机模式寄存器 TWI_MMR 的 DADR 域中配置),以通知从机设备。从机地址后的位被用于表示传输方向,在这里该位为 0(TWI_MMR

中的 MREAD = 0)。

TWI 传输要求从机每收到一个字节后均要给出应答。在应答脉冲(第 9 脉冲)期间,主机会释放数据线(HIGH),允许从机将其拉低以产生应答。主机在该时钟脉冲查询数据线,若从机没有应答这个字节,则将状态寄存器的 NACK 位置位。与其他状态位相同,若中断允许寄存器(TWI_IER)允许,则将产生中断。若从机应答该字节,数据写进 TWI_THR,移位到内部移位器中后传输。当检测到应答,TXRDY 位置位,直到 TWI_THR 中有新的数据写入,TXRDY 标志被用来标识 PDC 发送通道已经准备好发送。

当没有新的数据写入 TWI_THR 时,串行时钟线保持低电平。当有新的数据写入 TWI_THR,释放 SCL 并发送数据。为了产生 STOP 事件,必须写 TWI_CR 的 STOP 位以执行 STOP 命令。

在主机写发送之后,当没有新的数据写入 TWI_THR 或执行一个 STOP 命令时,SCL 保持拉低,见图 5 - 37~图 5 - 39。

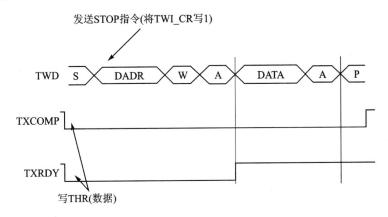

图 5 - 37   一个字节数据的主机写操作

(3) 主机接收模式

通过设置 START 位来开始读序列。发送起始条件后,主机发送一个 7 位的从机地址以通知从机设备。从机地址后面的位表示传输方向,在这里该位为 1(TWI_MMR 中的 MREAD = 1)。在应答时钟脉冲(第 9 脉冲)期间,主机释放数据线(HIGH),允许从机将其拉低以产生应答。主机在该时钟脉冲查询数据线,若从机没有应答该字节,则将状态寄存器中 NACK 位置位。

若接收到应答,主机准备从从机接收数据。接收到数据后,在停止条件之后,主机发送一个应答条件以通知从机除了最后一个数据之外其他都已经接收到了。当状态寄存器中的 RXRDY 位置 1 时,接收保持寄存器(TWI_RHR)就接收到了一个字节,读 TWI_RHR 会复位 RXRDY 位。

当执行一个字节数据的读操作时,无论有没有内部地址(IADR),START 位和

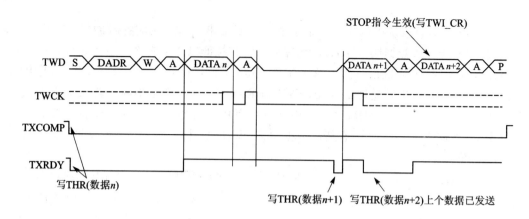

图 5 - 38   多字节数据的主机写操作

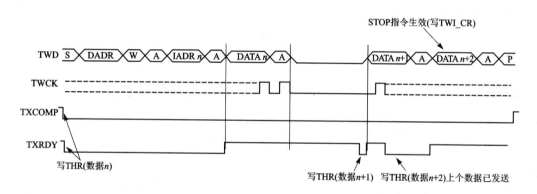

图 5 - 39   一个字节内部地址及多字节数据的主机写操作

STOP 位都必须同时置位,见图 5 - 40。当执行多字节数据的读操作时,无论有没有内部地址(IADR),在接收到靠近最后一位数据的数据后,STOP 必须置位,见图 5 - 41。

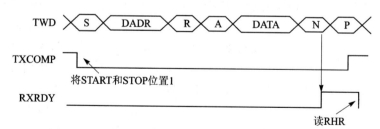

图 5 - 40   一个字节数据的主机读操作

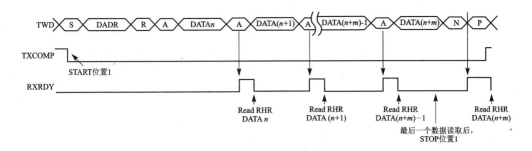

图 5－41　多字节数据的主机读操作

(4) 内部地址

TWI 接口可执行 7 位从机地址设备或者 10 位从机地址设备两种传输格式。

1) 采用 7 位从机设备编址

内部地址字节用来执行对一个或多个数据字节的随机访问（读或写），例如访问一个串行存储器的存储页面。当带内部地址执行读操作时，TWI 将执行一个写操作把内部地址设置到从设备中，然后转换到主机接收模式。

可通过主机模式寄存器（TWI_MMR）对 3 个内部地址字节进行配置。若从设备只支持 7 位地址，也就是说没有内部地址，IADRSZ 必须被设置成 0。

使用到的缩写词如下所示：

- ➢ S　　　　Start；
- ➢ Sr　　　　Repeated Start；
- ➢ P　　　　Stop；
- ➢ W　　　　Write；
- ➢ R　　　　Read；
- ➢ A　　　　Acknowledge；
- ➢ N Not　Acknowledge；
- ➢ DADR　Device Address；
- ➢ IADR　Internal Address。

2) 采用 10 位从机编址

由于从机地址高于 7 位，用户必须配置地址长度（IADRSZ），并在内部地址寄存器（TWI_IADR）中设置从机地址的其他位。剩下的两段内部地址位，IADR[15:8] 和 IADR[23:16] 与 7 位从机编址中的用法一样。

实例：编址一个 10 位地址的设备（10 位设备地址是 b1 b2 b3 b4 b5 b6 b7 b8 b9 b10）。

- ➢ 设置 IADRSZ ＝ 1；
- ➢ 设置 DADR 为 1 1 1 1 0 b1 b2（b1 是 10 位地址的最高有效位，b2 次之，依次）；

➢ 设置 TWI_IADR 为 b3 b4 b5 b6 b7 b8 b9 b10（b10 是 10 位地址的最低有效位）。

图 5-42 所示为向 Atmel AT24LC512 EEPROM 写一个字节的操作，它说明了使用内部地址访问从设备的方法。

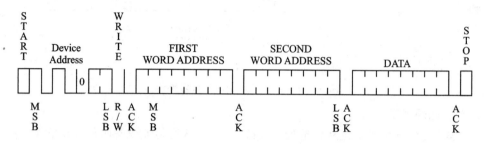

图 5-42　内部地址使用

(5) 使用外设 DMA 控制器（PDC）

使用 PDC 可以显著减轻 CPU 的负载。为了确保正确使用 PDC，应按照下面的编程顺序进行设置。若使用 PDC 进行数据发送时，设置过程如下：

① 初始化发送 PDC（存储器指针、长度等）。

② 配置主机模式（DADR、CKDIV 等）。

③ 设置 PDC 的 TXTEN 位以开始传输。

④ 等待 PDC 结束 TX 标志。

⑤ 设置 PDC 的 TXDIS 位以禁止 PDC。

若使用 PDC 进行数据接收时，设置过程如下：

① 初始化接收 PDC（存储器指针、长度-1 等）。

② 配置主机模式（DADR、CKDIV 等）。

③ 设置 PDC 的 RXTEN 位以开始传输。

④ 等待 PDC 结束 RX 标志。

⑤ 设置 PDC 的 RXDIS 位以禁止 PDC。

(6)SMBUS 快速指令（仅主机模式具备）

TWI 接口可以执行一个快速指令，设置过程如下：

① 配置主机模式（DADR、CKDIV 等）。

② 一位命令被发送时，写 TWI_MMR 寄存器的 MREAD 位。

③ 设置 TWI_CR 中的 QUICK 位以启动传输。

(7) 读/写流程图

图 5-43～图 5-48 的流程图给出了读/写操作示例。可用轮询或中断的方法来检查状态位，使用中断方法必须先配置中断允许寄存器（TWI_IER）。

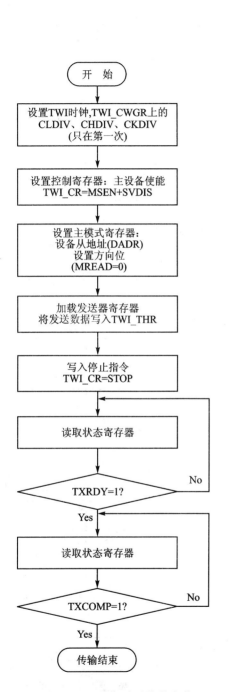

图 5 - 43　无内部地址的单字节
数据 TWI 写操作

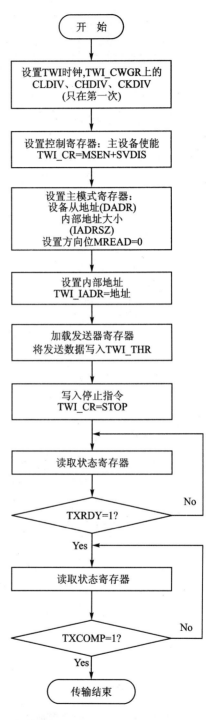

图 5 - 44　有内部地址的单字节
数据 TWI 写操作

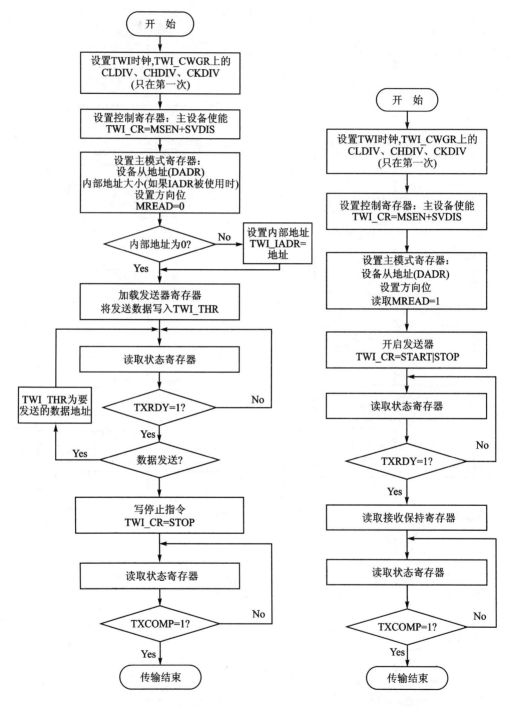

图 5 - 45 有或没有内部地址的多字节
数据 TWI 写操作

图 5 - 46 无内部地址的单字节
数据 TWI 读操作

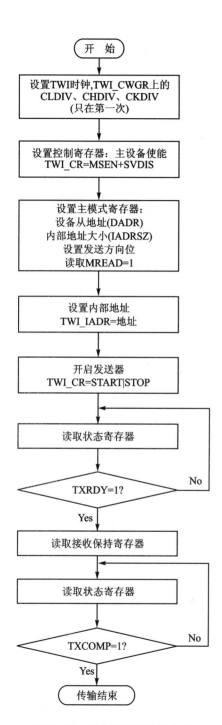

图 5 - 47　有内部地址的单字节
数据 TWI 读操作

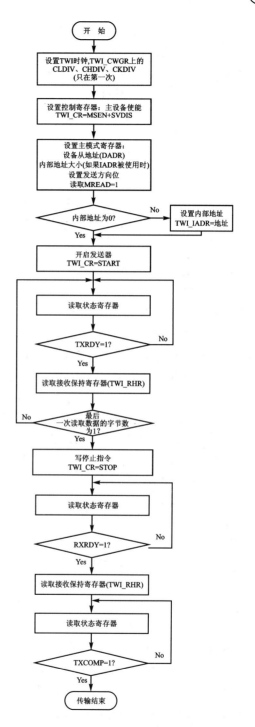

图 5 - 48　有或没有内部地址的多
字节 TWI 数据读操作

3. 从机模式

从机模式是指一个设备从另一个称之为主机的设备接收时钟和地址的模式。在这种模式下,设备不会主动启动数据传输,同时也不会主动结束数据传输,从机模式典型应用如图 5-49 所示。

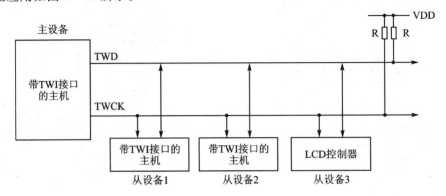

图 5-49 从机模式典型应用框图

(1) 编程设置从机模式

在进入从机模式之前必须对下面的位域编程。

① SADR (TWI_SMR):从设备地址,用于主设备在读或写模式中对从设备的访问。

② MSDIS (TWI_CR):禁止主机模式。

③ SVEN (TWI_CR):允许从机模式。

当设备接收到时钟时,向 TWI_CWGR 中写入操作是无效的。

(2) 接收数据

当检测到启动或重复启动条件之后,若主机发送的地址与 SADR(从机地址)位域中的从机地址匹配,那么 SVACC (从机访问)标志置位,SVREAD (从机读)指示传输方向。

SVACC 保持为高电平,直到检测到一个 STOP 条件或重复启动条件后。检测到这样的条件后,EOSACC (从机访问结束)标志置位。

在读序列(SVREAD 为高电平)中,TWI 发送数据写入 TWI_THR(TWI 发送保持寄存器)中,直到检测到一个 STOP 条件或重复启动条件 REPEATED_START 和不同于 SADR 地址的状态为止。在读序列结束时,TXCOMP (发送完成)标志置位,复位 SVACC。一旦数据写入 TWI_THR,TXRDY (发送保持寄存器就绪)标志复位,当移位寄存器为空且发送数据应答或无应答时,TXRDY 标志置位。若数据没有应答,NACK 标志置位。STOP 或者重复启动位之后总是跟随着一个 NACK 见图 5-50。

在写序列(SVREAD 为低电平)中,当一个字符被接收到 TWI_RHR(TWI 接收保持寄存器)时,RXRDY (接收保持寄存器就绪)标志置位,读 TWI_RHR 时

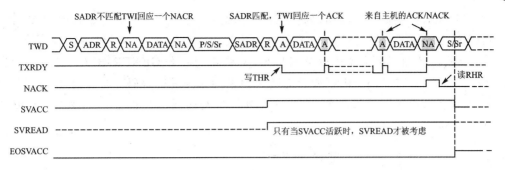

图 5-50 主机请求的读访问

RXRDY 复位。TWI 将连续接收数据,直到检测到一个 STOP 条件或 REPEATED_
START 条件和不同于 SADR 地址之后 TWI 停止接收数据。在写序列结束时,TX-
COMP 标志置位,SVACC 复位,见图 5-51。

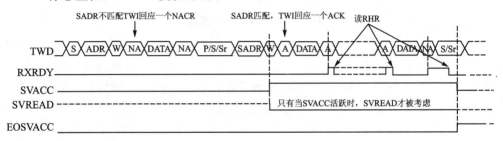

图 5-51 主机请求的写访问

由于不可能知道接收/发送数据的确切数量,所以不推荐在从机模式中使用 PDC。

(3) 数据传输

读模式被定义为主机的数据请求,主机获取数据。当检测到一个 START 或
REPEATED START 条件后,开始地址译码。若从机地址(SADR)被译码,SVACC
置位,且 SVREAD 指示传输的方向。TWI 连续发送 TWI_THR 寄存器中的数据,
直到检测到一个 STOP 或 REPEATED START 条件后,TWI 停止发送加载到
TWI_THR 寄存器中的数据。若检测到一个 STOP 条件或一个 REPEATED
START 条件+不同于 SADR 的地址状态,SVACC 将被复位。

当 SVACC 为低,SVREAD 的状态与操作无关。数据从 TWI_THR 传输到移位
寄存器后 TXRDY 复位,当这些数据产生应答或不应答时 TXRDY 置位。

写模式被定义为主机的数据发送,主机发送数据。当检测到一个 START 或
REPEATED START 条件后,开始地址译码。若从机地址(SADR)被译码,SVACC
置位,SVREAD 指示传输的方向。TWI 将数据存储到 TWI_THR 寄存器中,直到检
测到一个 STOP 或者 REPEATED START 条件后,TWI 停止存储数据到 TWI_
THR 中。若检测到一个 STOP 条件或一个 REPEATED START 条件+不同于
SADR 的地址状态,SVACC 将复位。

当 SVACC 为低,SVREAD 的状态与操作无关。数据从移位寄存器传输到 TWI_THR 后 TXRDY 置位,当这些数据被读取后 TXRDY 复位。

执行广播操作是为了改变从机地址,若检测到一个 GENERAL CALL,GACC 置位。检测到广播后,要由编程者对随后到来的命令进行解码。在写命令 WRITE 中,编程者必须解码编程序列,若编程序列匹配则需要编程设置一个新的 SADR,图 5-52 描述了广播访问。

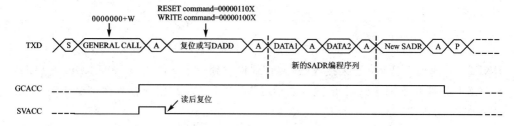

图 5-52 主机执行广播操作

这种方法允许用户通过选择编程位及其位数来创造自己的编程序列,编程序列必须提供给主机。在读和写模式下,都可能出现这样的情况,在释放/接收一个新的字符之前 TWI_THR/TWI_RHR 缓冲器没有数据/不为空。这时,为了避免发送/接收意想不到的数据,就执行一个时钟拉伸机制。

若因为寄存器为空并且未检测到一个 STOP 或 REPEATED START 条件,则时钟信号被拉低。直到移位寄存器中加载数据时,时钟信号被拉高。图 5-53 描述了读模式下的时钟同步。

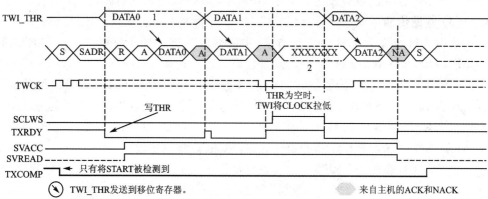

图 5-53 读模式下时钟同步

若移位寄存器和 TWI_RHR 满,则时钟被拉低。如果没有检测到一个 STOP 或 REPEATED_START 条件,直到读 TWI_RHR 时,时钟才会被拉高。图 5-54 描述了写模式下的时钟同步。

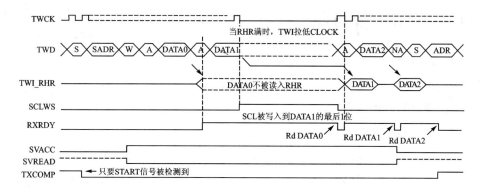

图 5 - 54 写模式下时钟同步

(4) 读/写操作流程图

图 5 - 55 所示的流程图给出从机模式下读和写操作的示例。可使用轮询或中断的方式来检测状态位。如果使用中断方式,则需要先配置中断允许寄存器(TWI_IER)。

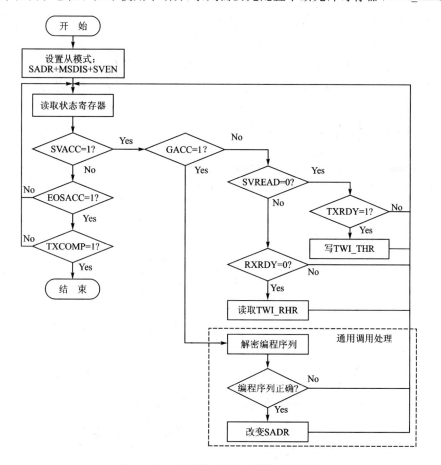

图 5 - 55 从机模式下读/写操作流程图

5.5.3　应用程序设计

1. 设计要求

使用 TWI 接口通信,完成两个应用平台之间的数据传输,两块应用平台之间使用 TWI 接口作为通信方式。

2. 硬件设计

将两块开发平台的 TWI 各引脚通过跳线的方式连接起来,具体的引脚分配为:SDA 对应于平台上的 PB4 引脚,SCL 对应于平台上的 PB5 引脚,通过跳线将这些引脚连接在一起即可。

3. 软件设计

主要在从设备上完成 UART 显示,具体步骤如下:

① 初始化开发平台组件,包括时钟、接口配置、串口配置等。

② 配置 TWI 接口,同时编写中断处理函数。

③ 显示功能菜单,完成数据传输操作。

该设计主要采用了标准的 TWI 驱动功能函数包,所以在工程中需要手动添加相关的文件,包括 twi.c、twi.h 文件,在这里只列出主函数 main.c,具体代码如下:

```
# include "asf.h"
# include "conf_twi_slave_example.h"

# define CONSOLE_BAUD_RATE     115200
# define SLAVE_ADDRESS         0x40
# define MEMORY_SIZE           512

# define STRING_EOL     "\r"
# define STRING_HEADER " -- TWI SLAVE Example  -- \r\n" \
      " -- "BOARD_NAME" -- \r\n" \
      " -- Compiled: "__DATE__" "__TIME__" -- "STRING_EOL

/* 设备信息 */
typedef struct _slave_device_t {
    /* * PageAddress of the slave device */
    uint16_t us_page_address;
    /* * Offset of the memory access */
    uint16_t us_offset_memory;
    /* * Read address of the request */
    uint8_t uc_acquire_address;
    /* * Memory buffer */
```

```
    uint8_t uc_memory[MEMORY_SIZE];
} slave_device_t;

slave_device_t emulate_driver;

void BOARD_TWI_Handler(void)
{
    uint32_t status;

    status = twi_get_interrupt_status(BOARD_BASE_TWI_SLAVE);

    if (((status & TWI_SR_SVACC) == TWI_SR_SVACC)
            && (emulate_driver.uc_acquire_address == 0)) {
        twi_disable_interrupt(BOARD_BASE_TWI_SLAVE, TWI_IDR_SVACC);
        twi_enable_interrupt(BOARD_BASE_TWI_SLAVE, TWI_IER_RXRDY | TWI_IER_GACC
                | TWI_IER_NACK | TWI_IER_EOSACC | TWI_IER_SCL_WS);
        emulate_driver.uc_acquire_address++;
        emulate_driver.us_page_address = 0;
        emulate_driver.us_offset_memory = 0;
    }

    if ((status & TWI_SR_GACC) == TWI_SR_GACC) {
        puts("General Call Treatment\n\r");
        puts("not treated");
    }

    if (((status & TWI_SR_SVACC) == TWI_SR_SVACC) && ((status & TWI_SR_GACC) == 0)
            && ((status & TWI_SR_RXRDY) == TWI_SR_RXRDY)) {

        if (emulate_driver.uc_acquire_address == 1) {
            /* Acquire MSB address */
            emulate_driver.us_page_address = (twi_read_byte(BOARD_BASE_TWI_SLAVE)
                    & 0xFF) << 8;
            emulate_driver.uc_acquire_address++;
        } else {
            if (emulate_driver.uc_acquire_address == 2) {
                /* Acquire LSB address */
                emulate_driver.us_page_address |= (twi_read_byte(BOARD_BASE_TWI_
                SLAVE)
                        & 0xFF);
                emulate_driver.uc_acquire_address++;
            } else {
```

```
            /* Read one byte of data from master to slave device */
            emulate_driver.uc_memory[emulate_driver.us_page_address +
                    emulate_driver.us_offset_memory] = (twi_read_byte(BOARD_
                    BASE_TWI_SLAVE) & 0xFF);
            emulate_driver.us_offset_memory++;
        }
    }
} else {
    if (((status & TWI_SR_TXRDY) == TWI_SR_TXRDY)
            && ((status & TWI_SR_TXCOMP) == TWI_SR_TXCOMP)
            && ((status & TWI_SR_EOSACC) == TWI_SR_EOSACC)) {
        /* End of transfer, end of slave access */
        emulate_driver.us_offset_memory = 0;
        emulate_driver.uc_acquire_address = 0;
        emulate_driver.us_page_address = 0;
        twi_enable_interrupt(BOARD_BASE_TWI_SLAVE, TWI_SR_SVACC);
        twi_disable_interrupt(BOARD_BASE_TWI_SLAVE, TWI_IDR_RXRDY | TWI_IDR_
        GACC |
                TWI_IDR_NACK | TWI_IDR_EOSACC | TWI_IDR_SCL_WS);
    } else {
        if ((((status & TWI_SR_SVACC) == TWI_SR_SVACC)
                && ((status & TWI_SR_GACC) == 0)
                && (emulate_driver.uc_acquire_address == 3)
                && ((status & TWI_SR_SVREAD) == TWI_SR_SVREAD)
                && ((status & TWI_SR_NACK) == 0)) {
            /* Write one byte of data from slave to master device */
            twi_write_byte(BOARD_BASE_TWI_SLAVE,
                    emulate_driver.uc_memory[emulate_driver.us_page_address
                    + emulate_driver.us_offset_memory]);
            emulate_driver.us_offset_memory++;
        }
    }
}
}


static void configure_console(void)
{
    const usart_serial_options_t uart_serial_options = {
        .baudrate = CONF_UART_BAUDRATE,
        .paritytype = CONF_UART_PARITY
    };
```

```
/ * Configure console UART.  * /
sysclk_enable_peripheral_clock(CONSOLE_UART_ID);
stdio_serial_init(CONF_UART, &uart_serial_options);
}


int main(void)
{
    uint32_t i;
    sysclk_init();
    REG_CCFG_SYSIO | = CCFG_SYSIO_SYSIO4;
    REG_CCFG_SYSIO | = CCFG_SYSIO_SYSIO5;

    board_init();
    configure_console();
    puts(STRING_HEADER);
    pmc_enable_periph_clk(BOARD_ID_TWI_SLAVE);

    for (i = 0; i < MEMORY_SIZE; i++) {
        emulate_driver.uc_memory[i] = 0;
    }
    emulate_driver.us_offset_memory = 0;
    emulate_driver.uc_acquire_address = 0;
    emulate_driver.us_page_address = 0;

    puts(" - I - Configuring the TWI in slave mode\n\r");
    twi_slave_init(BOARD_BASE_TWI_SLAVE, SLAVE_ADDRESS);

    twi_read_byte(BOARD_BASE_TWI_SLAVE);

    NVIC_DisableIRQ(BOARD_TWI_IRQn);
    NVIC_ClearPendingIRQ(BOARD_TWI_IRQn);
    NVIC_SetPriority(BOARD_TWI_IRQn, 0);
    NVIC_EnableIRQ(BOARD_TWI_IRQn);
    twi_enable_interrupt(BOARD_BASE_TWI_SLAVE, TWI_SR_SVACC);

    while (1) {
    }
}
```

4. 运行过程

使用 Atmel Studio6 运行工程,生成相应的可下载源码文件。再使用 SAM4S -

EK 板附带的串口线,将开发板上的串口接口(UART)同 PC 机上的串口连接在一起。

然后,使用 SAM-BA 工具,通过 USB 接口连接到 SAM4S-EK 开发板上,将刚刚生成的源码下载到目标系统中。

最后,运行程序或者复位开发板,例程正常运行后,在超级终端上将显示相关的信息,如图 5-56 所示。

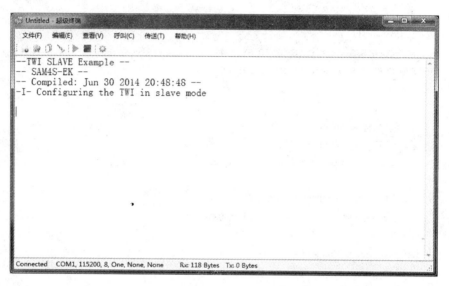

图 5-56   TWI 接口应用结果界面图

5.6   同步串行控制器 SSC

5.6.1   SSC 结构组成

同步串行控制器(SSC,Synchcronous Serial Controller)提供与外部器件的同步通信。它支持很多用于音频及电信应用中常用的串行同步通信协议,如 I^2S、短帧同步、长帧同步等。

SSC 包含独立的接收器、发送器和一个公共的时钟分频器,如图 5-57 所示。发送器和接收器各有 3 个信号:用于数据的 TD/RD 信号、用于时钟的 TK/RK 信号以及用于帧同步的 TF/RF 信号,传输可编程为自动启动或在帧同步信号检测到不同事件时启动。

SSC 用户接口寄存器映射如表 5-11 所列,基地址为 0x40004000。由于 SSC 可编程高电平、可使用两个专用的 PDC 通道,使得可以在没有处理器干预的情况下进行 32 位连续的高速数据传输。

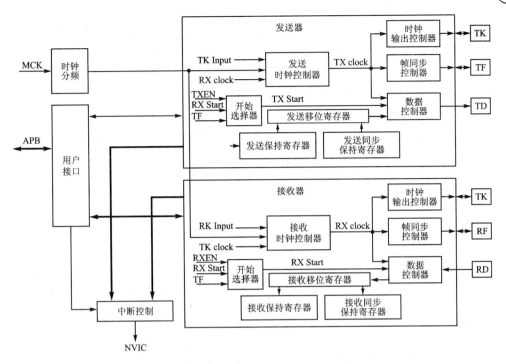

图 5－57　SSC 功能框图

　　由于 SSC 与两个 PDC 通道相连,使其可在低处理器开销下实现与主控或者从控模式下的 CODEC、专用串行接口的 DAC,特别是 I^2S 或者磁卡阅读器器件相连。

表 5－11　SSC 用户接口寄存器映射

偏　移	寄存器	名　称	访问方式	复位值
0x0	控制寄存器	SSC_CR	只写	—
0x4	时钟模式寄存器	SSC_CMR	读/写	0x0
0x8	保留	—	—	—
0xC	保留	—	—	—
0x10	接收时钟模式寄存器	SSC_RCMR	读/写	0x0
0x14	接收帧模式寄存器	SSC_RFMR	读/写	0x0
0x18	发送时钟模式寄存器	SSC_TCMR	读/写	0x0
0x1C	发送帧模式寄存器	SSC_TFMR	读/写	0x0
0x20	接收保持寄存器	SSC_RHR	只读	0x0
0x24	发送保持寄存器	SSC_THR	只写	—
0x28	保留	—	—	—
0x2C	保留	—	—	—
0x30	接收同步保持寄存器	SSC_RSHR	只读	0x0

偏　移	寄存器	名　称	访问方式	复位值
0x34	发送同步保持寄存器	SSC_TSHR	读/写	0x0
0x38	接收 Compare 0 寄存器	SSC_RC0R	读/写	0x0
0x3C	接收 Compare 1 寄存器	SSC_RC1R	读/写	0x0
0x40	状态寄存器	SSC_SR	只读	0x000000CC
0x44	中断允许寄存器	SSC_IER	只写	—
0x48	中断禁止寄存器	SSC_IDR	只写	—
0x4C	中断屏蔽寄存器	SSC_IMR	只读	0x0
0xE4	写保护模式寄存器	SSC_WPMR	读/写	0x0
0xE8	写保护状态寄存器	SSC_WPSR	只读	0x0
0x50～0xFC	保留	—	—	—
0x100～0x124	为 PDC 保留	—	—	—

5.6.2　工作原理

本节将对以下功能进行描述：SSC 功能块、时钟管理、数据格式、启动、发送器、接收器以及帧同步。

接收器与发送器各自独立工作，但可通过编程让接收器使用发送时钟或者发送启动时开始数据传输，来实现接收与发送同步。同理，可通过编程让发送器使用接收时钟或者接收启动时开始数据传输，也可实现接收与发送同步。接收器和发送器时钟可编程设置为由 TK 或 RK 引脚提供时钟，这使得 SSC 能支持多从控模式数据传输，TK 与 RK 引脚的最大时钟速率为主控时钟的 2 分频。

1. 时钟管理

发送器时钟可由 TK I/O 口上接收的外部时钟、接收器时钟或者内部时钟分频器的时钟产生，接收器时钟可由 RK I/O 口上接收的外部时钟、发送器时钟或者内部时钟分频器的时钟产生。

此外，发送器可在 TK I/O 引脚上产生外部时钟，接收器可在 RK I/O 引脚上产生外部时钟。因此，SSC 可支持多主机和从机模式数据传输。

2. 发送器操作

发送帧由启动事件触发，并可在数据发送前加入同步数据。启动事件通过时钟发送模式寄存器（SSC_TCMR）来配置，帧同步通过发送帧模式寄存器（SSC_TFMR）配置。

发送数据时，发送器将发送器时钟信号作为移位寄存器时钟并在 SSC_TCMR 中选择启动模式。数据由应用程序写入 SSC_THR 寄存器，然后根据选择的数据格式将数据传输到移位寄存器中。

当 SSC_THR 寄存器与发送移位寄存器均为空时,SSC_SR 中的状态标志 TX-EMPTY 置位。当发送保持寄存器 THR 内容被传输到移位寄存器时,SSC_SR 中的 TXRDY 标志置位,新数据可载入发送保持寄存器 THR 中。发送器内部结构如图 5-58 所示。

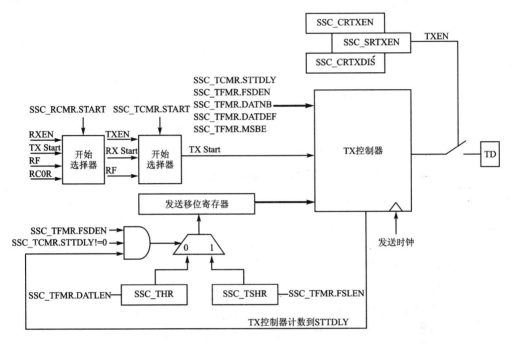

图 5-58 发送器结构方框图

3. 接收器操作

接收器帧由启动事件触发,并可在数据接收前先接收同步数据。启动事件通过时钟接收模式寄存器(SSC_RCMR)来配置,帧同步通过接收帧模式寄存器(SSC_RFMR)配置。接收数据时,接收器将接收器时钟信号作为移位寄存器时钟并在 SSC_RCMR 中选择启动模式,然后根据所选择的数据格式从移位寄存器中接收数据。

当接收移位寄存器满时,SSC 将数据送入接收保持寄存器 RHR 中。SSC_SR 中的状态标志位 RXRDY 置位,应用程序可从接收保持寄存器 RHR 中读取数据。若在 RHR 数据被读之前又有新的数据传输,SSC_SR 中的状态位 OVERUN 置位且接收器移位寄存器将数据传输到 RHR 寄存器中。接收器内部结构如图 5-59 所示。

4. 启 动

通过对 SSC_TCMR 寄存器中发送启动选择(START)域及 SSC_RCMR 寄存器

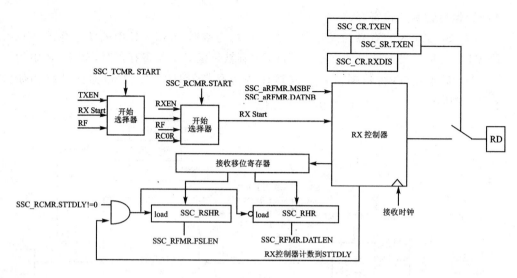

图 5-59　接收器结构方框图

中接收启动选择（START）域编程，接收器和发生器均可设定为当某一事件发生时开始工作。以下情况，启动事件可独立编程：

① 连续。此种情况下，一旦 SSC_THR 中写入数据，即开始发送，且当接收器允许时接收器也启动。

② 与发送器/接收器同步。

③ 检测到 TF/RF 上的上升沿或者下降沿。

④ 检测到 TF/RF 上的高电平或者低电平。

⑤ 检测到 TF/RF 上的电平跳变或变沿。

可在发送或者接收时钟寄存器（RCMR/TCMR）中以同样的方式编程启动，启动可在 TF（发送）上或 RF（接收）上。此外，接收器还可以通过在比特流中比较检测到的数据来启动接收。发送/接收帧模式寄存器（TFMR/RFMR）中的 FSOS 域，可实现对 TF/RF 上输入/输出的检测。

5. 帧同步

发送器与接收器帧同步引脚 TF 和 RF，可通过配置产生不同的帧同步信号。接收帧模式寄存器（SSC_RFMR）和发送帧模式寄存器（SSC_TFMR）中的帧同步输出选择（FSOS）域用来选择所需波形。既支持数据传输期间可编程的低电平/高电平，又支持数据传输前可编程的高电平或低电平。

若选择一个脉冲波形，需要在 SSC_RFMR 和 SSC_TFMR 中的帧同步长度（FSLEN）域设置脉冲的长度，可以从 1 比特时间到 256 比特时间，可通过 SSC_RCMR 和 SSC_TCMR 中的周期分频选择（PERIOD）域来配置接收与发送帧同步脉冲输出的周期。

6. 接收比较模式

比较模式(Compare 0、Compare 1)的长度和比较的位数由 FSLEN 定义,但其最大值为 16 位。通常,比较上次接收到的位和比较模式 Compare 0 可以是接收器的一个启动事件。这种情况下,接收器将上次接收到位的每一个新采样值与 Compare 0 寄存器(SSC_RC0R)中的 Compare0 模式做比较。当此启动事件被选择了,用户可通过编程设置接收器。如通过写一个新的 Compare 0 或连续接收直到 Compare 1 发生,来启动一个新的数据传输,通过配置 SSC_RCMR 中的(STOP)位来完成此选择。

7. 数据格式

发送器和接收器的数据帧格式可以通过发送器帧模式寄存器(SSC_TFMR)和接收器帧模式寄存器(SSC_RFMR)来设置。无论何种情况下,用户都可独立编程以下内容:

① 启动数据传输的事件(START)。
② 启动事件与首个数据位之间的延迟比特数(STTDLY)。
③ 数据长度(DATLEN)。
④ 每次启动事件传输的数据数量(DATNB)。
⑤ 每次启动事件的同步传输的长度(FSLEN)。
⑥ 位的意义,高位或低位在先(MSBF)。

此外,当没有数据传输时可以使用发送器来进行传输同步且选择 TD 引脚上的电平。这可分别通过 SSC_TFMR 中的帧同步数据允许位(FSDEN)和数据默认值(DATDEF)位来完成,如表 5 – 12 所列。

表 5 – 12   数据帧寄存器

发送器	接收器	域	长 度	说 明
SSC_TFMR	SSC_RFMR	DATLEN	可达 32	字长度
SSC_TFMR	SSC_RFMR	DATNB	可达 16	发送帧字数
SSC_TFMR	SSC_RFMR	MSBF		最高位在先
SSC_TFMR	SSC_RFMR	FSLEN	可达 16	同步数据寄存器大小
SSC_TFMR		DATDEF	0 或 1	数据缺省值结束
SSC_TFMR		FSDEN		允许发送 SSC_TSHR
SSC_TCMR	SSC_RFMR	PERIOD	可达 512	帧大小
SSC_TCMR	SSC_RFMR	STTDLY	可达 255	发送启动延迟大小

8. 循环模式和中断

接收器可设置为接收来自发送器的传输,通过 SSC_RFMR 中的循环模式

(LOOP)位来设置。此时,RD 连接 TD,RF 连接 TF,RK 连接 TK。

SSC_SR 中的大多数位在中断管理寄存器中有对应的位,可编程设置 SSC。在某一事件发生时 SSC 产生中断,通过写 SSC_IER(中断允许寄存器)和 SSC_IDR(中断禁止寄存器)可控制中断。通过置位和清零 SSC_IMR(中断屏蔽寄存器)中的一些位,可允许和禁止相应中断,控制与 NVIC 相连接的中断线。

5.6.3 应用程序设计

1. 设计要求

通过设置寄存器使 SSC 模块工作在循环模式下,即把 SSC 的接收器和发送器的数据 TD 信号和 RD 信号相连接,时钟 TK 和 PK 信号以及帧同步的 TF 和 RF 信号连接。

2. 硬件设计

本程序设计无需任何的额外电路。

3. 软件设计

根据设计要求,本程序将完成以下内容:

① 开发平台的外设初始化。

② SSC 中断处理函数的重新编写。

③ SSC 在循环模式下的数据处理操作。

下面为一个主程序的具体测试实例。其中 SSC 的主文件 main.c 的代码如下:

```
# include <stdint.h>
# include <stdbool.h>
# include <board.h>
# include <sysclk.h>
# include <ssc.h>
# include <string.h>
# include <unit_test/suite.h>
# include <stdio_serial.h>
# include <conf_test.h>
# include <conf_board.h>

# if defined(__GNUC__)
void ( * ptr_get)(void volatile * ,int * );
int ( * ptr_put)(void volatile * ,int);
volatile void * volatile stdio_base;
# endif
```

```
/ * 发送和接收缓冲大小 * /
#define BUFFER_SIZE              10

/ * SSC  工作时的比特率 * /
#define BIT_LEN_PER_CHANNEL      8
#define SAMPLE_RATE              8000
#define SSC_BIT_RATE             (BIT_LEN_PER_CHANNEL * SAMPLE_RATE)

/ * SSC 中断优先级 * /
#define SSC_IRQ_PRIO             4

/ * 发送缓冲区内容 * /
uint8_t g_uc_tx_buff[BUFFER_SIZE] =
    { 0x80, 0x81, 0x82, 0x83, 0x84, 0x85, 0x86, 0x87, 0x88, 0x89 };

/ * 接收缓冲区内容 * /
uint8_t g_uc_rx_buff[BUFFER_SIZE];

/ * 接收完成标志位 * /
volatile uint8_t g_uc_rx_done = 0;

/ * 接收指标 * /
uint8_t g_uc_rx_index = 0;

/ * 发送指标 * /
uint8_t g_uc_tx_index = 0;

/ *
 * SSC 中断处理函数
 * /
void SSC_Handler(void)
{
    ssc_get_status(SSC);

    ssc_read(SSC, (uint32_t * )&g_uc_rx_buff[g_uc_rx_index++]);

    if (BUFFER_SIZE == g_uc_rx_index) {
        g_uc_rx_done = 1;
        ssc_disable_interrupt(SSC, SSC_IDR_RXRDY);
    }
}
```

嵌入式系统应用开发教程——基于 SAM4S

```
/*
 * SSC 工作在循环模式下,测试接收到的数据是否和发送的数据一样
 */
static void run_ssc_test(const struct test_case * test)
{
    uint32_t ul_mck;
    clock_opt_t tx_clk_option;
    clock_opt_t rx_clk_option;
    data_frame_opt_t rx_data_frame_option;
    data_frame_opt_t tx_data_frame_option;

    /* 初始化变量 */
    ul_mck = 0;
    memset((uint8_t *)&rx_clk_option, 0, sizeof(clock_opt_t));
    memset((uint8_t *)&rx_data_frame_option, 0, sizeof(data_frame_opt_t));
    memset((uint8_t *)&tx_clk_option, 0, sizeof(clock_opt_t));
    memset((uint8_t *)&tx_data_frame_option, 0, sizeof(data_frame_opt_t));

    /* 设置 SSC 工作在循环模式下 */
    pmc_enable_periph_clk(ID_SSC);
    ssc_reset(SSC);
    ul_mck = sysclk_get_cpu_hz();
    ssc_set_clock_divider(SSC, SSC_BIT_RATE, ul_mck);

    /* 设置发送时钟 */
    tx_clk_option.ul_cks = SSC_TCMR_CKS_MCK;
    tx_clk_option.ul_cko = SSC_TCMR_CKO_CONTINUOUS;
    tx_clk_option.ul_cki = 0;
    tx_clk_option.ul_ckg = SSC_TCMR_CKG_NONE;
    tx_clk_option.ul_start_sel = SSC_TCMR_START_CONTINUOUS;
    tx_clk_option.ul_sttdly = 0;
    tx_clk_option.ul_period = 0;
    /* 发射器帧模式配置 */
    tx_data_frame_option.ul_datlen = BIT_LEN_PER_CHANNEL - 1;
    tx_data_frame_option.ul_msbf = SSC_TFMR_MSBF;
    tx_data_frame_option.ul_datnb = 0;
    tx_data_frame_option.ul_fslen = 0;
    tx_data_frame_option.ul_fslen_ext = 0;
    tx_data_frame_option.ul_fsos = SSC_TFMR_FSOS_TOGGLING;
    tx_data_frame_option.ul_fsedge = SSC_TFMR_FSEDGE_POSITIVE;
```

·338·

```
/* 设置 SSC 发送器 */
ssc_set_transmitter(SSC, &tx_clk_option, &tx_data_frame_option);

/* 接收器时钟配置 */
rx_clk_option.ul_cks = SSC_RCMR_CKS_TK;
rx_clk_option.ul_cko = SSC_RCMR_CKO_NONE;
rx_clk_option.ul_cki = 0;
rx_clk_option.ul_ckg = SSC_TCMR_CKG_NONE;
rx_clk_option.ul_start_sel = SSC_RCMR_START_RF_EDGE;
rx_clk_option.ul_sttdly = 0;
rx_clk_option.ul_period = 0;
/* 接收器帧模式配置 */
rx_data_frame_option.ul_datlen = BIT_LEN_PER_CHANNEL - 1;
rx_data_frame_option.ul_msbf = SSC_TFMR_MSBF;
rx_data_frame_option.ul_datnb = 0;
rx_data_frame_option.ul_fslen = 0;
rx_data_frame_option.ul_fslen_ext = 0;
rx_data_frame_option.ul_fsos = SSC_TFMR_FSOS_NONE;
rx_data_frame_option.ul_fsedge = SSC_TFMR_FSEDGE_POSITIVE;
/* 设置 SSC 接收器 */
ssc_set_receiver(SSC, &rx_clk_option, &rx_data_frame_option);

/* 使能循环模式 */
ssc_set_loop_mode(SSC);

/* 使能 tx 和 rx 函数 */
ssc_enable_rx(SSC);
ssc_enable_tx(SSC);

/* 设置 RX 中断 */
ssc_enable_interrupt(SSC, SSC_IER_RXRDY);

/* 使能 SSC 中断 */
NVIC_DisableIRQ(SSC_IRQn);
NVIC_ClearPendingIRQ(SSC_IRQn);
NVIC_SetPriority(SSC_IRQn, SSC_IRQ_PRIO);
NVIC_EnableIRQ(SSC_IRQn);

for (g_uc_tx_index = 0; g_uc_tx_index < BUFFER_SIZE; g_uc_tx_index++) {
    ssc_write(SSC, g_uc_tx_buff[g_uc_tx_index]);
}
```

```
    while (! g_uc_rx_done) {
    }

    test_assert_true(test, (memcmp(g_uc_rx_buff, g_uc_tx_buff, BUFFER_SIZE) == 0),
            "Test: SSC received data is not the same as the transmit data!");
}


int main(void)
{
    const usart_serial_options_t usart_serial_options = {
        .baudrate    = CONF_TEST_BAUDRATE,
        .paritytype = CONF_TEST_PARITY
    };

    sysclk_init();
    board_init();

    sysclk_enable_peripheral_clock(CONSOLE_UART_ID);
    stdio_serial_init(CONF_TEST_USART, &usart_serial_options);

# if defined(__GNUC__)
    setbuf(stdout, NULL);
# endif

    /* 测试实例 */
    DEFINE_TEST_CASE(ssc_test, NULL, run_ssc_test, NULL,
        "Init SSC in loop mode and check the received data with transmit data");

    DEFINE_TEST_ARRAY(ssc_tests) = {
        &ssc_test,
    };

    DEFINE_TEST_SUITE(ssc_suite, ssc_tests, "SAM SSC driver test suite");

    /* 运行 */
    test_suite_run(&ssc_suite);

    while (1) {
    }
}
```

4. 运行过程

使用 Atmel Studio6 运行工程,生成相应的可下载源码文件。再使用 SAM4S - EK 开发平台附带的串口线,将开发平台上的串口接口(UART)同 PC 机上的串口连接在一起。

然后,在主机上运行 Windows 自带的超级终端串口通信程序(波特率 115 200、1 位停止位、无校验位、无硬件流控制),或者使用其他串口通信程序,设置相同即可。接着使用 SAM - BA 工具,通过 USB 接口连接到 SAM4S - EK 开发平台上,将刚刚生成的源码下载到目标系统中。

最后,运行程序或者复位开发平台,例程正常运行后,超级终端显示的信息如图 5 - 60 所示。

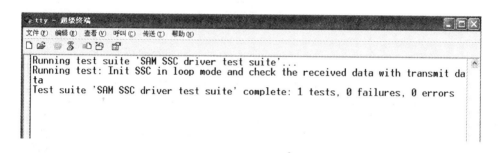

图 5 - 60   超级终端显示的信息(7)

5.7   高速 USB 设备接口 HSUDP

5.7.1   HSUDP 结构组成

SAM4S 微控制器上的高速 USB 设备端口(HSUDP,High Speed USB Device Port)符合通用串行总线 2.0 高速设备规范,其功能结构如图 5 - 61 所示。每一端点均可以配置为几类 USB 传输类型之一,可与 1 个或 2 个双端口 RAM 的 BANK 相关联,该 RAM 用来存储有效数据。如使用 2 个 BANK,其中一个 DPR BANK 通过处理器控制读/写,另一个通过 USB 外围设备来控制读/写。对于等时传输端点,必须满足该特性。因此当使用 2 个 DPR BANK 时,设备可以达到最大的带宽(1 MB/s)。

挂起和恢复由 USB 设备自动检测,并以中断的方式通知微控制器。根据产品设计,一个外部信号被用来向 USB 主控制器发送一个唤醒信号。UDP 的用户接口寄存器映射如表 5 - 13 所列,其基地址为 0x40034000。

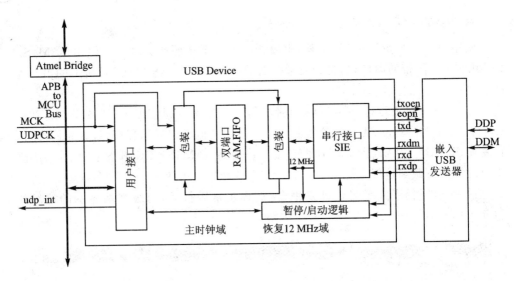

图 5 - 61　HSUDP 内部结构方框图

表 5 - 13　HSUDP 用户接口寄存器映射

偏　移	寄存器	名　称	访问方式	复位值
0x000	Frame 数量寄存器	UDP_FRM_NUM	只读	0x00000000
0x004	全局状态寄存器	UDP_GLB_STAT	读/写	0x00000010
0x008	功能地址寄存器	UDP_FADDR	读/写	0x00000100
0x00C	保留	—	—	—
0x010	中断允许寄存器	UDP_IER	只写	
0x014	中断禁止寄存器	UDP_IDR	只写	
0x018	中断屏蔽寄存器	UDP_IMR	只读	0x00001200
0x01C	中断状态寄存器	UDP_ISR	只读	
0x020	中断清零寄存器	UDP_ICR	只写	
0x024	保留	—	—	—
0x028	复位端点寄存器	UDP_RST_EP	读/写	0x00000000
0x02C	保留	—	—	—
0x030	端点控制和状态寄存器 0	UDP_CSR0	读/写	0x00000000
⋮	⋮	⋮	⋮	⋮
0x030＋0x4 * 7	端点控制和状态寄存器 7	UDP_CSR7	读/写	0x00000000
0x050	端点 FIFO 数据寄存器 0	UDP_FDR0	读/写	0x00000000
⋮	⋮	⋮	⋮	⋮
0x050＋0x4 * 7	端点 FIFO 数据寄存器 7	UDP_FDR7	读/写	0x00000000
0x070	保留	—	—	—
0x074	收发器控制寄存器	UDP_TXVC	读/写	0x00000100
0x078～0x0FC	保留	—	—	—

5.7.2 工作原理

USB2.0 高速设备端口为主机和连接在其上的 USB 设备之间的通信提供服务。在每个设备端点与主机之间建立通道以进行通信,主机通过运行在其上的软件发送一系列的指令流来与 USB 设备进行通信。图 5-62 为一个 UDP 通信实例。

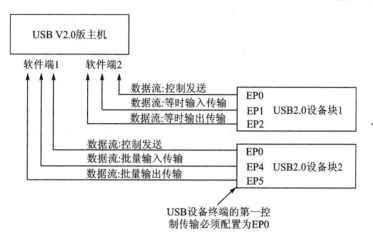

图 5-62　USB V2.0 高速设备通信控制实例

在 USB 设备被配置后,控制传输端口 EP0 就可以使用。

1. USB V2.0 高速传输类型

通信流中包含由 USB 设备定义的 4 种传输类型中的一种,表 5-14 为 UDP 定义的 4 种传输类型。

表 5-14　USB 通信流

传　输	方　向	占有带宽	端点缓存大小	是否错误检测	是否重传
控制	双向	不确定	8,16,32,64	是	自动
等时	单向	确定	512	是	否
中断	单向	不确定	≤64	是	是
批量	单向	不确定	8,16,32,64	是	是

2. USB 总线事件

每次传输都会导致一个或多个 USB 总线上的事件,通过总线的数据包有 Setup 事务处理、Data IN 事务处理和 Data OUT 事务处理 3 种事件流。

3. USB 传输事件定义

如表 5-15 所列,USB 总线上的传输有多个事件。

表 5 - 15　USB 传输事件

传输事件	定　义
控制传输[(1),(3)]	Setup 事务处理→Data IN 事务处理→Status OUT 事务处理； Setup 事务处理→Data OUT 事务处理→Status IN 事务处理； Setup 事务处理→Status IN 事务处理
中断 IN 传输(设备到主机)	Data IN 事务处理→Data IN 事务处理
中断 OUT 传输(主机到设备)	Data OUT 事务处理→Data OUT 事务处理
等时 IN 传输(设备到主机)[(2)]	Data IN 事务处理→Data IN 事务处理
等时 OUT 传输(主机到设备)[(2)]	Data OUT 事务处理→Data OUT 事务处理
批量 IN 传输(设备到主机)	Data IN 事务处理→Data IN 事务处理
批量 OUT 传输(主机到设备)	Data OUT 事务处理→Data OUT 事务处理

注：(1) 控制传输必须使用无 ping - pong 架构的端点。

　　(2) 等时传输必须使用有 ping - pong 架构的端点。

　　(3) 控制传输可被 STALL 握手包中止。

　　状态处理事务是主机到设备事务中独特的一个，它只能在控制传输中使用。控制传输必须使用无 ping - pong 架构的端点完成事件，根据控制事件(读或写)，USB 设备将发送或接收一个状态事件。控制读和写的事务处理序列如图 5 - 63 所示。

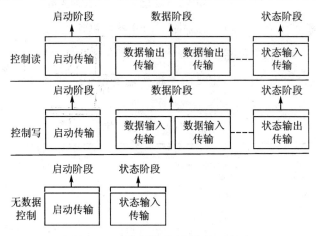

图 5 - 63　控制读/写事件处理序列

4. USB V2.0 设备外设事务处理

(1) Setup 事务处理

　　Setup 事务是一个被用于控制传输的特殊类型的主机到设备事务，控制传输必须在无 ping - pong 架构端点完成，Setup 事务一有可能就由固件处理。其主要功能是发送从主机到设备上的请求，这些请求可能会被 USB 设备处理或者请求更多的参数，参数将由数据 OUT 事务发送到设备上。这些请求也可能返回数据，数据将在下一次的数据 IN 事务中传回给主机。一个状态事务将结束控制传输。

当 USB 端点接收到一个 Setup 传输事件时,USB 将自动回复,表示已收到Setup 数据包,UDP_CSRx 寄存器中的 RXSETUP 位将置位。当 RXSETUP 未被清零时, 一个端点中断将生成。若该端点上的中断被允许,那么该中断将传回微控制器。

因此,固件必须采用轮询 UDP_CSRx 的 RXSETUP 位或捕获相应中断的方法, 来读取 FIFO 中的 Setup 包,接着清除 UDP_CSRx 寄存器中的 RXSETUP 位作为 Setup 阶段的回应。RXSETUP 在 Setup 数据包已经被读取之前不能被清零,否则 USB 设备将接收下一个数据 OUT 传输,覆盖 FIFO 中的 Setup 数据包。

(2) 数据 IN 事务

数据 IN 事务被用在控制、等时、批量和中断传输中,它完成数据从设备到主机 的传输。在等时传输上的数据 IN 事务,必须在无 ping－pong 架构的端点上完成。

使用无 ping－pong 架构的端点来完成数据 IN 事务:

① 通过查询 UDP_CSRx 寄存器中的 TXPKTRDY 位(TXPKTRDY 必须被清 零),应用程序检查是否可以向 FIFO 中写数据。

② 应用程序在 UDP_FDRx 寄存器中写零或者更多字节值来完成数据的第一个 数据包的写操作,该数据将发送到 FIFO 端点上。

③ 应用程序通过设置端点 UDP_CSRx 寄存器的 TXPKTRDY 位来报告 USB 外设已经完成传输。

④ 当端点 UDP_CSRx 寄存器的 TXCOMP 被设置时,应用程序报告端点 FIFO 可以被释放。当 TXCOMP 被设置时,相应端点上的中断将被挂起。

⑤ 应用程序在 UDP_FDRx 寄存器中写零或者更多字节值来完成数据的第二个 数据包的写操作,该数据将发送到 FIFO 端点上。

⑥ 微控制器通过设置端点 UDP_CSRx 寄存器中的 TXPKTRDY 位来通知 USB 外设已经完成。

⑦ 应用程序将清空端点 UDP_CSRx 寄存器中的 TXCOMP。

当最后一个数据包被发送后,应用程序必须清空 TXCOMP。当 USB 设备接收 到一个数据 IN 数据包的 ACK PID 信号时,它必须置位 TXCOMP 位。当 TXCOMP 被设置时,一个中断将被挂起。

在等时传输的时候,必须使用有 ping－pong 架构的端点。其也允许处理最大的 带宽,该带宽定义在批量传输时 USB 规范中。为了保证持续的或者最大带宽,微控 制器在当前数据传输的过程中,为下一个要传输的数据准备,因此必须在内存中准备 两个空间。一个被微控制器使用,另一个被 USB 设备锁定。

使用一个 ping－pong 端点,在数据 IN 事务中完成下列处理过程:

① 微控制器通过检查端点 UDP_CSRx 寄存器中 TXPKTRDY 是否被清零,以 此决定是否可以向 FIFO 中写数据。

② 微控制器在端点的 UDP_FDRx 寄存器中写零或者更多字节值来完成数据的 第一个数据包的写操作,该数据将发送到端点 FIFO(Bank0)上。

③ 微控制器通过设置端点的 UDP_CSRx 寄存器中的 TXPKTRDY 位,以通知 USB 外设自己已经完成 FIFO 的 Bank0 写操作。

④ 无需等待 TXPKTRDY 位被清零,微控制器在端点的 UDP_FDRx 寄存器中写零或者更多字节值来完成数据的第二个数据包的写操作,该数据将发送到端点 FIFO(Bank1)上。

⑤ 当端点的 UDP_CSRx 寄存器中的 TXCOMP 置位时,微控制器通知 USB 设备可以释放第一个 Bank。当 TXCOMP 被设置时,一个中断将发生。

⑥ 一旦微控制器接收到第一个 Bank 的 TXCOMP 信号,它会通过设端点的 UDP_CSRx 寄存器中的 TXPKTRDY,来通知 USB 设备准备接收第二个 Bank。

⑦ 这一步中,Bank0 可使用,微控制器能够准备第三个要发送的数据。

(3) 数据 OUT 事务

数据 OUT 事务被用在控制、等时、批量和中断传输中,它完成数据从主机到设备间的传输。等时传输中的数据 OUT 事务必须使用有 ping - pong 架构的端点,在 ping - pong 架构端点上完成数据 OUT 事务:

① 主机生成数据 OUT 包。

② 这个数据包将被 USB 设备端点接收。当 FIFO 同正被微控制器使用的端点相关联,返回给主机的将是一个 NAK PID。一旦 FIFO 可用,数据将被 USB 设备写入到 FIFO 中,同时传送过去的还有一个 ACK。

③ 微控制器通过查询端点 UDP_CSRx 寄存器中的 RX_DATA_BK0 标志,以此知道 USB 设备是否准备好接收数据。当 RX_DATA_BK0 被设置时,该端点将挂起一个中断。

④ 通过读取端点 UDP_CSRx 寄存器中的 RXBYTECNT 位可以知道 FIFO 中可用的字节数量。

⑤ 微控制器将从端点存储器中接收的数据存储在自己的存储器中,接收的数据可以通过读取端点 UDP_FDRx 寄存器获得。

⑥ 微控制器通过清空端点 UDP_CSRx 寄存器中的 RX_DATA_BK0 标志,以此来通知 USB 设备它已经完成传输。

⑦ 一个新的数据 OUT 包可以被 USB 设备接收。

当 RX_DATA_BK0 标志被设置时,一个中断可能被挂起。当 RX_DATA_BK0 被清零后,在 USB 设备、FIFO 和微控制器存储器之间的数据传输不能完成。否则, USB 设备将接收下一个数据 OUT 传输并覆盖 FIFO 中当前的数据 OUT 包。

在等时传输过程中,必须使用有 ping - pong 架构的端点。为了能够确保持续带宽,当前数据的开销空间被 USB 设备接收后,微控制器必须读取由主机发送的前一个数据开销空间,因此必须使用两个 bank 存储空间,一个被微控制器使用,另一个被 USB 设备锁定。

当使用一个 ping - pong 架构端点,为了完成数据 OUT 事务必须考虑下列处理操作：

① 主机生成一个数据 OUT 包。

② 这个数据包将被 USB 设备端点接收，它是被写入端点 FIFO 的 Bank0 上。

③ USB 设备向主机发送一个 ACK PID 包，主机将立即发送第二个数据 OUT 包，该数据包将被设备接收并复制到 FIFO 中的 Bank1 上。

④ 通过查询端点 UDP_CSRx 寄存器的 RX_DATA_BK0 标志，微控制器可以知道 USB 设备是否接收了数据。当 RX_DATA_BK0 标志被设置时，端点将挂起一个中断。

⑤ 通过读取端点 UDP_CSRx 寄存器的 RXBYTECNT 位可以知道 FIFO 中可用的字节数量。

⑥ 微控制器将从端点存储器中接收的数据存储在自己的存储器中，接收的数据可以通过读取端点 UDP_FDRx 寄存器获得。

⑦ 微控制器通过清空端点 UDP_CSRx 寄存器中的 RX_DATA_BK0 标志，以此来通知 USB 设备它已经完成传输。

⑧ 第三个数据 OUT 包将被 USB 外设设备接收，并复制到 FIFO 中的 Bank0 上。

⑨ 如果第二个数据 OUT 包被接收，微控制器可以通过端点 UDP_CSRx 寄存器中的 RX_DATA_BK1 标志了解到。当 RX_DATA_BK1 标志被设置时，端点将挂起一个中断。

⑩ 微控制器将从端点存储器中接收的数据存储在自己的存储器中，接收的数据可以通过读取端点 UDP_FDRx 寄存器获得。

⑪ 微控制器通过清空端点 UDP_CSRx 寄存器中的 RX_DATA_BK1 标志，以此来通知 USB 设备它已经完成传输。

⑫ 第三个数据 OUT 包将被 USB 外设设备接收，并复制到 FIFO 中的 Bank0 上。

当 RX_DATA_BK0 和 RX_DATA_BK1 都被设置时，没有办法决定哪个应该先被清零，因此软件必须保持一个内部计数器以确保可以先清空 RX_DATA_BK0 然后才是 RX_DATA_BK1。这种情况发生在软件应用繁忙，两个 bank 都被 USB 设备填充。一旦应用回到 USB 驱动时，两个标志都被置位。

(4) 停止(Stall)握手

停止握手被用在下列两个不同场合中的一种。

① 当端点的关闭特性被设置时，停止功能被使用。

② 为了终止当前的请求，一个停止协议被使用，该协议不同于控制传输。

下列的处理过程将生成一个停止数据包。

① 微控制器将设置端点 UDP_CSRx 寄存器中的 FORCESTALL 标志。

② 主机接收停止数据包。

③ 微控制器可以通过查询 STALLSENT 标志有没有被设置来知道设备有没有发送停止数据包,当 STALLSENT 标志被设置时,端点的一个中断将被挂起,微控制器必须清空 STALLSENT 标志来清除中断。

在一次停止握手之后,如果接收到一个 Setup 事务,STALLSENT 必须被清零,这是因为 STALLSENT 标志设置会挂起中断。

(5) 数据发送取消

一些端点有双 Bank,而一些端点只有一个 Bank,下面将介绍取消数据发送的处理过程。

1) 无双 Bank 的端点时有两种可能性

一种情况是 UDP_CSR 中的 TXPKTRDY 域已经被设置,另一种情况是 TXPK-TRDY 未被设置。TXPKTRDY 没有被设置,重启端点来清空 FIFO(指针)。当 TXPKTRDY 已经被设置,清零 TXPKTRDY 标志,这样就没有要发送的数据包,重启端点来清空 FIFO(指针)。

2) 有双 Bank 的端点时有两种可能性

一种情况是 UDP_CSR 中的 TXPKTRDY 域已经被设置,另一种情况是 TXPK-TRDY 未被设置。当 TXPKTRDY 没有被设置,重启端点来清空 FIFO(指针)。当 TXPKTRDY 已经被设置,清零 TXPKTRDY 标志,然后读取其值,确保为 0。设置 TXPKTRDY 标志,然后读取其值,确保为 1。清零 TXPKTRDY 标志,这样就没有要发送的数据包。然后重启端点来清空 FIFO(指针)。

5. 控制设备状态

一个 USB 设备有几种可能的状态,UDP 的状态转移图如图 5-64 所示。

从一个状态到另一个状态的转换依据 USB 总线状态或者是默认端点(端点 0)的控制事务发送的标准请求。一个总线休止周期后,USB 设备将进入 Suspend 模式,主机将接收来自设备的暂停/恢复请求。Suspend 模式对总线驱动的应用有很大的约束,设备在 USB 总线上的电流不能超过 500 μA。

当设备处于 Suspend 模式中,主机可以通过发送一个恢复信号(总线活动)来唤醒设备,或者是 USB 设备向主机发送一个唤醒请求。例如,通过移动 USB 鼠标来唤醒 PC。唤醒机制并不是所有的设备都拥有,所以必须同主机协商获得。

(1) 未上电状态

自供电的设备可通过 PIO 检测 5 V 的 VBUS。当设备未连接到主机时,设备的电源消耗可通过禁止 UDP 的 MCK 位来减少,禁止 UDPCK 和收发器也将自动实现,DDP 和 DDM 线将被 330 kΩ 的电阻下拉到 GND。

(2)进入连接状态

允许整合的上拉电阻,必须设置 USP_TXVC 寄存器中的 PUON 位。写 UDP_TXVC 寄存器,UDP 必须使用 MCK 作为时钟,可以在功耗管理控制器中配置。

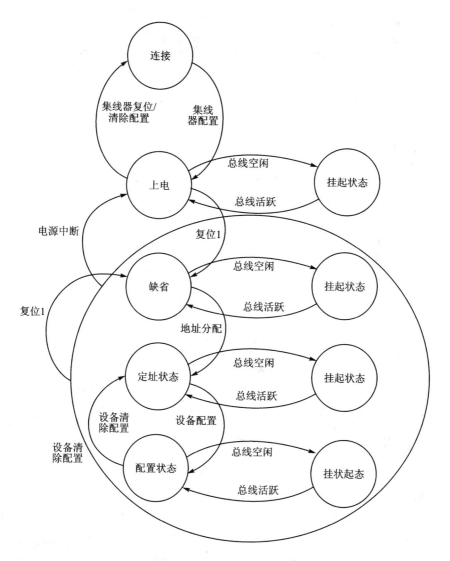

图 5 - 64　USB 设备状态图

在上拉电阻连接后,设备进入到上电模式。这种状态中,UDPCK 和 MCK 必须在功耗管理控制器中被设置允许,收发器将继续保持禁止。

(3) 从上电状态到缺省状态

在 USB 设备连接到主机后,USB 设备需等待总线复位的结束。接着 UDP_ISR 寄存器的未屏蔽标志 ENDBUSRES 置位并触发一个中断。

一旦 ENDBUSRES 中断产生,设备就进入到缺省状态。在该状态下,UDP 软件必须完成以下事件:

① 允许缺省端点,设置 UDP_CSR[0]寄存器的 EPEDS 标志,此时可选择通过

向 UDP_IER 寄存器写 1 来允许端点 0。由控制传输开始设备枚举。

② 在 USB 重启后,配置被复位的中断屏蔽寄存器。

③ 通过清空 UDP_TXVC 寄存器的 TXVDIS 标志来允许收发器。

在该状态下 UDPCK 和 MCK 必须被允许。

注意:每当一个 ENDBUSRES 中断被触发时,中断屏蔽寄存器和 UDP_CSR 寄存器将复位。

(4) 从缺省状态到地址状态

在发送 Set Address 标准设备请求后,USB 设备进入到地址状态。在设备进入地址状态以前,必须先完成一个控制传输的状态输入事务处理。也就是一旦 UDP_CSR[0] 寄存器的 TXCOMP 标记已收到且清除,则 UDP 将设置一个新的地址给设备。

要转到地址状态,驱动软件需设置 UDP_GLB_STAT 寄存器的 FADDEN 标志,可以在 UDP_FADDR 寄存器的 FEN 位设置它的新的地址。

(5) 从地址状态到配置状态

一旦一个有效的 Set Configuration 标准请求被接收并响应,则将按照配置要求对设备进行端点配置。这可通过设置 UDP_CSRx 寄存器的 EPEDS 和 EPTYPE 域,以及允许 UDP_IER 寄存器的相应中断来完成。

(6) 进入挂起状态

当检测到挂起(USB 总线上无活动)时,UDP_ISR 寄存器的 RXSUSP 标志置位。如此时 UDP_IER 寄存器的相应位已设置,则将触发一个中断。该标志可通过写 UDP_ICR 寄存器来清除,接着设备进入到挂起模式。

在该状态下,总线供电的设备从 5 V 总线上汲取的电流必须小于 500 μA。例如,此时微控制器切换到低速时钟、禁止 PLL 和主晶振,并进入空闲模式。也可关闭电路板上的一些其他外设以减少消耗,可关掉 USB 设备的外设时钟。**注意**:恢复事件是异步检测的。在功耗管理控制器中关闭 MCK 和 UDPCK,同时可以通过设置 UDP_TXVC 寄存器的 TXVDIS 来禁止 USB 传输器。对于 UDP 外设如果 MCK 被允许,可以对 UDP 寄存器进行读/写操作。关闭 UDP 外设的 MCK 时钟必须是在下面两种操作之后,两种操作为:写 UDP_TXVC 寄存器和获得 RXSUSP 信号。

(7) 接收主机恢复

在挂起模式下,USB 总线上的恢复事件被异步监测,收发器以及时钟被禁止(尽管上拉电阻没有被移除)。一旦在总线上监测到了恢复事件,则 UDP_ISR 寄存器的 WAKEUP 标志将置位。如果此时 UDP_IMR 寄存器的相应位被设置,则会产生一个中断。该中断可用来唤醒内核、允许 PLL 和主晶振以及配置时钟。

对于 UDP 外设如果 MCK 被允许,可以对 UDP 寄存器进行读/写操作。允许 UDP 外设的 MCK 时钟必须是在下面两种操作之后,两种操作为:清空 UDP_ICR 寄存器的 WAKEUP 位和清空 UDP_TXVC 寄存器的 TXVDIS 标志。

（8）发送设备远程唤醒信号

在挂起状态,可通过发送外部恢复信号来唤醒主机。

① 进入挂起状态后,在发送外部恢复信号之前设备必须等待至少 5 ms。

② 设备从开始到漏极电流有 10 ms,然后将保持 K 状态直到恢复主机。

③ 设备必须强制保持 1～15 ms 的 K 状态以恢复主机。

在向主机发送一个 K 状态之前,必须确保 MCK、UDPCK 和收发器被允许,然后可通过设置 UDP_GLB_STAT 寄存器中的 RMWUPE 位来允许远程唤醒特性。为了确保 K 状态在线上,UDP_GLB_STAT 寄存器中的 ESR 位从 0 变为 1,这次转变是先向该位写 0 然后再写 1。根据 USB 2.0 规范,K 状态将自动生成和释放。

5.7.3 应用程序设计

1. 设计要求

该程序主要功能是实现 USB 设备热插拔的检测功能。把 PC 机当作一个 USB 设备,当连接到开发平台时,PC 机上会弹出一个"找到新的硬件向导对话框"。此时开发平台上的蓝色 LED 会闪烁,当拔出 USB 时,LED 灯熄灭。

2. 硬件设计

AT91SAM4S - EK 开发平台本身支持 USB,提供了 USB 接口,所以无需额外电路,只需要一个 USB 接线即可。

3. 软件设计

根据程序设计要求,需要完成以下的内容:

① 初始化开发平台,并将系统设置进入休眠状态。

② 初始化存储器。

③ 开启 USB 协议栈,并授权 VBUS 监测。

④ 配置 USB 管理由中断完成。

⑤ 配置主机相关的识别设置。

USB 设备用作 PC 上的一个即插即用设备,其需要的主要操作文件有 main. c, PC 机将开发板当作一个存储设备的初始化文件 memories_initialization_sam. c 以及 PC 机识别设备的驱动文件 atmel_devices_cdc. inf,这里将列出主文件 main. c,其程序代码如下:

```
# include "compiler. h"
# include "preprocessor. h"
# include "board. h"
# include "gpio. h"
# include "sysclk. h"
# include "sleepmgr. h"
```

```c
# include "conf_usb.h"
# include "udd.h"
# include "udc.h"
# include "udi_msc.h"
# include "udi_cdc.h"
# include "ui.h"
# include "uart.h"

static bool main_b_msc_enable = false;
static bool main_b_cdc_enable = false;

int main(void)
{
    irq_initialize_vectors();
    cpu_irq_enable();

    //初始化系统休眠设置
    sleepmgr_init();

    sysclk_init();
    board_init();
    ui_init();
    ui_powerdown();

    memories_initialization();

    //开始 USB 协议栈授权 VBUS 监测
    udc_start();

    if (! udc_include_vbus_monitoring()) {
        //VBUS 不能监视
        main_vbus_action(true);
    }

    // USB 管理由中断完成
    while (true) {

        if (main_b_msc_enable) {
            if (! udi_msc_process_trans()) {
                sleepmgr_enter_sleep();
            }
```

```c
        }else{
            sleepmgr_enter_sleep();
        }
    }
}

void main_vbus_action(bool b_high)
{
    if (b_high) {
        //连接 USB 设备
        udc_attach();
    } else {
        //VBUS not present
        udc_detach();
    }
}

void main_suspend_action(void)
{
    ui_powerdown();
}

void main_resume_action(void)
{
    ui_wakeup();
}

void main_sof_action(void)
{
    if ((! main_b_msc_enable) ||
        (! main_b_cdc_enable))
        return;
    ui_process(udd_get_frame_number());
}

/*
 * 设备字符串 ID 检测
 */
bool main_extra_string(void)
{
    static uint8_t udi_cdc_name[] = "CDC interface";
```

```
static uint8_t udi_msc_name[] = "MSC interface";

struct extra_strings_desc_t{
    usb_str_desc_t header;
    le16_t string[Max(sizeof(udi_cdc_name) - 1, sizeof(udi_msc_name) - 1)];
};
static UDC_DESC_STORAGE struct extra_strings_desc_t extra_strings_desc = {
    .header.bDescriptorType = USB_DT_STRING
};

uint8_t i;
uint8_t * str;
uint8_t str_lgt = 0;

//指针链接到请求的字符串
switch (udd_g_ctrlreq.req.wValue & 0xff) {
case UDI_CDC_IAD_STRING_ID:
    str_lgt = sizeof(udi_cdc_name) - 1;
    str = udi_cdc_name;
    break;
case UDI_MSC_STRING_ID:
    str_lgt = sizeof(udi_msc_name) - 1;
    str = udi_msc_name;
    break;
default:
    return false;
}

if (str_lgt! = 0) {
    for( i = 0; i<str_lgt; i++) {
        extra_strings_desc.string[i] = cpu_to_le16((le16_t)str[i]);
    }
    extra_strings_desc.header.bLength = 2 + (str_lgt) * 2;
    udd_g_ctrlreq.payload_size = extra_strings_desc.header.bLength;
    udd_g_ctrlreq.payload = (uint8_t * ) &extra_strings_desc;
}

//如果该字符串大于请求长度,就略去多的部分
if (udd_g_ctrlreq.payload_size > udd_g_ctrlreq.req.wLength) {
    udd_g_ctrlreq.payload_size = udd_g_ctrlreq.req.wLength;
}
```

```
        return true;
    }

    bool main_msc_enable(void)
    {
        main_b_msc_enable = true;
        return true;
    }

    void main_msc_disable(void)
    {
        main_b_msc_enable = false;
    }

    bool main_cdc_enable(void)
    {
        main_b_cdc_enable = true;
        //打开
        uart_open();
        return true;
    }

    void main_cdc_disable(void)
    {
        main_b_cdc_enable = false;
        //关闭
        uart_close();
    }

    void main_cdc_set_dtr(bool b_enable)
    {
        if (b_enable) {
            //主机端已经打开 COM
            ui_com_open();
        }else{
            //主机端已经关闭 COM
            ui_com_close();
        }
    }
```

4. 运行过程

使用 Atmel Studio6 运行工程，生成相应的可下载源码文件。再使用 SAM4S-EK 开发平台附带的串口线，将开发平台上的串口接口(UART)同 PC 机上的串口连接在一起。

然后，在主机上运行 Windows 自带的超级终端串口通信程序(波特率 115200、1 位停止位、无校验位、无硬件流控制)，或者使用其他串口通信程序，设置相同即可。接着使用 SAM-BA 工具，通过 USB 接口连接到 SAM4S-EK 开发平台上，将刚刚生成的源码下载到目标系统中。

最后，运行程序或者复位开发平台，例程正常运行后，PC 机上将弹出如图 5-65 所示的提示窗口。

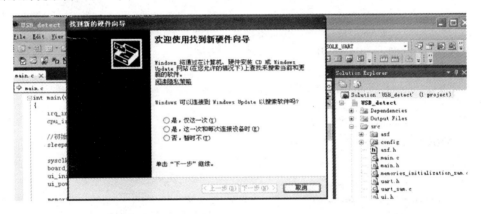

图 5-65 提示窗口

5.8 高速多媒体卡接口 HSMCI

5.8.1 HSMCI 结构组成

高速多媒体卡接口(HSMCI，High Speed MultiMedia Card Interface)支持多媒体卡(MMC)规范 V4.3、SD 存储卡规范 V2.0、SDIO 规范 V2.0 及 CE-ATA V1.1。

HSMCI 包括命令寄存器、响应寄存器、数据寄存器、超时计数器及错误检测逻辑，它能在需要时自动处理命令发送，只需要有限的处理器开销就能接收相关响应及数据，其功能框图如图 5-66 所示。

HSMCI 支持流、块与多块的数据读/写，并与 PDC 控制器通道兼容，可以减少大容量传输过程中微控制器的负载。HSMCI 用户接口寄存器映射如表 5-16 所列，基地址为 0x40000000。

表 5－16　HSMCI 用户接口寄存器映射表

偏　移	寄存器	名　称	访问方式	复位值
0x00	控制寄存器	HSMCI_CR	写	—
0x04	模式寄存器	HSMCI_MR	读/写	0x0
0x08	数据超时寄存器	HSMCI_DTOR	读/写	0x0
0x0C	SD/SDIO 卡寄存器	HSMCI_SDCR	读/写	0x0
0x10	参数寄存器	HSMCI_ARGR	读/写	0x0
0x14	命令寄存器	HSMCI_CMDR	写	—
0x18	块寄存器	HSMCI_BLKR	读/写	0x0
0x1C	结束信号超时寄存器	HSMCI_CSTOR	读/写	0x0
0x20	响应寄存器	HSMCI_RSPR	读	0x0
0x24	响应寄存器	HSMCI_RSPR	读	0x0
0x28	响应寄存器	HSMCI_RSPR	读	0x0
0x2C	响应寄存器	HSMCI_RSPR	读	0x0
0x30	数据接收寄存器	HSMCI_RDR	读	0x0
0x34	数据发送寄存器	HSMCI_TDR	写	—
0x38～0x3C	保留	—	—	—
0x40	状态寄存器	HSMCI_SR	读	0xC0E5
0x44	中断允许寄存器	HSMCI_IER	写	—
0x48	中断禁止寄存器	HSMCI_IDR	写	—
0x4C	中断屏蔽寄存器	HSMCI_IMR	读	0x0
0x50	保留	—	—	—
0x54	配置寄存器	HSMCI_CFG	读/写	0x00
0x58～0xE0	保留	—	—	—
0xE4	写保护模式寄存器	HSMCI_WPMR	读/写	—
0xE8	写保护状态寄存器	HSMCI_WPSR	只读	—
0xEC～0xFC	保留	—	—	—
0x100～0x1FC	保留	—	—	—
0x200	FIFO 存储区 0	HSMCI_FIFO0	读/写	0x0
⋮	⋮	⋮	⋮	⋮
0x5FC	FIFO 存储区 255	HSMCI_FIFO255	读/写	0x0

HSMCI 的最高工作频率可达主控时钟的 2 分频,并提供 1 个插槽接口。每个插槽可用来与多媒体卡总线(最大可连接 30 个卡)或 SD 存储卡连接,但每次只能选择 1 个插槽(插槽可复用),通过 SD 卡寄存器中的某一位来进行这个选择操作。

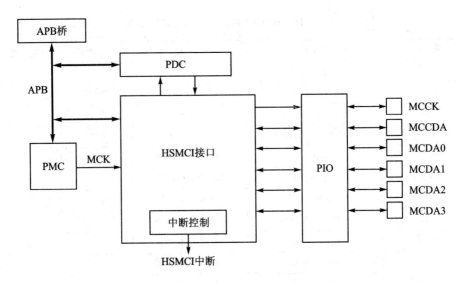

图 5 - 66　HSMCI 功能方框图

SD 存储卡的通信基于一个 9 针接口(时钟线、命令线、4 根数据与 3 根电源线),高速多媒体卡基于一个 7 针接口(时钟、命令、1 根数据线、3 根电源线及 1 根预留将来使用的线)。

SD 存储卡接口也支持多媒体卡操作,两者的主要不同在于初始化过程及总线拓扑结构。HSMCI 建立在 MMC 系统规范 V4.0 之上,完全支持 CE - ATA 修订版 1.1。这个模块包含一个专门的硬件,用来产生结束信号命令和捕获主机命令结束信号禁止。

5.8.2　工作原理

1. 总线拓扑

高速多媒体卡的通信是基于一个 13 脚串行总线接口,它有 3 条通信线及 4 条供电线。其各引脚的详细信息如表 5 - 17 所列,MMC 总线连接如图 5 - 67 所示。

表 5 - 17　MMC 总线引脚列表

引脚序号	名　称	类　型	描　述	HSMCI 引脚名称插槽 z
1	DAT[3]	I/O/PP	数据	MCDz3
2	CMD	I/O/PP/OD	命令/响应	MCCDz
3	VSS1	S	电源地	VSS
4	VDD	S	电源电压	VDD
5	CLK	I/O	时钟	MCCK
6	VSS2	S	电源地	VSS

续表 5-17

引脚序号	名　　称	类　型(1)	描　　述	HSMCI 引脚名称(2)插槽 z
7	DAT[0]	I/O/PP	数据 0	MCDz0
8	DAT[1]	I/O/PP	数据 1	MCDz1
9	DAT[2]	I/O/PP	数据 2	MCDz2
10	DAT[4]	I/O/PP	数据 4	MCDz4
11	DAT[5]	I/O/PP	数据 5	MCDz5
12	DAT[6]	I/O/PP	数据 6	MCDz6
13	DAT[7]	I/O/PP	数据 7	MCDz7

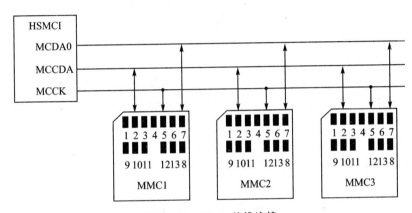

图 5-67　MMC 总线连接

当一个产品里面内嵌了多个 HSMCI（x HSMCI）时，MCCK 表示 HSMCIx_CK，MCCDA 表示 HSMCIx_CDA，MCDAy 表示 HSMCIx_Day。SD 存储卡总线信号如表 5-18 所列。

表 5-18　SD 存储卡总线信号

引脚序号	名　　称	类　型	描　　述	HSMCI 引脚名称插槽 z
1	CD/DAT[3]	I/O/PP	卡检测/数据线位 3	MCDz3
2	CMD	PP	命令/响应	MCCDz
3	VSS1	S	电源地	VSS
4	VDD	S	电源电压	VDD
5	CLK	I/O	时钟	MCCK
6	VSS2	S	电源地	VSS
7	DAT[0]	I/O/PP	数据线位 0	MCDz0
8	DAT[1]	I/O/PP	数据线位 1 或中断线	MCDz1
9	DAT[2]	I/O/PP	数据线位 2	MCDz2

当 MCI 配置为 SD 存储卡操作时,数据总线宽度通过 MCI_SDCR 寄存器选择。对该寄存器 SDCBUS 位清零表示宽度为 1 位,若对该位置位则表示宽度为 4 位。对于多媒体卡操作,只可使用数据线 0,其他数据线可作为独立 PIO 使用。

2. 高速多媒体卡操作

上电复位后,一个专用的基于高速多媒体卡总线协议的信息将卡初始化。每条信息由以下信令之一表示。

① 命令:命令用来启动操作。命令可由主机发送到单个卡上(寻址命令)或所有连接的卡上(广播命令),命令通过 CMD 线上串行发送。

② 响应:响应是由确定地址的卡或(同步的)从所有连接的卡上向主机发出,是对前面收到的命令的回答,响应通过 CMD 线上串行发送。

③ 数据:数据在卡与主机间传输,数据通过数据线传输。

在初始化阶段由总线控制器对当前连接的卡进行地址分配,实现卡定址。每个卡都有一个唯一的 CID 序号。

高速多媒体卡数据传输由这些信令组成、高速多媒体卡有不同类型的操作、定址操作通常包括一条命令及一个响应。另外,有些操作中包含数据信令,还有一些操作的信息则直接放在命令或响应中。这种情况下操作中不出现数据信令,DAT 和 CMD 线上的数据位以 HSMCI 的时钟来同步传输。

高速多媒体卡定义以下两类数据传输:

① 序列命令:这些命令初始化一个连续数据流。只有当 CMD 线上出现停止命令时才终止。该模式将命令开销降到一个最小的范围。

② 块定向命令:这些命令连续发送带 CRC 校验的数据块。

读/写操作均允许单或多块数据传输,与序列读类似。当 CMD 线上出现停止命令时,或者达到多块传输预先定义好的块计数值时,终止多块传输。HSMCI 提供一组寄存器来执行所有的多媒体卡操作。常用高速多媒体卡操作有:命令、响应、数据传输、读、写、使用 DMAC 写单块、使用 DMAC 读单块、写多块、读多块操作。

3. SD/SDIO 卡操作

高速多媒体卡接口能执行 SD 存储卡(安全数字存储卡)和 SDIO(SD 输入/输出)卡命令。SD/SDIO 卡是基于多媒体卡(MMC)格式的,但是尺寸稍大一些并且数据传输性能高一些,旁边的一个锁开关可以防止卡被意外地覆写和其他安全功能。在物理参数方面,引脚分配及数据传输协议与多媒体卡基本相同,只是增加了一些内容。SD 卡插槽实际上不只用于 Flash 存储卡,支持 SDIO 的设备都可以使用基于 SD 结构的小型设备设计。例如:GPS 接收器、Wi-Fi 或蓝牙适配器、调制解调器、条形码阅读器、IrDA 适配器、调频收音机芯片、RFID 阅读器、数码相机等。

SD/SDIO 包受众多专利和商标的保护,许可证只能通过安全数码卡协会(Secure DigitalCard Association)获得。SD/SDIO 存储卡通信基于 9 个引脚的接口(时钟、命令、4 根数据线及 3 根电源线),规范中定义了通信协议,SD/SDIO 存储卡与多媒体卡的最大不同在于初始化过程。通过设置 SD/SDIO 卡控制寄存器(HSMCI_SDCR)选择卡插槽及数据宽度,SD/SDIO 卡总线允许动态配置数据线的条数。上电后,默认状况下 SD 存储卡只使用 DAT0 作为数据传输。初始化后,主机可改变总线宽度(活动的数据线数)。

(1) SDIO 卡传输类型

SDIO 卡可以使用多字节(1～512 字节)或一个可选的块格式(1～511 块)传输数据,但是 SD 存储卡只能使用块传输模式。通过设置 HSMCI 控制寄存器(HSMCI_CMDR)的 TRTYP 域,可选择允许在 SDIO 字节方式或 SDIO 块传输方式。

通过 HSMCI 块寄存器(HSMCI_BLKR)的 BCNT 域设置要传输的字节/块的数目。在 SDIO 块传输模式下,BLKLEN 域必须设置成数据块的大小,在 SDIO 字节传输模式中没有用到此位。

一个 SDIO 卡可以和存储器复用 I/O 或联合 I/O(称为组合卡)。在一个多功能 SDIO 卡或一个组合卡上,有很多设备(I/O 和存储器)分享对 SD 总线的访问权。为了允许众多设备分享对主控器的访问权,SDIO 卡和组合卡可以使用可选的挂起/恢复操作。为了发出一个挂起或恢复命令,主控器必须在 HSMCI 命令寄存器中设置 SDIO 特殊命令域(IOSPCMD)。

(2) SDIO 中断

SDIO 卡或组合卡的每个功能都可产生中断。为了允许 SDIO 卡可以中断主机,DAT[1] 线上增加了一个中断功能,将 SDIO 的中断信号送给主机。每个插槽上的 SDIO 中断都可以通过 HSMCI 中断允许寄存器来允许,不管当前选择的是哪个插槽,SDIO 中断都会被采样。

4. CE－ATA 操作

CE－ATA 将精简的 ATA 命令映射为对 MMC 接口的设置上,ATA 任务文件被映射到 MMC 寄存器空间上。CE－ATA 共有 5 个 MMC 命令。

① GO_IDLE_STATE (CMD0):用于硬复位。

② STOP_TRANSMISSION (CMD12):导致正在执行的 ATA 命令被中止。

③ FAST_IO (CMD39):用作单个寄存器访问 ATA 任务文件寄存器,只有 8 位的访问宽度。

④ RW_MULTIPLE_REGISTERS (CMD60):用来发出一个 ATA 命令或访问控制/状态寄存器。

⑤ RW_MULTIPLE_BLOCK (CMD61):ATA 命令传输数据。

CE－ATA 利用与传统的 MMC 设备相同的 MMC 命令序列来进行初始化。

(1) 执行一个 ATA 查询命令

① 利用 RW_MULTIPLE_REGISTER (CMD60)发出一个读_DMA_EXT 命令读取 8 KB 数据。

② 读 ATA 状态寄存器直到 DRQ 置位。

③ 发送一个 RW_MULTIPLE_BLOCK（CMD61）命令来传输数据。

④ 读 ATA 状态寄存器直到 DRQ && BSY 被置为 0。

（2）执行一个 ATA 中断命令

① 利用 RW_MULTIPLE_REGISTER（CMD60）发出一个读_DMA_EXT 命令读取 8 KB 数据。将 nIEN 域设置为 0 以允许结束信号命令。

② 发出一个 RW_MULT IPLE_BLOCK（CMD61）命令来传输数据。

③ 等待接收到结束信号中断。

（3）中止一个 ATA 命令

如果主机想在结束信号前中止一个 ATA 命令，它必须发送一个专用命令以避免命令线上的潜在冲突，通过将 HSMCI_CMDR 的 SP CMD 域设置为 3 来发出一个 CE - ATA 禁止结束信号命令。

（4）CE - ATA 错误校正

ATA 命令可能失败的几种情况。

① 一个 MMC 命令没有响应，例如 RW_MULTIPLE_REGISTER（CMD60）。

② CRC 对于一个 MMC 命令或响应是无效的。

③ CRC16 对一个 MMC 数据包是无效的。

④ ATA 状态寄存器通过将 ERR 位设置为 1 来反映一个错误。

⑤ 结束信号命令在主机定义的超时周期内没有出现。

为了不期望错误条件频繁发生，可对每种错误事件使用一种强壮的错误校正机制。推荐在超时之后使用如下的错误校正序列。

① 如果 nIEN 被清零并且已经收到 RW_MULTIPLE_BLOCK（CMD61）响应，则发出一个禁止结束信号命令。

② 发出 STOP_TRANSMISSION（CMD12）命令并且成功接收 R1 响应。

③ 发出 FAST_IO（CMD39）命令产生一个软件复位，复位 CE - ATA 设备。

如果 STOP_TRANMISSION（CMD12）命令执行成功，设备就会重新准备好执行 ATA 的命令。但是，如果错误校正序列不像期望的那样工作或出现了另外一个超时，下一步就需要发出一个 GO_IDLE_STATE（CMD0）命令给设备。GO_IDLE_STATE（CMD0）将会产生设备的硬件复位，完全复位所有的外设状态。

注意： 在发出 GO_IDLE_STATE（CMD0）命令之后，所有的外设都必须重新初始化。

如果 CEATA 设备能正确地执行所有的 MMC 命令但不能执行 ATA 命令，且 ATA 状态寄存器中的 ERR 位被 1，此时将不会有错误校正动作产生。ATA 自身的命令执行失败暗示着设备不能完成被请求的动作，但不存在通信或协议上的错误。在设备将 ATA 状态寄存器中的 ERR 位置 1 来表明一个错误后，主机可以尝试重试这个命令。

5. HSMCI 引导操作模式

在引导操作模式中，处理器可在上电之后发出 CMD1 命令之前，通过拉低命令线从从设备(MMC 设备)中读取引导配置数据。根据寄存器的设置,可从引导区或用户区读出数据。

HSMCI 引导操作模式启动过程如下:

① 通过设置 HSMCI_SDCR 寄存器的 SDCBUS 位域来配置 HSMCI 数据总线的宽度。位于设备外扩 CSD 寄存器中的 BOOT_BUS_WIDTH 域也必须设置为相应的值。

② 将字节计数值设置为 512 字节,并将块计数值设置为期望的块数目,写 HSMCI_BLKR 寄存器中的 BLKLEN 和 BCNT 位域。

③ 通过将 HSMCI_CMDR 寄存器的 SPCMD 域设置为 BOOTREQ,TRDIR 域设置为读并且 TRCMD 域设置为"start data transfer"来发出一个引导操作请求命令。

④ 如果位于外扩 CSD 寄存器中的 MMC 设备的 BOOT_ACK 域被设为 1,则 HSMCI_CMDR 寄存器中的 BOOT_ACK 域必须设置为 1。

⑤ 一旦 RXRDY 标志有效之后,主机处理器就能开始复制引导配置数据了。

⑥ 当数据传输完成以后,主机处理器应在 HSMCI_CMDR 寄存器的 SPCMD 域写 BOOTEND 来结束启动过程

6. HSMCI 传输完成时序

① 定义:HSMCI_SR 寄存器中的 XFRDONE 位可以精确地指出读或写操作何时完成。

② 读访问:在一个读访问过程中,XFRDONE 位的行为如图 5－68 所示。

③ 写访问:在一个写访问过程中,XFRDONE 位的行为如图 5－69 所示。

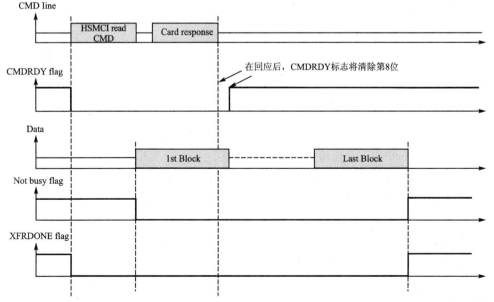

图 5－68 读访问过程中的 XFRDONE

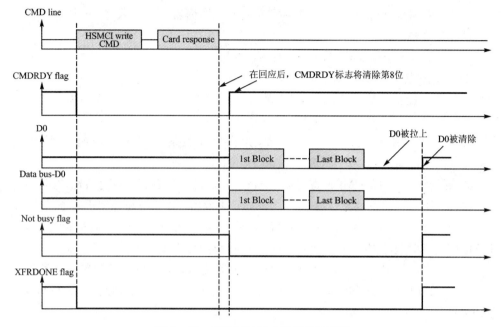

图 5 - 69   写访问过程中的 XFRDONE

5.8.3   应用程序设计

1. 设计要求

通过开发平台上的高速多媒体卡接口来识别 SD/MMC 卡,完成 SD/MMC 卡的初始化和读/写测试。

2. 硬件设计

AT91SAM4S-EK 应用开发平台上已经完成了接口同处理器之间的连接,所以本应用设计中无需外部的硬件连接。

3. 软件设计

① 初始化开发平台组件,包括时钟、接口配置、串口配置等。

② 等待 SD/MMC 卡被插入平台的插口槽中。

③ 一旦检测到有 SD/MMC 卡被插入,立即开始初始化 SD/MMC 卡的工作。

④ 完成读/写测试,主要完成读取卡中的数据并保存,将原始数据写入卡中,修改写入的数据和读取修改后的数据。

本设计采用了 Atmel 官网提供的编程组件来完成相应的设计,这里只列出 main.c 文件的内容。具体的代码如下:

```
# include <asf.h>
# include "conf_board.h"
```

```
# include "conf_clock.h"
# include "conf_test.h"
# include "sd_mmc_protocol.h"

//读/写块的数目
# define NB_MULTI_BLOCKS        (2)

//测试数据的值
# define TEST_FILL_VALUE_U32      (0x5500AAFFU)

//用于保存读/写测试的数组
COMPILER_WORD_ALIGNED
static uint8_t buf_save[SD_MMC_BLOCK_SIZE * NB_MULTI_BLOCKS];

//用于读/写测试的数组
COMPILER_WORD_ALIGNED
static uint8_t buf_test[SD_MMC_BLOCK_SIZE * NB_MULTI_BLOCKS];

//读/写测试字节 CIA 长度
# define TEST_CIA_SIZE           (0x16)

//SDIO 数据的测试
COMPILER_WORD_ALIGNED
static uint8_t buf_cia[TEST_CIA_SIZE];

/*
 * \brief SD/MMC 卡读/写测试.
 *
 * \param test 当前测试指针.
 */
static void run_sd_mmc_rw_test(const struct test_case * test)
{
    uint32_t i;
    uint32_t last_blocks_addr;
    uint16_t nb_block, nb_trans;
    bool split_tansfer = false;

    /* 计算最后一次的地址值 */
    last_blocks_addr = sd_mmc_get_capacity(0) * (1024/SD_MMC_BLOCK_SIZE) - 50;
    test_assert_true(test, last_blocks_addr > NB_MULTI_BLOCKS,
            "Error: SD/MMC capacity.");
```

```
      last_blocks_addr - = NB_MULTI_BLOCKS;
      nb_block = 1;


run_sd_mmc_rw_test_next:

      /* 读最后一个内存块(先前保存的) */
      test_assert_true(test, SD_MMC_OK = =
             sd_mmc_init_read_blocks(0, last_blocks_addr, nb_block),
             "Error: SD/MMC initialize read sector(s).");

      for (nb_trans = 0; nb_trans < (split_tansfer? nb_block : 1); nb_trans + + ) {
          test_assert_true(test, SD_MMC_OK = =
                 sd_mmc_start_read_blocks(
                 &buf_save[nb_trans * SD_MMC_BLOCK_SIZE],
                 split_tansfer? 1 : nb_block),
                 "Error: SD/MMC start read sector(s).");
          test_assert_true(test, SD_MMC_OK = =
                 sd_mmc_wait_end_of_read_blocks(),
                 "Error: SD/MMC wait end of read sector(s).");
      }


      test_assert_true(test, ! sd_mmc_is_write_protected(0),
             "Error: SD/MMC is write protected.");

      /* 填写数组 */
      for (i = 0; i < (SD_MMC_BLOCK_SIZE * nb_block / sizeof(uint32_t)); i + + ) {
          ((uint32_t *)buf_test)[i] = TEST_FILL_VALUE_U32;
      }


      /* 向数组中写 */
      test_assert_true(test, SD_MMC_OK = =
             sd_mmc_init_write_blocks(0, last_blocks_addr, nb_block),
             "Error: SD/MMC initialize write sector(s).");

      for (nb_trans = 0; nb_trans < (split_tansfer? nb_block : 1); nb_trans + + ) {
          test_assert_true(test, SD_MMC_OK = =
                 sd_mmc_start_write_blocks(
                 &buf_test[nb_trans * SD_MMC_BLOCK_SIZE],
                 split_tansfer? 1 : nb_block),
                 "Error: SD/MMC start write sector(s).");
          test_assert_true(test, SD_MMC_OK = =
                 sd_mmc_wait_end_of_write_blocks(),
```

```
                "Error: SD/MMC wait end of write sector(s).");
}


/* 清空数组 */
for (i = 0; i < (SD_MMC_BLOCK_SIZE * nb_block / sizeof(uint32_t)); i++) {
    ((uint32_t *)buf_test)[i] = 0xFFFFFFFF;
}


/* 读取最后一块的值 */
test_assert_true(test, SD_MMC_OK ==
        sd_mmc_init_read_blocks(0, last_blocks_addr, nb_block),
        "Error: SD/MMC initialize read sector(s).");

for (nb_trans = 0; nb_trans < (split_tansfer? nb_block : 1); nb_trans++) {
    test_assert_true(test, SD_MMC_OK ==
        sd_mmc_start_read_blocks(
        &buf_test[nb_trans * SD_MMC_BLOCK_SIZE],
        split_tansfer? 1 : nb_block),
        "Error: SD/MMC start read sector(s).");
    test_assert_true(test, SD_MMC_OK ==
        sd_mmc_wait_end_of_read_blocks(),
        "Error: SD/MMC wait end of read sector(s).");
}


/* 检查数组 */
for (i = 0; i < (SD_MMC_BLOCK_SIZE * nb_block / sizeof(uint32_t)); i++) {
    test_assert_true(test,
        ((uint32_t *)buf_test)[i] == TEST_FILL_VALUE_U32,
        "Error: SD/MMC verify write operation.");
}


/* 写入最后一个存储块 */
test_assert_true(test, SD_MMC_OK ==
        sd_mmc_init_write_blocks(0, last_blocks_addr, nb_block),
        "Error: SD/MMC initialize write restore sector(s).");

for (nb_trans = 0; nb_trans < (split_tansfer? nb_block : 1); nb_trans++) {
    test_assert_true(test, SD_MMC_OK ==
        sd_mmc_start_write_blocks(
        &buf_save[nb_trans * SD_MMC_BLOCK_SIZE],
        split_tansfer? 1 : nb_block),
        "Error: SD/MMC start write restore sector(s).");
```

```
        test_assert_true(test, SD_MMC_OK ==
                sd_mmc_wait_end_of_write_blocks(),
                "Error: SD/MMC wait end of write restore sector(s).");
    }


    /* 读取检查过的存储卡 */
    test_assert_true(test, SD_MMC_OK ==
            sd_mmc_init_read_blocks(0, last_blocks_addr, nb_block),
            "Error: SD/MMC initialize read sector(s).");

    for (nb_trans = 0; nb_trans < (split_tansfer? nb_block : 1); nb_trans++ ){
        test_assert_true(test, SD_MMC_OK ==
                sd_mmc_start_read_blocks(
                &buf_test[nb_trans * SD_MMC_BLOCK_SIZE],
                split_tansfer? 1 : nb_block),
                "Error: SD/MMC start read sector(s).");
        test_assert_true(test, SD_MMC_OK ==
                sd_mmc_wait_end_of_read_blocks(),
                "Error: SD/MMC wait end of read sector(s).");
    }


    /* 检查重新存储的数据 */
    for (i = 0; i < (SD_MMC_BLOCK_SIZE * nb_block / sizeof(uint32_t)); i++ ){
        test_assert_true(test,
                ((uint32_t *)buf_test)[i] == ((uint32_t *)buf_save)[i],
                "Error: SD/MMC verify restore operation.");
    }


    if (nb_block == 1) {
        /* Launch second test */
        nb_block = NB_MULTI_BLOCKS;
        goto run_sd_mmc_rw_test_next;
    }
    if (! split_tansfer) {
        /* Launch third test */
        split_tansfer = true;
        goto run_sd_mmc_rw_test_next;
    }
}


/*
 * \brief SDIO 卡读/写测试.
```

```
 *
 * \param test 当前测试案例指针
 */
static void run_sdio_rw_test(const struct test_case * test)
{
    sd_mmc_err_t err;

    err = sdio_write_direct(0, SDIO_CIA, SDIO_CCCR_IEN, 0x02);
    test_assert_true(test, err == SD_MMC_OK,
            "Error: SDIO direct write failed\n\r");

    /* 读 */
    err = sdio_read_direct(0, SDIO_CIA, SDIO_CCCR_IEN,
            &buf_cia[SDIO_CCCR_IEN]);
    test_assert_true(test, err == SD_MMC_OK,
            "Error: SDIO direct read failed\n\r");

    /* 检查 */
    test_assert_true(test, buf_cia[SDIO_CCCR_IEN] == 0x02,
            "Error: SDIO direct R/W verification failed\n\r");

    /* 重新存入 0 */
    sdio_write_direct(0, SDIO_CIA, SDIO_CCCR_IEN, 0);

    /* 写 */
    buf_cia[SDIO_CCCR_IEN] = 0x3;
    err = sdio_write_extended(0, SDIO_CIA, SDIO_CCCR_IEN, 1,
            &buf_cia[SDIO_CCCR_IEN], 1);
    test_assert_true(test, err == SD_MMC_OK,
            "Error: SDIO extended write failed\n\r");

    /* 读取并检查一致性 */
    err = sdio_read_extended(0, SDIO_CIA, 0, 1, &buf_cia[0],
            TEST_CIA_SIZE);
    test_assert_true(test, err == SD_MMC_OK,
            "Error: SDIO extended read failed\n\r");

    test_assert_true(test, buf_cia[SDIO_CCCR_IEN] == 0x3,
            "Error: SDIO extended R/W verification failed\n\r");

    /* 重新存入数据 0 */
    sdio_write_direct(0, SDIO_CIA, SDIO_CCCR_IEN, 0);
```

```c
}

/ *
 * \brief SD/MMC 卡初始化
 *
 * \param test 当前案例指针.
 */
static void run_sd_mmc_init_test(const struct test_case * test)
{
    sd_mmc_err_t err;

    /* 初始化 SD/MMC 模块 */
    sd_mmc_init();

    /* 等待 SD 卡被插入槽中 */
    do {
        err = sd_mmc_check(0);
    } while (SD_MMC_ERR_NO_CARD == err);

    /* 检测是否已经初始化了 */
    test_assert_true(test, err == SD_MMC_INIT_ONGOING,
            "No card initialization phase detected.");

    /* 检测是否初始化成功 */
    test_assert_true(test, sd_mmc_check(0) == SD_MMC_OK,
            "SD/MMC card initialization failed.");
}


/ *
 * \brief SD/MMC/SDIO 读/写测试
 *
 * \param test 当前案例指针
 */
static void run_sd_mmc_sdio_rw_test(const struct test_case * test)
{
    test_assert_true(test, SD_MMC_OK == sd_mmc_check(0),
            "SD/MMC card is not initialized OK.");

    if (sd_mmc_get_type(0) & (CARD_TYPE_SD | CARD_TYPE_MMC)) {
        run_sd_mmc_rw_test(test);
    }
    if (sd_mmc_get_type(0) & CARD_TYPE_SDIO) {
```

```
        run_sdio_rw_test(test);
    }
}


int main(void)
{
    const usart_serial_options_t usart_serial_options = {
        .baudrate    = CONF_TEST_BAUDRATE,
        .charlength  = CONF_TEST_CHARLENGTH,
        .paritytype  = CONF_TEST_PARITY,
        .stopbits    = CONF_TEST_STOPBITS,
    };

    irq_initialize_vectors();
    cpu_irq_enable();

    sysclk_init();
    board_init();
    stdio_serial_init(CONF_TEST_USART, &usart_serial_options);

    /* 定义两个测试案例 */
    DEFINE_TEST_CASE(sd_mmc_init_test, NULL, run_sd_mmc_init_test,
            NULL, "SD/MMC/SDIO card initialization test.");

    DEFINE_TEST_CASE(sd_mmc_rw_test, NULL, run_sd_mmc_sdio_rw_test,
            NULL, "SD/MMC/SDIO card read and write test.");

    /* 将测试案例指针放入数组 */
    DEFINE_TEST_ARRAY(sd_mmc_tests) = {
        &sd_mmc_init_test,
        &sd_mmc_rw_test
    };

    DEFINE_TEST_SUITE(sd_mmc_suite, sd_mmc_tests,
            "SD/MMC stack test suite");

    /* 运行测试 */
    test_suite_run(&sd_mmc_suite);

    while (1) {
    }
}
```

4. 运行过程

使用 Atmel Studio6 运行工程,生成相应的可下载源码文件。再使用 SAM4S‐EK 开发平台附带的串口线,将开发平台上的串口接口(UART)同 PC 机上的串口连接在一起。

然后,使用 SAM‐BA 工具,通过 USB 接口连接到 SAM4S‐EK 开发平台板上,将刚刚生成的源码下载到目标系统中。

最后,运行程序或者复位开发平台,例程正常运行后,插入 SD/MMC 卡后会完成整个测试过程,具体过程如图 5‐70 所示。

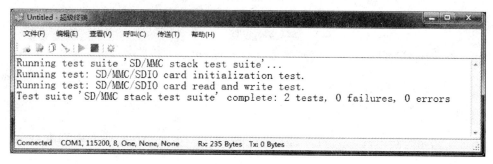

图 5 - 70　SD/MMC 测试结果界面图

第 **6** 章

嵌入式实时操作系统及操作系统的移植

6.1 嵌入式实时操作系统概述

嵌入式实时操作系统是将硬件系统和软件系统结合起来构成的一个专门的装置,通常被用来完成一些特定的功能和任务,也可以在没有人工干预的情况下独立地进行实时监测和控制。

嵌入式系统是以应用为中心,以计算机技术为基础,软件、硬件可裁剪,功能、可靠性、成本、体积、功耗严格要求的专用计算机系统。通常,嵌入式系统采用"量体裁衣"的方式把所需的功能嵌入到各应用领域中的应用系统中。

在计算机发展的初期没有操作系统这个概念,用户则采用监控程序来管理和使用计算机。随着计算机技术的发展,计算机系统的硬件、软件资源越来越丰富,监控程序已不能适应计算机应用的要求。于是,在 20 世纪 60 年代中期监控程序又进一步完善、发展形成了操作系统。

1. 嵌入式操作系统与特点

简单的嵌入式系统设计可以不使用操作系统,被称作裸机设计。复杂的嵌入式系统一般需要的资源比较多,系统实现的功能也比较复杂,所以应该使用嵌入式操作系统。在复杂系统中使用操作系统,可以有效地提高系统的开发效率。

(1) 操作系统分类

操作系统可分为多道批处理操作系统、分时操作系统和实时操作系统 3 种类型。其中批处理操作系统又可分为单道批处理操作系统和多道批处理操作系统,分时操作系统又分为单道分时系统、具有前后台的分时系统和多道分时系统。操作系统的大致用途如图 6 - 1 所示。

(2) 实时操作系统的特点

通常实时操作系统是事件的驱动,即能够对来自外界的作用和信号在限定的时间范围内做出及时响应。实时操作系统强调的是实时性、可靠性和灵活性,与实时应

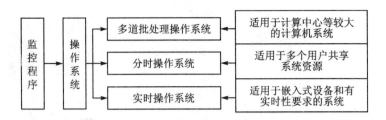

图 6-1 操作系统用途

用软件相结合成为有机的整体。实时操作系统在系统中起着核心作用,例如由它来管理和协调各项工作,为应用软件提供良好的运行软件环境及开发环境。实时操作系统存在以下的特点:

① 在嵌入式实时操作系统环境下,开发实时应用程序使程序的设计和扩展变得容易,不需要大的改动就可以增加新的功能。

② 通过将应用程序分割成若干独立的任务模块,使应用程序的设计过程大为简化。

③ 对实时性要求苛刻的事件都得到了快速、可靠的处理。

④ 通过有效的系统服务,嵌入式实时操作系统使得系统资源得到更好的利用。

然而,使用嵌入式实时操作系统还需要增加额外的 ROM/RAM 开销、2%~5%的 CPU 额外负荷,以及内核的费用。

2. 嵌入式操作系统的内核对象与内核服务

内核指的是一个提供硬件抽象层、磁盘及文件系统控制、多任务等功能的系统软件。一个内核不是一套完整的操作系统,内核是操作系统最基本的部分。内核是为众多应用程序提供对计算机硬件进行安全访问的一个软件,这种访问资源是有限的。内核决定一个程序在什么时候对某部分硬件操作多长时间,它负责管理系统的进程、内存、设备驱动程序、文件和网络系统,决定着系统的性能和稳定性。在多任务系统中,内核负责管理各个任务,或者说为每个任务分配 CPU 时间,并且负责任务之间的通信。

由于在实际中系统直接对硬件操作是非常复杂的,所以通常借助于操作系统内核提供一种硬件抽象的方法来完成这些操作。硬件抽象隐藏了复杂性,为应用软件和硬件提供了一套简洁、统一的接口,使程序设计变得更为简单。

内核提供的基本服务是任务切换,同时内核也会提供一些必不可少的系统服务。例如,信号量、消息队列、延时、端口管理、内存管理和任务管理等。

3. 实时多任务与调度算法

(1) 实时多任务

实时多任务操作系统(RTOS)是嵌入式应用软件的基础和软件开发平台。实时是指物理进程的真实时间,实时操作系统是既具有实时性,又能支持实时控制系统工作的操作系统。RTOS首要任务是调度一切可利用的资源完成实时控制任务,其次才是提高计算机系统的使用效率,重要特点是满足对时间的限制和要求。RTOS是一段嵌入在目标代码中的软件,用户的其他应用程序都建立在RTOS之上。

RTOS最主要的部分是实时多任务内核,它的基本功能包括任务管理、定时器管理、存储器管理、资源管理、事件管理、系统管理、消息管理、队列管理等。这些管理功能是通过内核服务函数形式交给用户调用的,也就是RTOS的应用程序接口(简称API)。RTOS的引入,解决了嵌入式软件开发标准化的难题。基于RTOS开发出的程序具有较高的可移植性,可实现90%以上的设备独立。还有,可以将一些成熟的通用程序作为独立的函数产品推向社会。

任务的优先级是表示任务被调度的优先程度,每个任务都具有优先级。任务越重要,赋予的优先级应越高,越容易被调度而进入运行态。

(2) 任务调度算法

任务调度是操作系统的主要职责之一,它决定该轮到哪个任务运行。调度一般是基于任务的优先级,根据任务重要性的不同被赋予不同的优先级。CPU总是让处在就绪态且优先级最高的任务先运行。何时让高优先级任务掌握CPU的使用权,有两种不同的情况。这要看用的是什么类型的内核,是非占先式的还是占先式的内核。

1) 非占先(Non - Preemptive)式调度法

操作系统中非占先式调度法也称作合作型多任务(Cooperative Multitasking),各个任务彼此合作共享一个CPU。在这种调度法中,要求每个任务具有自我放弃CPU的所有权能力。中断服务可以使一个高优先级的任务由挂起状态变为就绪状态,即系统不能立即执行该中断服务程序;等当前中断服务程序执行结束后,其中断控制权还是回到原来被中断的那个任务;直到该任务主动放弃CPU的使用权后,那个高优先级的任务才能获得CPU的使用权。

2) 占先(Preemptive)式调度法

当系统对响应时间要求非常重要时,系统要采用占先式调度法内核,简称占先式内核。因此,绝大多数商业上销售的实时内核都是占先式内核。占先式内核的工作原理是最高优先级的任务一旦就绪,总能立刻得到CPU的控制权。即当一个运行着的任务碰到一个比它优先级高的任务进入了就绪态,当前任务的CPU使用权就被剥夺了,或者说被挂起了,那个高优先级的任务立刻得到了CPU的控制权。如果是中断服务子程序使一个高优先级的任务进入就绪状态,当中断完成时,已被中断了的任务会被挂起,而优先级高的那个任务则立即开始运行。

使用占先式内核时,应用程序应使用可重入型函数,这样在被多个任务同时调用时,不必担心数据被破坏。

4. 并发识别与多任务设计

并发是指在一个时间段中有几个程序都处于已启动或在运行状态,且这几个程序都是在同一个处理机上运行。但是在任一时刻点上,却只有一个程序得到处理机的运行权。

现代操作系统需提供对多任务的支持功能,由系统内核分配 CPU 给多个任务并发执行。如果系统采用的是单 CPU 工作,则多个任务程序的执行方式实质是宏观并行进行,而微观采用串行方式执行。

根据后续内容的需要,还要介绍一下进程和线程的概念及区别。

(1) 进 程

进程(Process)是具有一定独立功能的程序关于某个数据集合上的一次运行活动,也是系统进行资源分配和调度的一个独立单位。程序只是一组指令的有序集合,本身没有任何运行的含义,只是一个静态实体。而进程与程序则不同,进程是程序在某个数据集上的执行,是一个动态实体。它因创建而产生,因调度而运行,因等待资源或事件而被处于等待状态,因完成任务而被撤销,进程是反映了一个程序在一定的数据集上运行的全部动态过程。

(2) 线 程

线程是进程的一个实体,是 CPU 调度和分配的基本单位,它是比进程更小的能独立运行的基本单位。线程自己基本上不拥有系统资源,只拥有一点在运行中必不可少的资源(如程序计数器、一组寄存器和栈)。但是,线程可与同属一个进程的其他线程共享进程所拥有的全部资源。线程不能够独立执行,必须依存在应用程序中,由应用程序提供多个线程执行控制。

线程和进程的关系如下:线程是属于进程的,线程运行在进程空间内。同一进程所产生的线程共享同一内存空间,当进程退出时该进程所产生的线程都会被强制退出并清除。

根据进程与线程的设置,操作系统大致分为以下几种类型:

① 单进程、单线程,MS - DOS 大致是属于这种操作系统。

② 多进程、单线程,多数 UNIX(及类似 UNIX 的 LINUX)是采用这种操作系统。

③ 多进程、多线程,Windows NT(以及基于 NT 内核的 Windows 2000、XP 等)、Solaris 2.x 和 μC/OS - II 等都是采用这种操作系统。

④ 单进程、多线程,嵌入式实时操作系统 VxWorks 就采用这种操作系统。对用户而言,宏观上看起来,多个任务同时在执行。而本质而言,在微观上,系统内核中的任务调度器总是在根据特定的调度策略让它们交替运行。

系统调度器需要使用任务控制块(TCB)数据结构来管理任务调度功能,TCB 被用来描述一个任务。TCB 中存放了任务的上下文(Context)信息,主要包括程序计数器 PC、CPU 内部寄存器、浮点寄存器、堆栈指针 SP、任务信息等。每一任务都与一个 TCB 关联,当执行中的任务被停止时,任务的上下文信息需要被写入 TCB。而当任务被重新执行时,必须要恢复这些上下文信息。

一般操作系统中,一个任务可能处于如下几种状态。

① Ready：就绪状态(不是运行状态)，其他资源已经就绪，仅等待 CPU，当获得 CPU 允许后，就进入运行状态。

② Pended：阻塞状态，由于等待某些资源(CPU 除外)而阻塞。

③ Suspended：挂起状态，这种状态需要用 taskResume 才能恢复，主要用于调试。不会约束状态的转换，仅仅约束任务的执行。

④ Delayed：睡眠状态，任务以 taskDelay 主动要求等待一段时间再执行。

任务的控制一般分为创建任务(添加任务名称、优先级以及任务属性)、中止任务(释放任务所占有的内存空间)、延迟任务(通过一个简单的任务睡眠机制，常用于需要定时/延时机制的应用中)、挂起/恢复/重启任务。

5. 任务的同步与通信

在多任务的实时系统中，一项工作可能需要多个任务或多个任务与多个终端处理程序共同完成。在它们之间必须协调动作、互相配合，必要时还要交换信息。在实时操作系统中，提供了任务间的通信与同步机制以解决这个问题。对于任务间的同步与通信，一般要满足任务与其他任务或中断处理程序间的数据交换。任务能够以单向同步和双向同步方式与另一个任务或中断程序同步处理，任务可以对共享资源进行互斥访问。

(1) 共享数据结构

实现任务间通信最简单的方法就是共享数据结构，共享数据结构的类型可以采用全局变量、指针、缓冲区等。

开/关中断实现互斥是指在进行共享数据结构访问时先进行关中断操作，在访问完成后再开中断。

测试标志方法指在使用共享数据的两个任务间约定时，每次使用共享数据前都要检测某个事先约定的全局变量。如果变量为 0，则可以对变量进行读/写操作。如果为 1，则不能进行。

禁止任务切换指在进行共享数据的操作前，要先禁止任务的切换，操作完成后再解除任务禁止切换。

信号量在多任务实时内核中的主要作用是用作共享数据结构或者共享资源的互斥机制，这标志着某个事件的发生，以及同步两个任务。

(2) 消息机制

任务间的另一种通信方式是使用消息机制，任务可以通过系统服务向另一个任务发送消息。消息通常是一个指针变量，指针指向的内容就是消息，消息机制包括消息邮箱和消息队列。

消息邮箱通常是内存空间的一个数据结构。它除了包括一个代表消息的指针型变量外，每个邮箱都有相应的正在等待的任务队列。消息队列实际上是一个邮箱阵列，在消息队列中允许存放多个消息。在应用中，对消息队列的操作和对消息邮箱的操作基本相同。

（3）任务间的同步

在任务同步中常常使用信号量。与任务通信不同的是信号量的使用不再作为一种互斥机制，而代表某个特定的事件是否发生。任务之间的同步分为单向同步和双向同步，其单向同步是指标志事件是否发生的信号量初始化为 0，双向同步是指两个任务之间可以通过两个信号量进行双向同步。

6. 资源请求模型与优先级反转问题

如果任务之间由于有共享资源而出现了竞争或者死锁，这样是会严重影响系统安全的。因此，操作系统对共享资源提供了保护机制。一般情况下使用的是信号量方法，创建一个信号量并对它进行初始化。当一个任务需要使用一个共享资源时，必须先申请得到这个信号量并进行资源请求。在这个过程中即使有优先权更高的任务进入了就绪态，因为无法得到信号量也不能使用该资源。

优先级反转是指一个低优先级的任务持有一个被高优先级任务所需要的共享资源。高优先任务由于资源缺乏而处于受阻状态，一直等到低优先级任务释放资源为止。而低优先级获得的 CPU 时间少，如果此时有优先级处于两者之间的任务，并且不需要那个共享资源，则该优先级的任务反而超过这两个任务而获得 CPU 时间。如果高优先级等待资源时不是阻塞等待，而是忙循环，则可能永远无法获得资源。因为此时低优先级进程无法与高优先级进程争夺 CPU 时间，从而无法执行。进而无法释放资源，造成的后果就是高优先级任务无法获得资源而继续推进。

例如，有优先级为 A、B 和 C 的 3 个任务，优先级 A＞B＞C。任务 A 和 B 处于挂起状态，等待某一事件发生。任务 C 正在运行，此时任务 C 开始使用某一共享资源 S。在具体的使用中，任务 A 等待事件到来，任务 A 转为就绪态。因为它比任务 C 优先级高，所以立即执行。当任务 A 要使用共享资源 S 时，由于其正在被任务 C 使用。因此任务 A 被挂起，任务 C 开始运行。如果此时任务 B 等待事件到来，则任务 B 转为就绪态。由于任务 B 优先级比任务 C 高，因此任务 B 开始运行，直到其运行完毕，任务 C 才开始运行。直到任务 C 释放共享资源 S 后，任务 A 才得以执行。在这种情况下，优先级发生了翻转，任务 B 先于任务 A 运行。

解决优先级翻转问题有 3 种方法。

① 采用优先级天花板方式。在这种方式中当任务申请某资源时，把该任务的优先级提升到可访问这个资源的所有任务中的最高优先级，这个优先级称为该资源的优先级天花板。这种方法简单易行，不必进行复杂的判断。不管任务是否阻塞了高优先级任务的运行，只要任务访问共享资源都会提升任务的优先级。

② 采用优先级继承方式。这种方式是当任务 A 申请共享资源 S 时，如果 S 正在被任务 C 使用，通过比较任务 C 与自身的优先级。如发现任务 C 的优先级小于自身的优先级，则将任务 C 的优先级提升到自身的优先级。任务 C 释放资源 S 后，再恢

复任务 C 的原优先级。这种方法只在占有资源的低优先级任务阻塞了高优先级任务时才动态地改变任务的优先级,如果过程较复杂,则需要进行判断。

③ 采用使用中断禁止方式。通过禁止中断来保护临界区,采用此种策略的系统只有两种优先级:可抢占优先级和中断禁止优先级。前者为一般进程运行时的优先级,后者为运行于临界区的优先级。

7. 实时内存分配和管理

(1) 内存分配算法

在 RTOS 中,对于内存的使用应该遵循一个原则,即尽量使用静态的内存分配,如变量、数组的事先声明。因为使用静态内存分配能够减少对内存的操作,降低内存碎片,提高系统运行速度。所谓内存碎片是指内存中存在一些不连续的空闲内存块,由于这些空闲内存块太小,在随后的每一次内存申请中,它们都不可能被使用。内存碎片的存在不仅使得系统的可用内存空间减少,而且会增加内存管理单元的计算负担,降低系统的实时性。RTOS 为确保实时性一般都没有清除内存碎片的功能,这是因为 RTOS 找不到一个合适的时间把正在运行的程序暂停下来清理内存。但是,应用程序对内存的动态申请是不可避免的。因此,内存分配算法的性能直接影响RTOS 的实时性与稳定性。

通常,采用的内存分配算法有最先适应法、最佳适应法和最坏适应法这 3 种方法。目前,大部分 RTOS 采用最先适应法。最先适应法要求内存记录表按起始地址递增的次序排列,一旦找到大于或等于所要求内存长度的内存块,就结束搜寻。然后从所找到的内存块中划分出所要求大小的内存空间分配给用户,并把余下的部分进行合并(如果相邻内存块是空闲的),合并后的内存块留在内存记录表中,并修改相应表项。最先适应法具有搜索速度快,利于内存碎片合并的特点。另外,最先适应法尽可能利用低地址空间,从而保证高地址空间有较大的空闲区来放置内存要求较多的进程或作业。

(2) 操作系统的内存管理

1) 单一连续存储管理

在这种管理方式中,内存被分为系统区和用户区两个区域。应用程序装入到用户区,可使用用户区全部空间。其特点是简单,适用于单用户、单任务的操作系统。CP/M 和 DOS 2.0 以下的操作系统就是采用此种方式,这种方式的最大优点就是易于管理。但也存在着一些问题和不足之处,例如对要求内存空间少的程序,造成内存浪费。程序全部装入,使得很少使用的程序部分也占用一定数量的内存。

2) 分区式存储管理

支持多道程序系统和分时系统,支持多个程序并发执行,引入了分区式存储管理。分区式存储管理是把内存分为一些大小相等或不等的分区,操作系统占用其中一个分区。其余的分区由应用程序使用,每个应用程序占用一个或几个分区。分区式存储管理虽然可以支持并发,但难以进行内存分区的共享。

在分区式存储管理中,也会产生内碎片和外碎片两个问题。内碎片是占用分区内未被利用的空间,外碎片是占用分区之间难以利用的空闲分区(通常是小空闲分区)。

为实现分区式存储管理,操作系统应维护的数据结构为分区表或分区链表。在表中,各表项一般包括每个分区的起始地址、大小及状态(是否已分配)。在分区式存储管理中,可以采用固定分区或者动态分区方式。

◇ 固定分区(Fixed Partitioning)

固定分区的特点是把内存划分为若干个固定大小的连续分区,分区大小可以相等,这种作法只适合于多个相同程序的并发执行(处理多个类型相同的对象)。分区大小也可以不等,有多个小分区、适量的中等分区以及少量的大分区。根据程序的大小,分配当前空闲的、适当大小的分区。该分区的优点是易于实现,开销小。缺点主要有两个,其一内碎片造成了浪费,还有就是分区总数固定,限制了并发执行的程序数目。

◇ 动态分区(Dynamic Partitioning)

动态分区的特点是动态创建分区。在装入程序时按其初始要求分配,或在其执行过程中通过系统调用进行分配或改变分区大小。与固定分区相比较其优点是没有内碎片,但它却引入了另一种碎片——外碎片。动态分区的分区分配就是寻找某个空闲分区,其大小需要大于或等于程序的要求。若是大于要求,则将该分区分割成两个分区,其中一个分区为要求的大小并标记为"占用",而另一个分区为余下部分并标记为"空闲"。分区分配的先后次序通常是从内存低端到高端,动态分区的分区释放过程中有一个要注意的问题是,将相邻的空闲分区合并成一个大的空闲分区。

下面列出了几种常用的分区分配算法:

① 最先适配法。按分区在内存的先后次序从头查找,找到符合要求的第一个分区进行分配。该算法的分配和释放的时间性能较好,较大的空闲分区可以被保留在内存高端。但随着低端分区不断划分会产生较多小分区,每次分配时查找时间开销便会增大。

② 下次适配法(循环首次适应算法)。按分区在内存的先后次序,从上次分配的分区查找,找到符合要求的第一个分区进行分配。该算法的分配和释放的时间性能较好,使空闲分区分布得更均匀,但较大空闲分区不易保留。

③ 最佳适配法。按分区在内存的先后次序从头查找,找到其大小与要求相差最小的空闲分区进行分配。从个别来看,外碎片较小。但从整体来看,会形成较多外碎片,优点是较大的空闲分区可以被保留。

④ 最坏适配法。按分区在内存的先后次序从头查找,找到最大的空闲分区进行分配。基本不留下小空闲分区,不易形成外碎片。但由于较大的空闲分区不被保留,当对内存需求较大的进程需要运行时,其要求不易被满足。

8. 中断与异常处理程序

中断/异常是指系统发生某个异步/同步事件后,处理机暂停正在执行的程序,转去执行处理该事件程序的过程。下面,介绍中断和异常的相关概念。

(1) 中断的引入

为了开发 CPU 和通道(或设备)之间的并行操作,当 CPU 启动通道(或设备)进行输入/输出后,通道(或设备)便可以独立工作了,CPU 也可以转去做与此次输入/输出不相关的事情。那么通道(或设备)输入/输出完成后,还必须告诉 CPU 继续输入/输出以后的事情,通道(或设备)通过向 CPU 发中断,告诉 CPU 此次输入/输出结束。中断与正执行的指令无关,可以被屏蔽。

(2) 异常引入

异常是用于表示 CPU 执行指令时,本身出现算术溢出、零做除数、取数时的奇偶错、访存指令越界,或者就是执行了一条所谓"异常指令"(用于实现系统调用)等情况。这时 CPU 要中断当前的执行流程,转到相应的错误处理程序或异常处理程序。异常与正执行指令有关,不可屏蔽。

在计算机体系结构初期由于中断和异常并没有太大的区分,所以通常都把它们叫做中断。随着计算机体系结构的发展,它们的发生原因和处理方式的差别愈发明显不同,所以才有了以后的中断和异常之分。下面,将简单介绍一些有关中断系统内部的部件组成。

➢ 中断寄存器:寄存中断事件的全部触发器。

➢ 中断位:每个触发器称为一个中断位,当发生某个中断事件时相应位被置位。

➢ 中断序号:给中断的一个顺序编号。

➢ 中断响应:由硬件在执行每一条指令的最后时刻判断是否有中断,有则无条件转入操作系统的中断处理程序。

➢ 中断优先级:中断的优先程度。原则上,高、低优先级中断同时到达时先响应高级中断。高级中断可以打断低级中断处理程序的运行,同级中断同时到时,则按位序来进行响应。

(3) 中断/异常的响应与处理

中断信号是外部设备发给 CPU 的,即在 CPU 的控制部件中需增设一个能检测中断的机构。该机构能够在每条机器指令执行周期内的最后时刻,扫描中断寄存器,"询问"是否有中断信号。若无中断信号,CPU 继续执行程序的后续指令。否则 CPU 停止执行当前程序的后续指令,无条件地转入操作系统内的中断处理程序。因此,这一过程称为中断响应。

异常是在执行指令的时候,由指令本身原因引发的问题。指令的实现逻辑发现发生异常则转入操作系统内的异常处理程序。

6.2 μC/OS-II 及其在 AT91SAM4S-EK 平台上的移植

6.2.1 μC/OS-II 实时操作系统简介

1. μC/OS-II 概述

实时操作系统 μC/OS-II 的前身是 μC/OS（MicroControler Operating System），最早出自于 1992 年，美国嵌入式系统专家 Jean J. Labrosse 发表在 *Embedded System Programming* 杂志上，其源代码公布在该杂志的网站上。1993 年出书，这本书的热销以及源代码的公开推动了 μC/OS-II 本身的发展。

μC/OS-II 发布于 1998 年，作者在其中加入了许多其前身所缺乏的特性，比如堆栈检查功能、钩子函数和安全动态分配内存的方法等。μC/OS-II 是一个完整的、可移植、可固化、可剪裁的占先式实时多任务内核，使用 ANSI C 语言编写，包含小部分汇编代码，使之可以供不同架构的微处理器应用。μC/OS-II 全部以源代码的方式提供，大约有 5 500 行。目前，已经被移植到 Intel、Philips、Motorola、Atmel 等公司的 8 位、16 位、32 位和 64 位不同的嵌入式处理器运行。使用 μC/OS 的领域较广，例如，照相机行业、航空业、医疗器械、网络设备、自动提款机以及工业机器人等领域。

作为一个实时操作系统，μC/OS-II 的进程调度是按抢占式、多任务系统设计的，即它总是执行处于就绪队列中优先级最高的任务。μC/OS-II 将进程的状态分为 5 个：就绪（Ready）、运行（Running）、等待（Waiting）、休眠（Dormant）和中断 ISR。

μC/OS-II 内核的基本功能包括任务管理、定时器管理、事件管理、系统管理、消息管理、信号量管理等，这些管理功能都是通过应用接口函数 API 由用户调用的。基于 μC/OS-II 内核如图 6-2 所示。

μC/OS-II 不支持时间片轮转调度法，所以赋予每个任务的优先级必须是不同。优先级号越低，任务的优先级越高。它的基本代码量不到 5 KB，这样对存储器容量要求低，满足了嵌入式系统对体积苛刻的要求。μC/OS-II 具有完整的 TCP/IP 协议栈、GUI 和文件管理系统，可以随内核一起移动。

μC/OS-II 的源代码绝大部分是用 C 语言编写的，经过编译就能在 PC 机上运行，仅有与 CPU 密切相关的一部分是用汇编语言写成的。

2. μC/OS-II 特点

μC/OS-II 的特点如下：

① 公开源代码，全部核心代码只有 8.3 KB。它只包含了进程调度、时钟管理、内存管理和进程间的通信与同步等基本功能，没有包括 I/O 管理、文件系统、网络等额外模块。μC/OS-II 源代码可以在网上，或者相关书籍所带光盘上免费获得。

② 可移植性、可固化、可裁剪。在 μC/OS-II 操作系统中涉及到系统移植的源

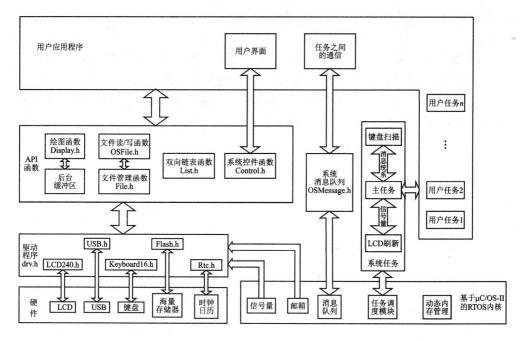

图 6-2 基于 μC/OS-II 内核

代码文件只有 3 个,只要编写 4 个汇编语言的函数、6 个 C 函数、定义 3 个宏和 1 个常量,代码长度不过二三百行,移植起来并不困难。

μC/OS-II 调度源代码绝大部分是使用移植性很强的 ANSI C 写的,另外将与微处理器硬件相关的汇编语言使用量压缩到最低的限度,以使 μC/OS-II 更方便地移植到其他微处理器上。同时只要具备合适的软硬件工具,就可以将 μC/OS-II 嵌入到产品中,成为产品的一部分。μC/OS-II 使用条件编译实现可裁剪,用户程序可以只编译自己需要的功能,而不编译不需要的功能,以减少 μC/OS-II 对代码空间和数据空间的占用。

③ 可剥夺。μC/OS-II 是完全可剥夺型的实时内核,μC/OS-II 总是运行就绪条件下优先级最高的任务。

④ 多任务。μC/OS-II 可以管理 64 个任务。然而,μC/OS-II 的作者建议用户保留 8 个给 μC/OS-II。这样,留给用户的应用程序最多可有 56 个任务。

⑤ 可确定性。绝大多数 μC/OS-II 的函数调用和服务的执行时间具有确定性,也就是说,用户总是能知道 μC/OS-II 的调用与服务执行了多长时间。

⑥ 任务栈。μC/OS-II 的每个任务都有自己单独的栈,使用 μC/OS-II 的栈空间校验函数,可确定每个任务到底需要多少栈空间。

⑦ 系统服务。μC/OS-II 提供很多系统服务,例如信号量、互斥信号量、时间标志、消息邮箱、消息队列、块大小固定的内存的申请与释放及时间管理函数等。

⑧ 中断管理。中断可以使正在执行的任务暂时挂起,如果优先级更高的任务被

中断唤醒,则高优先级的任务在中断嵌套全部退出后立即执行,中断嵌套层数可达 255 层。

⑨ 稳定性与可靠性。μC/OS-Ⅱ 是 μC/OS 的升级版,μC/OS 自 1992 年以来已经有数百个商业应用。μC/OS-Ⅱ 与 μC/OS 的内核是一样的,只是提供了更多的功能。2000 年 7 月,μC/OS-Ⅱ 在一个航空项目中得到了美国联邦航空管理局对商用飞机的符合 RTCA DO—178B 标准的认证。

6.2.2 μC/OS-Ⅱ 操作系统的移植

1. 源代码下载

μC/OS-Ⅱ 作为开源式操作系统,可以在其官网上找到所有的源代码。首先获取官方源代码,官方下载地址:http://micrium.com/downloadcenter。目前,在官网上能够下载到 AT91SAM3S 的配套代码,如图 6-3 所示。如果需要该代码在 SAM4S 控制器上运行,需要在工程中再做一些具体修改就可运行。

Login	Atmel AT32UC3B0256	μC/OS-Ⅱ uC/OS-Ⅱ V2.86 for IAR and AVR32Studio	EVK1101	AVR32 Studio IAR (EWAVR)	2012/12/10
Login	Atmel AT91SAM3S	μC/OS-Ⅱ μC/OS-Ⅱ V2.92.07	AT91SAM3S-EK	Atollic TrueSTUDIO V3.x IAR (EWARM) V6.x Keil MDK V4.x	2013/02/01
Login	Atmel AT91SAM3S	μC/OS-Ⅱ uC/OS-Ⅱ V2.92	-	IAR (EW)	2012/12/12
Login	Atmel AT91SAM3S	μC/FS μC/FS V4.04.00 μC/OS-Ⅱ V2.92.00	AT91SAM3S-EK	IAR (EWARM) V6.x	2012/12/11
Login	Atmel AT91SAM3U	μC/OS-Ⅱ μC/OS-Ⅱ V2.89 μC/Probe V2.30	SAM3U	IAR (EWARM) V5.x Keil MDK V2.x	2012/12/06
Login	Atmel AT91SAM7L	μC/OS-Ⅱ μC/OS-Ⅱ V2.86 μC/Probe V2.00	AT91SAM7L-EK	IAR (EWARM) V5.x	2012/12/06
Login	Atmel AT91SAM7S	μC/OS-Ⅱ μC/OS-Ⅱ V2.85 μC/Probe V1.30	AT91SAM7S-EK	IAR (EWARM) V4.x IAR (EWARM) V5.x	2012/12/06

图 6-3 μC/OS-Ⅱ 源代码的下载

下载完毕后进行解压缩,在 Micrium/Software/EvalBoards/Atmel/SAM3S-EK/uCOS-Ⅱ/KeilMDK 文件夹下找到 uCOS-Ⅱ.uvproj 工程文件并打开。打开工程后,与移植相关的文件有 os_cpu.h、os_cpu_a.asm 和 os_cpu_c.c 这 3 个文件,见图 6-4。

2. 代码修改

下面,将介绍这 3 个文件中的重要代码的具体修改操作。

(1) os_cpu_a.asm

在这个文件中,包含了几个需要用汇编编写的代码。

1) 声明外部定义

EXTERN   OSRunning   ;声明外部定义,相当于 C 语言的 extern

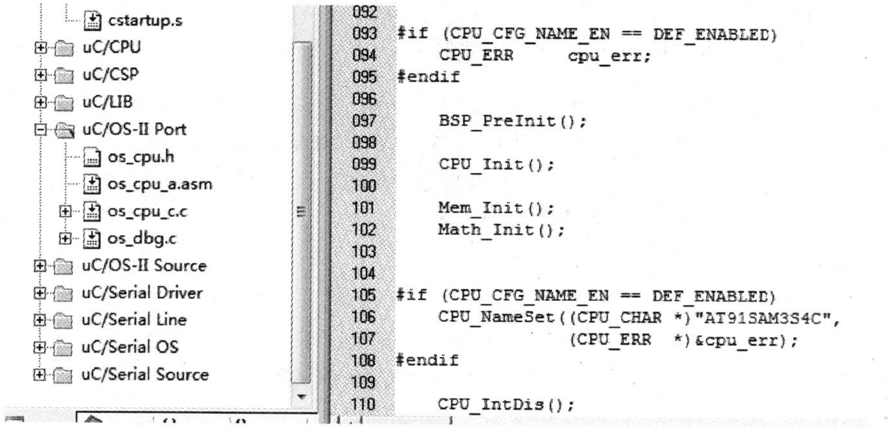

```
                              092
    cstartup.s               093  #if (CPU_CFG_NAME_EN == DEF_ENABLED)
  uC/CPU                      094      CPU_ERR      cpu_err;
  uC/CSP                      095  #endif
  uC/LIB                      096
  uC/OS-II Port               097      BSP_PreInit();
    os_cpu.h                  098
    os_cpu_a.asm              099      CPU_Init();
    os_cpu_c.c                100
    os_dbg.c                  101      Mem_Init();
  uC/OS-II Source             102      Math_Init();
  uC/Serial Driver            103
  uC/Serial Line              104
  uC/Serial OS                105  #if (CPU_CFG_NAME_EN == DEF_ENABLED)
  uC/Serial Source            106      CPU_NameSet((CPU_CHAR *)"AT91SAM3S4C",
                              107                 (CPU_ERR  *)&cpu_err);
                              108  #endif
                              109
                              110      CPU_IntDis();
```

图 6 - 4   μC/OS - II 工程中的文件

EXTERN	OSPrioCur
EXTERN	OSPrioHighRdy
EXTERN	OSTCBCur
EXTERN	OSTCBHighRdy
EXTERN	OSIntNesting
EXTERN	OSIntExit
EXTERN	OSTaskSwHook

声明这些变量是在其他文件定义的。

2）声明全局变量

由于编译器的原因,有些版本会是如下代码。将其中的 PUBLIC 改为 EX-
PORT。

PUBLIC	OS_CPU_SR_Save	;声明函数在此文件定义
PUBLIC	OS_CPU_SR_Restore	
PUBLIC	OSStartHighRdy	
PUBLIC	OSCtxSw	
PUBLIC	OSIntCtxSw	
PUBLIC	OS_CPU_PendSVHandler	

修改后:

EXPORT	OS_CPU_SR_Save	;声明函数在此文件定义
EXPORT	OS_CPU_SR_Restore	
EXPORT	OSStartHighRdy	
EXPORT	OSCtxSw	
EXPORT	OSIntCtxSw	
EXPORT	OS_CPU_PendSVHandler	

3）段

由于编译器的原因，下面的内容也要替换一下。

```
RSEG CODE:CODE:NOROOT(2)  ;RSEG CODE:选择段 code。第二个 CODE 表示代码段的
                          ;意思，只读。NOROOT 表示:如果这段中的代码没调
                          ;用,则允许连接器丢弃这段。(2)表示:4 字节对齐。假
                          ;如是(n),则表示 2ⁿ 对齐
```

替换为

```
AREA |.text|, CODE, READONLY, ALIGN = 2  ;AREA |.text|  表示:选择段|.text|
                          ;CODE 表示代码段,READONLY 表示只读（缺省)ALIGN = 2
                          ;表示 4 字节对齐。若 ALIGN = n,则 2ⁿ 对齐。
THUMB                     ;Thumb 代码
REQUIRE8                  ;指定当前文件要求堆栈 8 字节对齐
PRESERVE8                 ;令指定当前文件保持堆栈 8 字节对齐
```

(2) os_cpu.h

os_cpu.h 这个头文件定义了数据类型、处理器相关代码、声明函数原型。在该文件中要注意如下几点:

1）临界段

临界段就是不可被中断的代码段，例如常见的入栈、出栈等操作就不可被中断。

μC/OS - Ⅱ 是一个实时内核，需要关闭中断进入和开中断退出临界段。为此，μC/OS - Ⅱ 定义了两个宏定义来关中断 OS_ENTER_CRITICAL() 和开中断 OS_EXIT_CRITICAL()。

```
#define OS_CRITICAL_METHOD  3  //进入临界段的 3 种模式,一般选择第三种
#define OS_ENTER_CRITICAL(){cpu_sr = OS_CPU_SR_Save();}  //进入临界段
#define OS_EXIT_CRITICAL(){OS_CPU_SR_Restore(cpu_sr);}  //退出临界段
```

这里要选择方式 3。事实上，有 3 种开关中断的方法，根据不同的处理器选用不同的方法。大部分情况下，选用第三种方法。

2）栈生长方向

```
#define OS_STK_GROWTH  1  //OS_STK_GROWTH 定义为 1 是由高地址向低地址增长的
                          //OS_STK_GROWTH 定义为 0 是由低地址向高地址增长的
```

这里选择 1，AT91SAM4S 栈生长为由高地址到低地址。

(3) os_cpu_c.c

移植 μC/OS - Ⅱ 时，可以编写 10 个简单的 C 函数。即 9 个钩子函数和 1 个任务堆栈结构初始化函数，在文件 os_cpu_c.c 中可以参见这些函数的实现。

1）钩子函数

所谓钩子函数，就是指那些插入到某些函数中为扩展这些函数功能的函数。一

般来讲,钩子函数为第三方软件开发人员提供扩充软件功能的入口点,扩展系统的功能。μC/OS-II 中提供有大量的钩子函数,用户不需要修改 μC/OS-II 内核代码程序,只需要向钩子函数添加代码就可以扩充 μC/OS-II 的功能。

尽管 μC/OS-II 中提供了大量的钩子函数,但实际上,移植时我们需要编写的也就 9 个,而且需要在 os_cfg.h 中定义 OS_CPU_HOOKS_EN 为 1 才能使用。

```
OSInitHookBegin()        //系统初始化函数开头的钩子函数
OSInitHookEnd()          //系统初始化函数结尾的钩子函数
OSTaskCreateHook()       //创建任务钩子函数
OSTaskDelHook()          //删除任务钩子函数
OSTaskIdleHook()         //空闲任务钩子函数
OSTaskStatHook()         //统计任务钩子函数
OSTaskSwHook()           //任务切换钩子函数
OSTCBInitHook()          //任务控制块初始化钩子函数
OSTimeTickHook()         //时钟节拍钩子函数
```

这些钩子函数是必须声明的,但不是必须定义的,只是为了扩展系统的功能而已。

2) 初始化任务堆栈函数

通常,初始化任务堆栈函数主要是当系统创建任务时,对任务进行初始化。μCOS-II 对于任务的定义如下:

```
void MyTask(void * p_arg)
{
    / * 可选,例如处理 p_arg 变量 * /
    while(1)
    {
        / *任务主体 * /
    }
}
```

典型的 ARM 编译器都会把这个函数的第一个参量传递到 R0 寄存器中,对于 ARM 内核的微控制器,一般都是拥有比较多的寄存器。所以我们可以把函数中断的局部变量保存在寄存器中,以加快速度。一旦当任务被创建后,接下来的工作就是对创建的任务进行初始化工作。这时就需要调用初始化任务堆栈函数,以下为这个函数的源代码:

```
OS_STK * OSTaskStkInit (void( * task)(void * pd), void * p_arg, OS_STK * ptos, INT16U
opt)
{
OS_STK * stk;
opt = opt;                          //opt 没有用到,只是防止编译器提示警告
```

```
    stk          = ptos;              //加载栈指针

    /* 中断后 xPSR,PC,LR,R12,R3～R0 被自动保存到栈中 */
    *(stk)       =      (INT32U)0x01000000L;      //xPSR
    *(－－stk)    =      (INT32U)task;             //任务入口 PC
    *(－－stk)    =      (INT32U)0xFFFFFFFEL;      //R14
    *(－－stk)    =      (INT32U)0x12121212L;      //R12
    *(－－stk)    =      (INT32U)0x03030303L;      //R3
    *(－－stk)    =      (INT32U)0x02020202L;      //R2
    *(－－stk)    =      (INT32U)0x01010101L;      //R1
    *(－－stk)    =      (INT32U)p_arg;            //R0
    /*  剩下的寄存器需要手动保存在堆栈中 */
    *(－－stk)    =      (INT32U)0x11111111L;      //R11
    *(－－stk)    =      (INT32U)0x10101010L;      //R10
    *(－－stk)    =      (INT32U)0x09090909L;      //R9
    *(－－stk)    =      (INT32U)0x08080808L;      //R8
    *(－－stk)    =      (INT32U)0x07070707L;      //R7
    *(－－stk)    =      (INT32U)0x06060606L;      //R6
    *(－－stk)    =      (INT32U)0x05050505L;      //R5
    *(－－stk)    =      (INT32U)0x04040404L;      //R4
    return(stk);
    }
```

不同的微处理器堆栈的保存方式不同,在 Cortex－M4 芯片中采用上述代码中的堆栈保存方法。在 μC/OS－Ⅱ中,就绪任务的堆栈结构总是看起来跟刚刚发生过中断一样。这其实很好理解如果就绪任务都是刚刚发生过中断的样子,则中断返回时,操作系统稍稍干预这个中断就可以方便地解决任务切换的问题。所以为了做出该任务好像刚被中断一样的假象,OSTaskStkInit()的工作就是在任务自己的栈中保存 CPU 所有的寄存器。其中 xPSR、PC、LR、R12、R3～R0 在函数中断后会被自动保存到栈中,R11～R4 如果需要保存,只能手工保存。这些值里 R1～R12 都没什么意义,用相应的数字代号主要是方便调试。

在上面的例子里可以看到任务和其他的 C 函数一样,有函数的返回类型,有形式参数变量,只是任务是绝不会返回。事实上任务也就是一个函数,内核在调度时是以这个函数为基础的,为了和其他函数区分,给了它另外一个名字——任务。也正因为它是一个特殊的函数,而且和内核调度直接相关,所以不能随便返回和被用户调用,而要用内核的专用函数来"建立"和"删除"。

所谓的"建立任务"其实是在内核处对该函数进行注册和相关数据结构的填充,比如该函数的入口地址,为函数分配专门的堆栈空间。

"任务调度"就是根据情况(比如时间片被用完),来调用另一个被称为任务的函数(暂时称之为函数 TA),同时停止当前的一个任务(其实也是一个函数,称之为

TB)。若内核像普通函数那样直接调用 TA,那么当内核要重新调用 TB 时怎么知道刚才 TB 执行到哪里了呢? 若内核为 TA 和 TB 分配专用的两块空间,当内核要调用其他任务(其实就是函数)的时候先将当前任务(函数)运行的地址和状态保存起来。然后当要返回前再恢复,当然每个被称之为任务的函数都要有自己独立的保存运行地址和状态的空间,以免混乱。那问题就很好解决了,这也就是为什么任务都有自己的堆栈空间的原因。

(4) 配置 μC /OS - II

代码中还有一个要配置的地方是 os_cfg.h,这个文件是用来配置系统功能的,需要通过修改它来达到剪裁系统功能的目的。在做实际项目时,通常也不会用到全部的 μC/OS - II 功能,需要通过剪裁内核以避免浪费系统的宝贵资源。μC/OS - II 中各文件功能表如表 6 - 1 所列。

表 6 - 1   os_cfg.h 文件的配置功能说明

文件名	分 类		配置宏	注 解
os_cfg.h	功能裁剪	任务	OS_TASK_CHANGE_PRIO_EN	改变任务优先级
			OS_TASK_CREATE_EN	
			OS_TASK_CREATE_EXT_EN	
			OS_TASK_DEL_EN	
			OS_TASK_NAME_SIZE	
			OS_TASK_PROFILE_EN	
			OS_TASK_QUERY_EN	获得有关任务的信息
			OS_TASK_STAT_EN	使用统计任务
			OS_TASK_STAT_STK_CHK_EN	检测任务堆栈
			OS_TASK_SUSPEND_EN	
			OS_TASK_SW_HOOK_EN	
		信号量集	OS_FLAG_EN	
			OS_FLAG_ACCEPT_EN	
			OS_FLAG_DEL_EN	
			OS_FLAG_QUERY_EN	
			OS_FLAG_WAIT_CLR_EN	
		消息邮箱	OS_MBOX_EN	
			OS_MBOX_ACCEPT_EN	
			OS_MBOX_DEL_EN	
			OS_MBOX_PEND_ABORT_EN	

文件名	分 类		配置宏	注 解
os_cfg.h	功能裁剪	消息邮箱	OS_MBOX_POST_EN	
			OS_MBOX_POST_OPT_EN	
			OS_MBOX_QUERY_EN	
		内存管理	OS_MEM_EN	
			OS_MEM_QUERY_EN	
		互斥信号量	OS_MUTEX_EN	
			OS_MUTEX_ACCEPT_EN	
			OS_MUTEX_DEL_EN	
			OS_MUTEX_QUERY_EN	
		队列	OS_Q_EN	
			OS_Q_ACCEPT_EN	
			OS_Q_DEL_EN	
			OS_Q_FLUSH_EN	
			OS_Q_PEND_ABORT_EN	
			OS_Q_POST_EN	
			OS_Q_POST_FRONT_EN	
			OS_Q_POST_OPT_EN	
			OS_Q_QUERY_EN	
		信号量	OS_SEM_EN	
			OS_SEM_ACCEPT_EN	
			OS_SEM_DEL_EN	
			OS_SEM_PEND_ABORT_EN	
			OS_SEM_QUERY_EN	
			OS_SEM_SET_EN	
		时间管理	OS_TIME_DLY_HMSM_EN	
			OS_TIME_DLY_RESUNE_EN	
			OS_TIME_GET_SET_EN	
			OS_TIME_TICK_HOOK_EN	
		定时器管理	OS_TMR_EN	
		其他	OS_APP_HOOKS_EN	应用函数钩子函数
			OS_CPU_HOOKS_EN	CPU 钩子函数
			OS_ARG_CHK_EN	
			OS_DEBUG_EN	调试

文件名	分 类		配置宏	注 解
os_cfg.h	功能裁剪	其他	OS_EVENT_MULTI_EN	使能多重事件控制
			OS_TICK_STEP_EN	使能节拍定时
			OS_SCHED_LOCK_EN	使能调度锁
	数据结构	任务	OS_MAX_TASKS	
			OS_TASK_TMR_STK_SIZE	
			OS_TASK_STAT_STK_SIZE	统计任务堆栈容量
			OS_TASK_IDLE_STK_SIZE	
		信号量集	OS_MAX_FLAGS	
			OS_FLAG_NAME_SIZE	
			OS_FLAGS_NBITS	
		内存管理	OS_MAX_MEM_PART	内存块的最大数目
			OS_MEM_NAME_SIZE	
		定时器管理	OS_TMR_CFG_MAX	消息队列的最大数目
			OS_TMR_CFG_NAME_SIZE	
			OS_TMR_CFG_WHEEL_SIZE	
			OS_TMR_CFG_TICKS_PER_SEC	
		其他	OS_EVENT_NAME_SIZE	
			OS_LOWEST_PRIO	最低优先级
			OS_MAX_EVENTS	事件控制块的最大数量
			OS_TICKS_PER_SEC	节拍定时器每1s定时次数

os_cfg.h 文件定义了一些公用的宏,用来处理操作系统运行中的设置,具体的宏定义如下:

```
#define OS_FLAG_EN          0       //禁用信号量集
#define OS_MBOX_EN          0       //禁用邮箱
#define OS_MEM_EN           0       //禁用内存管理
#define OS_MUTEX_EN         0       //禁用互斥信号量
#define OS_Q_EN             0       //禁用队列
#define OS_SEM_EN           0       //禁用信号量
#define OS_TMR_EN           0       //禁用定时器
#define OS_DEBUG_EN         0       //禁用调试
#define OS_APP_HOOKS_EN     0       //禁用钩子函数
#define OS_EVENT_MULTI_EN   0       //禁用多重事件控制
```

这里由于只是系统移植,没有什么实际的工程,所以以上功能可以禁止,这样可以减小代码所占内存。

3. 编译文件

配置完成后,在 Keil 中进行编译。打开 Project 菜单,选择 Options for Target 'Flash',见图 6-5。

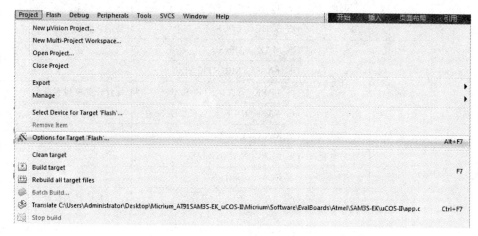

图 6-5 进入设置选项

选择 User 标签,在选项卡中勾选 Run＃1 复选框,在文本框中输入:Keil 软件安装路径\Keil\ARM\BIN40\fromelf. exe--bin--output. /bin/ucos. bin. /Flash/uCOS - Ⅱ. axf,见图 6-6。

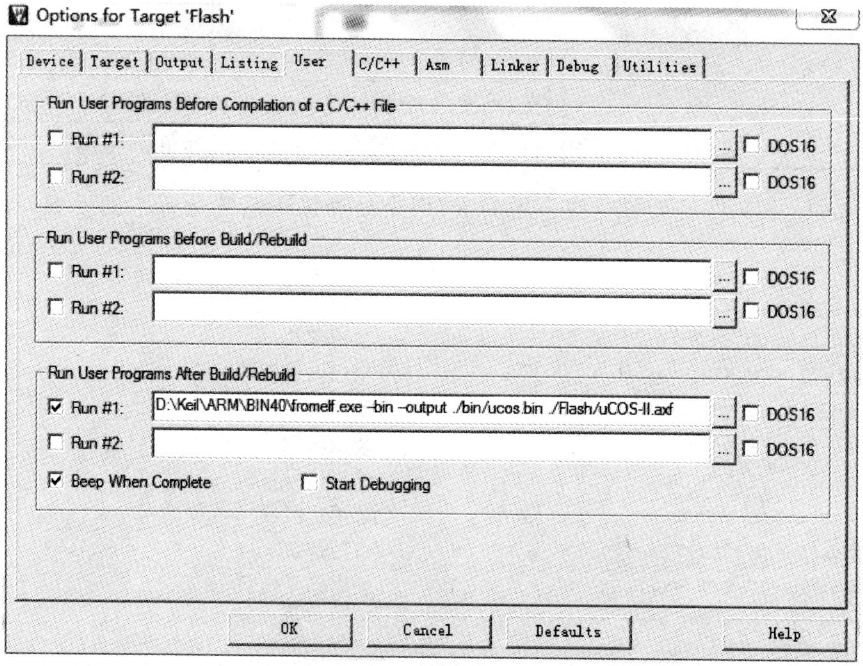

图 6-6 生成 bin 文件命令

再切换到 Output 选项卡中,单击 Select Folder for Objects 按钮,选择与刚才输入相对应的.axf 文件,见图 6-7。

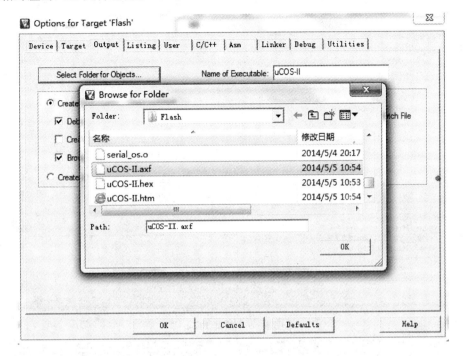

图 6-7 选择所匹配文件

再次编译以后,就在工程文件中的 bin 文件夹下生成了 uCOS-II.bin 文件。

4. 烧写文件

运行从官网下载的烧写工具 SAM-BA,连接口选择识别出的 USB,见图 6-8。

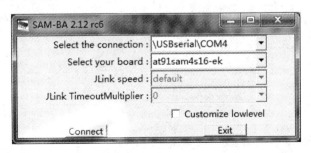

图 6-8 连接烧写工具

选择 Enable Flash access,然后执行,见图 6-9。

选择 Boot from Flash(GPNVM1),然后执行,见图 6-10。

嵌入式系统应用开发教程——基于 SAM4S

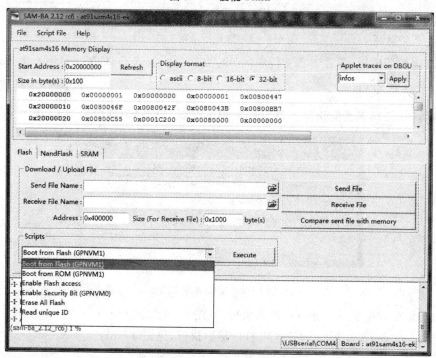

图 6 - 9　使能 Flash

图 6 - 10　从 Flash 加载

在 Send File Name 中找到编译生成的 bin 文件，单击 Send File 按钮，见图 6-11。

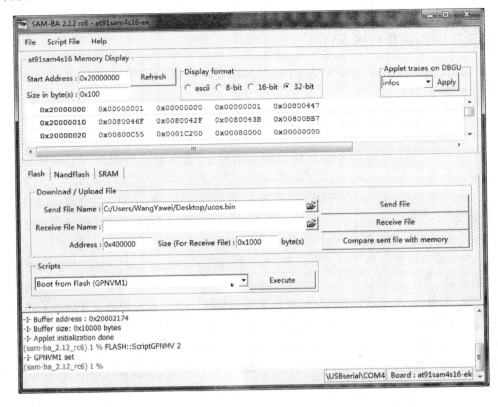

图 6-11 发送文件

弹出的对话框选择"否"。至此，操作系统就完全移植到开发板上了。这时打开宿主机上的超级终端会看到如图 6-12 所示的界面。

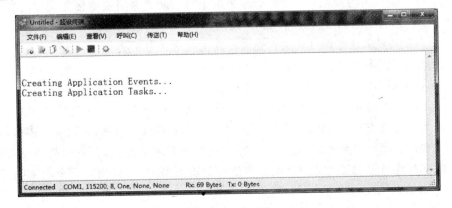

图 6-12 超级终端的输出

6.3 FreeRTOS 及其在 AT91SAM4S - EK 平台上的移植

6.3.1 FreeRTOS 简介

由 Richard Barry 公司开发的 FreeRTOS 是一个开源的、可移植的、小型的嵌入式实时操作系统内核。

2011 年 6 月 13 日,FreeRTOS 7.0.1 发布,该版本增加了对富士通 FM3 和 Smart-Fusion 的演示程序。具体地,更新了 RX 600 移植和演示程序以支持 1.0.2.0 版本的 Renesas 编译器,修改了 RX600 以太网驱动程序,使之在高负载的情况下更加稳定等。

2012 年 9 月 4 日,FreeRTOS 7.2.0 发布,该版本增加了xSemaphoreTakeFromISR() 实现,增加了 vQueueDelete() 微处理器用于 FreeRTOS MPU 的移植,对代码进行了一些清理和 bug 修复。

FreeRTOS 既支持抢占式多任务,也支持协作式多任务。FreeRTOS 的主要特性如下。

① 实时性:FreeRTOS"可以"配置成为一个硬(Hard)实时操作系统内核。要注意这里用的是"可以",FreeRTOS 也可以配置为非实时型内核,甚至于部分任务是实时性的,部分不是。在这一点上,它比 μC/OS - II 要灵活。

② 任务数量:FreeRTOS 对任务数没有限制,同一优先级也可以有多个任务。这点上比 μC/OS - II 好。

③ 抢占式或协作式调度算法:任务调度既可以为抢占式也可以为协作式。采用协作式调度算法后,一个处于运行态的任务除非主动要求任务切换,否则是不会被调度出运行态的。

④ 任务调度的时间点:调度器会在每次定时中断到来时决定任务调度,同时外部异步事件也会引起调度器进行任务调度。

⑤ 调度算法:任务调度算法首先满足高优先级任务最先执行,当多于 1 个任务具有相同的高优先级时,采用 round robin 算法调度。

⑥ 任务间通信:FreeRTOS 支持队列和几种基本的任务同步机制。

⑦ 队列:任务间传递信息可以采用队列方式,FreeRTOS 实现的队列机制传递信息是采用传值方式,因此对于传递大量数据效率有些低。但是,可以通过传递指针的方式提高效率。中断处理函数中读/写队列都是非阻塞型的,任务中读/写队列可以为阻塞型也可以配置为非阻塞型。当配置为阻塞型时,可以指定一个阻塞的最大时间限(Timeout)。

⑧ 任务间同步:FreeRTOS 支持基本的信号量功能。FreeRTOS 采用队列来实现信号量的功能,可以认为一个值为 n 的信号量就是一个长度为 n 的队列,队列中每

个元素的大小为0,这样的队列并不会浪费宝贵的内存空间。

⑨ 对于死锁(Deadlock)的处理:FreeRTOS并没有实现一种可以完全避免死锁的机制。只是通过指定一个阻塞的最大时限(Timeout)来减少死锁现象的发生,或者说是给出了当死锁现象发生时解锁的可能。当然,能不能真的解锁要依赖于使用者的处理代码是否合适。

⑩ 临界区:FreeRTOS采用开关中断的方式实现临界区保护。任务代码中临界区可以嵌套,FreeRTOS会自动记录每个任务中临界区嵌套的层数。

⑪ 暂停调度:与进入临界区类似,FreeRTOS可以通过暂时关闭任务调度来保证任务代码不被更高优先级的其他任务打断,与临界区不同,关闭任务调度并不会关闭中断,这样中断处理函数仍会照常地执行。

⑫ 内存分配:FreeRTOS提供了多种内存动态分配的方法,在具体程序中需要选择其中一种。最简单的内存分配方式提供了一种非常简单的固定内存分配算法,在这种方式下只支持内存的分配,不支持分配内存的回收。因此,任务建立后就不能被删除。其他几种内存分配算法支持分配内存的回收,有的方法支持邻接内存块的合并,有些不支持。FreeRTOS中提供的几种方式,实时性好的功能上有缺陷,功能上完善的实时性又不好。通常采用的方式是采用最简单的内存固定分配算法,当需要动态释放时将μC/OS-II中内存分配的代码拿来用。

⑬ 优先级翻转:FreeRTOS没有提供优先级继承机制或其他的避免优先级翻转的方法。

6.3.2 FreeRTOS 操作系统的移植

FreeRTOS操作系统的移植过程与μC/OS-II操作系统大同小异,并且在其官方网站上能够下载到与SAM4S配套的程序源代码。下面着重讲解FreeRTOS的特殊之处,具体移植步骤由于篇幅所限,这里不再详细介绍,请读者参见6.2.2小节μC/OS-II操作系统的移植。

FreeRTOS是高度可配置的,所有的可配置项都在FreeRTOSConfig.h文件中。每一个Demo程序中都包含了一个配置好的FreeRTOSConfig.h文件,可以以Demo程序中的FreeRTOSConfig.h文件作为模板,可在其基础上加以修改。

可配置的参数如下:

◇ **configUSE_PREEMPTION**

设为1则采用抢占式调度器,设为0则采用协作式调度器。

◇ **configUSE_IDLE_HOOK**

设为1则使能 idle hook,设为0则禁止 idle hook。

◇ **configUSE_TICK_HOOK**

设为1则使能 tick hook,设为0则禁止 tick hook。

◇ **configCPU_CLOCK_HZ**

设置为 MCU 内核的工作频率,以 Hz 为单位。配置 FreeRTOS 的时钟 Tick 时会用到。对不同的移植代码也可能不使用这个参数。如果确定移植代码中不用它就可以注释掉这行。

◇ **configTICK_RATE_HZ**

FreeRTOS 时钟的 Tick 频率,也就是 FreeRTOS 用到的定时中断的产生频率。这个频率越高则定时的精度越高,但是由此带来的开销也越大。FreeRTOS 自带的 Demo 程序中将 TickRate 设为了 1 000 Hz 只是用来测试内核的性能。实际的应用程序应该根据需要改为较小的数值。

当多个任务共用一个优先级时,内核调度器会在每次时钟中断到来后轮转切换任务(round robin)。因此,更高的 Tick Rate 会导致任务的时间片"time slice"变短。

◇ **configMAX_PRIORITIES**

程序中可以使用的最大优先级。FreeRTOS 会为每个优先级建立一个链表,因此每多一个优先级都会增加些 RAM 的开销。所以,要根据程序中需要多少种不同的优先级来设置这个参数。

◇ **configMINIMAL_STACK_SIZE**

任务堆栈的最小空间,FreeRTOS 根据这个参数来给 idle task 分配堆栈空间。这个值如果设置的比实际需要的空间小,会导致程序挂掉。因此,最好不要减小 Demo 程序中给出的大小。

◇ **configTOTAL_HEAP_SIZE**

设置堆空间(Heap)的空间。只有当程序中采用 FreeRTOS 提供的内存分配算法时才会用到。

◇ **configMAX_TASK_NAME_LEN**

任务名称最大的长度,这个长度是以字节为单位的,并且包括最后的 NULL 结束字节。

◇ **configUSE_TRACE_FACILITY**

如果程序中需要用到 TRACE 功能,则需将这个宏设为 1,否则设为 0。开启 TRACE 功能后,RAM 占用量会增大许多,因此在设为 1 之前请三思。

◇ **configUSE_16_BIT_TICKS**

将 configUSE_16_BIT_TICKS 设为 1 后 portTickType 将被定义为无符号的 16 位整型,configUSE_16_BIT_TICKS 设为 0 后 portTickType 则被定义为无符号的 32 位整型。

◇ **configIDLE_SHOULD_YIELD**

这个参数控制那些优先级与 idle 任务相同的任务行为,并且只有当内核被配置为抢占式任务调度时才有实际作用。

内核对具有同样优先级的任务会采用时间片轮转调度算法。当任务的优先级高于 idle 任务时,各个任务分到的时间片是同样大小的。

但当任务的优先级与 idle(空闲)任务相同时情况就有些不同了。当 configIDLE_SHOULD_YIELD 被配置为 1 时或当任何与 idle 任务拥有相同优先级的任务处于就绪态时,idle 任务会立刻要求调度器进行任务切换。这会使 idle 任务占用最少的 CPU 时间,但同时也使得优先级与 idle 任务相同的任务获得的时间片不是同样大小的。因为 idle 任务会占用某个任务的部分时间片。

◇ **configUSE_MUTEXES**

设为 1 则程序中会包含 mutex 相关的代码,设为 0 则忽略相关的代码。

◇ **configUSE_RECURSIVE_MUTEXES**

设为 1 则程序中会包含 recursive mutex 相关的代码,设为 0 则忽略相关的代码。

◇ **configUSE_COUNTING_SEMAPHORES**

设为 1 则程序中会包含 semaphore 相关的代码,设为 0 则忽略相关的代码。

◇ **configUSE_ALTERNATIVE_API**

设为 1 则程序中会包含一些关于队列操作的额外 API 函数,设为 0 则忽略相关的代码。这些额外提供的 API 运行速度更快,但是临界区(关中断)的长度也更长。有利也有弊,是否要采用需要用户自己考虑了。

◇ **configCHECK_FOR_STACK_OVERFLOW**

控制是否检测堆栈溢出。

◇ **configQUEUE_REGISTRY_SIZE**

队列注册表有两个作用,但是这两个作用都依赖于调试器的支持:

① 给队列一个名字,方便调试时辨认是哪个队列。

② 包含调试器需要的特定信息用来定位队列和信号量。

如果调试器没有上述功能,那么这个注册表就毫无用处,还占用的宝贵的 RAM 空间。

◇ **configGENERATE_RUN_TIME_STATS**

设置是否产生运行时的统计信息,这些信息只对调试有用,会保存在 RAM 中,占用 RAM 空间。因此,最终程序建议配置成不产生运行时的统计信息。

◇ **configUSE_CO_ROUTINES**

设置为 1 则包含 co‐routines 功能,如果包含了 co‐routines 功能,则编译时需包含 croutine.c 文件

◇ **configMAX_CO_ROUTINE_PRIORITIES**

co‐routines 可以使用的优先级的数量。

◇ **configUSE_TIMERS**

设置为 1 则包含软件定时器功能。

◇ **configTIMER_TASK_PRIORITY**

设置软件定时器任务的优先级。

◇ **configTIMER_QUEUE_LENGTH**

设置软件定时器任务中用到的命令队列的长度。

◇ **configTIMER_TASK_STACK_DEPTH**

设置软件定时器任务需要的任务堆栈大小。

◇ **configKERNEL_INTERRUPT_PRIORITY 和 configMAX_SYSCALL_INTER-RUPT_PRIORITY**

Cortex-M3、PIC24、dsPIC、PIC32、SuperH 和 RX600 的移植代码中会使用到 configKERNEL_INTERRUPT_PRIORITY。

PIC32、RX600 和 Cortex-M 系列会使用到 configMAX_SYSCALL_INTER-RUPT_PRIORITY。

configKERNEL_INTERRUPT_PRIORITY 应该被设为最低优先级。

对那些只定义了 configKERNEL_INTERRUPT_PRIORITY 的系统：configK-ERNEL_INTERRUPT_PRIORITY 决定了 FreeRTOS 内核使用的优先级。所有调用 API 函数的中断优先级都应设为这个值，不调用 API 函数的中断可以设为更高的优先级。

对那些定义了 configKERNEL_INTERRUPT_PRIORITY 和 configMAX_SY-SCALL_INTERRUPT_PRIORITY 的系统：configKERNEL_INTERRUPT_PRI-ORITY 决定了 FreeRTOS 内核使用的优先级。configMAX_SYSCALL_INTER-RUPT_PRIORITY 决定了可以调用 API 函数的中断的最高优先级。高于这个值的中断处理函数不能调用任何 API 函数。

◇ **configASSERT**

宏 configASSERT()的作用类似 C 语言标准库中的宏 assert()，configASSERT()可以帮助调试，但是定义了 configASSERT()后会增加程序代码，也会使程序变慢。

以"INCLUDE"开头的宏允许将部分不需要的 API 函数排除在编译生成的代码之外。这可以使内核代码占用更少的 ROM 和 RAM。比如，如果代码中需要用到 vTaskDelete 函数则这样写：

```
#defineINCLUDE_vTaskDelete 1
```

如果不需要，则这样写：

```
#defineINCLUDE_vTaskDelete 0
```

上面讲解的主要是 FreeRTOS 移植中一些常见配置设置，具体的与 FreeRTOS 移植相关的是以下 3 个文件：portmacro.h、port.c 和 port.asm。

下面将具体讲解这 3 个文件的内容。

（1）portmacro.h

portmacro.h 主要包括两部分内容，第一部分定义了一系列内核代码中用到的数据类型。FreeRTOS 与 μC/OS-II 一样，并不直接使用 char、int 等这些原生类型，而是将其重新定义为一系列以 port 开头的新类型。下面是相应的代码片段：

```
# define     portCHAR char
# define     portFLOAT float
# define     portDOUBLE double
# define     portLONG long
# define     portSHORT short
# define     portSTACK_TYPE unsigned portCHAR
# define     portBASE_TYPE char
# if( configUSE_16_BIT_TICKS == 1 )
    typedef unsigned portSHORT portTickType;
    # define portMAX_DELAY ( portTickType ) 0xffff
# else
    typedef unsigned portLONG portTickType;
    # define portMAX_DELAY ( portTickType ) 0xffffffff
# endif
```

portTickType 既可以定义为 16 位的无符号整数，也可以定义为 32 位的无符号整数。具体用哪种定义，要看 FreeRTOSConfig. h 文件中如何设置 configUSE_16_BIT_TICKS。然后是一些硬件相关的定义。包括数据对齐方式，堆栈增长方向，Tick Rate，还有任务切换的宏。

```
# define portBYTE_ALIGNMENT 1
# define portSTACK_GROWTH ( -1 )
# define portTICK_RATE_MS ( ( portTickType ) 1000 / configTICK_RATE_HZ )
# define portYIELD() __asm( "swi" );
# define portNOP() __asm( "nop" );
```

portSTACK_GROWTH 定义为 1 表示堆栈是正向生长的，-1 为逆向生长的（μC/OS-II 中，对应的宏是 OS_STK_GROWTH，1 表示逆向生长，0 表示正向生长）。

portTICK_RATE_MS 只在应用代码中可能会用到，表示的是 Tick 间隔多少 ms。

portYIELD()实现的是任务切换，相当于 μC/OS-II 中的 OS_TASK_SW()。

portNOP()顾名思义就是对空操作定义了个宏。

下面是有关临界区的处理代码：

```
# define portENABLE_INTERRUPTS() __asm( "cli" )
# define portDISABLE_INTERRUPTS() __asm( "sei" )
# define portENTER_CRITICAL()
{
    extern volatile unsigned portBASE_TYPE uxCriticalNesting;
    portDISABLE_INTERRUPTS();
```

```
        uxCriticalNesting++;
}
#define portEXIT_CRITICAL()
{
        extern volatile unsigned portBASE_TYPE uxCriticalNesting;
        uxCriticalNesting--;
        if( uxCriticalNesting == 0 )
        {
                portENABLE_INTERRUPTS();
        }
}
```

上面的代码是 FreeRTOS 给出的官方移植代码,这段代码中进出临界区是通过关中断和开中断操作来实现的,相当于 μC/OS-II 中 OS_CRITICAL_METHOD == 1 的情况。通过全局变量 uxCriticalNesting 来记录临界区的嵌套层数以此来实现临界区的嵌套操作。

uxCriticalNesting 虽然是全局变量,但是后面可以看到在任务切换时会将 uxCriticalNesting 的值存到当期任务的堆栈中,完成任务切换后从新的任务堆栈中取出 uxCriticalNesting 的值。通过这种操作,每个任务就都维护自己的 uxCriticalNesting 了。实际上,FreeRTOS 和 μC/OS-II 中临界区的概念是相同的,因此在 μC/OS-II 中可用的临界区保护的方法都可以拿到 FreeRTOS 中来。

任务切换相关功能宏定义的代码比较长,就不一一列出了,其实是对 Small Memery Model 和 Banked Memery Model 分别提供了如下两个宏定义:

```
portRESTORE_CONTEXT()
portSAVE_CONTEXT()
```

使用哪一套宏定义是通过 BANKED_MODEL 这个宏是否被定义来确定的。

FreeRTOS 中保存和恢复任务上下文环境的代码与 μC/OS-II 中的大同小异,唯一有点区别的就是要保存 uxCriticalNesting 的值。原因前面已经介绍过了。

```
        #define portTASK_SWITCH_FROM_ISR()
        portSAVE_CONTEXT();
        vTaskSwitchContext();
        portRESTORE_CONTEXT();
```

这段代码是用来在中断处理函数中完成任务切换的。

◇ **port. c**

port. c 中主要实现了几个函数:

```
pxPortInitialiseStack()
```

```
xPortStartScheduler()
vPortEndScheduler()
vPortYield()
vPortTickInterrupt()
```

port.c 还定义了个全局变量：uxCriticalNesting。

定义全局变量 uxCriticalNesting 的代码如下：

```
volatile unsigned portBASE_TYPE uxCriticalNesting = 0xff;
volatile unsigned portBASE_TYPE uxCriticalNesting = 0xff;
```

uxCriticalNesting 的初始值并不重要，因为每个任务的堆栈中存了 uxCritical-Nesting 各自的初始值 0。

◇ **pxPortInitialiseStack 堆栈初始化**

第一个介绍的是 pxPortInitialiseStack()。这个函数的作用与 μC/OS - II 中 OS_STK * OSTaskStkInit (void (* task)(void * pd), void * p_arg, OS_STK * ptos, INT16U opt)函数的作用是相同的，实现代码也大同小异。

```
portSTACK_TYPE * pxPortInitialiseStack( portSTACK_TYPE * pxTopOfStack, pdTASK_CODE
pxCode, void * pvParameters )
{
        * pxTopOfStack = portINITIAL_XPSR; /* 程序状态寄存器 */
        pxTopOfStack -- ;
        * pxTopOfStack = ( portSTACK_TYPE ) pxCode; /* 任务的入口点 */
        pxTopOfStack -- ;
        * pxTopOfStack = 0; /* LR */
        pxTopOfStack -= 5; /* R12, R3, R2 和 R1. */
        * pxTopOfStack = ( portSTACK_TYPE ) pvParameters; /* 任务的参数 */
        pxTopOfStack -= 8; /* R11, R10, R9, R8, R7, R6, R5 和 R4. */
        return pxTopOfStack;
}
```

◇ **xPortStartScheduler 启动任务调度**

xPortStartScheduler()函数对应于 μC/OS - II 中的 OSStartHighRdy()函数。FreeRTOS的移植代码中并没有直接在 xPortStartScheduler()函数中实现具体功能，而是将真正的工作放到了 xBankedStartScheduler()函数中，xPortStartScheduler()函数只是简单地调用 xBankedStartScheduler()函数。之所以这样处理是因为相应的代码需放到 64 KB 以内的地址空间中。

```
# pragma CODE_SEG __NEAR_SEG NON_BANKED
static portBASE_TYPE xBankedStartScheduler( void );
# pragma CODE_SEG DEFAULT
portBASE_TYPE xPortStartScheduler( void )
```

```
{
return xBankedStartScheduler( );
}
#pragma CODE_SEG __NEAR_SEG NON_BANKED
static portBASE_TYPE xBankedStartScheduler( void )
{
    prvSetupTimerInterrupt( );//设置并启动系统的心跳时钟
    portRESTORE_CONTEXT( );
    __asm( "rti" );
return pdFALSE;
}
```

上面代码中调用了 prvSetupTimerInterrupt() 函数,这在 μC/OS - II 中是没有对应代码的。prvSetupTimerInterrupt() 函数的功能是设置定时中断的频率。

(2) vPortEndScheduler

这个移植代码中也没有实现什么具体的功能,就是个空函数。

```
void vPortEndScheduler( void )
{


}
```

◇ vPortYield 主动释放 mcu 使用权

vPortYield() 函数等价于 μC/OS - II 中的 OSCtxSw() 函数。具体代码如下:

```
void interrupt vPortYield( void )
{
    portSAVE_CONTEXT( );
vTaskSwitchContext( );
    portRESTORE_CONTEXT( );
}
```

FreeRTOS 中少了与 μC/OS - II 中 OSIntCtxSw() 函数对应的函数,这时因为 FreeRTOS 中相应的功能用一个宏定义来实现了即 portRESTORE_CONTEXT(),因此就不需要这个函数了。

最后一个函数是 vPortTickInterrupt() 这个函数是定时中断处理函数,等价于 μC/OS - II 移植代码中的 interrupt VectorNumber_ Vrti void OSTickISR (void)。

由于 FreeRTOS 既支持抢占式多任务,又支持协作式多任务,所以 vPortTickInterrupt() 函数相对 μC/OS - II 移植代码中的 OSTickISR() 来说要复杂些。

```
void interrupt vPortTickInterrupt( void )
{
```

```
# if configUSE_PREEMPTION == 1
{
    portSAVE_CONTEXT();
vTaskIncrementTick();
vTaskSwitchContext();
    TFLG1 = 1;
    portRESTORE_CONTEXT();
}
# else
{
vTaskIncrementTick();
    TFLG1 = 1;
}
# endif
}
```

(3) port. asm

◇ xPortPendSVHandler 请求切换任务

保存当前任务的上下文到其任务控制块：

```
MRS       r0, psp
LDR       r3, = pxCurrentTCB   ;获取当前任务的任务控制块指针
LDR       r2, [r3]
STMDB     r0!, {r4 - r11};保存 R4～R11 到该任务的堆栈
STR       r0, [r2];将最后的堆栈指针保存到任务控制块的 pxTopOfStack
STMDB     sp!, {r3, r14}
```

关闭中断：

```
MOV       r0, #configMAX_SYSCALL_INTERRUPT_PRIORITY
MSR       basepri, r0
```

切换任务的上下文，pxCurrentTCB 已指向新的任务：

```
BL        vTaskSwitchContext
MOV       r0, #0
MSR       basepri, r0
LDMIA     sp!, {r3, r14}
```

恢复新任务的上下文到各寄存器：

```
LDR       r1, [r3]
LDR       r0, [r1]
LSMIA     r0!, {r4 - r11}
MSR       psp, r0
```

```
BX          r14
```

中断允许和关闭的实现,通过 BASEPRI 屏蔽相应优先级的中断源 vPortSetInterruptMask()和 vPortClearInterruptMask():

◇ xPortSetInterruptMask( )

```
PUSH        { r0 }
MOV         R0, #configMAX_SYSCALL_INTERRUPT_PRIORITY
MSR         BASEPRI, R0
POP         { R0 }
BX          r14
```

◇ vPortClearInterruptMask( )

```
PUSH        { r0 }
MOV         R0, #0
MSR         BASEPRI, R0
POP         { R0 }
BX          r14
```

直接切换任务,用于 vPortStartFirstTask 第一次启动任务时初始化堆栈和各寄存器:

```
vPortSVCHandler;
LDR         r3, = pxCurrentTCB
LDR         r1, [r3]
LDR         r0, [r1]
LDMIA       r0!, {r4 - r11}
MSR         psp, r0
MOV         r0, #0
MSR         basepri, r0
ORR         r14, r14, #13
BX          r14
```

启动第一个任务的汇编实现 vPortStartFirstTask。

通过中断向量表定位堆栈的地址:

```
LDR         r0, = 0xE000ED08          ;向量表偏移量寄存器(VTOR)
LDR         r0, [r0]
LDR         r0, [r0]
MSR         msp, r0                   ;将堆栈地址保存到主堆栈指针 msp 中
```

6.4 μTenux 及其在 AT91SAM4S - EK 平台上的移植

6.4.1 μTenux 实时操作系统简介

μTenux(micro - Te - nux)是一个完全免费开源的实时操作系统(RTOS),向上兼容支持 ARM9、Cortex A 内核芯片的 Tenux 版本。μTenux 的内核源于 1984 年的 TRON 操作系统,2003 年 T - Engine 论坛发布基于 TRON 的标准开源实时操作系统 T - Kernel。实际上,μT/Kernel 是基于微控制器的 T - Kernel 精简版本。在日本的嵌入式开发领域,T - Kernel 拥有接近 60% 的占有率。对 μTKernel 进行剪裁、优化,并针对 ARM 微控制器的特点进行移植。再结合开源社区的众多优秀开源组件,逐渐形成了优秀的开源实时操作系统 μTenux。μTenux 基于 ARM 微控制器平台,适用于 ARM Cortex M0~M4 系列的微控制器。由于代码开源、免费,所以是一个受用户欢迎的抢占式实时多任务操作系统。μTenux 内核特征如下:

① 所有源码开放、完全免费。

② 抢占式实时多任务调度。

③ 媲美顶级商业实时操作系统的丰富系统调用(131 个 API)。

④ 支持所有 32 位 ARM7/9 和 Cortex M0/3/4 系列的微控制器。

⑤ 可配置任意多个的任务,任务的优先级最多 255 个。

⑥ 高可靠性和安全性,支持安全 C 语言规范 MISRA C—2004。

6.4.2 μTenux 系统的移植

μTenux 现在已经支持几乎所有主流的 Cortex - M 的开发板,比如:Atmel(爱特梅尔)、Cypress(赛普拉斯)、Freescale(飞思卡尔)、Infineon(英飞凌)、Nuvoton(新唐)、NXP(恩智浦)、SiliconLabs、Spansion、ST(意法半导体)、TI(德州仪器)。μTenux 支持三个开发环境,IAR、Keil、μTstudio(悠龙公司开发套件)。

1. 移植过程

移植 μTenux 的主要过程如下:

① 根据具体开发板的中断数目修改启动文件。

② 根据具体开发板的 Flash 和 SRAM 的大小修改链接脚本。

③ 实现 UART 的收发函数(bsp)。

④ 修改配置文件。

与移植相关的部分包括 tk_config_depend. h、tm_bsp. c、tm_monitor. c 和 startup. s 文件,具体移植修改和前面讲的两个系统大同小异,例如:

(1) 修改启动文件 startup. S

通过芯片手册找到该芯片支持的中断数目(不大于 255),然后修改启动文件中中断向量号,多删少补到该芯片实际数目中断数目减 1。都要写成 default_handler,因为 μTenux 支持动态修改定义向量表。M0 除外,因为 M0 芯片假如用到了外设中断,需要手动修改相应 default_handler 为中断函数。

(2) 修改链接脚本 uTenux - flash

IAR 链接脚本后缀名为 icf,Keil 链接脚本后缀名为 sct,μTStudio 链接脚本的后缀名为 ld。通过查阅芯片手册得到芯片的 Flash 和 SRAM 的大小,通过修改链接脚本来配置 μTenux 各个节的大小。Flash 配置为实际的大小,SRAM 分配给各个节,注意不要超过 SARM 的实际大小就可以。一般向量表配置大小为向量个数的 4 倍,转成十六进制。BSSDATA 段一般分配 7 KB 左右(要是配置的系统对象多的话,需将其调大点),用户区一般分配 4 KB。栈区按照默认分配就可以了。这个并不是说不使用栈空间,而是因为 Cortex - M 的栈是向下增长的。这样就会占用用户区的一部分空间,幸好这个栈就是刚刚启动的时候使用。当 μTenux 内核起来以后这部分空间就没有用了,覆盖了也没有问题。系统区是 μTenux 运行时使用的空间,比如任务栈空间,一般是将 SRAM 剩余的所有空间都分到这里。这个分配方法仅供参考,具体可以根据实际情况作调整。系统区分配得最大并不代表系统需要占很大的空间,只是为了写应用程序好扩展而预留的。

(3) 实现 bsp 函数

其实就是 UART 和看门狗,这些函数在 tm_bsp.c 中。这些其实在 μTenux 运行时不是必要的,实现它完全是为了打印一些提示信息。在实际应用中,完全可以在配置文件中将 TK_USE_MESSAGE 选项关掉,不让其输出。在这个文件中,如果该芯片没有 FPU 完全可以将相关的代码移除掉,也可以通过禁止配置文件中的 FPU 开关宏将其关掉。主要有初始化 Flash(很多芯片无需设置)、初始化时钟(μTenux 默认工作在最高频)、初始化看门狗(也就是将其关闭)、初始化 UART,然后将 UART 的收发函数体也实现了。具体怎么设置可以通过参考芯片生产商提供的官方例程。这里用到了外设库,所以这个也需要添加在工程中。

(4) 修改配置文件 tk_config_depend.h

这个文件是用来配置 μTenux 的,比如 systick 中断频率、系统对象的数目、是否使用 FPU、是否开启 debug 和 hook 选项和是否打印信息等。在这里,只需要修改几个重点要的地方就可以了。首先是分配 Flash 和 SRAM 空间,一定要和链接脚本的配置相同。至于这里还需要配置一次,是为了 μTenux 在各个芯片上移植的方便性,以及以后 μTenux 继续划分存储空间的灵活性。同时,TK_ROM_VECTOR_NUM-BER 和 TK_RAM_VECTOR_NUMBER 要配置成该芯片实际的中断向量数目。其次修改时钟,KNL_CFG_TIMER_CLOCK 为刚才 bsp 中所配置的频率,单位为 MHz。最后的操作,将 KNL_CFG_BOOT_MESSAGE 提示信息修改为所移植的开发板的名称。至此,修改代码的部分大体上就完成了。

2. 工作过程

操作系统的主要任务就是任务的切换,下面介绍一下 μTenux 操作系统是如何进行任务调度的。

任务就是一个无限循环。μTenux 提供的任务管理功能很强大,包括建立和删除一个任务、启动或退出任务、取消一个任务的启动请求、改变任务的优先级和查询任务状态、使任务进入睡眠状态和唤醒状态、取消唤醒请求、强制释放任务等待状态、使任务状态变成挂起状态、延迟调用任务的执行和禁止任务等待状态。

任务是一个通过 ID 来识别的对象,每个任务都有基础优先级和当前优先级,可用来控制任务的执行次序。

任务管理的核心是调度。μTenux 会根据创建任务时为任务设置的初始属性和任务运行时获得的动态属性,对任务进行调度。

创建任务需要提供 T_CTSK 类型的任务结构体。这个结构体的定义如下:

```
typedef structt_ctsk {
    VP          exinf;          / * 额外信息,OS 不关注 * /
    ATR         tskatr;         / * 任务属性 * /
    FP          task;           / * 任务服务函数入口 * /
    PRI         itskpri;        / * 初始优先级 * /
    W           stksz;          / * 用户栈大小 (byte) * /
    UB          dsname[8];      / * Object name * /
    VP          bufptr;         / * 用户缓存地址 * /
} T_CTSK;
```

任务的属性是一个 unsigned long 类型的二进制数,它的低位是系统属性,高位是具体实现的相关信息。任务属性有以下几个方面:

```
tskatr : = (TA_ASM||TA_HLNG)[TA_USERBUF]|[TA_DSNAME]|(TA_RNG0)
TA_ASM                      表示任务是用汇编语言编写的
TA_HLNG                     表示任务是用高级语言编写的
TA_USERBUF                  表示任务是用用户指定的内存区域作为栈空间
TA_DSNAME                   指定 DS 对象名
TA_RNGn                     指定任务运行在保护级别 n
```

任务结构体的详细介绍,可参考 μTenux 的内核规范。

将任务结构体传递给任务启动函数 tk_cre_tsk 就可以创建一个任务。

```
ID tskid = tk_cre_tsk(T_CTSK * pk_ctsk);
```

返回值是这个任务的 ID,可以作为任务的索引。创建任务只是为任务分配控制块 TCB,并不能使任务立即运行或就绪,此时任务处于静止状态。要想使任务变为就绪状态,还需要使用 tk_sta_tsk 手动启动任务:

```
ER   ercd = tk_sta_tsk(ID tskid,INT stacd);
```

其中,tskid 为创建任务时候获得的任务 ID,stacd 是任务的启动代码。stacd 用于在启动时传递给任务的参数,这个参数可从启动任务中查询得到,使用这个特性可进行简单的消息传递。

3. 移植系统的验证

首先介绍下面代码中用的几个系统函数:

tk_sta_sys:启动内核。这个必须在其他系统函数调用之前执行,需要有一个任务作为参数,启动内核时会立即创建和启动这个任务,即将 CPU 的控制权交给这个任务。

tk_ext_sys:退出内核。

tk_sta_tsk:启动任务,将任务从静止状态转换成就绪状态。需要提供 TaskID 和另外一个参数 stacd。参数 stacd 没有什么大用处。

tk_slp_tsk:将任务休眠。参数 tmout 指的是 OS 时钟的周期数,如果这个周期结束前调用了 tk_wup_tsk,那么任务被唤醒。如果在 tmout 周期内没有收到 tk_wup_tsk 唤醒,那么任务自动唤醒,但会返回一个错误代码。

tk_wup_tsk:唤醒由 tk_slp_tsk 休眠的任务,将任务从等待状态释放。

tk_dly_tsk:暂停调用这个函数的任务的执行。但是这时,这个任务的状态还是等待状态而不是休眠状态,如果要提前终止这个等待时间,可以用 tk_rel_wai 来执行。

tk_ter_tsk:终止其他任务。强制将 tskid 指定的任务变为静止状态,任务使用的资源不会自动释放。

tk_del_tsk:删除任务。将任务从静止状态转为不存在状态,所删除的任务必须是静止状态。

tk_ext_tsk:退出调用任务,调用这个函数的任务就是自己把自己退出了,使得任务变成静止状态,但是这个函数不会释放任务所使用的资源,需要手动释放。

验证操作系统是否可用,主要的工作就是实现系统在处理器上运行,主要步骤如下:

① 在应用程序入口 main 函数中进行硬件初始化,之后启动操作系统并创建一个任务 initctsk。

② 在 initctsk 函数中调用"usermain();"函数,并通过 usermain 函数继续调用 TaskSample 函数,进入实验的主要部分。

③ 在 TaskSample 中,首先创建 3 个任务,任务 ID 分别为:TaskID_A、TaskID_B 和 TaskID_C,优先级分别为 24、26 和 28,之后启动 TaskC。

④ 在 TaskC 的服务函数中,首先输出一段信息,然后启动 TaskA。由于 TaskA 的优先级较高,立即抢断 TaskC 开始运行。

⑤ 在 TaskA 的服务函数中,完成一些信息的输出,之后 TaskA 进入休眠状态,TaskC 重新获得最高优先权开始运行。

⑥ TaskC 恢复运行后输出一段信息,然后就启动 TaskB,同样 TaskB 也会抢断 TaskC 开始运行。

⑦ TaskB 执行一些动作之后,也会进入休眠状态,TaskC 继续执行,进入一个循环。

工程的主要代码如下:

```
//文件 TaskSample.c
# include "TaskSample.h"
# include <dev/ts_devdef.h>
voidTaskSampleTaskA(W stacd,VP exinf);
voidTaskSampleTaskB(W stacd,VP exinf);
voidTaskSampleTaskC(W stacd,VP exinf);
staticID TaskID_A;
staticID TaskID_B;
staticID TaskID_C;
ER TaskSample( void)
{
    ER ercd = E_OK;
    T_CTSK ctsk;
    //创建任务 A
    ctsk.exinf = NULL;
    ctsk.tskatr = TA_HLNG | TA_RNG0 | TA_DSNAME;
    ctsk.task = (FP)&TaskSampleTaskA;
    ctsk.itskpri = 24;
    ctsk.stksz = 512;
    strcpy(ctsk.dsname,"TaskA..");
    ctsk.bufptr = NULL;
    TaskID_A = tk_cre_tsk(&ctsk);
    if(TaskID_A < E_OK)
    {
        ercd = TaskID_A;
        returnercd;
    }
    //创建任务 B
    ctsk.exinf = NULL;
    ctsk.tskatr = TA_HLNG | TA_RNG0 | TA_DSNAME;
    ctsk.task = (FP)&TaskSampleTaskB;
    ctsk.itskpri = 26;
    ctsk.stksz = 512;
```

```
        strcpy(ctsk.dsname,"TaskB..");
        ctsk.bufptr = NULL;
        TaskID_B = tk_cre_tsk(&ctsk);
        if(TaskID_B < E_OK)
        {
        ercd = TaskID_B;
        returnercd;
        }
        //创建任务 C
        ctsk.exinf = NULL;
        ctsk.tskatr = TA_HLNG | TA_RNG0 | TA_DSNAME;
        ctsk.task = (FP)&TaskSampleTaskC;
        ctsk.itskpri = 28;
        ctsk.stksz = 512;
        strcpy(ctsk.dsname,"TaskC..");
        ctsk.bufptr = NULL;
        TaskID_C = tk_cre_tsk(&ctsk);
        if(TaskID_C < E_OK)
        {
        ercd = TaskID_C;
        returnercd;
        }
tm_putstring((UB*)"Now start task C\n");
        tk_sta_tsk(TaskID_C,4);
returnE_OK;
}
voidTaskSampleTaskA(W stacd,VP exinf)
{
        while(1)
        {
        tm_putstring((UB*)"This is in TaskA\n");
            tm_putstring((UB*)"Task_A will sleep\n");
        tk_slp_tsk(1000);
        }
}
voidTaskSampleTaskB(W stacd,VP exinf)
{
        while(1)
        {
            tm_putstring((UB*)"Task_B is running\n");
            tm_putstring((UB*)" * * * * * * * * * * * * * * * * \n");
            tm_putstring((UB*)"Task_B will sleep\n");
```

```
            tk_slp_tsk(500);
        }
    }
    voidTaskSampleTaskC(W stacd,VP exinf)
    {
        tm_putstring((UB*)"TaskC will start task A\n");
        tk_sta_tsk(TaskID_A,0);
        tm_putstring((UB*)"TaskC will start task B\n");
        tk_sta_tsk(TaskID_B,0);
        tm_putstring((UB*)"Input Cmd,'e' for exit\n");
        while(1)
        {
            if('e' == tm_getchar(-1))
            {
            break;
            }
            else
                {
                tm_putstring((UB*)"****************************\n");
                tm_putstring((UB*)"task A will wup\n");
                tk_wup_tsk(TaskID_A);
                tm_putstring((UB*)"task B will wup\n");
                tk_wup_tsk(TaskID_B);
            }
            tm_putstring((UB*)"Input Cmd,'e' for exit\n");
        }
        tm_putstring((UB*)"Task A will stop\n");
        tk_ter_tsk(TaskID_A);
        tk_del_tsk(TaskID_A);
        tm_putstring((UB*)"Task B will stop\n");
        tk_ter_tsk(TaskID_B);
        tk_del_tsk(TaskID_B);
        tm_putstring((UB*)"Task C will stop\n");
        tk_ext_tsk();
    }
```

编写完例程后,通过 Keil 开发环境进行编译生成 bin 文件。然后下载烧写到开发平台上,烧写方法可以参考之前的两种操作系统的烧写步骤。接下来通过串口连接到 PC 机上,重新启动开发平台,这样在 PC 机端的超级终端上可以看到如图 6-13和图 6-14 所示界面中的结果。

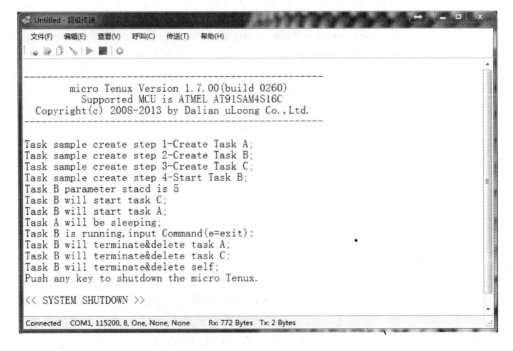

图 6 − 13　运行后的结果 1

图 6 − 14　运行后的结果 2

第7章

设计案例与开发实践

本章主要介绍有关嵌入式微控制器应用系统的设计要求、原则和设计步骤,然后介绍基于嵌入式微控制器综合实验教学平台的设计实例。

7.1　嵌入式应用系统设计概述

随着半导体技术的发展,越来越多的设备开始具备"智能",而嵌入式系统就是各种设备里"智能"的实现手段。目前,半导体厂商通常采用 ARM 架构来生产相应的各种 MCU/MPU 芯片,嵌入式系统设计开发人员在 MCU/MPU 芯片的基础上,根据实际需求再进行硬件系统板级的扩展,通过操作系统的移植和应用程序的编写、调试,最后完成嵌入式应用系统的产品化工作。嵌入式系统产品的软/硬件框架如图 7-1 所示。

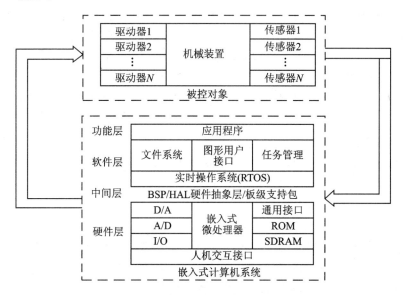

图 7-1　嵌入式系统的软/硬件框架

嵌入式微控制器应用系统的设计与嵌入式微处理器应用系统的设计方法类似,

为完成系统的功能,要遵循正确的设计原则,按照科学的步骤开发和设计嵌入式微控制器应用系统。

1. 嵌入式应用系统的设计方法

在进行嵌入式应用系统设计时,通常要采用如下方式:

(1) 从整体到局部(自上向下)设计原则

设计人员根据系统设计要求提出系统设计的总任务,绘制硬件和软件总框图(总体设计)。然后,将任务分解成一批可独立表达的子任务,直到每个子任务足够简单可以直接而且容易地实现为止。子任务可采用某些通用模块,并可作为单独的实体进行设计和调试。这种模块化的系统设计方式不仅简化设计过程,缩短设计周期,而且结构灵活,维修方便快捷,便于扩充和更新,增强了系统的适应性,从而以最低的难度和最高的可靠性组成系统。

(2) 开放式设计原则

当前科学技术飞速发展,在系统设计时采用开放式设计原则,留下容纳未来的更新与扩充的余地,以便满足用户不同层次的要求,在综合考虑各种因素后正确选用合理的设计方案。

2. 系统的设计步骤

嵌入式应用系统设计的重要特点是技术多样化,即实现同一个嵌入式系统可以有许多不同的设计方案选择,而不同的设计方案就意味使用不同的设计思路和生产技术。

嵌入式应用系统的设计一般由系统设计分析、体系结构设计、硬件/软件设计、系统集成和系统测试 5 个阶段构成。各个阶段之间往往要求不断地反复和修改,直至完成最终的设计目标为止。设计的详细步骤如图 7-2 所示。

(1) 系统分析、设计阶段

无论被设计嵌入式系统的规模大小,其基本设计要求大体相同,主要考虑以下几个方面:

1) 功能及技术指标

嵌入式应用系统一般具备的功能主要包括有信息输出形式、通信方式、人机对话等方面,其系统的技术指标主要包括精度、测量范围、工作环境条件和稳定性等。

2) 可靠性

为保证嵌入式系统各个组成部分能长时间稳定可靠地工作,应采取各种措施提高系统的可靠性。在硬件方面,应合理选择元器件,即在设计时对元器件的负载、速度、功耗、工作环境等技术参数留有一定的余量,并对元器件进行老化和筛选。另外在极限情况下进行试验,如让系统承受低温、高温、冲击、振动、干扰、烟雾等试验,以保证其对环境的适应性。在软件方面,采用模块化设计方法,并对软件进行全面测试,以降低软件故障率,提高软件的可靠性。

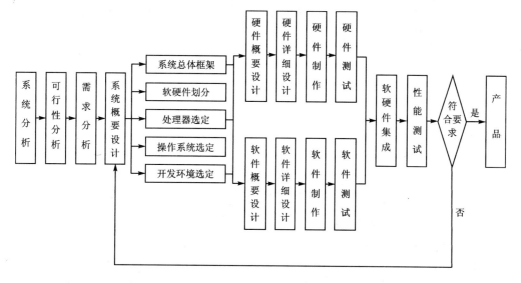

图 7 - 2 嵌入式系统设计步骤图

3）便于操作和维护

在嵌入式系统以及各前端感知模块的设计过程中，应考虑操作的方便性，从而使操作者无须专门训练，便能掌握系统的使用方法。另外，对于主系统结构要尽量规范化、模块化，最好能够配有现场故障诊断程序，一旦发生故障能保证有效地对故障进行定位，以便更换相应的设备模块使系统具有良好的可维护性。

4）工艺结构与造型设计

工艺结构也是影响系统可靠性的重要因素之一。依据系统及各部件的工作环境条件，确定是否需要防水、防尘、密封，抗冲击、抗振动、抗腐蚀等工艺结构。总之，需要认真考虑系统的总体结构、各模块间的连接关系等方面。

在系统设计时，可以采用如下的设计步骤：

1）确定设计任务

全面了解设计的内容，搞清楚要解决的问题，根据系统最终要实现的设计目标，做出详细的设计任务说明书，明确系统的功能和应达到的技术指标。

2）拟定总体设计方案

根据设计任务说明书制定设计方案。然后对方案进行可行性论证，包括理论分析、计算及必要的模拟实验；验证方案是否达到设计要求；最后从总体的先进性、可靠性、成本、制作周期、可维护性等方面比较、择优，综合制定设计方案。根据总体设计方案，确定系统的核心部件和软、硬件的分配。采用自上向下的设计方法，把系统划分成便于实现的功能模块，绘制各模块软、硬件的工作流程图，并分别进行详细设计、程序编写和调试。各模块调试通过之后，再进行统调，完成感测系统的设计。

（2）体系结构设计阶段

系统的功能如何实现是体系结构设计的目的，其主要决定因素如下两方面：

第一,确定该系统是否将操作系统嵌入到系统之中,如果采用,那么操作系统是采用硬实时系统还是软实时系统。

第二,物理系统的成本、尺寸和耗电量是否是产品成功的关键因素,例如如何选择微处理器及相关硬件等一些因素。

(3) 硬/软件设计阶段

首先进行硬件系统与软件系统的分类划分,以决定哪些功能用硬件实现,哪些功能用软件实现,例如,浮点运算、网络通信控制器实现的功能、软调制解调器/硬调制解调器、软件压缩解压/硬件压缩解压图像等方面。

一般情况下,硬件部件模块和软件的设计可分开进行。但是由于嵌入式系统中有些部件模块的软、硬件密切相关,也可以交叉进行。硬件部分的设计过程是根据硬件框图按模块分别对各单元电路进行设计,然后进行硬件合成构成一个完整的硬件电路图。完成设计之后,绘制印制电路板(PCB),最后进行装配与调试。软件设计可先设计总体结构图,再将总体结构按“自上向下”的原则划分为多个子模块,采用结构化程序设计方法,画出每个子模块的详细流程图,选择合适的语言编写程序并调试。对于既可用硬件又可用软件实现的功能模块,应仔细权衡哪些模块用硬件完成,哪些模块用软件完成。一般而言,硬件速度快、实时性好、可减少软件设计工作量,但成本高、灵活性差、可扩展性弱。软件成本低、灵活性大,只要修改软件就可改变模块功能,但增加了编程的复杂性,降低了运行速度。总之应从系统或模块的功能、成本、研制周期和费用等方面综合考虑,合理分配软、硬件比例,使系统达到较高的性价比。

(4) 系统集成、联合调试和系统测试

把系统的软件、硬件和执行装置集成在一起进行调试,发现并改进在设计过程中的错误。在硬件、软件分别调试合格后,需要软、硬件联合调试。在联合调试过程中出现问题,如属于硬件故障,可修改硬件电路;如属于软件问题,则需修改程序;如属于系统问题,则对软件、硬件同时修改。

最后对设计好的系统进行测试,看其是否满足给定的要求。测试工具主要用来支持测试人员的工作,本身不能直接用来进行测试。测试人员应该根据实际情况对它们进行适当的调整。嵌入式软件的测试工具有内存分析工具、性能分析工具、GUI(图形用户界面)测试工具、覆盖分析工具。在软件测试中,常用的有白盒测试和黑盒测试两种方法。

在白盒测试中,是采用基于代码的测试来检查程序的内部设计。如果把 100% 的代码都测试一遍是不可能的,所以要选择最重要的代码进行白盒测试。在进行测试时要把系统和用途作为重要依据,根据实际中对负载、定时、性能的要求,判断软件是否满足这些需求规范。白盒测试一般在目标硬件上进行。通过硬件仿真进行,所以选取的测试工具应该支持在宿主环境中进行。这种方法一般是开发方的内部测试方法。

黑盒测试也称为功能测试。不依赖于代码,而是从使用的角度进行测试。黑盒只能限制在需求的范围内进行。第三方通常采用这种方法进行验证和确认测试。

7.2 嵌入式微控制器综合实验教学平台设计实例

7.2.1 概　述

本小节将以 AT91SAM4S-EK 为核心板,在此基础上进行扩展,设计出基于嵌入式微控制器系统所需的综合实验教学平台。

该实验平台能够完成一些部件和系统接口的实验内容,以及嵌入式操作系统在该综合实验平台上的裁剪和移植。同时也能够扩展一些传感器模块,可以进行有关物联网专业方向课程所需的相关实验。

该嵌入式微控制器实验教学平台的主芯片采用 Atmel 公司新推出的 32 位超低功耗 AT91SAM4S16C 微控制器。系统核心板带有 LCD 显示、ADC 转换、PWM 功能模块、高速 USB 设备接口等,本实验平台在核心板的基础上添加了相应的人机接口和传感器接口等外部设备接口设计,这样就构成了一个完整的集成多个常用模块的嵌入式微控制器综合实验教学平台。在实验教学平台中所添加的外部设备模块接口包括矩阵键盘、2×4 位数码管显示、LED 双色点阵显示、四相五线步进电机驱动、红外传感器、光照感应器和烟雾检测器。在综合实验教学平台上通过跳线连接,使得应用者能够自由、充分地完成自己的实验设计。

嵌入式微控制器综合实验教学平台通过软件例程开发的过程,实现对嵌入式实验教学平台的硬件全部控制。同时也为了能够最大化地利用平台的资源,平台实验将充分地实现开发板各部分资源的基础实验设计,同时在实验教学平台上完成嵌入式操作系统的移植。具体的基础实验设计如表 7-1 所列。

表 7-1　无操作系统下平台实验设计

操作系统支持	实验名称	操作系统支持	实验名称
无操作系统	独立按键点亮 LED	无操作系统	A/D 转换实验
无操作系统	外部按键中断控制	无操作系统	高速 USB 设备接口实验系列
无操作系统	UART 串口通信	无操作系统	LCD 显示实验
无操作系统	PWM 控制 LED 实验		

在很多情况下,嵌入式实验需要在一定的嵌入式操作系统的情况下完成,这就需要在嵌入式设备中移植所需的嵌入式操作系统,常见的嵌入式操作系统分为实时操作系统和非实时操作系统,根据需要选择合适的操作系统。

本实验教学平台上实现了 μTenux、μCOS-II 和 FreeRTOS 三种操作系统的移植实例,这里将具体介绍在 μTenux 操作系统下综合实验教学平台应用的实例,如表 7-2 所列。

表 7－2　有操作系统下平台应用实例

操作系统支持	实验名称
μTenux	系统下内核编译运行
μTenux	系统下独立按键点亮 LED
μTenux	系统下 LCD 显示实验

7.2.2　系统总体设计

嵌入式微控制器综合实验教学平台由系统核心板和扩展板两部分组成,下面将分别介绍其组成与功能。

1. 核心板组成与功能

① 采用基于 ARM 公司 Cortex－M4 处理器设计的、LQFP100 封装的 SAM4S16C 微控制器,120 MHz 时钟频率。

② 存储组件采用 1 MB 内嵌的 Flash,128 KB 的 SRAM,16 KB 带有启动加载和应用编程的 ROM 及 1 个与外部总线接口连接的外部存储器 NAND Flash。

③ 电源模块采用 1 个外部 5 V 直流电源,由标准电源适配器供应。

④ 时钟模块包括有 1 个低功耗的 32 768 Hz 带旁路模块的慢时钟振荡器、1 个 12 MHz 石英晶体振荡器和 1 个外部时钟输入。

⑤ 1 个带有触摸屏的 TFT LCD,型号为 FTM280C34D,集成了驱动芯片 ILI9325,大小为 2.8 in,分辨率为 240×320 像素。

⑥ 1 个通用异步接收器 UART 和 1 个通用同步/异步收发器 USART,前者通过 RS－232 进行缓冲,后者通过 RS－485 进行缓冲。

⑦ 1 个采用了标准的 20 引脚 JTAG/ICE 连接器,可以同任意的 ARM JTAG 仿真器连接。

⑧ 1 个音频接口、2 个麦克风输入接口和 1 个耳机输出接口。

⑨ 1 个 USB 设备接口,符合 USB2.0 高速设备规范。

⑩ 1 个 QTouch 触摸模块,该模块包含了一系列传感器,用来感应手指的移动和按下。

⑪ 3 个用户按钮、3 个 LED 指示灯、1 个 SD/MMC 卡。

⑫ 1 个 ZigBee 无线通信模块。

2. 扩展模块组件

① 具有 2 个四位数码管,可用于嵌入式系统应用的多种显示实验。

② 具有 4×4 矩阵键盘。

③ 具有 LED 双色点阵显示。

④ 具有四相五线步进电机模块。

⑤ 具有烟雾检测模块。

⑥ 具有光照强度感应模块。

⑦ 具有温湿度检测感应模块。

以上就是整个综合平台的配置和功能,同时为了降低设备的维修费用,可以将一些功能模块独立出来形成一个带有接口插针的功能板,这样既可以方便地同实验平台进行组合,又能在功能模块出现故障的时候方便更换。嵌入式综合平台的硬件框图如图 7-3 所示。

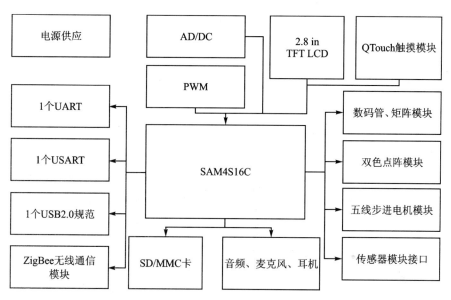

图 7-3 嵌入式综合实验教学平台硬件功能框图

7.2.3 系统硬件电路设计与实现

考虑到实际需要,在本实验平台的设计中采用的是"核心板＋扩展板"的方式,一些被增添的部件采用了独立模块的结构,这大大增加了设计的灵活性,同时在开发使用过程中也可以方便地更换坏的模块。下面将介绍嵌入式微控制器综合实验教学平台的硬件原理电路图。

1. 电源部分电路的设计与实现

核心板上提供了两种电源,分别是 3.3 V 和 5 V 的产生电路。另外通过连接器获得一个外部 5 V 的直流电源。其中核心板提供了一个可调低压差线性稳压器,使得电压稳定在 3.3 V 左右,为核心板上所有的 3.3 V 组件供电。其原理电路图如图 7-4 和图 7-5 所示。

2. JTAG 调试接口

在核心板上,还设计了 JTAG 调试接口和 USB 接口,这两种接口用于程序下载

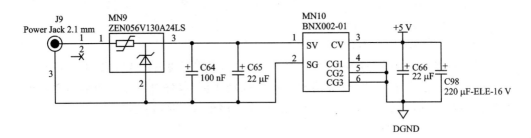

图 7 - 4　5 V 直流电源产生电路

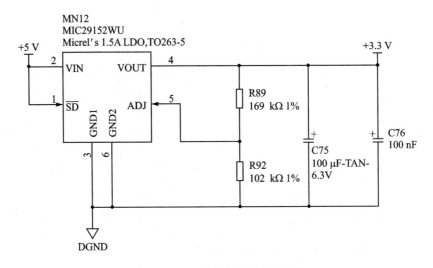

图 7 - 5　3.3 V 直流电源产生电路

调试的,同时 USB 高速设备接口经常被用在应用设计程序中。

　　此外,核心板上还实现了其他众多的组件,包括带有 TFT 的 LCD 组件、QTouch 触摸组件、UART 接口组件、SD/MMC 存储器等,这些组件可以很方便地实现开发者的众多应用。

3. 数码管和矩阵键盘的设计与实现

　　作为嵌入式微控制器综合实验教学平台,需要数码管和矩阵键盘。为了能够更大程度上节省微控制器的资源,本平台选择使用 ZLG7289 这款芯片作为其接口电路。

　　ZLG7289 具有 SPI 串行接口功能,可同时驱动 8 个共阴极数码管或 64 个独立 LED 的智能显示,该芯片同时还可连接多达 64 键的矩阵键盘,单个芯片即可完成 LED 显示、键盘接口的全部功能。

　　本设计中需要用到 2 个四位数码管和 4×4 的矩阵键盘,故采用 ZLG7289 芯片来实现驱动数码管和矩阵键盘功能。这样,可以在只使用 4 个 I/O 口情况下就可以完成 2 个四位数码管显示和 16 个按键的读取操作。其具体的原理电路设计图如图 7-6~图 7-8 所示。

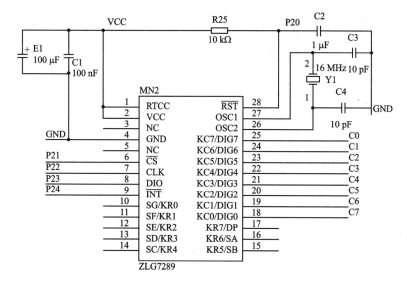

图 7-6　ZLG7289 驱动电路图

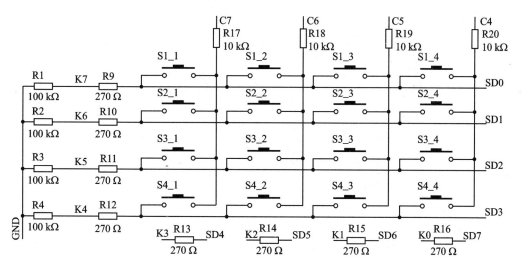

图 7-7　矩阵键盘及其电阻连接电路图

4. 双色点阵的设计与实现

　　LED 点阵通常又叫做 LED 电子显示屏,是 20 世纪 80 年代后期迅速发展起来的新型信息显示媒体,以易于维护、色彩丰富、亮度高、使用寿命长、易于操作等优点,逐步成为现在信息发布的一个主流载体。

　　LED 点阵作为一种显示工具,通常用来显示文字、图案,所以在一般的嵌入式产

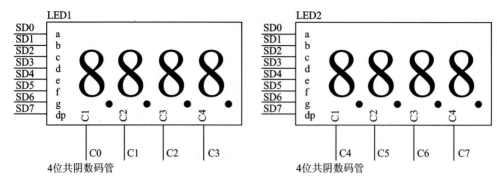

图 7 - 8　2 个四位数码管连接电路图

品中都包含了这一模块。双色点阵不同于单色点阵的地方在于点阵列引脚上有两个 LED 的驱动,这就可以通过设置不同的电平来发出不同的颜色,从而实现双色点阵的实现。

　　通常情况下可以直接使用微控制器的 I/O 口来驱动点阵,这种直接的方法可以说是最有效的。当然为了消除输入对于输出的影响,通常需要加入锁存器这一类芯片。结合相关的设计研究,本设计采用即插即用的方法,同时加入 74HC573 锁存器芯片锁存输入值,列引脚采用微控制器的 I/O 直接驱动的方式来实现 LED 点阵的显示。具体的电路原理图如图 7 - 9 和图 7 - 10 所示。

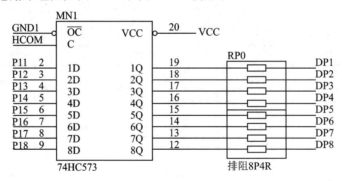

图 7 - 9　74HC573 驱动电路

5. 步进电机模块的设计与实现

　　步进电机是将电脉冲信号转变为角位移或线位移的开环控制器件。当步进驱动器接收到一个脉冲信号,就驱动步进电机按设定的方向转动一个固定的角度。因此它能够在不涉及复杂反馈环路的情况下实现良好的定位精度,并由于具有价格低廉、易于控制、无积累误差等优点,在民用、工业中的经济型数控定位系统中获得了广泛的应用。

　　一般使用微控制器来驱动步进电机的实例中,微控制器的作用是产生驱动步进电机的脉冲信号,并将这一脉冲信号送给驱动电路,驱动电路根据脉冲信号来实现步

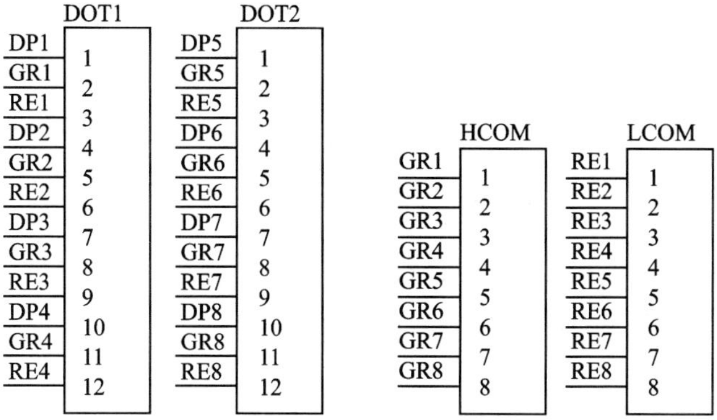

```
        DOT1              DOT2
DP1  ┌─────┐       DP5  ┌─────┐
GR1  │  1  │       GR5  │  1  │
RE1  │  2  │       RE5  │  2  │
DP2  │  3  │       DP6  │  3  │
GR2  │  4  │       GR6  │  4  │
RE2  │  5  │       RE6  │  5  │
DP3  │  6  │       DP7  │  6  │
GR3  │  7  │       GR7  │  7  │
RE3  │  8  │       RE7  │  8  │
DP4  │  9  │       DP8  │  9  │
GR4  │ 10  │       GR8  │ 10  │
RE4  │ 11  │       RE8  │ 11  │
     │ 12  │            │ 12  │
     └─────┘            └─────┘
```

```
        HCOM              LCOM
GR1  ┌─────┐       RE1  ┌─────┐
GR2  │  1  │       RE2  │  1  │
GR3  │  2  │       RE3  │  2  │
GR4  │  3  │       RE4  │  3  │
GR5  │  4  │       RE5  │  4  │
GR6  │  5  │       RE6  │  5  │
GR7  │  6  │       RE7  │  6  │
GR8  │  7  │       RE8  │  7  │
     │  8  │            │  8  │
     └─────┘            └─────┘
```

图 7-10　双色点阵插针和插座电路图

进电机的转动以及方向控制。通常步进电机的型号不同,所需的驱动方式也就不一样,但有一点都是一样的,那就是驱动步进电机需要高电压和大电流。一般微控制器的 I/O 是不能直接驱动步进电机的,原因在于微控制器的 I/O 一般都是 3.3 V 或者 5 V 的输出电平,并且电流也是只有几 mA 到几十 mA,无法达到步进电机的驱动要求。所以采用微控制器驱动步进电机的常用方法就是采用额外的驱动电路,驱动电路的作用就是功率放大以满足步进电机的需要。本实验教学平台选用 M35SP 型号的步进电机,这是一款四相五线步进电机。同时采用 ULN2003 和 74HC14 来实现驱动步进电机,这种方式简单同时也能满足设计的需要。

其中步进电机驱动芯片 ULN2003 具有电流增益高、工作电压高、温度范围宽、带负载能力强等特点,适应于各种要求高速大功率驱动的系统。74HC14 是一款高速 CMOS 器件,其主要作用就是将缓慢变化的输入信号转换成清晰、无抖动的输出信号,这也是为了降低外部干扰。平台中采用 ULN2003 来放大 74HC14 的输出信号,以达到满足步进电机的驱动电流要求。考虑到最大化地使用资源的目的,ULN2003 有 7 个输入/输出对,所以可以在这里增加一个蜂鸣器,通过 ULN2003 放大电流来驱动蜂鸣器的鸣叫。具体的原理电路图如图 7-11 和图 7-12 所示。

6. 独立模块的设计与实现

本设计中将实现 3 种传感器模块功能,分别是温湿度传感模块、光照强度传感模块和烟雾传感模块。这些都是十分简单的传感器实现,也是十分常用的传感器。

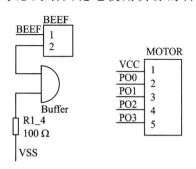

图 7-11　步进电机引脚图和蜂鸣器连接图

市场上关于这 3 种传感器种类很多,本设计采用的是 DHT11 温湿度传感器、

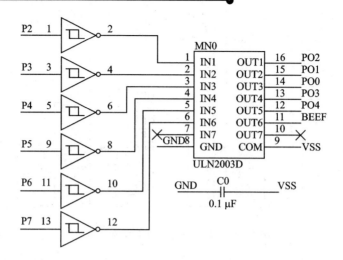

图 7 - 12　步进电机的驱动电路

ZYMQ - 2 烟雾传感器和 BH1750FVI 光照传感器。

（1）烟雾检测模块的设计与实现

　　烟雾检测器有很多种，本平台采用的是 ZYMQ - 2 检测器。这款检测器具有探测范围广、灵敏度高、快速响应恢复、稳定性优异、寿命长和驱动电路简单等特点，使得 ZYMQ - 2 检测器被广泛使用在家庭和工厂的气体泄漏监测装置中，这款监测器适用于液化气、丁烷、烟雾、甲烷等的探测。

　　ZYMQ - 2 检测器的驱动电路十分简单，只需要额外的一个 LM393 芯片即可完成驱动电路的设计。LM393 是一款双电压比较器，输出为 OC 门，通常在使用过程中外接一个 10 kΩ 左右的上拉电阻，其驱动原理电路图如图 7 - 13 所示。

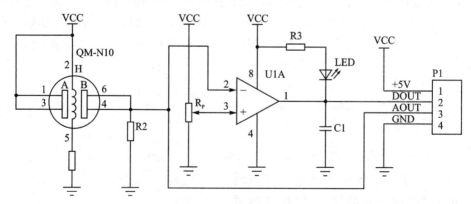

图 7 - 13　ZYMQ - 2 的驱动原理电路图

　　烟雾检测模块同扩展板之间是通过"插针＋插座"的方式连接的。**注意：**在实际应用中，AOUT 引脚通常是不用的。

(2) 光照强度检测模块的设计与实现

光照强度检测器的原理是在元件受到不同强度光照时电信号不同,从而实现检测不同光照强度的目的。本设计中使用的 BH1750FVI 光照强度传感器,自身带有 I^2C 总线接口,可以十分方便地同它通信。这款 IC 通常同 LCD 一起应用,可以十分方便地完成检测到显示的过程。

模块原理电路图的实现比较简单,将传感器模块的读取数值直接通过微控制器的 I/O 口即可,具体实现如图 7 - 14 所示。

(3) 温湿度监测模块的设计与实现

温湿度通常在工业生产和人类生活当中起到不可或缺的作用,这使得温湿度的检测变得十分重要。在本平台中,采用的是 DHT11 传感器。这款传感器是一款含有已校准数字信号输出的温湿度复合传感器,应用专用的数字模块采集技术和温湿度传感技术,确保产品具有极高的可靠性和卓越的长期稳定性。该传感器中包括一个电阻式感湿元件和一个 NTC 测温元件,并与一个高性能 8 位单片机相连接。因此该产品具有品质卓越、超快响应、抗干扰能力强和性价比高等优点,且每个 DHT11 传感器都在极为精确的湿度校验室中进行校准。

温湿度模块主要包含一个传感器和一个电源指示灯,其电路原理图如图 7 - 15 所示。

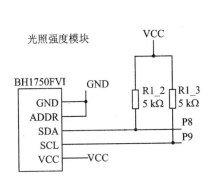

图 7 - 14　光照检测模块原理图

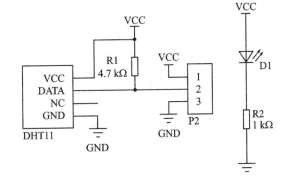

图 7 - 15　温湿度模块原理图

7.2.4　系统软件部分设计与实现

1. 平台组件模块实验设计

在本小节中,将主要介绍以下几个模块的软件设计。

(1) 平台电源和系统复位的测试

SAM4S16C 微控制器中对于供电和复位分别提供了两种控制器,方便开发者使用。其中供电控制器控制系统核的供电电压、管理备份低功耗模式,复位控制器可以独立地或同步地驱动外部复位和微控制器复位。这里,将通过程序设计的方式来测试系统电源和复位模块。

通过 Atmel Studio6 集成开发环境来完成相关的程序设计,其中对 SAM4S16C 微控制器的供电控制器的定义与操作如下:

```
void supc_enable_backup_mode(Supc * p_supc);              //开启供电备份模式
void supc_switch_sclk_to_32kxtal(Supc * p_supc, uint32_t ul_bypass);
//调整电源系统,切换到 32 768 Hz 的时钟晶振上
void supc_enable_voltage_regulator(Supc * p_supc);        //开启供电寄存器
void supc_disable_voltage_regulator(Supc * p_supc);       //关闭供电寄存器
void supc_set_wakeup_mode(Supc * p_supc, uint32_t ul_mode);
                                                          //设置供电控制器唤醒模式
voidsupc_set_wakeup_inputs(Supc * p_supc, uint32_t ul_inputs,
        uint32_t ul_transition);                          //设置供电控制器唤醒模式输入
uint32_t supc_get_status(Supc * p_supc);                  //获取供电控制器状态
```

通过以上的函数可以很方便地实现供电系统的操作,本测试中主要通过调整供电系统的时钟来源,实现供电系统在不同时钟频率下转换工作。其流程图如图 7 - 16 所示。

复位控制器是由一个 NRST 管理器和一个复位状态管理器组成,其中 SAM4S16C 微控制器提供了多种复位功能,包括通用复位、备份复位、用户复位、软件复位和看门狗复位。不同的复位方式有着不同的优先级,这些复位统统由复位控制器管理,通过编程的方式可以检测到系统是由哪种方式复位,同时也可以设置复位的检测状态。其中关于复位控制器的定义和功能实现如下:

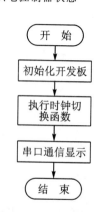

图 7 - 16 供电控制器测试流程图

```
/ * 定义复位控制器的各种类型 * /
# define RSTC_GENERAL_RESET   (0 << RSTC_SR_RSTTYP_Pos)   //通用复位
# define RSTC_BACKUP_RESET    (1 << RSTC_SR_RSTTYP_Pos)   //备份复位
# define RSTC_WATCHDOG_RESET  (2 << RSTC_SR_RSTTYP_Pos)   //看门狗复位
# define RSTC_SOFTWARE_RESET  (3 << RSTC_SR_RSTTYP_Pos)   //软件复位
# define RSTC_USER_RESET      (4 << RSTC_SR_RSTTYP_Pos)   //用户复位
/ * NRST 用户按键电平设置 * /
# define RSTC_NRST_LOW    (LOW << 16) //NRST 低电平
# define RSTC_NRST_HIGH   (HIGH << 16) //NRST 高电平
/ * 复位控制器一系列操作定义 * /
void rstc_set_external_reset(Rstc * p_rstc, const uint32_t ul_length);
                                                //设置外部复位
void rstc_enable_user_reset(Rstc * p_rstc);     //开启用户复位功能
void rstc_disable_user_reset(Rstc * p_rstc);    //关闭用户复位功能
```

```
void rstc_enable_user_reset_interrupt(Rstc * p_rstc);      //开启用户复位中断
void rstc_disable_user_reset_interrupt(Rstc * p_rstc);     //关闭用户复位中断
void rstc_start_software_reset(Rstc * p_rstc);             //启动软件复位
uint32_t rstc_get_status(Rstc * p_rstc);                   //获取复位控制器状态
uint32_t rstc_get_reset_cause(Rstc * p_rstc);              //获取复位类型
```

通过这些函数可以十分方便地实现各种复位功能,在测试复位控制器功能的实例中,将按照以下的流程测试各个复位控制,具体的流程如图 7-17 所示。

（2）中断系统设计

SAM4S16C 微控制器中嵌入了一个 NVIC(嵌套向量中断控制器),处理各种中断的发生,最高可以处理 35 个可屏蔽的外部中断。中断系统的实现可分为中断模块的设置、中断处理函数的编写和中断检测模块 3 个部分,其中在中断模块的设置中主要完成中断模式的选择和中断优先级的设置;中断处理函数可以认为是中断操作,主要完成中断发生时应该处理的问题;中断检测模块就是中断发生接收器,能够接收整个系统中所有的中断发生。

中断优先级的设置主要在各个模块当中实现,比如说按键的优先级,通过核心函数 NVIC_SetPriority 即可完成。中断模式就是将需要中断处理的模块设置为中断启动,而不是常规的启动方式。比如按键正常是通过扫描方式检测是否按下,将其设置为中断方式后,每当按键按下的时候就会发生一次中断异常,从而获取按键的值。而中断检测主要是控制器做的工作,通过内部检测完成。由于微控制器厂商提供了丰富的中断处理函数,所以开发者可以很方便地完成中断模块的设计,本测试模块的流程如图 7-18 所示。

（3）显示模块设计

嵌入式综合实验教学平台上有着多种显示模块,例如独立 LED、LED 点阵、数码管显示和带有 TFT 的 LCD 显示屏都被集成到了平台上,其硬件设计部分可以参考硬件设计章节。

1）简单的 LED 显示

平台上总共有两套 LED,分别是核心板上的用户 LED 和扩展板上的 8 个独立 LED,独立 LED 无论从硬件设计上还是从软件设计上都是十分简单的。由于 LED 的引脚是直接连接在微控制器的 I/O 口上,所以可以直接通过设置微控制器的 I/O 口来驱动 LED。这里主要涉及到 SAM4S16C 微控制器的 I/O 口设置,由于 I/O 口全部使用宏定义的方式,所以可以很方便地就完成 I/O 口的方向、电平和上拉、下拉电阻的设置。

2）LED 点阵显示

LED 点阵使用 74HC573 锁存器来加强输入值的输出,平台上使用微控制器的 I/O 口直接向点阵的双色引脚输入列电平,通过 74HC573 来驱动行电平。

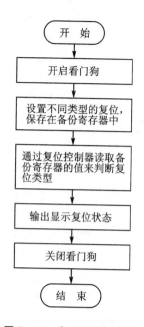

图 7-17　复位测试流程图

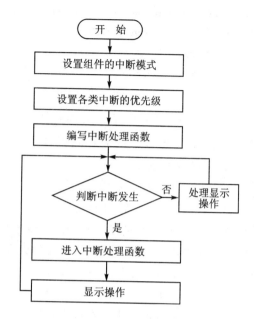

图 7-18　中断设计流程图

3）四位数码管模块

实验教学平台上包含了数码管和矩阵键盘，其中驱动数码管的方式选择采用动态显示方式。通过硬件分析设计，使用 ZLG7289 芯片来驱动数码管，同时获取矩阵键盘的按键值。ZLG7289 采用串行方式与微处理器通信，串行数据从 DATA 引脚送入芯片并由 CLK 端同步。当片选信号变为低电平后，DATA 引脚上的数据在 CLK 引脚的上升沿被写入到 ZLG7289 的缓冲寄存器。ZLG7289 的指令结构有 3 种类型：

➤ 不带数据的纯指令，指令的宽度为 8 个 BIT，即微处理器需发送 8 个 CLK 脉冲；

➤ 带有数据的指令，宽度为 16 个 BIT，即微处理器需发送 16 个 CLK 脉冲；

➤ 读取键盘数据指令，宽度为 16 个 BIT，前 8 个为微处理器发送到 ZLG7289 的指令，后 8 个 BIT 为 ZLG7289 返回的键盘代码，执行此指令时 ZLG7289 的 DATA 端在第 9 个 CLK 脉冲的上升沿变为输出状态，并在第 16 个脉冲的下降沿恢复为输入状态等待接收下一个指令。

由于使用了 ZLG7289，所以可以使用通用的处理函数，以下就是 ZLG7289 在编程过程中使用的一些函数。

```
char ZLG7289_Key();  //ZLG7289 按键处理函数
void ZLG7289_cmd(char cmd);  //执行 ZLG7289 纯指令
void ZLG7289_cmd_dat(char cmd, char dat);  //执行 ZLG7289 带数据指令
void ZLG7289_SPI_Write(char dat);  //向 ZLG7289 芯片中写数据
```

```
char ZLG7289_SPI_Read(); //从 ZLG7289 芯片中读取数据
void ZLG7289_Download(unsigned char mod, char x, bit dp, char dat);
//下载数据,向数码管显示数据
```

通过以上的函数和宏定义可以很方便地完成应用程序的设计,本设计中主要完成了数码管的动态显示以及矩阵键盘的获取实验,其流程如图 7-19 所示。

4) LCD 显示模块

实验平台上使用了带有 TFT 的 LCD 模块,模块中主要包含了 ILI9325 和 AAT3155 两个芯片。前者用来驱动 LCD 显示,后者用来驱动 LCD 背光模块。设计中通过宏定义完成相应引脚的配置,通过向 DMA 中写入数据完成 LCD 的显示操作,具体的 LCD 引脚配置函数如下:

```
/* LCD 驱动芯片的相关引脚配置 */
# ifdef CONF_BOARD_ILI9325
    gpio_configure_pin(PIN_EBI_DATA_BUS_D0, PIN_EBI_DATA_BUS_FLAGS);
    gpio_configure_pin(PIN_EBI_DATA_BUS_D1, PIN_EBI_DATA_BUS_FLAGS);
    gpio_configure_pin(PIN_EBI_DATA_BUS_D2, PIN_EBI_DATA_BUS_FLAGS);
    gpio_configure_pin(PIN_EBI_DATA_BUS_D3, PIN_EBI_DATA_BUS_FLAGS);
    gpio_configure_pin(PIN_EBI_DATA_BUS_D4, PIN_EBI_DATA_BUS_FLAGS);
    gpio_configure_pin(PIN_EBI_DATA_BUS_D5, PIN_EBI_DATA_BUS_FLAGS);
    gpio_configure_pin(PIN_EBI_DATA_BUS_D6, PIN_EBI_DATA_BUS_FLAGS);
    gpio_configure_pin(PIN_EBI_DATA_BUS_D7, PIN_EBI_DATA_BUS_FLAGS);
    gpio_configure_pin(PIN_EBI_NRD, PIN_EBI_NRD_FLAGS);
    gpio_configure_pin(PIN_EBI_NWE, PIN_EBI_NWE_FLAGS);
    gpio_configure_pin(PIN_EBI_NCS1, PIN_EBI_NCS1_FLAGS);
    gpio_configure_pin(PIN_EBI_LCD_RS, PIN_EBI_LCD_RS_FLAGS);
# endif


/* 背光驱动芯片的配置 */
# ifdef CONF_BOARD_AAT3155
    gpio_configure_pin(BOARD_BACKLIGHT, BOARD_BACKLIGHT_FLAG);
# endif
```

完成引脚配置之后,需要使用两款驱动芯片来驱动 LCD 的显示,这里的配置和显示函数十分多,这里将讲解其中部分函数,如下:

```
uint32_t ili9325_init(struct ili9325_opt_t * p_opt);          //LCD 初始化
void ili9325_display_on(void);                                //开启 LCD 显示功能
void ili9325_display_off(void);                               //关闭 LCD 显示功能
void ili9325_set_foreground_color(ili9325_color_t ul_color);  //设置背景颜色
void ili9325_set_display_direction(enum ili9325_display_direction e_dd,
        enum ili9325_shift_direction e_shd, enum ili9325_scan_direction e_scd);
                                                              //设置显示方向
```

```
uint32_t ili9325_draw_pixel(uint32_t ul_x, uint32_t ul_y);          //画像素点
void ili9325_draw_line(uint32_t ul_x1, uint32_t ul_y1,
        uint32_t ul_x2, uint32_t ul_y2);                            //画线
void ili9325_draw_rectangle(uint32_t ul_x1, uint32_t ul_y1,
        uint32_t ul_x2, uint32_t ul_y2);                            //画长方形
uint32_t ili9325_draw_circle(uint32_t ul_x, uint32_t ul_y, uint32_t ul_r);   //画圆
void ili9325_draw_string(uint32_t ul_x, uint32_t ul_y, const uint8_t * p_str);
                                                                    //显示字符串
void ili9325_draw_pixmap(uint32_t ul_x, uint32_t ul_y, uint32_t ul_width,
        uint32_t ul_height, const ili9325_color_t * p_ul_pixmap);   //显示图片
```

通过以上的功能函数可以实现 LCD 的显示,本设计关于 LCD 的显示设计主要完成点、线、形状和图片的显示,具体的流程如图 7-20 所示。

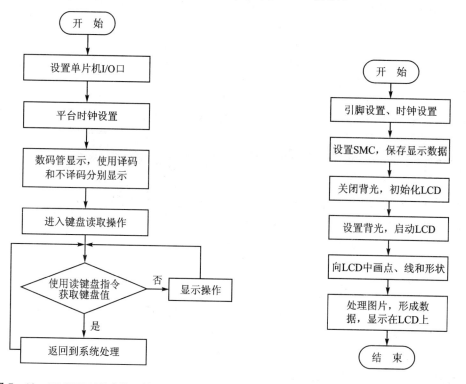

图 7-19　ZLG7289 驱动数码管和矩阵键盘流程图　　　　图 7-20　LCD 模块显示设计流程图

(4) 串口通信模块设计

串口通信是嵌入式系统同 PC 机之间最常用的通信方式,本平台上设计了 UART 和 USART 两种通信方式。其中 UART 是一种通用异步串行通信数据总线,具有连接线少,通信简单的特点,该总线双向通信,可以实现全双工传输和接收。

本设计中提供了 2 个 UART 接口,可以使用了 RS-232 协议与 PC 机通信。RS-

232 异步通信以 1 个 8 位的字符为传输单位,通信中同 1 个字符中的 2 个相邻位之间的时间间隔是固定的,间隔取决于传输波特率的设置,但字符和字符的时间间隔是不固定的。UART 异步串口进行数据传输时,传输的数据包含以下 5 个方面:空闲位、起始位、数据位、奇偶校验位、停止位,在 UART 的传输中非常重要的设置是对波特率的配置。

这里实现了平台同 PC 机之间的 UART 通信,主要步骤如下:

① 设置 UART 串口,使之能够正常地接收和发送数据。

② 配置 UART 的时钟,以及其 PDC 的传输方式等。

③ 修改 UART 中断函数,在中断函数中完成数据的接收和发送。

④ 配置 PDC 的源地址、数据缓冲区大小。

⑤ 初始化 PDC 接收数据包。

⑥ 配置 PDC 和 UART 的使能端,使之可以正常工作。

⑦ 设置 UART 中断使能。

⑧ 软件进入中断等待过程中,完成软件设计。

在调试 UART 时需要注意的是在 PC 机上设置超级终端的通信协议,这里需要将其设置为波特率 115 200、1 位停止位、无校验位、无硬件流控制,这样才能满足平台上 UART 接口通信协议。下载本设计后,运行程序或者复位开发板,超级终端将显示如图 7-21 所示的信息。

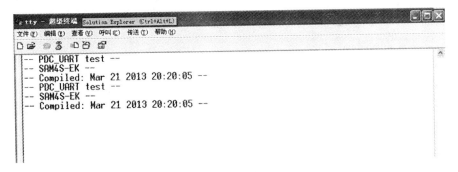

图 7-21 UART 设计结果

2. 扩展板模块的设计

在实验教学平台上除了各种基础组件外还包含了各种扩展模块,这些模块为开发者提供了更多的途径来实现自己的功能,这里将具体讲解各个扩展模块的功能与实现。

(1) 步进电机模块

这里采用了四相五线制的 M35SP 型步进电机,具体原理电路可以查看硬件分析设计部分。步进电机的转动是通过脉冲来实现的,不同频率、不同极性的脉冲实现了步进电机的不同方向、不同速度的转动。在 SAM4S16C 微控制器中包含了脉宽调制控制器 PWM,所以可以通过 PWM 来控制步进电机的转动。

PWM 单元主要由一个时钟产生器和 4 个通道组成。由主控时钟(MCK)提供时钟,时钟生成器模块提供 13 个时钟。每个通道可以独立地从时钟产生器的输出中选择其中一个作为自己的时钟,同时可以产生一个输出波形。开发者可以通过用户接口寄存器独立地为每个通道定义其输出波形的特性,这样就可以输出步进电机需要的脉冲。

PWM1 共可以有 4 个通道,M35SP 步进电机需要 4 个脉冲输入,所以可以直接将 PWM 的 4 个通道设置到步进电机的 4 个脉冲输入引脚上,这样就可以完成步进电机的驱动。具体的实现如下:

> 配置 PWM,使其 4 个通道的高电平分别输出到开发板的步进电机的 I/O 引脚上;

> 改写 PWM 中断函数,在中断函数中改变占空比,从而输出不同频率的脉冲到步进电机的 I/O 引脚上。

(2)烟雾传感器模块

ZYMQ - 2 烟雾传感器具有很好的操作性,一共有 4 个 I/O 接口。除了电源和地引脚外,只有 1 个引脚用来同微控制器进行单向通信。当环境中的烟雾浓度超过传感器自身设定的阈值时,传感器将 DOUT 引脚拉低,主函数通过读取传感器的 DOUT 引脚来判断环境中的烟雾值是否过高。本设计中对于烟雾传感器的实现主要是通过设置连接的 I/O 引脚配置,通过宏定义将 I/O 引脚的方向、时钟、上拉电阻等设置好即可。

(3)光照检测模块

本设计中采用 BH1750FVI 光照传感器,模块的实现可以参考硬件设计部分。在模块的 I/O 引脚中主要有 I^2C 总线接口的 2 个引脚用来同微控制器进行单向通信,分别是 SCL 和 SDA,前者用来获取时钟频率,后者是向微控制器输出检测到的光照强度。

在设计中,将传感器检测到的数据输出到 LCD 显示屏上。所以本设计中需要做的工作有两点,一是初始化 BH1750FVI,并读取传感器检测到的数值;二是初始化 LCD,并在上面显示微控制器接收到的光照强度数值。

(4)温湿度检测模块

本设计中主要采用 DHT11 作为温度传感器。该模块主要有 3 个接口,除了电源和地接口外,只有 1 个引脚用来输出温湿度数值。模块采用单总线数据格式,1 次通信时间 4 ms 左右。数据分小数部分和整数部分,1 次完整的数据传输为 40 位。高位先出,具体格式如下:8 位湿度整数数据、8 位湿度小数数据、8 位温度整数数据、8 位温度小数数据、8 位校验和。

数据传送正确时校验和数据等于 8 位湿度整数数据＋8 位湿度小数数据＋8 位温度整数数据＋8 位温度小数数据所得结果的末 8 位。这样就读取到当前环境中的温湿度数值了。

3. 操作系统的移植

由于 μTenux 是一个功能强大的抢占式实时多任务操作系统,另外其代码开源、免费。因此,非常适合作为本实验教学平台的操作系统。

(1) μTenux 移植要点

μTenux 移植的主要步骤可以概括为以下几点:

① 根据开发板的中断数目修改启动文件。

② 根据开发板的 Flash 和 SRAM 的大小修改链接脚本。

③ 修改配置文件。

④ 实现各种功能函数,如 UART。

通常从开源网站上获取 μTenux 操作系统的源码,下载了源码后,会发现其中包含了与移植相关的部分。分别是 tk_config_depend. h、tm_bsp. c、tm_monitor. c 和 startup. s 文件,其中最关键的就是 tk_config_depend. h 文件,它包含了芯片和开发板的相关配置定义,主要修改的就是这个文件了。

在 μTenux 系统中,应用程序、中间件和内核之间是通过静态链接的方式来生成镜像文件的,所以为了能够保证嵌入式软件实时性能和减少对硬件资源的过度占用,内核提供了通过宏定义参数进行配置的方式。相关操作细节过程请详见 6.4 节。

(2) 系统下的平台应用开发

完成了操作系统在平台上的移植,接下来就需要在系统的基础上实现平台组件的应用开发。这个过程可以看成是在系统内实现平台组件的配置,在系统中创建任务实现平台组件的应用开发,其主要步骤如下:

① 完成系统的配置,修改启动代码。

② 在系统的板级支持包中添加要开发应用组件的相关配置,包括微控制器的 I/O口设置、时钟设置、相关支持函数文件的编写。

③ 修改系统的初始化函数,添加相关组件的初始化代码,在系统中实现组件的启动。

④ 编写系统级任务,以任务的形式调用组件模块,实现系统下的平台应用开发。

由于本书篇幅有限,设计主要完成了系统中 LCD 的应用开发。按照上面讲解的步骤修改系统配置文件,通过 Keil 开发环境来进行应用程序的编译烧写,详细的配置修改如下。

① 从现有的开发例程中,复制 I/O 口宏定义文件 sam4s_ek. h、PMC 功能函数 pmc. c、I/O 引脚功能设置文件 pio. c、LCD 驱动芯片功能函数文件 ili9325. c 和 LCD 背光驱动芯片功能函数文件 aat31xx. c 到 μTenux 系统工程项目中,如图 7 - 22 所示。

② 修改这些文件,使其满足系统工程需要。主要修改其包含的头文件、宏定义,

头文件中"♯include＜board. h＞"全部修改为"♯include＜chip. h＞",某些同微控制器相关的宏定义注释掉。

③ 在 tm_bsp. c 文件中添加组件初始化函数,需要初始化的组件包括 LCD 及其驱动芯片、PMC组件,初始化的过程就是设置这些组件的 I/O 引脚,完成 I/O 引脚的相关配置,函数代码如下:

```
static void tm_initperipherals(void)
{
    /* Configure LED pins */
pio_configure_pin(LED0_GPIO, LED0_FLAGS);
    pio_configure_pin(LED1_GPIO, LED1_FLAGS);

    /* Configure Push Button pins */
    pio_configure_pin(GPIO_PUSH_BUTTON_1, GPIO_PUSH_BUTTON_1_FLAGS);
    pio_configure_pin(GPIO_PUSH_BUTTON_2, GPIO_PUSH_BUTTON_2_FLAGS);

    /* Configure Push Button and LED pins CLK */
    pmc_enable_periph_clk(ID_PIOA);
    pmc_enable_periph_clk(ID_PIOB);

    /* Configure LCD EBI pins */
    pio_configure_pin(PIN_EBI_DATA_BUS_D0, PIN_EBI_DATA_BUS_FLAGS);
    pio_configure_pin(PIN_EBI_DATA_BUS_D1, PIN_EBI_DATA_BUS_FLAGS);
    pio_configure_pin(PIN_EBI_DATA_BUS_D2, PIN_EBI_DATA_BUS_FLAGS);
    pio_configure_pin(PIN_EBI_DATA_BUS_D3, PIN_EBI_DATA_BUS_FLAGS);
    pio_configure_pin(PIN_EBI_DATA_BUS_D4, PIN_EBI_DATA_BUS_FLAGS);
    pio_configure_pin(PIN_EBI_DATA_BUS_D5, PIN_EBI_DATA_BUS_FLAGS);
    pio_configure_pin(PIN_EBI_DATA_BUS_D6, PIN_EBI_DATA_BUS_FLAGS);
    pio_configure_pin(PIN_EBI_DATA_BUS_D7, PIN_EBI_DATA_BUS_FLAGS);
    pio_configure_pin(PIN_EBI_NRD, PIN_EBI_NRD_FLAGS);
    pio_configure_pin(PIN_EBI_NWE, PIN_EBI_NWE_FLAGS);
    pio_configure_pin(PIN_EBI_NCS1, PIN_EBI_NCS1_FLAGS);
    pio_configure_pin(PIN_EBI_LCD_RS, PIN_EBI_LCD_RS_FLAGS);

    /* Configure Backlight control pin */
    pio_configure_pin(BOARD_BACKLIGHT, BOARD_BACKLIGHT_FLAG);
return;
}
```

图 7-22 应用工程目录

④ 修改用户任务函数,在任务函数中完成 LCD、时钟、背光芯片和 PMC 的初始

化工作,然后向 LCD 控制芯片中输入相应的文字和图片,显示在平台的 LCD 模块上,这样就完成了系统下的平台应用开发。

7.2.5 系统测试

实验平台的硬件和软件都设计完成之后,整个平台基本也就设计完成了,接下来就需要对实验平台进行测试。

平台的测试主要分为两种,一种是平台的总体测试,另一种是对平台模块的单独测试。总体测试需要完成平台上的系统移植,模块测试是在 Atmel Studio6 中完成各个功能模块的编程实现。

总体测试过程如下:

① 先需要完成 μTenux 操作系统的配置修改、应用程序的编写,具体可以参考第 6.4 节中的内容。

② 接下来在 Keil 开发环境中进行编译,完成编译后,需要对工程进行设置,设置方法是打开 Project 菜单,选择 Options for Target 'Flash'选项,如图 7 - 23 所示。

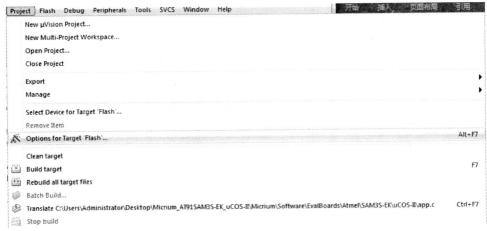

图 7 - 23 进入设置选项

③ 选择 User 选项卡,勾选 Run ♯1,在后面输入以下命令:Keil 软件安装路径\ Keil\ ARM\ BIN40\ fromelf. exe --bin --output . /uTenux. bin . /uTenux. axf,如图 7 - 24 所示。

④ 完成以上的输出设置,再进行链接,生成所需的下载文件,接下来就是进行烧写操作,具体的步骤如下:

第一,运行从官网下载的烧写工具 SAM - BA,连接口选择识别出的 USB,如图 7 - 25所示。

第二,擦除核心板内已有的程序内容,需要擦除 Flash 中的数据,首先需要选择 Enable Flash access,然后单击 Execute 按钮,如图 7 - 26 所示。

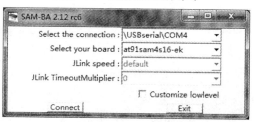

图 7 - 24   生成 bin 文件命令

图 7 - 25   连接烧写工具

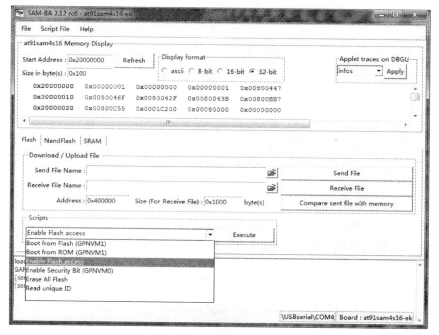

图 7 - 26   使能 Flash

最后选择 Boot from Flash(GPNVM1)，单击 Execute 按钮，如图 7-27 所示。

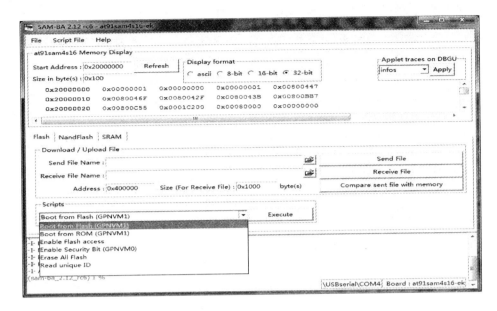

图 7-27　设置从 Flash 加载

第三，接下来就是向核心板中发送 bin 文件，在 Send File Name 中找到编译生成的 bin 文件，单击 Send File 按钮，如图 7-28 所示。

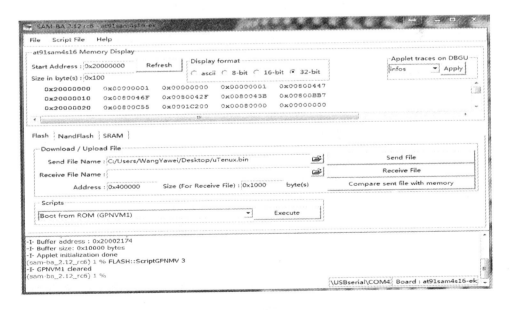

图 7-28　发送 bin 文件

在弹出的对话框选择"否"。至此,操作系统就完全移植到开发板上了,这时打开宿主机上的超级终端会看到实例的输出结果,如图 7 - 29 所示。

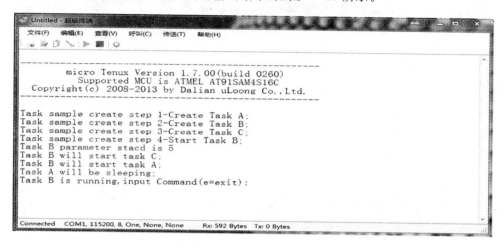

图 7 - 29　系统移植结果图

参考文献

[1] 李宁. 基于 MDK 的 SAM3 处理器开发应用. 北京：北京航空航天大学出版社，2010.

[2] Joseph Yiu. The Definitive Guide to ARM Cortex – M3 and Cortex – M4 Processors. 3rd ed. Elsevier Inc. ,2014.

[3] Joseph Yiu. ARM Cortex – M3 权威指南. 宋岩，译. 北京：北京航空航天大学出版社，2009.

[4] Atmel Corporation. ARM Limited CORTEX – M4 处理器. 电子与电脑，2010 (3)：81.

[5] Atmel Corporation. SAM4S Series ApplicationNote，2014.

[6] Atmel Corporation. SAM4S – EK Development Board User Guide，2011.

[7] Roy Luo. Migrating from Cortex – M3 to Cortex-M4. Global Technology Centre element14，2011.

[8] Atmel Corporation. Atmel Software Framework，2014.

[9] Atmel Corporation. SAM4S Series Complete，2014.

[10] ARM Limited. ARM Cortex – M Programming Guide to Memory Barrier Instructions，2007.

[11] ARM Limited. Using the Cortex – M4 on the Microcontroller Prototyping System，2007.

[12] ARM Limited. ARMv7 – M Architecture Reference Manual，2007.

[13] ARM Limited. CoreSight ETM – R4 (TM930)，2008.

[14] ARM Limited. CoreSight on-chip trace and debug Engineering Errata，2008.

[15] ARM Limited. CoreSight ETM – M4 Technical Reference Manual，2008.

[16] 刘滨，王琦，刘丽丽. 嵌入式操作系统 FreeRTOS 的原理与实现. 单片机与嵌入式系统应用，2005(07)：8-11.

[17] Richard Barry. USING THE FREERTOS REAL TIME KERNEL，2009. http://download. ourdev. cn/bbs_upload782111/files_35/ourdev_600087ARSUVW. pdf.

[18] 李红霞. 开源实时操作系统 μTenux 在 Cortex – M3 平台上的移植. 大连：大连

理工大学硕士学位论文,2012.

［19］宁杰城,王春,周新志. ARM7 内核上的 uC/OS-Ⅱ嵌入式系统移植. 中国测试
技术, 2005,(02).

［20］马洪连,丁男等.嵌入式系统设计教程.2 版.北京:电子工业出版社,2009.

［21］安新艳.双色 LED 点阵显示系统.科技视界,2013(28):90-104.

［22］陈志聪.步进电机驱动控制技术及其应用设计研究.厦门大学硕士学位论
文,2008.